내 몸을 살리는 150종 왕실비방!

약용나무 대사전

글 · 사진 **정구영** | **정로순**
감수 **손인경 한의학 박사**

🚊 전원문화사

사람은 식물 없이 살 수 없다!

약산(藥山) 정구영 선생은 필자의 오랜 지인(知人)으로 다방면에 걸쳐 남들이 지니지 못한 재주를 품고 있는 인재이다.

약산은 힐링자연치유센터와 약초농장을 경영하면서 이미 "산야초대사전", "나물대사전", "버섯대사전", "약초건강사전", "질병치유 산야초", "코로나 자연치유", "산야초도감", "나무동의보감" 등 약초 관한 책을 40권 이상 출간했다.

약산은 그동안 한국일보, 문화일보, 월간조선, 농업디지털(농민신문), 주간 산행, 사람과 산, 산림, 전라매일신문 등에서 연재를 하여 이 방면에서 유명하거니와 이외에도 태극권, 기(氣), 기공, 웃음 치료, 풍수 등에 대해서도 상당한 조예를 지니고 있는 그야말로 팔방미인의 재사(才士)이자 천의무봉(天衣無縫)의 기인(奇人)이라 할 것이다.

약산이 뛰어난 것은 이 모든 분야를 일평생 단순히 지식으로 섭렵한 것이 아니라 스스로의 몸을 단련하여 체득하는 데에 있다. 아울러 약산은 이러한 깨달음을 자신에 한정하지 않고 전국 방방곡곡에 이르는 수많은 강연, 신문, 잡지 등 칼럼과 저작 등을 통하여 국민들에게 전파하는 데에 힘써 왔다.

이번에 문세(問世)하는 가칭 "나무 문화 건강 대사전"은 이름부터 흥미를 끌 만하거니와 나무를 문화, 생활, 약용, 미관(美觀), 벽사 등 여러 종류의 특징으로 나눈 다음 해당 나무에 대한 모든 지식을 건강과 문화에 관련하여 알기 쉽도록 설명하였는데 특히 나무 문화의 이야기의 측면에 주목하여 그 나무와 관련된 꽃말, 상징, 신화, 역사 전설, 민담 등을 망라, 수록한 것은 이 책만이 갖는 장점이라 할 것이다.

인간은 이야기하는 본능을 지닌 동물이라 할 만큼 우리에게 스토리는 삶에서 중요하다. 우리는 아득한 옛날부터 신화(神話)를 통해 세계 창조의 원리를 설명하고 고대에는 전설을 통해 역사의 법칙을 이해했다. 오늘날 전대미문의 코로나 상황에서 삶과 죽음을 성찰(省察) 해 주는 나무의 스토리텔링은 현대를 살아가는 중요한 능력으로 부각되고 있다.

그동안 약산은 식물을 탐색하고 연구한 일찍이 스토리텔링에 뛰어난 소질을 발휘하여 "약용식물 이야기", "성경 속 식물 이야기" 등 각종 식물을 이야기로 재미있게 소개한 책을 펴낸 바 있다.

이번에 가칭 "나무 문화 건강 대사전"은 이들 책의 뒤를 이어 약산의 그간의 나무에 대한 모든 지혜를 응축시킨 노작이라 할 것이다. 이번에 공저로 참여한 정로순 박사는 식물과 나무에 대하여 관심을 두던 중 약산 선생의 제자로 입문해 다년간 식물의 모든 것을 습득하고 참여하게 되었다.

독자들이 이 책을 통하여 나무에 대한 재미있는 스토리와 풍부한 지식을 얻는데 그치지 않고 자연에 대한 각별한 사랑, 나무 문화 유산에 대한 확고한 신념, 건강법과 양생에 대한 독특한 견해 등을 감득(感得)하는 데에 이르기를 기대하면서 두서없는 말로 추천의 글에 대신하고자 한다.

북한산 기슭에서

이화여자대학 명예교수 정재서 삼가 씀

"의(醫)는 하나, 의학(醫學)은 여럿,
나무 요법(療法)은 수천!"

인류가 살고 있는 지구는 식물의 공(球)이고 식물 덕분에 살고 있다. 나무는 모든 생명체 중에서 가장 오래 살고, 사람들에게 건강상으로 유익을 주기도 하지만 신비로움을 간직하여 때로는 숭배 대상이 되기도 한다. 오늘날 인간에게 나무가 경외의 대상이 있었던 것은 효능 못지않게 이용상 시행착오에서 오는 두려움과 나무에 대한 상징성 때문이다.

국내에 자생하는 나무는 1,000여 종이고 개중 주변에서 흔히 접할 수 있는 나무는 100여 종이다. 예부터 우리 민족은 약초를 식용과 약용으로 써왔으며, 특히 나무에도 감성이 있다고 여겨 삶에 이용해 왔다.

한의학은 동양의학의 꽃으로 수천 년 동안 우리 민족의 건강을 지켜준 의학이다. 조선 초기 간행된 "鄕藥集成方(향약집성방)", 한·중·일 동북아시아의 모든 의학 문헌을 집대성한 "의방유취(醫方類聚)", 조선 중기 "의림촬요(醫林撮要)", 허준이 쓴 "동의보감(東醫寶鑑)", 정조 때 한의학 서적 "제중신편(濟衆新編)", 한의학의 대미를 장식한 이제마가 쓴 사상체질론 "동의수세보원(東醫壽世保元)"으로 등으로 이어지는 의학적 계보를 가지고 있다.

한약재의 기본은 초근목피(草根木皮)로 각종 약재 처방은 〈방약합편(方藥合編)〉에 기록돼 있다. 한의서(韓醫書)의 경전(經典) 〈황제내경(黃帝內經)〉이나 〈동의보감(東醫寶鑑)〉과 〈본초강목(本草綱目)〉에 나온다.

인류에게 나무는 건강을 지켜주는 파수꾼이다. 조선 시대 세조의 어의(御醫) 전순의

(全循義)가 쓴 〈식료찬료(食療纂要)〉에서 "음식이 으뜸이고 약(藥)이 다음이다"라고 했다. 단군 이래 한 번도 경험하지 못한 전대미문(前代未聞)의 코로나 19 바이러스 같은 역병(疫病)에 속수무책이지만 면역력을 높여 주는 음식과 약용나무를 통해 예방할 수 있다.

약산 정구영 선배가 가칭 "나무 문화 건강 대사전" 원고를 보여 주며 감수를 의뢰했다. 이 책에서는 일상에서 흔한 증상부터 잘 치유되지 않는 질환에 이르기까지 한방 처방과 민간요법을 실었는데, 한의학적으로 원고를 꼼꼼히 보고 감수에 응한 것은 이 책을 통하여 나무를 통해 건강상으로 예방과 치유를 할 수 있기 때문이다.

이번에 약산 정구영 선배가 코로나 19 바이러스가 창궐하는 상황에서 국민의 건강을 위한 가칭 〈나무 건강 대사전〉을 책으로 써서 제시한 것은 아무나 할 수 있는 일이 아니다.

이 책은 21세기를 살아가는 우리에게 나무의 인문학(문화, 상징, 민담 등) 제시와 함께 건강상으로 도움이 되리라 믿어 독자들에게 일독을 권하는 바이다.

원광대 한의과 대학교수 **손인경** 한의학 박사

"나무는 선조(先祖)들의 삶을 지켜온 현장 목격자이자 건강 파수꾼!"

우리 민족은 일 년 내내 철 따라 아름다운 식물과 더불어 살아왔다. 나무와 숲은 인간의 생활에 중요한 요소로 삶의 모든 부분에 영향을 받는다. 나무가 가지는 긴 수명, 생명력의 재현에 대한 영속성, 많은 열매를 맺는 다산성과 거대한 몸체는 고대로부터 인류에게 각별한 존재였다.

오늘날에 이르러 그 옛날 우리 조상들이 꽃과 나무에 부여했던 의미나 감정이 세월과 더불어 많이 변화하였다. 원예 기술의 발달과 외래종의 범람은 우리 민족의 꽃에 대한 취향마저 바꿔 놓고 말았다. 그러나 꽃과 나무는 여전히 우리 문화에 없어서는 안 될, 풍요로운 마음과 건강을 지켜주는 소중한 자원이자 문화유산이다.

지금도 인간은 개발이라는 명분으로 나무와 숲이 간직한 역사적 문화적 가치를 이해하지 못한 채 나무는 심으면 된다는 사고로 마구잡이로 파헤치고 베어내면서도 나무가 사람에게 생명이라는 것을 잊고 살고 있다는 사실에 씁쓸하다.

필자는 어린 시절 산야(山野)에 지천으로 자라는 식물을 벗으로 삼아 마음껏 뛰놀면서 지냈다. 인생의 태반을 자연과 교감하며 꽃·나무·숲에 관해 깊은 관심을 갖게 되었고, 나무 문화에 관련된 책을 보며 삶에 적용하며 방외지사(方外之士)로 살면서 전국 각지의 식물에 관련된 곳을 찾아 인터뷰하고 자료를 찾고, 책을 샀다. 식물과 나무에 관해 연구하고, 사진을 찍고, 자료를 스크랩하고, 책을 내고, 신문과 잡지에 연재하고, 40여 권의 저서를 냈다.

최근 들어 건강과 관련하여 나무와 숲에 관한 관심이 높으나 이에 따라 책이 많이 출간되었다. 그러나 대다수 책이 사진과 함께 식물의 형태와 효능을 설명하는 데 그치고, 식물에 대한 인문학이라고 할 수 있는 문화와 상징을 체계적으로 다룬 책은 드물다. 특히 인간이 질병에 걸리듯이 나무도 제 수명을 다하지 못하고 병충해에 시달리고 죽는다. 산림청에서는 나무 의사를 장려하고 있으나 나무를 위한 병충해 처방에 관한 책과 농촌진흥청과 산림과학원에서 나무의 번식에 관한 책은 있으나 나무 번식만을 다룬 책은 드물다.

이 책은 크게 제1부에서 제14부로 구성을 효능, 생약명, 이명, 분포, 형태, 약성, 약리 작용, 음용법, 나무 대표 특징, 꽃말, 나무의 가치, 나무의 성분&배당체, 나무를 위한 병충해 처방, 번식에 관하여 기술했다.

이 책에서는 제1부 생활 속 나무 12종, 제2장 우리 토종 나무 6종, 제3장 꽃이 아름다운 나무 17종, 제4장 덩굴나무 11종, 제5장 열매를 주는 나무 15종, 제6장 상징을 주는 나무 10종, 제7장 종교적 상징나무 6종, 제8장 수액을 주는 나무 3종, 제9장 기름을 주는 나무 2종, 제10장 차로 음용하는 나무 5종, 제11장 나물을 주는 나무 4종, 제12장 약용나무 14종, 제13장 암에 효능이 있는 나무 5종, 제14장 우리가 몰랐던 나무 이야기 39종 총 150종을 실었다. 제15장 우리가 몰랐던 신비한 식물의 세계를 실었다. 부록에서는 나무 131종 약용나무 특허 출현, 나무 용어, 한방 용어, 효소 용어를 실었다.

우리 산야(山野)에는 건강을 지켜주는 약초들이 지천으로 널려 있다. 한자 약(藥)은 풀 "초(艸)"에 즐거울 "락(樂)"으로 조합되었듯이 "즐거움을 주는 풀이다"라는 깊은 뜻이 담겨 있다. 예부터 "의식동원(醫食同原)"이라 했다. 즉, "의약과 음식의 근원은 같다"라는 말이다. 또한 "신토불이(身土不二)"라는 뜻은 "몸에 좋은 음식은 산과 들에 있다"라는 뜻처럼 지금의 나의 건강 상태는 식습관과 생활습관의 결과이다.

사람은 저마다 인생관도, 자연관도, 가치관이 다르다. 예전의 우리의 선인(先人)은 봄에 피는 꽃을 바라보면서 시(詩)를 읊곤 했다. "세세년년화상사(世世年年花相似) 세세년년인부동(世世年年人不同)이라 했다", 즉, "작년이나 올해나 꽃은 똑같이 피는데, 사람은 똑같지 않네"라는 뜻이다. 잘 사는 삶이란 해마다 100가지 꽃과 나무와 교감하는 것이 아닐까?

독자들이 더욱 정밀한 나무에 대한 건강 처방 정보를 원한다면 한의사를 통해 상담할 것을 권한다. 아무쪼록 이 책이 나무에 대한 문화와 실용적인 건강상으로 지침서가 되기를 바란다.

십승지(十勝地) 휴휴산방(休休山房)에서

약산(藥山) 쓰다.

"생명은 돈 같은 것으로 사고팔 수 없다!"

인간의 최대 화두(話頭)는 행복과 건강이다. 인간이 땅에 존재할 때 생(生)과 사(死)는 끝없는 질문과 답변을 요구하지만, 죽음만큼은 해결할 수 없는 영원한 주제이다.

인류의 가장 큰 관심은 어떻게 하면 건강하게 오래 사는 것이다. 의학의 발전으로 100세 시대에 살고 있으나 문명과 문화가 점차 생겨나기 시작하면서 이제부터 인류는 오래 사는 장수의 비결에 더하여 어떻게 하면 건강을 오랫동안 유지하며 사느냐의 문제에 봉착하게 되었다.

우리가 사는 세상은 질병 공화국이라 해도 과언이 아니다. 사람은 잘못된 식습관과 생활양식과 환경변화에 의한 부작용의 산물로 각종 암, 고혈압, 당뇨, 혈관질환, 대사증후군, 비만, 아토피, 대상포진 등을 유발하고 더 나아가서는 非전염성 만성 질환들에 의해 무병장수의 꿈이 사라진 지 오래다.

인간에게 만병통치와 무병장수는 없다. 그동안 질병을 치료하는 병원은 코로나 19 바이러스에 속수무책이듯이 치료할 수 없는 대증요법(對症療法)으로 의학의 한계점이 이르렀다. 여기에 단 한 번도 경험하지 못한 코로나 창궐에서도 사느냐 죽느냐 차원을 뛰어넘어서 보다 건강한 삶의 질을 높이기를 원하고 있으나, 이를 극복하려는 수천의 방법과 대안으로서 한방이나 자연치유법을 활용하고 있으나 인류의 건강에 도전은 계속되고 있다.

고대 그리스 〈히포크라테스〉는 "사람이 고칠 수 없는 병은 자연에 맡겨라!"라는 말이 있듯이, 인체는 오묘해 스스로 몸을 치유할 수 있는 자생력을 가지고 있다. 자연치유는 자연이라는 것과 사람의 몸과 마음을 조화롭게 융화시켜 질병을 치유하기 위한

자가 면역력을 높여준다.

고대로부터 인간은 자연치유를 활용한 방법으로써 나무의 뿌리나 껍질, 잎, 열매들을 섭취함으로 병을 고치고 생명을 유지해 왔다.

동서고금(東西古今)을 막론하고 인체의 면역기능을 높여주고, 회복 능력을 향상해 주는 여러 종류의 자연적인 치료방식을 동원하는 방법 중에 음식 섭생을 통한 건강 유지의 방법으로 자연으로부터 찾으려고 노력하고 있다.

최근 건강과 관련하여 잘 먹고 잘 살자는 웰빙과 함께 먹거리에 관한 관심이 많아졌다. 현대인은 여러 가지의 자연요법 중에 질병 예방과 치료를 위한 방법으로 약용나무를 통해 질병을 예방하고 건강한 방법을 찾는다. 특히 약용나무가 더욱 주목받고 있으며 각종 방송과 신문 대중매체에서도 약용나무에 대한 정보들이 많이 다루어지고 있다.

농경사회에서는 경험할 수 없는 인터넷과 유튜브에서는 건강 정보가 넘친다. 예를 들면 특정 나무만 검색해도 수많은 정보를 알 수 있다. 농림수산식품부와 농촌진흥청·농업기술원·농업기술센터에서 육성하는 특화작물들도 산야초와 약용나무가 대부분이다.

오늘을 사는 우리는 약용나무의 가치와 인문학을 재조명하고 확산해 다양한 연구를 통해 인류의 건강에 기틀이 되어야 할 시점에 왔다고 본다.

예부터 우리 선인(先人)은 아는 것을 실천하지 못하면 살길을 놓치고, 알고자 하면 죽을 길에서 살 수 있다고 했다. 작년 초부터 올해에도 코로나 창궐로 고통을 받는 국민에게 새로운 생명의 선물이 되리라 확신한다.

이 책은, 오늘을 사는 독자에게 건강의 이정표가 되기를 소망하며, 생명의 소중함을 찾고 두드리는 자들에게는 바위를 뚫고 터져 나오는 마르지 않는 생명의 폭포수가 되리라 확신한다.

시온성 서재에서
보화(寶貨) 정로순 쓰다.

- 우리나라에 자생하는 목본 식물 · 덩굴 식물 중에서 우리가 몰랐던 150종을 선택하여 자연 분류 방식을 따르지 않고 편의에 따라 실었다.

- 학명의 표기는 산림청 "국가표준식물"을 기준으로 삼았다.

- 실용적으로 나무를 이용할 수 있도록 효능, 생약명, 이명, 분포, 형태, 약성, 약리 작용, 음용을 실었다.

- 본문에서 나무의 인문학이라 할 수 있는 우리가 몰랐던 꽃말, 상징, 문화, 쓰임새, 자랑, 식용과 약용, 나무를 위한 병충해, 번식, 식물의 신비한 세계 등을 실었다.

- 이 책에서는 통상 한의원이나 한약방에서 처방하는 방법을 기술했다. 민간 요법은 국립문화연구소의 "민간의학", 권혁세의 "약초의 민간요법", 안덕균의 "한국본초도감", 배기환의 "한국의 약용 식물", 정헌관의 "우리 생활 속 나무", 이유미의 "백가지 나무 이야기" 외 나무 저서와 필자의 저서 "나무 동의보감", "산야초 대사전", "효소 수첩", "약초 건강사전" 등과 참고 문헌에서 인용했다.

- 나무 병해 진단 · 방제 · 치료와 번식은 강천유의 "나무 병해 진단 · 방제 · 치료", 제갈영 · 손현택의 "한국의 정원&조경수 도감", 필자의 "나무 동의보감"에서 발췌했다.

- 각 나무의 부작용과 금기를 명기했다.

- 부록에 131종 약용 나무의 특허를 출현과 용어(나무, 한방, 효소)를 명기했다.

- 이 책은 나무의 인문학과 국민의 건강을 도모하는 목적이 있지만, 의학적 한의학 전문 서적이 아니므로 여기에 수록된 "식용과 약용으로 가치가 높다"에서 만들기(발효액, 청, 식초, 환, 약술 등)을 달여 먹는 것은 각 개인의 책임이며, 질환에 따라 꼭 음용하고자 할 때는 한의사의 처방을 받고 복용해야 한다.

- 이번 코로나 창궐(猖獗)에서 보았듯이 이 세상에 만병통치가 없다. 세상에서 단 하나뿐인 생명은 소중하고 귀하다는 것을 깨닫기 바란다. 그리고 지금 나의 건강은 그동안 먹어 왔던 식습관과 생활습관의 결과이기에 지금부터라도 식습관을 바꾸어야 너도나도 산다.

차 례

| 제1장 | **생활 속 나무**

| 제2장 | 우리 토종 나무

| 제3장 | 꽃이 아름다운 나무

| 제4장 | 덩굴나무

| 제5장 | 열매를 주는 나무

| 제6장 | 상징을 주는 나무

| 제7장 | 종교적 상징 나무

| 제8장 | 수액을 주는 나무

| 제9장 | 기름을 주는 나무

| 제10장 | 차로 음용하는 나무

| 제15장 | **우리가 몰랐던 신비한 식물의 세계** • 489

| 제16장 | **특허로 검증된 약용 식물** • 501

1

생활 속 나무

: 폐암, 이뇨, 신장 질환에 효능이 있는 :

느티나무 *Zelkova serrata*

| 생약명 | 괴목(槐木) : 뿌리와 껍질을 말린 것 | 이명 | 긴잎느티나무, 둥근잎느티나무 | 분포 | 시골 마을 근처

🌲 **형태** 느티나무는 느릅나뭇과에 속하는 낙엽성 교목으로 높이는 25m, 지름은 3m 정도이고, 잎은 긴 타원형이며, 가장 자리에 거치가 있고, 수피는 회갈색이고 오래되면 비늘처럼 떨어진다. 꽃은 4~5월에 암꽃은 가지 끝에 수꽃은 새 가지 끝에 핀다. 열매는 10월에 둥근 변구형으로 여문다.

- ●**약성** : 맛은 쓰고 달며, 성질은 평하다.
- ●**약리 작용** : 항암 작용
- ●**효능** : 항암(폐암), 시력, 불면증, 변비, 탈모, 두드러기, 대하증, 스트레스성 두통

🌿 **음용** : 늦은 봄 막 나온 새순을 따서 구증구포(九蒸九曝)하여 차(茶)로 마신다.

"고향을 생각나게 하는 느티나무"

🍃 느티나무의 꽃말은 운명이다.

우리나라에 보전, 유지되고 있는 노거수 느티나무에는 민족의 심성과 일상의 삶이 담겨 있다. 그래서 우리 조상들은 마을을 지키는 당산나무에 풍요와 귀신을 쫓은 힘이 있다고 믿었는데 그 대부분이 느티나무이다. 정월 대보름에 한마을에 한두 그루 노거목 느티나무 아래에서 마을 사람들은 건강과 장수, 풍년을 기원하고, 재앙과 각종 병을 피하고자 마을굿을 하거나 당산제(堂山祭)를 올린 것은 당산목으로서 마을의 수호신 역할을 한 것이다.

오늘날 날씨 예보가 없었던 전통 농경사회에서 느티나무는 한해 농사를 점치는 나무였다. 봄에 잎이 피는 모습으로 풍흉(豊凶)을 점쳤는데, 한꺼번에 많이 피면 풍년, 그렇지 않으면 흉년이 든다고 여겼다. 그래서 나쁜 일이 생길 때마다 느티나무가 먼저 운다고 여겨 "운나무"라 불리기도 했다. 필자는 우리 땅 시골 동네 입구의 느티나무는 대개 수백 년, 더러 천 년을 넘게 묵묵히 같은 자리를 지켜오면서 온갖 사연과 역사를 간직한 나무이기에 문화유산으로 보호를 받아야 한다고 생각한다.

한여름의 느티나무의 짙은 녹음은 마을 사람들에게 시원한 휴식처로 제공되기도 하지만, 목재는 단단하고 색상이 아름다워 국보와 보물, 신라 경주 천마총, 가야 고분에서 나온 관(棺), 부석사 무량수전, 사찰에서 쓰는 구시(큰 나무 밥통), 생활 소품인 장롱과 뒤주, 궤짝, 사방탁자, 무늬 단판, 마루판, 기구재, 민속공예품, 장승 등에 최적이었다. 지난 2000년 새천년을 맞아 산림청은 우리 민족의 인고(忍苦) 세월을 함께 하고 미래의 번영과 발전, 희망과 용기를 기약하려는 뜻에서 "밀레니

엄 나무"를 느티나무로 선정되었다.

🌿 느티나무는 식용, 약용, 조경수목, 가로수로 가치가 높다!

느티나무의 자랑은 잎, 목재, 뿌리이다. 새싹은 늦은 봄 막 나온 어린 새싹을 채취하여 끓은 물에 살짝 데쳐 나물로 먹는다. 약초로 쓸 때는 연중 나무껍질을 여름~가을에 채취하여 햇볕에 말려 쓴다. 한방에서 뿌리와 껍질을 말린 것을 "괴목(槐木)"이라 부른다. 시력에 다른 약재와 처방한다. 민간에서 익은 열매로 술이나 효소를 담가 관절염과 흰 머리카락을 검게 하려고 달여 먹었다.

🌿 느티나무 성분&배당체

느티나무 잎과 나무껍질은 혈액 순환에, 익은 열매는 고혈압과 부종에, 뿌리는 암세포 사멸 유도 물질 함유하고 있어 항암에 쓴다.

산림청 국립산림과학원과 서울대 수의과 대학 공동 연구에서 느티나무의 심재(心材)에서 추출한 약물을 25주 쥐 동물 실험에서 폐종양 발생률이 감소한 것을 발견하고 폐암 예방 및 치료 효능에 관해 항암제 특허를 취득했다.

🌿 느티나무를 위한 병해 처방!

느티나무에 진딧물이 발생할 때는 사이안화수소 훈증제 또는 티아클로피리드 액상 물풀이약을, 잎말이벌레 또는 흰불나방은 클로르피리포스 수화제 500배액을 살포한다.

TIP

번식 느티나무 종자가 5월에 갈색이 되었을 때 채취하여 모래에 섞어 보관한 후 내년 봄에 물에 하루 담근 후 파종한다.

: 혈전 용해 · 동맥 경화 · 중금속의 해독에 효능이 있는 :

소나무 *Pinus densiflora*

| **생약명** | 송지(生松脂) – 정제를 하지 않은 송진 · 송엽(松葉) · 송침(松針) – 솔잎을 말린 것, 송절(松節) – 가지와 줄기를 말린 것, 송화분(松花粉) – 송홧가루를 말린 것. | **이명** | 솔 · 솔나무 · 육송 · 적송 · 흑송 | **분포** | 전국 각지, 산 속 양지

🌲 **형태** 소나무는 소나뭇과의 상록침엽교목으로 높이는 20~35m 정도이고, 잎은 바늘 모양이고 짧은 가지 위에 2개씩 뭉쳐 나와 이듬해 가을에 잎과 함께 떨어진다. 꽃은 5월에 암수 한 그루로 피며, 수꽃은 타원형으로 새 가지 밑 부분에 노란색으로 피고, 암꽃은 새 가지 끝에 자주색으로 핀다. 열매는 이듬해 9월에 달걀 모양으로 여문다.

● **약성** : 따뜻하며, 쓰다.　● **약리 작용** : 혈압 강하 작용
● **효능** : 신진 대사 · 소화기계 · 순환기계 질환에 효험, 고혈압 · 골절 · 관절염 · 동맥 경화 · 중풍 · 구완와사 · 불면증 · 원기 부족 · 좌섬요통 · 타박상 · 신경통 · 설사

🌿 **음용** : 5월에 솔잎을 채취하여 끓은 물에 10~15개를 넣고 우려낸 후 차(茶)로 마신다.

"민족의 상징 소나무"

🍃 소나무의 꽃말은 불로장수이다.

우리 민족의 소나무에 대한 사랑은 유별나다. "소나무 아래 태어나 소나무와 더불어 살다가 소나무 그늘에서 죽는다"라고 할 정도로 소나무와 밀접한 관계를 맺고 살아왔기 때문이다. 조선 시대에 소나무 사랑이 특별했던 것은 소나무가 상징하는 선비 정신과 무관하지 않아 서예, 그림의 소재로도 가장 인기 있었다. 우리나라 소나무 종은 금강송, 금송, 은송, 미인송, 춘양목, 처진소나무, 참솔, 솔, 육송, 적송, 홍송, 여송 등 40여 종이나 있다. 우리 민족의 상징인 소나무가 지구 온난화로 인해 남부지방을 중심으로 위험하다. 특히 솔수염하늘소가 옮기는 재선충 위험이 가장 크다. 소나무 재선충은 목질 내의 조직 속에 서식하며 뿌리로부터 올라오는 수분과 양분의 이동을 방해하여 솔잎부터 시들어 말라 죽게 하는 소나무의 암(癌)으로 치사율은 100%로, 천적도 없으며, 아직은 치료 약도 없이 속수무책이다.

🍃 소나무는 식용, 약용, 조경수목으로 가치가 높다.

소나무의 자랑은 만병의 솔잎, 솔방울, 솔 씨, 송진, 속껍질, 뿌리, 마디, 뿌리에 생기는 송근봉(松根棒)과 복령, 송이버섯, 솔가지에 기생하는 송라(松蘿), 숯까지 모두 약재로 쓰는 영약(靈藥)이다. 꽃가루는 다식, 솔잎은 송편을 찔 때와 차(茶)·식혜·술·식초·효소, 줄기와 속껍질은 솔기떡, 씨를 받아서 죽, 송진은 고약(膏藥), 소나무 아래에서 나는 송이버섯, 적송에서 생기는 백복령(白茯笭)과 해송의 뿌리에서 적복령(赤茯笭)이 난다. 소나무에는 인체의 6대 원소인 유황이 함유돼 있어 세포

복령 송근봉

의 변질과 손상에 의한 염증과 혈관 질환에 좋다. 소나무가 아닌 육송 솔잎으로 효소를 만들 때는 보통 용기에 솔잎을 물로 씻고 물기를 뺀 다음 설탕을 녹인 시럽을 재료의 30%를 붓고 한 달 후에 솔잎이 발효되기 시작하며 송진이 위로 뜰 때 송진만을 걷어 내고 1년쯤 발효를 시킨 후에 음료나 발효액으로 음용한다.

한방에서 정제하지 않은 송진을 "생송지(生松脂)" · 솔잎을 말린 것을 "송엽(松葉) · 송침(松針)", 가지와 줄기를 말린 것을 "송절(松節)", 송홧가루를 말린 것을 "송화분(松花粉)"이라 부른다. 혈관 질환에 다른 약재와 처방한다. 치주염 · 치은염에는 어린 솔방울을 달인 물로 입안을 수시로 헹군다.

🌿 소나무 성분&배당체

소나무 잎에는 정유, 열매에는 지방 · 단백질 · 탄수화물, 뿌리에는 수지(樹脂 · 송진) · 정유 · 틴닌(tannin), 키르세틴(quercetin)이 함유돼 있다.

🌿 소나무를 위한 병해 처방!

소나무 재선충 확산 이후 감염 우려 지역의 소나무에 미리 항공방제, 약제 살포, 이동방지를 통해 소나무 건전 목을 보호해야 한다. 소나무에 살 선충제를 주입하여 예방하거나 피해목을 벌채하여 메탐소디움 원액을 살포하고 신속히 비닐로 밀봉을 하거나 소각해 버린다.

> **TIP**
>
> **번식** 소나무는 다른 나무에 비해 잔뿌리가 많지 않아 뿌리에 흙이 많은 상태에서 새끼줄로 돌림을 하지 않으면 옮겨 심어도 바로 고사(枯死)한다. 가을에 소나무 솔방울 따서 껍데기를 제거한 후 건조해 씨앗이 나오면 겨우내 종이봉투에 보관했다가 이듬해 봄에 뿌린다. 꺾꽂이(꺾꽂이)를 할 때는 특수 살균이 요구된다.

: 당뇨병 · 피부염 · 위염에 효능이 있는 :

무궁화 *Hibiscus syriacus*

| **생약명** | 목근피(木槿皮) – 가지와 뿌리 껍질을 말린 것, 목근화(木槿花) – 꽃을 말린 것 | **이명** | 목근 · 순화 · 근화 · 목근 · 순영 · 번리초 | **분포** | 중부 이남

🌿 **형태** 무궁화는 아욱과의 낙엽활엽관목으로 높이는 3~4m 정도이고, 잎은 어긋나고 잎몸은 마름모로 달걀꼴이고 가장자리에 불규칙한 톱니가 있다. 꽃은 7~8월에 새로 자란 가지의 잎 겨드랑이에서 1개씩 피고, 열매는 10월에 타원형의 삭과로 여문다.

- **약성** : 목근피(서늘하고, 달고, 쓰다) · 목근화(달고 쓰고, 차갑다.)
- **약리 작용** : 항균 작용 · 해독 작용 · 혈당 강하 작용 · 이질균의 발육 억제 작용 · 살충 작용
- **효능** : 부인과 · 순환계 · 피부관 질환에 효험, 줄기 및 뿌리껍질(당뇨병 · 심번 불면 · 치질 · 탈항), 잎(해열 · 적백리 · 적체), 꽃(해열 · 살충 · 피부염 · 이질), 대하증 · 기관지염 · 비염 · 원형탈모증 · 위산과다증 · 위염 · 인후염 · 장염 · 천식

🍵 **음용** : 5월에 막 나온 새순을 채취하여 그늘에 말린 후 끓은 물에 3~5잎을 넣고 우려낸 후 차(茶)로 마신다.

"대한민국 국화 **무궁화**"

🌿 **무궁화의 꽃말은 섬세한 아름다움이다.**

　우리나라 국민의 무궁화 사랑은 각별해 흰 꽃은 무구청정(無垢淸淨)을 상징하고, 진홍빛 화심(花心)은 태양처럼 붉고 뜨거운 마음으로 보았다. 무궁화 꽃 하나하나는 아침에 온 생명을 다꽃이 피우고, 해가 지면 하루 만에 떨어진다. 7월부터 10월까지 100여 일 동안 2000~5000여 종이의 꽃을 끊임없이 새로 피우고 이어지기 때문에 무궁한 영화로 보았다. 무궁화를 조선시대 강희안이 쓴 〈화암구품〉에서 9품에 넣었고, 과거에 급제한 사람에게 무궁화를 하사했고, 왕실의 진찬(珍饌)에도 무궁화를 어사화(御史花)로 꽂았다. 대한민국 최고 무궁화 대훈장은 대통령과 우방 대통령 등 원수에게 수여하고 있다. 일제로부터 해방을 맞은 후 3년간 미소(美蘇)에 의한 군정(軍政)을 거쳐, 건국 초대 이승만 대통령이 국기(國旗)의 국기 봉으로 무궁화가 선정되었다. 한때 무궁화가 전국적으로 우리나라에서 자생하지 않는다고 하여 1956년 식물학자, 교수, 언론인별로 지상 논쟁과 논란이 계속되었으나 무궁화가 지닌 높은 기상과 고결함 때문에 나라꽃으로 정했다. 이후 전국적으로 무궁화 심기 운동이 꾸준히 전개된 덕분으로 지금은 무궁화가 없는 곳을 찾기가 어렵고, 그동안 수없이 많은 품종이 개발돼 지금은 200여 종이나 된다. 무궁화가 우리나라 국화로 공인되기까지는 우여곡절도 많았다. 일제는 무궁화 말살 정책으로 모조리 뽑아 불태우기까지 했다. 이런 무궁화가 우리나라 국화로 선정되기까지는 1907년 윤치호가 애국가 후렴에서 부를 때부터였다. 당시 동아일보에서 1925년 10월 25일 "조선 국화 무궁화의 내력"이라는 칼럼을 썼고, 어어 안창호가 국수(國粹) 운동

을 일으킨 덕분이다. 구한말 황성신문은 나라의 앞날을 예측할 수 없었던 시절 나라꽃으로 무궁화보다는 복숭아꽃으로 바꾸어야 한다고 하여 위기를 맞기도 했다.

🍃 무궁화는 식용, 약용, 관상용, 정원수로 가치가 높다!

무궁화의 자랑은 꽃, 잎이다. 무궁화 어린잎은 나물로 해 먹거나 차(茶)로 대용한다. 꽃이 활짝 피기 전에 따서 꽃술을 제거한 후에 그늘에 말려 쓴다. 조선시대 왕실에서 무궁화 꽃봉오리를 쪄서 향신료와 간장으로 맛을 내어 먹기도 했다. 약초만들 때는 늦은 봄에 잎을 따서 그늘에, 4~6월에 가지와 뿌리를 채취하여 햇볕에 말려 쓴다. 한방에서 가지와 뿌리껍질을 말린 것을 "목근피(木槿皮)", 꽃을 말린 것을 "목근화(木槿花)"라 부른다. 부인과 질환(피부병)에 다른 약재와 처방한다. 민간에서 세균성 이질에는 꽃을 가루 내어 2~4g을 물에 달여 복용했다.

🍃 무궁화 성분&배당체

무궁화 꽃에는 플라보노이드 · 사포닌, 열매에는 유분(油分) · 토코페롤과 베타-시토스테롤, 수피에는 타닌이 함유돼 있다.

🍃 무궁화를 위한 병해 처방!

무궁화에 입고병이 발생하지 않게 하기 위해서는 여름에 물 빠짐을 좋게 해준다. 무궁화 푸사리움 가지마름병에는 6~7월에 테부코나졸 수화제 1000배액을 월 2~3회 살포하고 병든 가지는 땅속에 묻는다.

TIP

번식 무궁화는 다른 나무에 비하여 토질을 가리지 않고 2년이면 종자로, 삽목(꺾꽂이)에 진딧물이 많이 발생하기 때문에 봄에 싹이 나기 전에 진딧물을 미리 방제하는 약제를 살포한다.

은행나무 *Ginkgo biloba*

| **생약명** | 백과(白果) – 씨를 말린 것 · 백과엽(白果葉) – 잎을 말린 것 | **이명** | 은행목 · 압각수 · 공손수 · 은빛 살구 · 처녀의 머리 · 백과근 · 백과엽 | **분포** | 전국 각지, 가로수 식재 · 인가 부근 · 향교 |

🌿**형태** 은행나무는 은행나뭇과의 낙엽활엽교목으로 높이는 5~10m 정도이고, 잎은 어긋나고 부채꼴이며 잎맥은 2개씩 달리고, 잎의 가장자리가 밋밋한 것이 많다. 꽃은 암수 딴 그루로 4월에 짧은 가지에 잎과 암수꽃은 미상 꽃차례를 이루며 녹색으로 피고, 열매는 10월에 둥근 핵과로 여문다. 열매의 겉껍질에서는 역한 냄새가 난다.

● **약성** : 평온하며, 달고, 쓰고, 떫다.　● **약리 작용** : 혈관 정화 작용
● **효능** : 성인병 · 순환기계 · 호흡기계 질환에 효험 · 혈전 용해 · 심장병 · 고혈압 · 당뇨병 · 관상동맥 질환 · 거담 · 뇌졸중 · 대하증 · 말초 혈관 장애 · 식체 · 야뇨증 · 요도염 · 위염 · 종독 · 치매 · 협심증 · 해수 · 천식

🌱 **음용** : 가을에 익은 열매의 과육을 벗겨 내고 껍질을 까서 알갱이를 구워 먹는다.

"식물의 화석 은행나무"

🌿 **은행나무의 꽃말은 장수이다.**

지구상에서 은행나무는 오랜 시간 인류와 함께한 식물로 고생대 지대에서 3억 년 전에 은행나무 화석이 발견되기도 해 "살아 있는 식물화석"이라는 이름이 붙여졌다. 조선시대 홍만선(洪萬選)이 쓴 〈산림경제(山林經濟)〉에서 "은행나무를 신목(神木)이라 하여 악정(惡政)을 일삼는 관원(官員)을 응징하는 상징으로 관가(官家), 향교(鄕校) 정원, 사찰(寺刹) 경내, 문묘(文廟) 등에 심었다"고 기록돼 있다. 중국 공자(孔子)의 행단(杏壇)에 노거수가 많고 왕족이나 위인들이 심는 명목(名木)과 기념식수는 은행나무가 차지한다. 은행이 살구(杏: 행)를 닮고, 중과피(中果皮)가 희다(銀·은) 하여 "은행(銀杏)" 잎이 오리발을 닮았다 하여 압각수(鴨脚樹), 손자대(孫子代)에 가서야 열매를 얻는다고 하여 공손수(公孫樹)라는 이름이 붙여졌다. 조선시대 경칩 날에는 여자에게는 세모난 수은행, 남자에게는 두 모난 암은행을 보내 사랑을 표현하기도 했다. 은행나무는 공기 오염에 강하여 가로수로 많이 심기도 하지만 화재에도 강해 방화수(防火水)로 심는다. 은행나무에는 벌레가 얼씬도 못한다. 그래서 은행나무 밑에서 한여름 무더위에도 낮잠을 편히 잘 수 있다. 은행잎에는 독(毒)과 방충(防蟲) 효능이 있어 방바닥에 깔아 놓으면 개미와 바퀴벌레가 생기지 않는다. 재래식 해우소(解憂所·화장실)에 은행잎을 넣곤 했다. 최근 은행나무는 미세먼지와 오염된 도심의 공기를 정화하기 때문에 가로수로 주목을 받고 있고, 여름에는 푸름으로, 가을에는 노란 단풍으로, 평상시에는 곱게 물든 노란 은행잎으로 책갈피에 넣고 추억을 간직하는 나무다. 은행나무는 생활 속의 나무로 목재의 결이 좋고 단단하고

질이 아름다워 바둑판, 조각재, 가구, 밥상 재료로 널리 이용되고 있다.

🌿 은행나무의 자랑은 잎, 열매이다.

최근 약리 실험에 의하면 은행 열매는 폐 질환에, 잎은 혈관을 튼튼하게 하여 말초혈관의 저항을 감소시켜 주는 것으로 밝혀졌다. 혈관 질환으로 병원에서 처방을 받고 복용하는 "혈액 순환제"라고 알고 있는 "징코민"은 은행나무 잎으로 만들었다. 한방에서 씨를 말린 것을 "백과(白果)"·잎을 말린 것을 "백과엽(白果葉)"이라 부른다. 폐 질환에 다른 약재와 처방한다. 민간에서 기침과 천식에는 은행알을 굽거나 삶아서 그 즙과 함께 복용한다. 조선시대 〈연수서〉에 의하면 "배고픈 사람이 은행을 밥 대신 배불리 먹고 다음 날 죽었다"는 기록이 있듯이 열매와 씨에는 독성이 있으므로 한 번에 다량으로 먹어서는 안 된다.

🌿 은행나무 성분&배당체

은행나무 잎에는 플라보노이드·테르페노이드 성분이 함유되어 있어 고혈압·심장병의 의약품의 원료로 쓰고, 열매에는 생물 성장 호르몬인 "Cytokinin Gibberellin" 성분이 있어 자양강장제로 생식할 수 있고 혈액 순환에 효과가 있다.

🌿 은행나무를 위해 병해 처방!

은행나무 줄기마름병에는 헥사 코나 졸 유체, 자주날개무늬병에는 티오타네이트메틸 수화제, 어스렝이나방은 페니트로티온 유제 50% 1500배액을 살포한다.

TIP

번식 은행나무는 반드시 접목이나 삽목(꺾꽂이)하여 무성번식을 통해 증식시켜야 한다.

: 어혈 · 건선 · 지혈에 효능이 있는 :

동백나무 *Camellia japonica*

| 생약명 | 산다화(山茶花) – 꽃을 말린 것 | 이명 | 산다목 · 산다 · 다매 | 분포 | 제주도 · 남해안 섬 지방

🌿 형태 동백나무는 차나뭇과의 상록활엽교목으로 높이는 7~10m 정도이고, 잎은 어긋나고 타원형 또는 긴 타원형으로 가장자리에 물결 모양의 잔톱니가 있다. 앞면은 윤기가 있고, 뒷면은 윤기가 없다. 꽃은 2~4월에 잎 겨드랑이에서 1개씩 붉은색으로 피고, 열매는 10~11월에 둥글게 광택이 나는 홍갈색의 삭과로 여문다.

- ● 약성 : 차며, 쓰다.
- ● 약리 작용 : 종양 억제 작용
- ● 효능 : 운동계 · 외상 질환에 효험, 어혈 · 지혈 · 건선 · 화상 · 혈액 순환 · 지혈 · 산어 · 소종 · 토혈 · 장출혈 · 타박상 · 화상 · 월경 불순 · 이뇨 · 인후염 · 인후통

🌿 음용 : 2~4월에 꽃을 따서 그늘에서 말린 후 찻잔에 넣고 뜨거운 물을 부어 1~2분 후에 꿀을 타서 마신다.

"정열적 사랑의 상징 동백나무"

🍃 **동백나무의 꽃말은 그 누구보다도 사랑한다.**

꽃은 동서고금(東西古今)에서 아름다움의 상징이다. 옛사람들은 사람에게 인품(人品)이 있듯 꽃에는 화품(花品)이 있었고, 조선시대에는 정원에 무슨 꽃을 심었는지를 보고 그 주인의 인품을 가늠했다.

조선시대 사대부들은 선비의 청빈함과 기개의 표상으로 여겼고 민간 신앙에서 혼례식장에서 대나무와 함께 동백나무를 항아리에 꽂아 놓은 것은 생명을 이어준 다산(多産)으로 보았고, 귀한 손님을 맞을 때는 동백꽃으로 꽃꽂이해 놓고 동백 꽃차를 냈다.

동백나무가 좋은 것만을 상징한 것은 아니었다. 다른 꽃과 달리 동백은 꽃이 질 때 통째로 떨어진다. 불교에서 동백은 무상(無常)의 상징으로 여겨 사찰 주변에 심고, 가톨릭에서 순교자에 비유하기도 하는 것 또한 이와 무관치 않다. 그래서 오늘날 병문안을 하러 갈 때는 동백꽃을 들고 가지 않는 것도 그런 관념과 닿아 있다.

동백나무의 자랑은 꽃이다. 동백나무는 추운 겨울에도 상록의 잎새와 함께 진홍색 꽃을 피우는 게 큰 매력이다. 그래서 그런지 추운 겨울에 꽃을 피운다고 하여 "겨울의 장미"로 부른다. 붉은 꽃잎과 샛노란 수술, 윤기 나는 잎사귀가 조화를 이룬 모습이 가까이서 볼수록 아름답다.

🍃 **동백나무는 식용 약용, 관상용 공업용으로 가치가 높다!**

동백나무 열매를 10~11월에 따서 정제한 후 기름을 짜서 식용유로 식용하거나

동백나무 고목 벌 때

머릿기름으로 쓴다. 화장품 원료, 물유(物油), 고약(膏藥), 등유(燈油) 등으로 쓴다.

약초 만들 때는 2~4월에 꽃을 따서 그늘에 말려 쓴다. 발효액 만들 때는 10~11월에 열매를 따서 용기에 넣고 재료의 양만큼 설탕을 붓고 100일 정도 발효시킨 후에 발효액 1에 찬물 3을 희석해서 음용한다.

한방에서 꽃을 말린 것을 "산다화(山茶花)"라 부른다. 어혈에 다른 약재와 처방한다. 민간에서 지혈·어혈·혈액 순환에는 꽃 10g을 물에 달여서 차로 마신다. 화상에는 꽃가루를 환부에 바른다.

🌿 동백나무 성분&배당체

동백나무 꽃에는 안토시아닌, 잎에는 카테콜, 열매에는 지방유·트수바키—사포닌, 열매 속의 종자에는 올레인산·포화 지방산이 함유돼 있다.

🌿 동백나무를 위한 병해 처방!

동백나무 탄저병에는 만코제브 수화제 500배액을 6~9월에 4~5회, 백조병(흰말병)은 5~6월에 코퍼하이드록사이드수화제를 7~10일 간격으로 2~3회, 알터나리아엽고병은 피해 발생 시 옥신코퍼 수화제 1000배 희석액을 여러 차례, 회색 고약병은 잎 나오기 전 동기에 결정 석회화 합제 500배 희석액을 1회 살포한다.

TIP

번식 지구상 식물은 다양한 방법으로 가루받이를 통해 씨를 만든다. 예를 들면 곤충이 꽃가루를 옮기든가, 바람에 의해, 스스로 하던가, 뿌리에서 흡수한 물이 가루받이한다. 동백나무는 이식력이 약해서 옮겨심기가 쉽지 않다. 동백나무는 꽃잎이 화려해 향기가 진하고 꿀샘이 있어 백안작(白眼雀)이라는 동박새(사진)가 꽃가루받이해준다.

: 스트레스, 홧병, 가슴이 답답한 증상에 효능이 있는 :

대나무 *Bam busoideae*

| **생약명** | 죽엽(竹葉) – 잎을 말린 것 | **이명** | 산죽 · 죽실 · 죽미 · 야맥 | **분포** | 경기 이남, 산 경사면의 대나무밭

🌿**형태** 대나무는 늘 푸른 큰키나무로 높이는 10~20m 정도이고, 잎가장자리는 잔톱니가 있고, 줄기는 녹색으로 곧게 자라고 속이 피어 있고, 마디 사이가 길고 마디에서 2개의 가지가 난다. 꽃은 6~7월에 드물게 꽃이 피고, 열매는 9~10월에 붉은빛이 도는 포도알 모양으로 여문다.

- **약성** : 차며 달다.
- **약리 작용** : 청열 작용
- **효능** : 풍증 질환에 효험, 화병 · 심열과 위열로 인해 가슴 속이 답답한 증상

🍵**음용** : 봄에 어린싹을 채취하여 잘게 썰어 햇볕에 말린 후에 적당량을 찻잔에 넣고 뜨거운 물을 부어 1~2분 후에 꿀을 타서 마신다.

"조선시대 사대부 사군자 대나무"

🌿 대나무의 꽃말은 지조 · 절개 · 인내이다.

조선시대 선비들은 대나무(竹)가 사계절 푸르고 곧게 자라기 때문에 지조와 절개의 상징으로 "매화(梅花)", "난초(蘭草)", "국화(菊花)"와 함께 "사군자(四君子)"로 보았다. 유교적 가치관에 젖은 선비들은 지조를 지키기 위해 대나무를 처신의 척도로 삼았다. 전통혼례의 초례상에는 반드시 송죽(松竹)을 장식하여 송죽처럼 변하지 않고 절개를 지킬 것을 다짐하고 백년해로(百年偕老)를 기원했다. 한국에는 중부이남에서 왕대, 죽순대, 오죽, 솜대, 반죽, 관음죽 6종이 자란다. 대나무는 고엽제를 뿌려도 살아남을 정도로 생명력이 강하다. 우리 조상은 음력 5월 15일에는 대나무를 옮겨 심어도 잘 자란다고 하여 "죽취일(竹醉日)"로 정했고, 정월 초에는 복(福)조리 팔았고, 섣달 그믐날 밤에 자정이 넘으면 복조리를 담 너머로 던져주는 민속놀이가 성행했다. 대나무에 신령(神靈)이 머문다고 생각해 청죽(靑竹)을 세워서 신체(神體)로 보거나 신(神)의 강림 처로 믿어 신대(神竿)를 세우곤 했다. 부모님이 돌아가셨을 때 상주(喪主)가 부친상(喪)에는 대나무를, 모친상(喪)에는 버드나무 지팡이를 짚었다. 식물도감에는 풀(草) 초(艸)를 거꾸로 쓰면 대(竹) 죽(竹)이 된다. 대나무를 나무(木)로 불러야 할까 아니면 풀(草)로 불러야 할까? 대답은 쉽지 않다. 나무는 줄기를 가지고 있고 땅 위에서 해마다 밑동이 굵어져야 하지만, 풀은 1년 동안은 땅 위에서 계속 자라지만 그다음 해는 계속하여 자라지 않는다. 중국 이시진이 쓴 〈본초강목(本草綱目)〉에서 "대나무를 비목비초(非木非草)라 하여 거꾸로 된 풀이다"라고 기록돼 있다. 풀로 봐야 옳지만, 대나무를 풀로 취급하기에는 이해가 안 되어 우리

조상들은 대나무를 풀과는 달리 몇 해를 두고 잎이 죽지 않고 줄기가 수십 년 동안 살아 있으니 나무로 불렀다. 대나무는 시골집에서는 울타리로, 일상 생활에서 활, 화살, 창, 대금, 퉁소, 피리, 항주리, 합죽선, 참빗, 담뱃대, 필통 등으로 쓰였다.

🌿 대나무는 식용, 약용, 조경용으로 가치가 높다.

대나무의 자랑은 식용이다. 죽순으로 죽순밥 · 죽순채 · 죽순탕 · 죽순 정과 · 죽순회 · 죽순 냉대 · 죽순 장아찌 등으로 요리해서 먹는다. 생활용품으로 소쿠리, 채반, 김발이, 필통, 붓 통, 죽침(竹枕), 낚싯대, 대자리(竹席), 옷걸이, 방석, 합죽선(부채), 죽비(竹篦 · 머리빗), 악기(퉁소, 대금, 장구채 등), 담장(울타리), 무기 – 죽창(竹槍), 죽도(竹刀), 화살 등으로 다양하게 쓴다. 한방에서 댓잎을 "고죽엽(苦竹葉)"이라 부른다. 마음 병(화병)에 다른 약재와 처방한다. 몸이 냉한 사람은 먹지 않는 게 좋다. 민간에서 어자의 질염을 치료할 때 산죽(山竹)을 진하게 달여서 마셨다.

🌿 대나무 성분&배당체

대나무 새순(댓잎)은 화병 · 폐 질환(거담 · 구갈(口渴)), 열매는 기운을 돕고, 뿌리는 염증 · 중금속 해독에 좋고, 대나무 수액과 숯을 쓴다.

🌿 대나무를 위한 병해 처방!

대나무 붉은 떡병에는 햇빛을 적당히 받도록 대나무가 바람이 잘 통하도록 솎아내기를 하고 감염된 대나무는 소각하거나 땅속에 묻는다.

> **TIP**
>
> **번식** 대나무는 다른 나무에 비하여 땅속에 붙은 모죽(母竹)으로 하는데 몇 년이 지나면 주변이 대나무 숲이 된다.

: 위염 · 변비 · 소화 불량에 효능이 있는 :

사과나무 *Malus pumila a r . d o m vestica*

| **생약명** | 평과(平果) – 열매 | **이명** | 임과 · 임금 | **분포** | 전국 각지의 과수 농가에서 재배

🌿**형태** 사과나무는 장밋과의 낙엽활엽교목으로 높이는 3~6m 정도이고, 잎은 어긋나고 타원형 또는 넓은 타원형으로서 끝이 짧게 꼬리처럼 길어져 뾰쪽하고 가장자리에 얕고 둔한 톱니가 있다. 꽃은 4~5월에 잎과 함께 가지 끝 부분의 잎겨드랑이에서 나와 산형 총상 꽃차례의 분홍색으로 피고, 열매는 8~9월에 둥근 핵과로 여문다.

- ●**약성** : 평온하며, 달다.
- ●**약리 작용** : 혈당 강하 작용
- ●**효능** : 위경 · 췌장 질환에 효험, 위염 · 폐질환 · 감기 · 강장 보호 · 구충(요충) · 변 · 화상 · 구토 · 하리 · 당뇨병 · 뇌졸중 · 소화 불량 · 동맥 경화 · 곽란 · 복통 · 이질 · 불면증 · 암(대장암) · 위궤양 · 위산 과다증 · 저혈압 · 치매증

🌿**음용** : 4~5월에 꽃을 따서 찻잔에 넣고 뜨거운 물을 부어 1~2분 후에 꿀을 타서 마신다.

"사랑을 상징하는 사과나무"

🍃 **사과나무의 꽃말은 유혹이다.**

사과는 인간의 지적 욕구와 탐구 정신을 담고 있을 정도로 인간과 함께한 과실이다. 뉴턴이 집 정원에 심어져 있는 사과나무 옆에 서서 무심코 떨어지는 사과 한 알을 보며 만유인력의 원리를 발견하여 자연계의 비밀을 밝혔고, 사람의 눈동자는 영어로 "눈의 사과(apple of the eye)"를 뜻한다. 일찍이 스피노자는 "내일 지구의 종말이 올지라도 나는 한 그루의 사과나무를 심겠다"라고 한 것은 인생관과 가치관을 의미하는 것이 아닐까? 예부터 꿈에 사과를 보면 기쁜 일이 생긴다고 믿는 속설을 믿었고, "사과나무가 있는 집의 딸은 귀인에게 시집을 간다"라고 할 정도로 부귀를 상징한 나무로 여겼다. 오늘날 사과는 붉은색과 하트 모양을 닮았기 때문에 연인과 친구 간에 사랑을 상징하기 때문에 사과를 주는 행위는 사랑의 고백을 의미하기 때문에 사과 꽃은 신부의 치장에 자주 등장한다. 그래서 사과는 사랑하는 사람과 나누어 먹는데, 배는 연인이나 친구 사이에는 선물하거나 나누어 먹지 않는 관습이 있었다. 예부터 사과나무, 감나무, 복숭아나무로 불을 지피지 않을 정도로 대접을 받았다. 사과는 맛이 달아 "능금(林檎)"이라 하여 임금님의 수라상에 꼭 진상되었을 정도로 귀한 대접을 받았다. 그리고 제액소복(除厄昭福)이라 사과가 액(厄)을 몰아내고, 복(福)을 부르는 삼색 과일이라 하여 산신제(山神祭)나 조상(祖上)의 제사(祭祀)에 빠지지 않는다.

중국 이시진이 쓴 〈본초강목〉에서 "덜 익은 능금은 맛은 떫으나 약(藥)으로 쓸 수 있다"라고 〈향토 의학〉에서 "사과는 화상·버짐·두드러기에 사과 초를 만들어 환부에 바른다", 〈전남본초도설〉에서 "사과 껍질은 반위토담(反胃吐痰)을 치료한다"라고 기록돼 있다.

🍃 **사과는 식용, 약용, 관상용, 공업용으로 가치가 높다!**

사과나무의 자랑은 열매이다. 아침에 먹는 사과는 금(金)이요, 낮에 먹는 사과는 은(銀)이요, 저녁에 먹는 사과는 동(銅)이라 했듯이, 영양이 풍부해 건강상으로 광범

위하게 쓰이기 때문에 보통 평과(苹果)로 부른다. 한방에서 열매를 말린 것을 "평과 (苹果)"라 부른다. 소화기 질환과 변비에 다른 약재와 처방한다. 사과의 씨는 소량 의 독이 있어 먹지 않는다. 민간에서 변비에는 사과를 강판에 갈아 즙을 내어 공복 에 먹는다. 화상에는 사과로 연고를 만들어 바르기도 했다. 차로 마실 때는 4~5월 에 꽃을 따서 찻잔에 넣고 뜨거운 물을 부어 1~2분 후에 꿀을 타서 마신다.

🍃 사과나무 성분&배당체
사과에는 사과산·주석산·포도당·과당·폴리페놀·펙틴·플라보노이드·비타민 C·탄닌이 함유돼 있다. 사과 껍질에는 펙틴이 함유되어 있어 위장 운동을 도와준 다. 사과는 소화를 촉진하기 때문에 장(腸) 질환이나 변비가 있는 사람이 먹으면 좋 다. 칼륨이 많아 체내에 남아 있는 과잉나트륨을 배출하여 고혈압 예방에도 좋다.

🍃 사과나무를 위한 병해 처방!
사과나무 갈색무늬병에는 베노밀 수화제 1,500배액, 검은 병 무늬 병에는 디티 아논 수화제 1000배액, 겹무늬썩음병에는 만코제프 수화제 1,000배액, 부란병에 는 이미녹타딘크리아 세티이크 액제 500배액을 살포한다.

번식 사과나무를 종자 번식을 하면 잡종이 나오기 때문에 묘목 식재나 접목으로 해야 우량 종을 얻을 수 있다.

배나무 *Zizyphus jujubaa r . i n er mv is*

| 생약명 | 이과(梨果) − 열매 | 이명 | 이목 · 고실네 · 황실네 · 청실네 | 분포 | 전국 각지의 밭에 재배

🌿 **형태** 배나무는 장밋과의 낙엽활엽소교목으로 높이는 5~10m 정도이고, 잎은 어긋나고 달걀꼴 또는 넓은 달걀꼴로서 끝이 길게 뾰쪽하며 심장 모양이고 가장자리에 바늘 모양의 톱니가 있다. 꽃은 4~5월에 잎과 같이 오판화의 흰색으로 피고, 열매는 9월에 둥글며 핵과로 여문다. 껍질은 연한 갈색으로 속살은 희고 달다.

- **약성 :** 따뜻하며, 달다.
- **약리 작용 :** 혈압 강하 작용 · 혈당 강하 작용
- **효능 :** 호흡기계 질환에 효험,기침 · 거담 · 고혈압 · 기관지염 · 당뇨병 · 백전증 · 비만증 · 이뇨 · 해열 · 토사곽란 · 변비 · 옴 · 복통 · 설사 · 암(예방) · 중독(과일) · 피부미용(피부 보습) · 피부병
- 🍃 **음용 :** 4~5월에 꽃을 따서 찻잔에 넣고 뜨거운 물을 부어 1~2분 후에 꿀을 타서 마신다.

"도가(道家)에서 마음을 치유했다는 배나무"

🌱 **배나무의 꽃말은 환상이다.**

배는 조선시대 때 왕실에서 재배되었을 정도로 특별한 과일이었고, 제사 문화에서 희망과 상서로움, 높은 벼슬, 건강과 지혜를 상징하여 대추, 밤, 감과 함께 올렸다. 조선의 선비 문인(文人)은 하얀 배꽃을 이화(梨花)를 소재로 한 노래가 자주 등장했다. 예부터 도가(道家)에서 선(禪)이나 기(氣)를 수련하는 사람이 배를 즐겨 먹었다. 중국 당나라 무종왕(武宗王)이 오랫동안 앓았던 "마음의 병"을 한 도인(道人)이 배즙으로 치료했다는 속설이 전한다. 배나무는 매끄럽고 단단하여 염주 알, 다식판, 주판알에 쓰고, 세계문화유산인 팔만대장경 일부도 돌배나무로 만들었다.

배나무는 전 세계에 20여 종이 있는데, 크게는 돌배나무 일종인 일본 배, 중국 배, 서양배로 나뉜다. 우리나라는 질 좋은 배 생산국으로 돌배나무, 산돌배, 산배의 변종인 참배·문배·청실배 등이 있다. 현재 우리나라에서 재배하고 있는 품종들은 대부분이 일본 배로 지금 우리가 먹는 탐스러운 배는 돌배나무에 배나무를 접붙인 품종이다. 전북 진안 마이산 은수사(銀水寺)에서 자생하는 청실배나무는 조선을 개국한 이성계와 관련이 있다. 고려 말 이성계는 마이산에 입산하여 구국(求國) 기도를 올리고 그 증표로 배 씨앗을 심었는데 그것이 터져 자라 수령이 약 650년 정도나 된다. 천연기념물 제386인 청실배나무의 높이는 약 18m, 둘레는 3m 정도이고, 가지는 동서남북으로 각기 7~9m 정도 된다. 구전심수(口傳心授)에 의하면, 심은 지 300년 만에 꽃이 피고 300년 만에 열매가 열린다는 전설 속에 등장하는 나무였다. 오늘날 개량종인 배나무에 밀려 우리 토종인 청실배나무는 우리 땅 소

중한 자원이 아닐까?

🌿 배나무는 식용, 약용, 과수용으로 가치가 높다.

배의 자랑은 꽃과 열매이다. 전통적인 맥을 잇는 이화주(梨花酒)와 이강주(梨薑酒)는 봄에 하얀 배꽃 따서 술을 담그는 것을 이화주(梨花酒)라 하고, 배로 담근 술을 이강주(梨薑酒)라 한다. 전북 전주에서 이강주(梨薑酒)와 배+생강+꿀=이강고(梨薑膏·기침약)의 명맥을 이어오고 있다.

배는 과일 중에서 수분이 많고 시원하고 상큼한 맛을 주기 때문에 주로 생 과로 이용되고, 동치미를 담글 때, 고기를 재는데, 육회를 먹을 때, 냉면이나 김치를 담글 때 등에 이용되고, 통조림, 과일즙, 잼, 식초, 사탕 조림, 약용 등으로 다양하게 이용된다.

한방에서 열매를 "이과(梨果)"라 부른다. 폐 질환에 다른 약재와 처방한다. 민간에서 기침과 기관지염에는 생 배를 먹는다. 소고기를 먹고 체했을 때는 생 배를 먹는다. 고혈압에는 말린 배껍질을 달여 복용한다. 원기(元氣)가 부족하여 기력(氣力)을 회복하고자 할 때는 배에 꿀을 넣고 통째로 구워 먹는다.

🌿 배나무 성분&배당체

배나무 열매에는 수분이 많고 당분이 10~14%, 칼륨·비타민C·폴리페놀·플라보노이드가 함유돼 있다. 배의 껍질에 있는 오돌토돌한 돌세포는 대장암, 후두암을 예방하고 혈중 콜레스테롤을 감소시키고, 몸속 나트륨과 발암 물질을 체외로 배출시키는 것으로 밝혀졌다.

🌿 배나무를 위한 병해 처방!

배나무 붉은별무늬병이나 잎검은점병에는 트리플록시스트로빈 입상수화제 400배액을 살포한다. 겹무늬병에는 열매에 봉지 씌우기로 예방한다.

TIP

번식 가을에 배나무 익은 열매를 따서 과육을 제거하고 종자를 충적저장 후 이듬해 봄에 파종한다.

: 신경통 · 불면증 · 고혈압에 효능이 있는 :

대추나무 *Zizyphus jujubaa r . i n er mv is*

| 생약명 | 대조(大棗) – 익은 열매를 말린 것 | 이명 | 갈매나무 · 조목 | 분포 | 전국의 마을 근처에 식재

🍃 **형태** 대추나무는 갈매나뭇과의 낙엽활엽교목으로 높이는 10~15m 정도이고, 잎은 어긋나고 달걀꼴 또는 긴 달걀꼴로서 광택이 있고 끝이 뾰쪽하며 밑이 둥글고 가장자리에 뭉뚝한 톱니가 있다. 잎자루에는 가시로 된 턱잎이 있다. 꽃은 5~6월에 잎 겨드랑이에서 취산 꽃차례를 이루며 황록색으로 피고, 열매는 9~10월에 적갈색 또는 암갈색의 핵과로 여문다.

● **약성** : 따뜻하며, 달고, 약간 쓰다.
● **약리 작용** : 혈압 강하 작용 · 진정 완화 작용 · 항알레르기 작용
● **효능** : 허약 체질 · 호흡기 질환에 효험, 신경통 · 불면증 · 고혈압 · 우울증 · 정신불안 · 심계 항진 · 강장 · 빈혈

🌿 **음용** : 말린 대추 10개+생강 10g을 배합해 다관이나 주전자에 넣고 약한 불로 끓여서 건더기는 건져 내고 국물만 용기에 담아 냉장고에 보관하여 차로 마신다.

"제사상에 첫 번째 올리는 열매 대추나무"

🍃 **대추나무의 꽃말은 처음 만남이다.**

조선시대 때는 임금에게 진상된 과일 중에서 첫 번째 챙기는 과일 중 경기도 과천과 충북 보은 지방의 대추였다. 우리 민족에게 나무가 상징하는 의미는 다양하다. 조상에 대한 제사상의 주된 과일을 "조동율서(棗東栗西)"라 하여 대추(棗:조), 밤(栗:율), 감(柿:시), 배(梨:리)을 올렸는데, 대추는 동쪽에 밤은 서쪽에 놓고 제사를 지냈다. 과일 열매를 음식의 고명이나 관혼상제와 제사에는 반드시 모양이 좋은 것을 공물로 귀하게 썼고, 결혼식 폐백을 할 때 전통적으로 대추 열매를 신부의 치마에 다산(多産)을 위해 던졌다.

조선시대 사대부는 정원에 나무를 심었는데, 안방 문을 열면 맞바라보이는 곳에 대추나무와 석류나무를 심었다. 집에 귀한 손님이 오면 주인은 오른손에는 대추(棗)를 담은 죽보(竹簠:대나무)를 들고, 왼손에는 밤(栗)을 담은 죽보를 든다는 빙례(聘禮)*라는 풍속이 있었다.

예부터 대추 열매의 붉은빛은 강한 생명력과 영원한 청춘의 표상으로 열매가 많이 열려 풍요와 다신(多産)을 상징한다. 대추 열매는 민속신앙의 택목주술(宅木呪術)의 대추는 아들과 관계가 있어 다남(多男)을 기원하는 상징물로 여겨 결혼식 폐백(幣帛)을 할 때 시부모가 며느리의 다홍실을 꿰어 새댁이 큰절을 하면 치마폭에 던져주는 것은 "아들딸 구별 말고 자식을 많이 낳아라"는 뜻이 담겨 있었다.

대추나무의 자랑은 열매(식용, 약용)와 나무이다. 부적(符籍)을 만드는 재료와 벼락을 맞은 대추나무(벽조목:辟棗木)를 최상으로 친다. 재목이 단단하여 도장, 목탁, 불상, 판목(版木), 떡메, 조각재, 인쇄용 판재, 공예품의 재료로 다양하게 쓰인다.

🍃 **대추나무는 약용, 식용, 정원용으로 가치가 높다!**

우리 속담에 양반 대추 한 개가 아침 해장, 대추를 보고 지나치지 말라고 할 정도고 건강에 좋다. 조선시대 허준인 쓴 〈동의보감〉에서 "대추는 맛이 달고 독(毒)

*물건을 권하고 선사하는 예절을 말한다.

이 없으며 속을 편안하게 하고 오장(五臟)을 보호한다. 오래 먹으면 안색이 좋아지고 몸이 가벼워지면서 늙지 않게 된다"라고 기록돼 있다.

대추나무는 식용과 약용으로 쓰는데, 대추를 말려 보관해 두었다가 떡, 약식, 대추 밥, 대추전병 등 여러 음식에 넣어 다양하게 먹었다.

한방에서 익은 열매를 말린 것을 "대조(大棗)", 대추 씨를 깨서 알맹이를 약재로 쓰기 때문에 "산조인(酸棗仁)"이라 부른다. 불면증에 다른 약재와 처방한다. 약물의 독성과 자극을 덜어주고 부작용을 중화시켜 감초와 조화를 잘 이루기 때문에 한약을 달일 때 빠지지 않고 꼭 들어간다. 민간에서 불면증에는 열매(산조인) 15g을 달여서 먹는다. 신체 허약에는 생대추나 대추차를 끓여 수시로 먹는다.

◢ 대추나무의 성분&배당체

대추나무 열매에는 단백질 · 당류 · 유기산 · 점액질 · 비타민A · 비타민 B² · 비타민C · 칼슘 · 인 · 철분, 뿌리에는 대추인, 나무껍질에는 알칼로이드가 함유돼 있다.

◢ 대추나무를 위한 병해 처방!

대추나무에 발생하는 진딧물, 빗자루병은 옥시테트라사이클린 수화제 200배액을 살포한다.

> **TIP**
>
> **번식** 대추나무는 종자와 뿌리에서 나오는 움돋이(萌芽)로 번식을 한다. 3월 하순에서 4월 초순경 멧대추나무를 대목으로 하여 원하는 품종의 접수로 접목한다. 묘목을 심은 그해부터 결실을 보기 시작하는 단기 소득 작물로 2년째부터 상업용 수확이 가능하다.

밤나무 *Castanea crenata var. dulcis*

| 생약명 | 율자(栗子)-열매를 말린 것 | 이명 | 율목 · 율과 · 판율 | 분포 | 전국 각지, 양지바른 산기슭 · 밭둑

🍃 **형태** 밤나무는 참나뭇과의 낙엽활엽교목으로 높이는 10~15m 정도이고, 잎은 어긋나고 곁가지에는 2줄로 늘어선다. 긴 타원형으로 끝이 뾰쪽하고 밑이 둥글며 가장자리에 물결 모양의 톱니가 있다. 꽃은 5~6월에 암수한그루로 이삭 모양의 미상 꽃차례를 이루며 달려 핀다. 흰색의 수꽃은 새 가지의 잎겨드랑이에서 나온 꼬리 모양의 긴 꽃이삭이 많이 달려 곧게 선다. 암꽃은 수꽃이삭의 밑에 보통 2~3개씩 모여 달려 꽃턱잎으로 싸인다. 열매는 9~10월에 긴 가시가 고슴도치처럼 많이 돋은 밤송이 속에 다갈색의 속껍질에 싸여 1~3개씩 들어 있다.

● **약성** : 따뜻하며, 달다.   ● **약리 작용** : 항균 작용
● **효능** : 순환기계 · 피부과 질환에 효험. 꽃(신진 대사 · 설사 · 이질 · 혈변), 속껍질(가래), 태운 재(헐어 버린 입 안 · 옻 · 타박상), 강장보호 · 지양 강장 · 근골 동통 · 기관지염 · 위장 · 요통 · 신체 허약 · 원기 부족 · 지혈 · 발모제 · 화상 · 피부 윤택

🌿 **음용** : 5~6월에 꽃을 채취하여 찻잔에 넣고 뜨거운 물을 부어 1~2분 후에 꿀을 타서 차로 마신다.

"조상의 위패(位牌)를 만드는 밤나무"

🌰 밤나무의 꽃말은 포근한 사랑·정의이다.

　밤나무는 가을을 대표적인 과실로 결실과 풍요를 상징한다. 밤은 자식과 부귀(황색 껍질과 흰 알맹이)와 생명력을 상징한다. 관혼상제나 혼례 대례청에도 꼭 밤이 등장하고, 폐백상에는 시가 어른들에게 절을 하고 나면 절을 받는 사람이 밤과 대추를 던져주는 것은 자식을 많이 낳으라는 의식(儀式)이다. 조상에 대한 공경심 때문에 사당이나 묘를 세우는 위패를 만들 때는 꼭 밤나무를 쓰는 이유는 근본을 잊지 않는다는 깊은 뜻이 담겨 있다. 제사상에는 제물로 생밤을 올렸다. 밤나무 목재에는 타닌 성분이 많아 잘 썩지 않아 방부처리를 안 해도 잘 썩지 않는다. 백제 무령왕릉의 목관(木棺), 경주 천마총 내관의 목책(木柵)도 밤나무로 만들었다. 재질이 단단하고 탄성이 커서 승차감이 좋아 세계 각국은 철도 갱목으로 쓴다. 농경사회에서는 각종 농기구, 가구재, 건축재 등으로 이용되었고, 악기 재료(거문고)로 쓴다. 밤나무의 자랑은 꽃, 열매, 묵, 나무껍질이다. 꽃의 특유한 냄새는 "양향(陽香)"이라 하여 남자의 정충 냄새와 비슷해 남녀가 밤나무 아래서 교제를 하면 사랑이 이루어진다는 속설도 있다. 밤나무 목재는 재질이 단단하고 탄성이 커서 승차감이 좋아 세계 각국은 철도 갱목으로 쓴다. 타닌 성분이 많아 잘 썩지 않아 방부처리를 안 해도 잘 썩지 않는다. 백제 무령왕릉의 목관(木棺), 경주 천마총 내관의 목책(木柵)도 밤나무로 만들었다. 농경사회에서는 각종 농기구, 가구재, 건축재 등으로 이용되었고, 악기 재료(거문고)로 쓴다. 서양에서는 포도주를 보관하는 통으로 오크(oak)는 참나무로 쓰는데, 밤나무로 술통으로 쓰기도 한다.

밤나무는 식용, 약용, 관상용, 공업용으로 가치가 높다!

가을에 밤송이를 제거한 후에 알밤을 생으로 먹는다. 알밤을 밥에 넣어 먹거나 구워 먹거나, 약밥으로 먹는다. 밤 초, 밤 죽, 밤 떡, 밤 다식, 밤 송편으로 먹는다.

가을에 밤송이를 제거한 후에 알밤을 통째로 갈아 도토리묵을 만드는 것처럼 밤묵을 만든다. 약초를 만들 때는 가을에 밤송이를 제거한 후에 알밤의 겉껍질을 깎아 그늘에 말려 쓴다. 나무껍질은 수시로 채취하여 그늘에 말려 쓴다. 한방에서 열매를 말린 것을 "율자(栗子)" 또는 "율과(栗果)"라 부른다. 탈모에 다른 약재와 처방한다. 민간에서 신체 허약에는 밤을 수시로 먹는다. 껍질 달인 물로 술을 과음했을 때 주독(酒毒)에 쓰고, 원형 탈모나 대머리에는 밤송이 10개를 태워 가루를 참기름에 개어 하루에 3번 이상 머리에 문질러 3개월 정도 머리에 바른다. 옻독에는 잎을 짓찧어 환부에 바른다. 타박상에는 밤껍질 5g을 달인 물을 먹거나 바른다.

밤나무 성분&배당체

밤나무 꽃에는 알기닌, 열매에는 단백질 · 전분 · 지방 · 탄수화물 · 무기질 · 비타민 · 라파아제, 나무껍질에는 밤색소 · 터닌 · 요소케르세틴이 함유돼 있다.

밤나무를 위한 병해 처방!

밤나무에 탄저병이 발생할 때는 마이겐 수화제 500배액을 살포, 오리나좀에는 페니트로온 유제 50% 1000배액을 살포한다.

> **TIP**
>
> **번식** 밤나무는 가을에 채취한 종자를 톱밥과 1:1로 섞은 후 냉장 보관한 후 이듬해 봄에 그대로 거꾸로 5~6cm 깊이에 파종하고 흙으로 덮는다. 2~3년에 결실하고, 좋은 품종은 꼭 접목과 같은 무성증식을 해야만 한다.

: 딸꾹질 · 숙취 해소 · 야뇨증에 효능이 있는 :

감나무 *Diospyros kaki*

| **생약명** | 시체(柿蒂) – 감꼭를 말린 것. | **이명** | 고종시 · 반시 · 곶감 · 연시 · 백시 · 오시 · 침시 | **분포** | 중부 이남 과수로 식재

🌱**형태** 감나무는 감나뭇과의 낙엽 활엽 교목으로 높이 6~14m 정도이고, 잎은 어긋나고 가죽질이며 타원 모양 또는 달걀꼴의 넓은 타원형이다. 표면은 윤기가 나고 가장자리에 톱니가 없고 끝이 뾰쪽하다. 꽃은 5~6월에 양성 또는 단성화로 잎 겨드랑이에서 황백색으로 피고, 열매는 10월에 붉은색 원형의 장과로 여문다.

- ●**약성** : 평온하며, 쓰쓸하고, 떫다.
- ●**약리 작용** : 거담 작용 · 지혈 작용 · 혈압강하 · 관상 동맥의 혈류량 증가
- ●**효능** : 순환기계 · 신경기계 질환에 효험, 딸꾹질 · 숙취 해소 · 구토 · 야뇨증 · 혈당 · 고혈압 · 이뇨 · 중풍 예방과 치료 · 지사 · 설사 · 동맥 경화

🌿**음용** : 봄에 어린순을 따서 그늘에 말린 후 찻잔에 넣고 뜨거운 물을 부어 1~2분 후에 꿀을 타서 마신다.

"고향을 생각나게 하는 **감나무**"

🌱 감나무의 꽃말은 자애 · 소박이다.

고려 인종(仁宗) 때 〈고욤〉에 대한 기록이 있는 것으로 보아 당시 감이 재배되었던 것으로 보인다. 조선시대에는 임금에게 올리는 진상물이었고, 의식(儀式)이나 제물(祭物)로 올려졌고, "건시(乾柿)와 수정과를 먹었다"고 기록돼 있다. 우리 조상은 황금빛 나는 감의 껍질 색깔 속에 신선(神仙)이 마시는 물이 들어 있다 하여 잘 익은 감을 금의옥액(金衣玉液)이라 했다. 감나무 고목(古木)은 득남(得男)과 자손의 번창을 기원하는 신앙의 상징으로 보았다. 그래서 오래된 고택이나 100년 된 감나무에는 감이 1000개 열린다고 하여 집 안에 반드시 감나무를 심었다. 생활에서 감나무를 땔감으로 사용하면 불행이 온다고 하여 사용하지 않았고, 감꼭지를 달여 그 물을 먹으면 유산(流産)을 방지할 수 있다 하여 임산부가 먹었다. 우리 조상은 감나무에 대하여 풍류(風流)를 즐겨 "땅에 감나무 단풍잎에 시(詩)를 쓴다"고 할 정도로 감나무를 좋아했다. 조선시대 농경사회에서 감잎으로 음식을 싸서 보관하였고, 풋감으로 감물을 만들어 방습제 · 방부제 · 염료로 사용했고, 재목은 단단하고 무늬가 아름다워 고급 가구재로 쓴다. 우리 조상은 감나무에 대하여 "수명이 길고, 녹음이 좋고, 날짐승들이 집을 짓지 않고, 벌레가 없고, 단풍잎이 아름답고, 과일이 좋고, 낙엽은 거름이 된다"라고 감나무의 칠덕(七德)으로 예찬하였다. 이른 봄에는 감나무 연두색의 어린잎, 한여름에는 짙은 녹색의 풍성한 그늘, 가을에는 붉게 물드는 단풍, 겨울에는 앙상한 가지에 얹힌 하얀 눈이 사계절에 걸쳐 관상 가치가 높다. 감나무에서 열매를 딸 때는 가지를 꺾어 주어야 해거리를 하지 않는다.

고욤나무

✔ 감나무는 식용, 약용, 관상용, 공업용으로 가치가 높다!

감은 주로 생감이나 홍시 열매를 먹는데, 고종시(高宗柿: 어린 열매의 핵) · 반시(盤柿: 열매를 조각된 것) · 곶감(곶시:串柿) · 연시(軟柿) · 백시(白柿) · 오시(烏柿) · 침시(沈柿) 등으로 구분하고 식용한다. 한방에서 감꼭지를 말린 것을 "시체(柿蒂)"라 부른다. 딸꾹질이나 야뇨증에 다른 약재와 처방한다. 민간에서 딸꾹질에는 곶감에 붙어 있는 감꼭지 5g+감초 1g을 달여서 먹는다. 야뇨증에는 감꼭지+솔잎을 섞어 달여서 먹는다. 감식초를 만들 때는 단감 또는 홍시 100%를 용기에 넣고 6개월 후에 숙성시킨 후에 요리에 넣거나 찬물 3을 희석해서 음용한다.

✔ 감나무의 성분&배당체

감나무 열매에는 타닌 · 포도당 · 서당 · 과당, 열매꼭지(감꼭지)에는 하이드록시트릭터페닉산 · 베툴린산 · 올레아놀릭산 · 탄닌 · 포도당 · 과당 · 헤미셀룰로스, 뿌리에는 강심 · 사포닌 · 타닌이 함유돼 있다.

✔ 감나무를 위한 병해 처방!

감나무 뿌리혹병은 봄에 용인 인비에 석회질을 추가해 비료로 주던가 둥근무늬낙엽병(원성낙엽병)은 5월 중순에서 6월 하순에 만코제브 수화제 500배 또는 베노밀 수화제 2000배 희석액을 10일 간격으로 3회, 감나무 잎마름병은 태풍이나 강풍이 온 후 만코제브 수화제 500배액, 흰가루병 · 탄저병 · 감꼭지나방은 람다사이할로트린 수화제 1000배액을 살포한다.

> **TIP**
>
> **번식** 감나무는 좋은 형질의 감을 수확하기 위해서는 3월 하순에서 4월 초에 대목 연필 굵기 이상 고욤나무에 접목해야 한다.

복숭아나무 *Prunusr s i c a*

| **생약명** | 도화(桃花) – 꽃을 말린 것 · 도인(桃仁) – 씨의 알갱이를 말린 것. | **이명** | 복사나무 · 복상나무 · 도 · 도화수 · 선목 · 도핵인 · 탈핵인 | **분포** | 전국 각지의 과수 농가에서 재배

🌱**형태** 복숭아나무는 장밋과의 낙엽활엽소교목으로 높이는 3m 정도이고, 잎은 어긋나고 타원 모양의 댓잎피침형으로 양면에 털이 없고 가장자리에 작고 뭉뚝한 톱니가 있고 끝은 점차 뾰족해진다. 꽃은 잎보다 먼저 4~5월에 잎 겨드랑이에 1~2송이씩 옅은 홍색 또는 흰색으로 피고, 열매는 7~8월에 둥근 핵과로 여문다.

● **약성** : 따뜻하며, 달다.
● **약리 작용** : 거담 작용, 항염 작용
● **효능** : 통증 및 피부 중독에 효험, 니코틴 해독 · 거담 · 기관지염 · 기미 · 주근깨 · 식체 · 요로 결석 · 장염 · 해수 · 변비 · 부기 · 어혈 · 종통 · 타박상

🌿 **음용** : 말린 꽃 3~5송이를 찻잔에 넣고 따뜻한 물을 부어 2~3분 향이 우러나오면 마신다.

"동쪽으로 뻗은 가지는 축귀(逐鬼)의 상징 **복숭아나무**"

🌿 **복숭아나무의 꽃말은 매력 · 유혹 · 용서 · 희망이다.**

무릉도원(武陵桃源)의 선경(仙境)을 상징! 예부터 복숭아나무는 복사나무 · 도(桃) · 도화수(桃花水) · 선목(仙木) 등으로 다양하게 불리며 불로장생(不老長生)과 이상향(理想鄕)의 상징으로 보았다. 도교(道敎)에서 이상향은 복사꽃이 만발한 무릉도원(武陵桃源)이다. 우리 민족은 장수를 뜻하는 십장생(十長生)과 함께 복숭아가 주렁주렁 열린 모습을 배경으로 선경(仙境)을 그리고 장수를 기원했다. 조선 시대의 사대부 선비들이 문방(文房)에서 "청화백자진사채천도형연적(靑華白磁辰砂彩天桃形硯滴)"의 문양과 그림은 봄과 장수를 뜻하기 때문에 혼수와 혼례복 등에 자수품에 상징적 도상으로 썼고, 천도형(天桃形) 도장, 고려의 주전자와 청자연적, 조선의 백자연적, 그림, 병풍, 장식, 수(繡), 금박 등에 복숭아나무의 꽃과 잎, 열매를 그려 넣었다. 천도 복숭아의 문양(文樣)과 그림은 봄과 장수를 뜻하기 때문에 혼수와 혼례복 등에 수를 놓았다. 현대에 와서도 복숭아나무로 도장을 파면 장수한다고 믿었고, 아이가 태어나면 100일이나 돌 때는 반지에는 반드시 복숭아 모양을 새겨 건강과 장수의 염원을 담았다. 복숭아의 생김새 때문에 그런지 여성의 음문(陰門)으로 비유되기도 했는데, "복숭아를 많이 먹으면 속살이 찐다"는 속설이 있었다.

조선시대 홍만선(洪萬選)이 쓴 〈산림경제(山林經濟)〉에서 "도(桃 · 복숭아나무)는 100가지 귀신을 제(制)하니 선목(仙木 · 신선의 나무)이다"라 하여 심을 때는 햇살이 먼저 와 닿는 동쪽 담 가까이에 심었다. 정월 초에 대문에 복숭아나무로 인형을 조각하거나 복숭아나무 그림을 걸어 악귀(축귀 · 逐鬼)를 쫓는 풍습이 있었다. 무당(巫堂)들

이 귀신을 쫓을 때 동도지(東桃枝 · 복숭아나무 가지)를 꺾어 들고 휘둘렀고 동쪽으로 뻗은 가지를 꺾어 빗자루를 만들어 잡귀를 축출하고 새해를 맞이하였다. 옛날 사람들은 복숭아나무로는 회초리를 만들지 않았는데, 이는 복숭아나무 회초리로 자식을 때리면 자식이 미친다고 믿는 속설을 믿었고, 부적(符籍)에 찍는 도장은 반드시 복숭아나무로 만들었다.

🌿 복숭아나무는 식용, 약용, 조경수로 가치가 높다!

복숭아의 자랑은 열매이다. 한 여름철 더위에 소모된 기력(氣力)을 회복에 좋고, 니코틴 해독에 좋다. 한방에서 꽃을 말린 것을 "도화(桃花)", 씨의 알갱이를 말린 것을 "도인(桃仁)"이라 부른다. 기관지염에 다른 약재와 처방한다. 민간에서 피부병 · 고운 살결을 원할 때는 활짝 핀 꽃으로 환부를 씻는다. 대하증에는 가지를 삶은 물로 뒷물을 한다. 복숭아나무 가지에 생기는 송진 같은 진을 줄기와 가지에 상처를 내어 채취하여 햇볕에 말려 가루를 내어 한 숟가락을 물과 함께 복용한다.

🌿 복숭아나무의 성분&배당체

복숭아나무의 씨앗에는 아미그달린 · 종유 · 지방유(올레인산, 글리세린, 리놀, 글리세린애물신), 잎에는 글리코시드 · 나린게닌 · 타닌 · 퀴닉산, 뿌리에는 카테콜이 함유돼 있다.

🌿 복숭아나무를 위한 병해 처방!

복숭아나무는 정원수를 제외하고 대체로 응애, 깍지벌레, 진딧물, 민달팽이, 탄저병, 갈반병, 흰가루병이 발생할 수 있다. 복숭아나무 축엽병(오갈병)은 2월 하순 ~3월 하순에 만코제브 수화제 500배, 클로로탈로닐 수화제 1000배, 결정 석회황합제 500배 희석액을 눈과 가지에 1회 충분히 뿌린다. 피해가 심한 잎은 채취 후 소각하거나 땅에 묻는다.

TIP

번식 복숭아나무의 번식은 좋은 품종의 과일을 생산하려면 접목을 해야 하고, 꽃을 보거나 약재로 쓰려면 재래종이 좋다.

2

우리 토종 나무

: 이뇨 · 천식 · 토사곽란에 효능이 있는 :

산돌배 *Pyrus pyrifolia*

| **생약명** | 이(梨) – 열매, 이수근(梨樹根) – 뿌리를 말린 것. | **이명** | 꼭지돌배나무 · 산돌배 · 이목 | **분포** | 중부 이남의 산지

🌲 **형태** 산돌배는 장밋과의 낙엽활엽소교목으로 높이는 10~15m 정도이고, 잎은 어긋나고 달걀꼴로 끝이 길게 뾰쪽하며 가장자리에 바늘 모양의 톱니가 있다. 꽃은 4~5월에 잎과 같이 오판화가 흰색으로 피고, 열매는 9월에 둥글게 다갈색의 핵과로 여문다.

- ● **약성** : 맛은 달고, 따뜻하며, 시원하다.
- ● **약리 작용** : 혈당 강하 작용 · 혈압 강하 작용 · 해열 작용
- ● **효능** : 호흡기계 질환에 효험, 당뇨병 · 고혈압 · 기침 · 천식 · 토사곽란 · 이뇨 · 하혈 · 변비 · 생진 · 윤조 · 청열

🌿 **음용** : 4~5월에 꽃을 따서 찻잔에 2~3개를 넣고 뜨거운 물을 부어 1~2분 후에 꿀을 타서 차로 마신다.

"토종 야생(野生) 열매 **산돌배**"

🍃 산돌배의 꽃말은 인고의 세월이다.

필자의 꽃을 감상하는 방법이다. 복사꽃은 멀리서, 매화는 반쯤 피었을 때, 목련은 막 피었을 때, 벚꽃은 휘날릴 때, 배꽃은 가까이에서 봐야 꽃의 아름다움을 알 수 있다. 그래서 그런지 조선시대 사대부 문인들은 꽃은 향기로 맞는 게 아닌 마음으로 맞으며 함께 하며 꽃에 대한 시를 읊었다. 그중에서 배꽃을 소재로 이화(梨花) 시(詩)와 노래가 있고 우리 생활과도 깊은 관계를 맺는다.

우리나라 배나무는 여러 종류가 자생한다. 토종인 산에서 자라는 야생 돌배가 있고, 그 외 일본 배가 대부분이다. 돌배는 우리 야생 배는 토종 돌배, 산돌배가 있는데, 토종 돌배는 일반 배와는 달리 지름이 3~4cm 정도로 작고 큰 배처럼 맛은 없으나 식용, 약용으로 이용된다.

최근 국립환경자원관은 산돌배나무 잎에서 아토피 피부염에 가려움증을 줄여준다는 연구가 나왔다.

산돌배의 자랑은 열매, 꽃, 목재이다. 배꽃이 만발하는 5월 초에는 배꽃으로 차를 마실 수도 있고, 양봉 농가에 많은 도움을 준다. 특히 산돌배 목재는 단단하고 매끄럽고 건조를 잘하면 비틀림이 적어 팔만대장경판*에 쓰였고, 사찰에서 스님

---

*팔만대장경판은 고려 고종 23년(1236)에 시작하여 38년까지 16년간에 걸쳐 제작된 8만 1,258장의 나무판으로 한 장의 크기는 길이 68cm, 너비 24cm, 두께 3cm, 무게 3kg 정도이다. 주로 산벚나무·느티나무·자작나무·돌배나무가 대부분이다. 돌배나무를 경판으로 쓰기 위해서는 우선 벌채(나무 선택)한다. 원목을 1년간 소금물에 침수(진을 빼는 과정)이나 벌 속에 3년 이상 침수한다. 수분으로 변형이 크기 때문에 36~48시간 정도 소금물에 삶은 후 2년 이상 자연 건조한다. 제재한 후 목판의 표면을 다듬고 경판(서각 외)을 만든다.

일반 배

청배나무

들이 염주 알을 만들었고, 전통식품을 만드는 다식
판을 만들고, 전자계산기가 나오기 전 수를 계산한
주판알도 돌배로 만들었고, 그 외 각종 가구재, 소
목장 가구에 이용된다.

🍃 산돌배는 식용보다는 약용으로 가치가 높다!
산돌배를 고기를 잰다든가, 육회를 먹을 때, 냉면
이나 김치를 담을 때, 고기를 연하게 할 때 쓴다. 산
돌배로 발효액 만들 때는 가을에 익은 열매를 따서
용기에 넣고 재료의 양만큼 설탕을 붓고 100일 정도 발효시킨 후에 발효액 1에 찬
물 3을 희석해서 음용한다.

한방에서 열매를 "이(梨)", 잎을 말린 것을 "이엽(梨葉)", 뿌리를 말린 것을 "이수근
(梨樹根)"이라 부른다. 식체(음식을 먹고 체할 때)와 버섯 중독에 다른 약재와 처방한다.
민간에서 당뇨병에는 생과실을 먹거나 열매껍질과 핵을 제거하고 즙을 내어 먹는
다. 기침, 천식에는 잎, 가지 10g을 달여서 먹는다.

🍃 산돌배의 성분&배당체
산돌배의 잎에는 타닌 · 질소 · 인 · 칼륨 · 칼슘 · 마그네슘, 열매에는 사과산 ·
구연산 · 과당 · 포도당 · 서당이 함유돼 있다.

🍃 산돌배를 위한 병해 처방!
도종 산돌배는 다른 나무에 비하여 병해가 거의 없는 편이나 가끔 붉은 무늬 병
과 잎검은점병이 발생했을 때는 트리플록시스트로빈 입상 수화제 400배액을 살
포한다.

> **TIP**
>
> **번식** 토종 산돌배는 접목해야 활착률이 매우 높으므로 가을에 익은 종자를 채취하여 노천
> 매장했다가 내면 봄에 파종한다.

: 피부소양증 · 해독 · 당뇨병에 효능이 있는 :

왕벚나무 *Prunus serrulata var. spontanea*

| **생약명** 화피(樺皮) − 껍질을 벗겨 말린 것 | **이명** 뻔나무 · 개벚나무 · 산벚나무 · 산앵도 · 앵화
| **분포** 제주도 · 전국 각지, 산지 · 마을 부근 · 길가에 식재.

🌱**형태** 왕벚나무는 장밋과의 갈잎큰키나무로 높이는 15~20m 정도이고, 잎은 어긋나고 달걀꼴로서 끝이 급하게 뾰족해지고 가장자리에 잔 톱니가 있다. 꽃은 4~5월에 잎보다 먼저 잎겨드랑이에 달려 총상 꽃차례를 이루며 분홍색 또는 흰색으로 피고, 열매는 6~7월에 둥글게 흑색으로 여문다.

● **약성** : 맛은 쓰며 차다.
● **약리 작용** : 항균 작용 · 혈당 강하 작용 · 해독 작용
● **효능** : 피부과 · 호흡기 질환에 효험이 있고, 열매(당뇨병 · 복수 · 생진), 속씨(해수 · 타박상 · 변비), 대하증 · 무좀 · 부종 · 식체(과일 · 어류) · 심장병 · 어혈 · 중독(과일 중독) · 진통 · 치은염 · 치통 · 피부소양증

🌿 **음용** : 4~5월에 꽃을 따서 그늘에 말린 후 찻잔에 조금 넣고 뜨거운 물을 붓고 1~2분 후에 우려낸 후 차로 마신다.

"벚꽃은 몸 속을 해독하는 왕벚나무"

🌿 **왕벚나무의 꽃말은 청년결백과 절세미인이다.**

우리나라에는 벚나무와 비슷한 나무들이 자생하고 있다. 산벚나무, 왕벚나무, 개벚나무, 올벚나무, 섬벚나무, 겹벚나무, 수양벚나무 등이 있는데 일반인들은 구별하기가 어려워 통틀어 벚나무라 부른다. 벚나무는 6월에 열매가 익지만, 왕벚나무는 10월에 여문다. 왕벚나무 자생지는 일본이 아닌 제주도와 전남 해남이다. 일본인은 아직도 우리나라에서 자생하는 왕벚나무를 일본에서 수입한 나무로 알고 있다. 식물학에서 일본에서 자생하는 곳을 발견하지 못했다. 사쿠라 즉 겹벚나무는 5월 초에 분홍색 겹꽃이 잎이 나오기 전에 핀다. 그래서 일본 왕벚나무는 일본어로 "사쿠라(ちくら)" 또는 "동경앵화(東京櫻花)"라 불린다. 1908년 4월 15일 선교사로 온 프랑스 타케 신부는 한라산 북쪽 관음사(觀音寺) 부근의 숲속에서 왕벚나무를 발견하여 1912년 독일인 식물학자 퀘흐네(koehne)에 의해 세계 학계에 정식으로 학명이 등록시켜 제주도가 왕벚나무 자생지임을 알렸다. 천연기념물로는 제주도 서귀포시 남원읍 신예리의 제156호, 제주시 봉개동의 제159호, 전남 해남군 삼산면 구림리 대둔산 자락의 제173호, 구례 화엄사 근처 올벚나무 제38호가 보호를 받고 있다. 벚나무 목재는 탄력이 있고 치밀해 건축 내장재나 가구재 또는 장판에 적합하다. 합천 해인사의 팔만대장경판의 60% 정도가 산벚나무로 만들었다.

🌿 **왕벚나무는 식용, 약용, 조경수로 가치가 높다!**

매를 용기에 넣고 19도의 소주를 부어 밀봉하여 3개월 후에 마신다. 발효액을 만

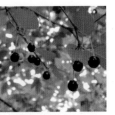

들 때는 6~7월에 검게 익은 열매를 따서 용기에 넣고 재료의 양만큼 설탕을 붓고 100일 정도 발효시킨 후에 발효액 1에 찬물 3을 희석해서 음용한다. 약초를 만들 때는 6~7월에 검게 익은 열매를 따서 과육과 핵각(核殼)을 제거하고 속 씨를 취하여 햇볕에 말려 쓴다. 또는 봄부터 가을 사이에 가지를 잘라 껍질을 벗겨내고 햇볕에 말려 쓴다. 한방에서 가지의 껍질을 말린 것을 "화피(樺皮)"라 부른다. 피부소양증(가려움증)에 다른 약재와 처방한다. 민간에서 변비에는 속 씨 4~8g을 달여서 먹는다. 피부소양증에는 약재를 달인 물로 환부를 여러 번 닦아 낸다.

🌿 왕벚나무 성분&배당체

왕벚나무 꽃은 몸의 독소를 해독하고 피부 활성화해 주는 티로시나아제, 잎에는 쿠마라린, 열매에는 포도당·과당·구연산·호박산·당질·칼륨·철분·미네랄·섬유질·카로틴·비타민C·플라보노이드, 나무껍질에는 사쿠라닌이 함유돼 있다.

🌿 왕벚나무를 위한 병해 처방!

벚나무류는 다른 나무에 비해 병해가 많은 편이다. 주로 갈색무늬구멍병(천공성 갈반병), 세균성 구멍병, 빗자루병, 균핵병, 점무늬병, 위조병, 줄기마름병(동고병), 더미아가름병, 가칭(포몹시스지고병)이 있다. 갈색무늬구멍병(천공성갈반병)에는 4월 하순~5월 초순에 만코제브 수화제 500배 희석액을 7~10일 간격으로 2~3회 살포하고, 깍지벌레는 스미치온 1000배액을 살포한다. 병든 낙엽은 소각한다.

TIP

번식 왕벚나무의 꽃을 보기 위해 접목을 하고, 6월에 익은 열매를 채취하여 과육을 제거한 후 건사 저장했다가 12월에 노천매장한 후 이듬해 파종한다. 특별히 원하는 품종 증식을 위해서는 무성번식을 한다.

: 출혈 · 화상 · 피부 소양증에 효능이 있는 :

굴참나무 *Quercus variabilis Blume*

| 생약명 | 상실(橡實)—열매를 말린 것. | 이명 | 상실각 · 상목피 · 상실 · 상자 | 분포 | 중부이남의 50~1200m의 산기슭, 강원도, 울릉도

🌱 **형태** 굴참나무는 참나무과의 낙엽활엽교목으로 높이는 25m 정도이고 수피는 두꺼운 코르층으로 되어 있고 잎은 어긋나며 가장자리는 피침형이다. 꽃은 암수한 그루로 수꽃은 새 가지 잎과 함께 나와 밑으로 처지고 암꽃은 새 가지 옆에 엽액에서 나와 5월에 핀다. 열매는 이듬해 9~10월에 구형으로 여문다.

- ●**약성** : 맛이 쓰고 떫고, 약간 따뜻하다. 따뜻하며, 쓰고, 떫다.
- ●**약리 작용** : 지혈 작용, 진통 작용, 혈관이나 장(腸)을 수축시키는 작용 · 항균 작용
- ●**효능** : 장(腸) 및 혈관 질환에 효험이 있고, 치질, 출혈, 지혈, 탈항(脫肛), 통증, 대하증소화기계 질환에 효험, 강장 보호 · 소화 불량 · 아토피성 피부염 · 위염 · 암 예방 · 종독 · 지혈 · 출혈 · 탈항 · 화상 · 편도선염 · 피부 소양증 · 거담 · 진통

🌿 **음용** : 10월에 도토리 열매를 따서 겉껍질을 벗겨 내고 햇볕에 말려 가루를 내어 묵을 만들어 먹는다.

"너와집(굴피집)에 지붕을 잇던 **굴참나무**"

🌿 굴참나무의 꽃말은 번영이다.

신록의 계절을 가장 빛내는 나무는 참나무류(굴참나무, 갈참나무, 신갈나무, 떡갈나무, 졸참나무, 상수리나무)이다. 전 세계적으로 참나무류는 500종이 넘는다. 굴참나무는 참나무류 중에서 가장 오래 산다. 세로로 골이 파여 있다 하여 "골참나무"로 불렸다. 지금은 "굴참나무"라는 이름이 붙여졌다. 나무껍질이 코르크가 발달하여 병뚜껑을 만든다. 옛날에는 나무껍질을 길게 벗겨 지붕을 이어 너와집(굴피집)을 짓기도 했고 단단한 나무를 쪼개어 동기와 집을 빗는 데 사용했다. 서양에서 술을 저장하는 참나무(oak)통도 만든다. 조선시대에는 굴참나무의 꽃이 피는 것을 보고 풍흉(豊凶)을 예측했는데, 꽃을 피워 수분하는 시기에 비가 많이 오면 풍년이 들지만, 도토리는 많이 열리지 않는 것으로 보았다. 능이나 표고 같은 자연산 버섯이 모두 참나무 버섯이다. 굴참나무 자체의 항균 성분이 잡균에는 일종의 제초제와 같은 작용을 한다. 참나무 숯이 으뜸으로 꼽히는 것도 탄소 함량이 높아 오랫동안 같은 온도로 탈 수 있기 때문이다. 숯은 공기 정화나 탈취제로 쓴다. 예전에는 농기구 재료, 수레바퀴, 갱목으로 썼으나 오늘날에는 자연미가 돋보이는 오크(oak) 가구재로 쓰이고, 건축재, 합판재, 차량재, 펄프 등으로 쓴다. 굴참나무는 굴피집과 천연기념물 보존되어 있는데, 강원도 산속이나 울릉도에 굴피집이 원형대로 보존돼 있다. 삼척시 신기면 대이리에는 굴피집을 중요민속자료 제223호로 문화재로 지정하고 사람들이 찾고 있다. 서울 관악구 신림동의 굴참나무는 천연기념물 제271호로 지정돼 보호를 받고 있다.

🍃 굴참나무는 식용, 약용, 조경수로 가치가 높다!

낙과한 도토리를 주워 햇볕에 말려 겉껍질을 벗겨낸 후 떫은맛을 내는 타닌 성분을 제거하고 가루로 만들어 묵무침·묵밥·수제비·국수·부침개·떡으로 먹는다. 한방에서 도토리껍질을 제거하고 말린 것을 "상실(橡實)"이라 부른다. 주로 탈항(脫肛)이나 치질에 다른 약재와 처방한다. 민간에서 여성의 대하증에는 도토리를 불에 태워 가루를 만들어 미음을 쑤어 먹는다. 무좀에는 참나무를 건류하여 진액을 만들어 환부에 자주 바른다. 치질에는 열매를 짓찧어 환부에 자주 바른다.

🍃 굴참나무 성분&배당체

굴참나무 말린 도토리에는 풍부한 전분과 떫은맛을 내는 타닌, 유지방과 쿠에르사이트린이 함유돼 있다.

🍃 굴참나무를 위한 병해 처방!

참나무류 병해에는 주로 참나무 시듦병 외 흰가루병·둥근무늬병(원성병)·백립엽고병·가지마름병이 있다. 이중 가장 심각한 참나무 시듦병인데, 일명 참나무 에이즈는 매개충인 광릉긴나무좀의 피해를 받은 나무는 7월 말부터 빨갛게 시들면서 말라 죽기 시작하여 8~9월에 고사(枯死)한다. 병든 나무를 벌채하여 메탐소디움 액제를 골고루 살포하고 비닐로 밀봉하여 훈증처리를 하거나 소각한다. 현재 안타깝게도 참나무 시듦병에는 치료 약이 없으므로 발견 시 즉시 베어내어 소각하거나 낙엽까지 태워 확산을 막는 게 고작이다.

TIP

번식 굴참나무는 가을에 종자를 채취하여 과육을 제거한 후 즉시 파종하거나 노천매장한 후 이듬해 봄에 파종한다. 묘목이나 휘묻이로 번식할 때는 밀식을 피하고 심는다.

가래나무 *Juglansh umriacnads*

| 생약명 | 과육을 제한 열매를 "핵도추(核桃楸)", 나무껍질이나 껍질을 말린 것을 "추목피(楸木皮)" | 이명 | 핵도푸피 · 추목 · 추자목 · 산핵도 · 호도추 | 분포 | 중부 이북 해발 100~1500m, 산기슭 · 골짜기

🌱 **형태** 가래나무는 가래나뭇과의 낙엽활엽교목으로 높이는 20m 정도이고, 잎은 어긋나고 홀수 깃꼴겹잎으로 긴 타원형이며 잔 톱니가 있다. 꽃은 4~5월에 암수딴 그루로 수꽃은 잎 겨드랑이에, 암꽃은 가지 끝에 피고, 열매는 9월에 원형 또는 달걀 모양의 핵과로 여문다.

● **약성** : 맛이 쓰며, 차다.   ● **약리 작용** : 항염 작용
● **효능** : 안과 · 신경기계 질환에 효험, 강장 보호 · 구충 · 백전풍 · 설사 · 소화 불량 · 습진 · 악창 · 안질 · 요독증 · 요통 · 위염 · 위궤양 · 십이지장궤양 · 이질

🌿 **음용** : 찻잔에 넣고 뜨거운 물을 부어 1~2분 후에 꿀을 타서 마신다.

"조상의 묘지 옆에 심었던 **가래나무**"

🌿 **가래나무의 꽃말은 지성이다.**

가래나무는 우리나라 중부 이북 지방의 비교적 서늘한 산록이나 계곡 주변에서 잘 자란다. 가래나무 열매는 호두나무의 호두와 매우 비슷하다. 가래 열매는 호두와는 달리 양 끝이 얄팍하고 껍데기도 호두보다 훨씬 단단해 깨기 어렵다. 호두나무는 고려 때 고관인 유청신이 원나라에 사신으로 갔다가 가져와 고향 충남 천안 광덕사에 심었지만, 가래나무는 순수한 우리나라 토종이다. 농경사회에서 흙을 파헤치는 농기구인 가래를 닮았다고 해서 "가래나무"라는 이름이 붙여졌다. 개울가나 냇가에서 고기를 잡을 때 덜 익은 열매나 나무의 겉껍질, 잎을 짓찧어 물에 풀어 고기를 기절시켜 잡기도 했다. 가래나무의 자랑은 목재와 열매이다. 가래나무 열매의 과육을 벗긴 것을 "추자(楸子)"라고 부른다. 조선시대 선비는 벗긴 열매를 부적(符籍)처럼 노리개로 지니고 다녔고, 손안에 넣고 지압용으로 쓰기도 했다. 정월 대보름날 잣, 밤, 땅콩과 함께 건강과 행운을 기원하는 "부럼"을 깨는 민속이 성행했다. 사찰에서 가래나무로 염주를 만든다. 목재는 재질이 치밀하고 뒤틀리지 않아 비행기 기구나 총의 개머리판에 쓰고, 결도 좋아 조각재로 이용되고, 큰 재목은 건축재로 쓴다. 열매의 겉껍질로 천연물감을 들이는 염료로 쓰기도 했다. 우리 민족은 조상에 효도의 증표로 묘지 옆에 소나무, 가래나무를 심었다. 조선시대 조상의 묘지가 있는 곳을 "추하(楸下)", 고향 선산이 있는 곳을 "추향(楸鄕)", 조상의 산소에 성묘 가는 것을 "추행(楸行)"이라 불렀다. 중국에서는 울타리에 가래나무를 심어 후대에 남길 정도로 귀하게 보았다. 조선시대 문신 조위(曺偉)가 무오사화(戊午士

禍)로 역류돼 순천으로 유배를 가던 중 꿈속에서라도 조상의 묘지를 들러보는 심정을 그린 시(詩) "고국(故國)의 소나무와 가래나무를 꿈에 가 만져보고, 앞서간 이의 무덤을 깬 후에 생각하니, 구국 간장이 굽이굽이 끊어졌구나"라고 전한다.

🌿 가래나무는 식용, 약용으로 가치가 높다!

새싹은 식용, 잎·나무 속껍질·열매는 약용으로 쓴다. 호도 과자·호도엿·호두죽·호도 장아찌·호두 술·호도유로 먹는다. 봄에 막 나온 새싹을 따서 끓는 물에 살짝 데쳐서 나물로 무쳐 먹는다. 열매는 떫고 과육이 조금 붙어 있어 간식으로 먹을 수 있으나 먹지 않고 기름을 짜서 신선로 요리에 넣어 먹는다. 가래나무는 경칩을 전후하여 수액으로 밥·김치·물김치를 담가 먹는다. 한방에서 나무껍질이나 뿌리를 껍질을 말린 것을 "추목피(楸木皮)"라 부른다. 장 질환(이질, 설사, 장염)에 다른 약재와 처방한다. 민간에서 무좀과 습진에는 열매의 과즙을 내서 환부에 바른다. 위염에는 잎이나 나무껍질 4~6g을 물에 달여 복용한다. 약초를 만들 때는 봄~가을에 잎은 그늘에, 나무 속껍질은 햇볕에, 열매를 채취하여 말려 쓴다. 가래 열매로 발효액 만들 때는 가을에 파란 열매를 따서 용기에 넣고 재료의 양만큼 설탕을 붓고 100일 정도 발효시킨 후에 발효액 1에 찬물 3을 희석해서 음용한다.

🌿 가래나무 성분&배당체

가래나무의 열매에는 유지·단백질·당류·비타민C, 나무껍질에는 배당체류, 탄닌이 함유돼 있다.

🌿 가래나무를 위한 병해 처방!

가래나무의 잿빛 고약병에는 기계 유제, 흰날개무늬병에는 베노밀 수화제 1500배액을, 탄저병에는 마이겐 수화제 500배액을, 오리나좀에는 페니트로온유제50% 1000배액을 살포한다.

TIP

번식 가을에 익은 열매를 딴 후 4~5일간 물에 담근 후 과육을 제거한 후에 노천매장한 뒤 내년 봄에 이음새 부분을 새로 세워 심는다. 양질 좋은 대목을 호두나무를 접목한다.

: 고혈압 · 딸꾹질 · 야뇨증에 효능이 있는 :

고욤나무 *Diospyros lotus*

| 생약명 | 군천자(裙橽子)-열매를 말린 것 | 이명 | 고양나무 · 소시 · 유내시 · 정향시 · 흑조 · 이조 · 영조 | 분포 | 중부 이북 산기슭 또는 마을 근처 식재

🌿**형태** 고욤나무는 감나뭇과의 낙엽활엽교목으로 높이는 10m 정도이고, 잎은 어긋나고 타원형 또는 긴 타원형으로 끝이 급히 좁아지고 뾰쪽하고 가장자리는 밋밋하다. 꽃은 암수 딴 그루로 6월에 새 가지 밑 부분의 잎 겨드랑에 황색으로 피고, 열매는 10월에 둥글며 황흑색 징과로 여문다.

●**약성** : 서늘하며, 달다. ●**약리 작용** : 혈압 강하 작용
●**효능** : 호흡기계 · 혈증 질환에 효험, 고혈압 · 딸꾹질 · 백전풍 · 야뇨증 · 어혈 · 주독 · 출혈 · 토혈 · 해수 · 지갈 · 한열, 설사, 피부 윤택

🌿**음용** : 6월에 꽃을 따서 찻잔에 넣고 뜨거운 물을 부어 1~2분 후에 꿀을 타서 차로 마신다.

"감나무 우량 종 접목용 고욤나무"

🌿 **고욤나무의 꽃말은 자애이다.**

고욤나무는 우리나라, 중국, 일본에 분포한다. 고욤나무는 우리 토종으로 "고려 인종(仁宗)과 고종 16년에 고욤을 재배했다"고 기록돼 있다.

세계적으로 감나무과 종류는 200종 가까이 되는데, 우리나라는 감나무와 고욤나무 두 종이 자란다. 좋은 형질의 감나무를 보존하기 위해서는 반드시 고욤을 접목해야 한다. 감나무는 추위에 약해 중부 이남에서 자생하지만, 고욤나무는 추위에 강해 황해도 이남 50~500m 자생한다.

옛말에 "고욤 일흔이 감 하나만 못하다"라는 말이 있는데, 감처럼 맛있게 먹을 수 없다는 뜻도 있지만, 과일로서 가치가 없다는 것을 의미한다.

조선시대 농경사회에서 먹거리가 귀할 때는 고욤나무의 익은 열매를 서리가 내린 뒤 따서 항아리에 담가 일정 기간이 지나 발효가 된 후 한 겨울에 꺼내어 먹기도 하고 간식으로 먹었다.

고욤나무의 자랑은 열매(식용, 약용), 감나무 접목이다. 고욤나무는 감나무와 비슷하나 작고 열매의 모양이 대추와 닮았다. 딜 익은 열매로 염료로도 썼다. 고욤나무 목재는 재질이 좋아 가구재로 쓴다.

🌿 **고욤나무는 식용, 약용, 공업용, 접목용(감나무)으로 가치가 높다.**

고욤나무 잎 추출물을 유효성분으로 함유하는 피부미맥용 화장품과 체중 증가를 억제하는 비만에 대한 특허를 아토큐맨에이(주)에서 출현하기도 했다.

한방에서 열매를 말린 것을 "군천자(裙襴子)"라 부른다. 갈증(입마름)과 열이 나고 가슴이 답답한 번열에 다른 약재와 처방한다. 한꺼번에 열매를 과식하지 않는다. 민간에서 지갈·한열에는 열매를 즙을 내어 먹는다. 고혈압에는 말린 잎 3~6g을 물에 달여 복용한다. 약초 만들 때는 10~11월에 익은 열매를 따서 햇볕에 말려 쓴다.

고욤 열매로 감식초를 만들 때는 10~11월에 익은 열매를 따서 60일 후에 음식 재료에 쓴다. 발효액 만들 때는 10~11월에 익은 열매를 따서 용기에 넣고 재료의 양만큼 설탕을 붓고 100일 정도 발효시킨 후에 발효액 1에 찬물 3을 희석해서 음용한다. 약술 만들 때는 10~11월에 익은 열매를 용기에 넣고 19도의 소주를 부어 밀봉하여 3개월 후에 먹는다.

🍃 고욤나무 성분&배당체

고욤나무 잎에는 비타민C와 루틴, 열매에는 타닌, 뿌리에는 나프토퀴논, 이소디 오스피린이 함유돼 있다.

🍃 고욤나무를 위한 병해 처방!

고욤나무에는 뿌리 혹병이 주로 발생하는데, 봄에 용석인비에 석회질을 배합해 뿌리면 사라진다. 둥근무늬낙엽병에는 베노밀 수화제 1500배액을, 탄저병이나 감 꼭지나방은 람다사이할로트린 수화제 1000배액을 살포한다.

TIP

번식 고욤나무 종자를 심으면 콩알만 한 감이 열리므로 보통 접목을 해야 한다. 주로 번식은 묘목으로 하고, 접목할 때는 감나무를 대목으로 쓴다.

: 고혈압 · 해수 · 현훈에 효능이 있는 :

싸리 *Lespedeza bicolor*

| **생약명** | 가지를 말린 것을 "형조(形條)", 뿌리를 말린 것을 "호지자근(胡枝子根)" | **이명** | 싸리나무 · 산싸리 · 싸리꽃 · 야화생 · 야합초 · 소형 | **분포** | 전국 각지, 산과 들

🌱**형태** 싸리는 콩과의 낙엽활엽관목으로 높이는 2~3m 정도이고, 잎은 어긋나고 잎자루에 3개의 작은 잎이 달린 3줄 겹잎이다. 작은 잎은 달걀꼴로서 끝이 둥글고 가장자리는 밋밋하다. 꽃은 7~8월에 잎겨드랑이 또는 가지에 총상 꽃차례를 이루며 자주색이나 붉은 자주색으로 피고, 열매는 10월에 털이 있는 협과로 여문다.

● **약성** : 평온하며, 달다. ● **약리 작용** : 혈압 강하 작용
● **효능** : 신장 · 호흡기 질환에 효험, 고혈압 · 두부 백선 · 부종 · 빈혈증 · 사마귀 · 해수 · 해열 · 현훈증 · 백일해

🌿 **음용** : 7~8월에 꽃을 따서 그늘에 말린 후 찻잔에 조금 넣고 뜨거운 물을 부어 1~2분 후에 꿀을 타서 차로 마신다.

"우리 생활과 함께한 **싸리**"

🌿 **싸리의 꽃말은 겸허 · 창조이다.**

싸리는 우리나라 전국의 산과 들에서 흔하게 자라는 우리 토종이다. 싸리가 다 자라봐야 2~3m밖에 되지 않는 관목으로 우리나라에는 20여 종이 자라는데, 해변 싸리, 고양싸리, 참싸리, 조록싸리, 땅비싸리, 꽃싸리가 있다.

싸리는 조금씩 차이는 있지만, 여름이 지날 때쯤 꽃이 피기 시작하여 늦가을 서리 오기 직전까지 60~100여 일 동안 오래도록 꽃이 핀다.

우리 조상은 농경사회에서 싸리나무와 함께했다. 싸리로 집을 짓고, 싸리를 엮어 싸리문으로 만들고, 싸릿대 울타리 안에서 살았다. 생활 도구, 농기구, 삼태기, 술을 거르는 용수, 소쿠리, 곡식을 까부는 키, 빗자루를 만들어 썼고, 잎은 동물 사료로 쓰고, 나무로 불을 지폈다.

옛날에 싸리나무의 줄기에 수분이 적고 단단해 불이 잘 붙고 화력이 좋아 한 줌 엮어 햇불 감으로 사용했다. 조선시대 양반과 서민들은 어른의 말을 잘 안 듣는 아이를 위한 회초리를 싸리로 만들었고, 싸리로 윷을 만들어 놀거나 점(占)을 치기도 했다.

지난 반세기 동안 열심히 숲을 가꾼 결과 이제는 우리도 산림의 혜택을 누리며 살 수 있게 되었다. 산림녹화 사업으로 황폐했던 우리 산야에 대대적인 사방 사업 때 아까기나무와 싸리를 많이 심었다.

싸리의 자랑은 꽃, 가지이다. 싸리는 척박한 야산에 지천으로 자생하는데 쓰임새가 많은 나무다. 싸리 꽃은 농가에서 중요한 밀원(蜜)이고, 나무껍질은 섬유용으

로 쓴다.

🌿 싸리는 식용, 약용, 관상용으로 가치가 높다!

봄에 싸리의 어린잎을 따서 끓는 물에 살짝 데쳐서 나물로 무쳐 먹는다. 싸리로 발효액 만들 때는 봄에 어린잎을 따서 용기에 넣고 재료의 양만큼 설탕을 붓고 100일 정도 발효시킨 후에 발효액 1에 찬물 3을 희석해서 음용한다. 약술을 만들 때는 가을에 뿌리를 캐어 물로 씻고 물기를 뺀 다음 용기에 넣고 19도의 소주를 부어 밀봉하여 3개월 후에 먹는다.

한방에서 가지를 말린 것을 "형조(形條)", 뿌리를 말린 것을 "호지자근(胡枝子根)"이라 부른다. 소변불리나 오줌소태에 다른 약재와 처방한다. 약초를 만들 때는 봄에 잎을 그늘에, 가을에 뿌리를 캐어 햇볕에 말려 쓴다. 민간에서 고혈압에는 뿌리 8~15g을 물에 달여 복용한다. 두부 백선·사마귀에는 잎을 짓찧어 환부에 붙인다.

🌿 싸리의 성분&배당체

싸리의 잎과 줄기에는 케르세틴·캠페롤·트리포린·이소케르세틴, 뿌리에는 프라보놀·케르세틴 배당체가 함유돼 있다.

🌿 싸리를 위한 병해 처방!

싸리는 병해에 강해 별다른 병해가 없는 것으로 알려져 있다.

TIP

번식 싸리는 10월에 채취한 종자를 말려 살충한 뒤 기건 저장해 이듬해 봄에 열탕 처리 후 종자를 파종한다.

3
꽃이 아름다운 나무

: 월경 불순 · 고혈압 · 신장 질환에 효능이 있는 :

개나리 *Forsythia koreana*

| 생약명 | 연교(連翹) – 열매를 말린 것. | 이명 | 황춘단 · 황금조 · 영춘화 · 어리자 · 어사리 | 분포 |
전국의 양지바른 산기슭

🌿 **형태** 개나리는 물푸레나뭇과의 낙엽활엽관목으로 높이는 3m 정도이고, 잎은 마주 나고 달걀 모양의 댓잎피침형 타원형으로 끝이 뾰쪽하고 중앙부 이상의 가장자리에 톱니가 있다. 꽃은 4월에 잎보다 먼저 잎겨드랑이에서 1~3개씩 밑을 향해 노란색으로 피고, 열매는 9월에 달걀 모양의 검은 삭과로 여문다.

- ●**약성** : 서늘하며, 쓰다.
- ●**약리 작용** : 항균 작용 · 암 세포 성장을 억제 · 항염증 작용 · 혈압 강하 작용 · 해열 작용 · 이뇨 작용 · 소염 작용
- ●**효능** : 해독 · 강심제 · 피부과 · 질환에 효험, 열매(청열 · 해독 · 산결 · 소종 · 옹창 종독 · 나력), 줄기와 잎(심폐 적열),강심제 · 견비통 · 담 · 심장병 · 월경 불순 · 이뇨 · 종기 · 종창 · 중이염 · 창종 · 치질 · 통풍 · 피부

🌿 **음용** : 봄에 꽃을 따서 찻잔에 넣고 뜨거운 물을 부어 1~2분 후에 꿀을 타서 차로 마신다.

"봄의 전령사 개나리"

🌿 개나리의 꽃말은 희망이다.

영국의 식물학자 윌리엄 포시스(William A. Forsyth)가 1908년 개나리 종소명을 "koreana"라 붙인 것은 한국이 자생지임을 알려 우리 토종이다. 봄에 꽃이 피는 순서를 "춘서(春序)"라 한다. 식물은 봄이 오길 기다리고 봄은 꽃 소식을 알린다. 나무 한 그루에 꽃이 피었다고 봄이 왔다고 볼 수 없다. 그래서 옛사람들은 "일화불성춘(一花不成春) 만자천홍재시춘(萬紫千紅才是春)"이라 했다. 즉 "한 송이 꽃이 피었다고 봄이 아니라, 온갖 꽃이 피어야 비로소 봄이다"라고 했다. 긴 겨울이 가고 낮과 밤의 길이가 같다는 춘분(春分)이 지나자 꽃들의 마라톤이 시작되면 대체로 노란색 계통의 꽃이 먼저 피고, 이후 분홍색 계통 꽃과 하얀 꽃이 피면서 여름이 시작된다. 개나리는 중국이 원산지로 우리 땅 어디에서든 잘 자라는 나무로 뒷동산과 공원 등에서 개나리가 피가 시작하면 어느새 개나리꽃이 한쪽에서 삐죽삐죽 고개를 내밀면 완연한 봄이다.

개나리류인 개나리, 만리화*, 영춘화, 산개나리, 금선 개나리 모두 물푸레나무과로 아름답다. 중국에서 개나리가 길게 늘어진 가지에 꽃이 달려 새의 긴 꼬리와 같다 하여 "연교(連翹)", 서양에서는 개나리꽃을 골든 벨(Golden bell)이라 하여 "황금종", 종처럼 생겼다 하여 "금종화(金鐘花)"라는 이름이 붙여졌다. 그래서 그런지 우리나라 지자체(도·광역시·시·군·구청) 41곳 도화(道花), 시화(市花), 군화(群花) 또는 학교의 꽃인 교화(敎花)로 지정할 정도로 사랑을 받는 꽃이다.

＊우리나라 특산물로 환경부 특정 야생식물로 향이 만리(萬里)까지 퍼진다고 하여 붙여진 이름이다.

🍃 개나리는 식용, 약용, 관상용으로 가치가 높다!

개나리의 자랑은 꽃, 잎, 종자이다. 봄에 꽃을 따서 밀가루에 버무려 튀김·부침개·화채로 먹는다. 어린잎으로 산나물 만들 때는 봄에 어린잎을 채취하여 끓는 물에 살짝 데쳐서 나물로 무쳐 먹는다. 발효액을 만들 때는 봄에 어린잎을 채취하여 용기에 넣고 재료의 양만큼 설탕을 붓고 100일 정도 발효시킨 후에 발효액 1에 찬물 3을 희석해서 음용한다. 약술을 만들 때는 연중 내내 뿌리를 캐서 물로 씻고 물기를 뺀 다음 용기에 넣고 19도의 소주를 부어 밀봉하여

3개월 후에 마신다. 약초 만들 때는 줄기와 잎을 수시로, 가을에 열매를 따서 그늘에 말려 쓴다.

한방에서 열매를 말린 것을 "연교(連翹)"라 부른다. 고혈압에 다른 약재와 처방한다. 민간에서 옹창·종독·나력에는 열매 또는 줄기와 잎을 15g을 달여서 먹는다. 피부염에는 잎을 짓찧어 즙을 내어 환부에 바른다.

🍃 개나리 성분&배당체

개나리꽃에는 케르세틴과 루틴, 잎에는 포르시틴·루틴, 열매에는 올리아논산·탄닌, 덜 익은 열매에는 올레아놀릭산이 함유돼 있다.

🍃 개나리를 위한 병해 처방

5월에 개나리 가지마름병이 발생할 때는 만코제프 수화제 500배 또는 클로로탈로닐 수화제 1000배액 희석 액을 2~3회 살포한다.

> **TIP**
>
> **번식** 개나리는 종자 형성이 잘되지 않기 때문에 분주, 삽목(꺾꽂이), 휘묻이로 묘목을 만든다.

진달래 *Rhododendron mucronulatum*

| **생약명** | 두견화(杜鵑花)─꽃을 말린 것. | **이명** | 만상홍 · 영산홍 | **분포** | 전국의 각지, 산비탈의 양지 또는 반그늘

🌿 **형태** 진달래는 진달랫과의 낙엽활엽관목으로 높이는 2~3m 정도이고, 잎은 어긋나고 긴 타원형 또는 거꾸로 된 댓잎피침형으로서 양끝이 좁고 가장자리에 톱니가 없다. 꽃은 3~4월에 잎보다 먼저 가지 끝 곁눈에서 연분홍색으로 피고, 열매는 10월에 원통형의 삭과로 여문다.

- **약성** : 따뜻하며, 시고, 달다. ● **약리 작용** : 해독 작용 · 혈압 강하 작용 · 혈당 강하 작용
- **효능** : 순환계 · 호흡기 · 부인과 질환에 효험. 꽃(혈액 순환 · 고혈압 · 월경 불순 · 월경 불통 · 관절염 · 신경통 · 담 · 기침), 잎과 줄기(화혈 · 산어 · 토혈 · 이질 · 혈붕 · 타박상), 당뇨병 · 타박상

🌱 **음용** : 3~4월에 꽃잎을 따서 꽃술을 떼어 낸 후 찻잔에 3~4개를 넣고 뜨거운 물을 부어 1~2분 후에 꿀을 타서 차로 마신다.

"우리 민족의 정서를 대변했던 **진달래**"

🍃 **진달래의 꽃말은 절제 · 청렴 · 사랑의 즐거움이다.**

진달래는 토종으로 우리나라 전역에서 자란다. 가지와 잎에 털이 달린 털진달래, 제주도에서만 자라는 한라 진달래, 잎이 타원형인 왕진달래, 꼬리진달래, 양면이 반질반질하고 사마귀 돌기가 있는 반들진달래, 하얀 꽃이 피는 흰 진달래 등 10여 종이 있다.

진달래는 먹을 수 있는 꽃이라 하여 "참꽃", 붉은 피를 토하여 우는 두견새의 그 피에서 피어난 꽃이라 하여 "두견화(杜鵑花)", 꽃이 피면 온 산을 물들게 한다고 하여 "만산홍(滿山紅)", 지방에 따라 "꽃 달래", "온 달래" 등 멋진 이름도 있다. 조선시대 세조 때 강희안이 쓴 〈양화소록(養花小錄)〉에서 사람에게 인품(人品)이 있듯이 꽃마다 일품에서 구품까지 구분해 화품(花品)을 매겼다. 흰 진달래인 백두견을 5품, 연분홍 진달래를 홍두견은 6품으로 매겼다.

진달래는 우리의 민족 정서를 대변하는 꽃으로 오랜 세월 우리 민족의 삶과 함께했다. 진달래는 문학과 시(詩)에 단골로 등장한 서민적인 꽃이다. 진달래꽃이 만발할 때는 고향을 그리워하게 하고, 어린 시절의 추억을 더듬게 한다. 농경사회에서 산이 진달래꽃으로 붉게 물들면 아이들은 산으로 달려가 진달래꽃을 따서 꽃잎은 한 움큼 입에 넣고, 길게 남은 꽃술(암술대)을 떼어 두 사람이 십자형(十字形)으로 마주 걸어 꽃술 양쪽 끝을 잡아당기면 어느 한쪽의 꽃술이 먼저 끊어지면 지는 놀이를 했다. 조선시대 농경사회에서는 봄에 진달래꽃이 두 번 피면 가을 날씨가 따뜻하고, 여러 겹으로 피면 풍년이 든다고 날씨를 예측하기도 했다. 진달래 삶은 물로 염색을 했고, 사찰에서 진달래 줄기로 만든 숯으로 승복을 염색했고, 진달래꽃을 묶은 꽃다발로 무병장수(無病長壽)를 기원하는 탑돌이를 하거나 꽃이 가득 달린 가지를 묶은 꽃다발로 친구나 연인을 살짝 때리며 축복하기도 했다. 우리 민속놀이 가운데 "화전(花煎)놀이"라는 게 있다. 진달래꽃이 만발한 삼짇날(음력 3월 3일 · 강남 갔던 제비가 돌아오는 날)에 부녀자들이 화사한 봄볕 아래 진달래꽃으로 부침개를 해 먹고, 춤추고 노래하며 하루를 보냈다. 진달래꽃을 찹쌀가루를 묻혀 기름에 튀

겨 먹기도 했다.

진달래는 식용, 약용, 관상용으로 가치가 높다.

진달래의 자랑은 꽃이다. 진달래는 꽃잎과 잎, 줄기, 햇가지, 뿌리 등을 고루 식용과 약용으로 쓴다. 3~4월에 꽃잎을 따서 꽃술을 떼어 낸 후 생식하거나 화전을 만들거나 떡, 부침개, 튀김에 넣어 먹는다. 꽃잎을 따서 꽃술을 떼어 낸 후 찻잔에 3~4개를 넣고 뜨거운 물을 부어 1~2분 후에 꿀을 타서 차로 마신다. 두견주(杜鵑酒) 만들 때는 지방마다 조금씩 다르지만 3~4월에 꽃잎을 따서 찹쌀밥을 겹겹이 넣어 청주에 담가 밀봉하여 100일 만에 마신다.

한방에서 꽃을 말린 것을 "두견화(杜鵑花)"라 부른다. 순환계·호흡기·부인과 질환에 효험이 있고, 꽃(혈액순환·고혈압), 잎과 줄기(토혈·이질)에 다른 약재와 처방한다. 민산에서 고혈압에는 잎·잔가지·뿌리를 잘게 썰어 말린 약재를 10~20g을 물에 달여 하루 3번 나누어 복용한다.

진달래 성분&배당체

꽃에는 아자레닌·아자레아닌, 잎에는 플라보노이드·카르세틴이 함유돼 있다.

진달래를 위한 병해 처방!

진달래는 병충해에 비교적 강한 편이나 5월~가을에 진달래방패벌레가 발생할 때는 페니트로 티온 유제를 1000배액 희석해 살포한다.

TIP

번식 진달래는 가을에 채취한 종자를 그늘에서 말린 후 껍질을 벗기고 직파를 하거나 기전 저장한 뒤 이듬해 봄에 물이끼에 파종한다.

: 근육통 · 불면증 · 빈혈에 효능이 있는 :

명자나무 *Cbaenomeles speciosa*

| 생약명 | 노자(樝子) · 사자(楂子)—열매를 말린 것. | 이명 | 백해당 · 모자예목과 · 산당화 · 화목과 · 목과실 · 청자 · 가시덕이 | 분포 | 전국 각지, 인가 부근 식재

🌿형태 명자나무는 장밋과의 낙엽활엽관목으로 높이는 2~3m 정도이고, 잎은 어긋나고 타원형이며 가장자리에 톱니가 있다. 꽃은 4~5월에 짧은 가지 끝에 1개 또는 여러 개가 붉은색으로 피고, 열매는 7~8월에 타원형의 이과로 여문다.

●약성 : 따뜻하며, 시다. ●약리 작용 : 진통 작용

●효능 : 출혈 · 신경기계 · 소화기계 질환에 효험, 저혈압 · 불면증 · 근육 경련 · 수종 · 이질 · 곽란 · 근육통 · 진통 · 빈혈증 · 위염 · 장출혈 · 주독 · 담 · 해수 · 구토 · 요통 · 설사

🌿음용 : 4~5월에 꽃을 따서 그늘에서 말려 방습제를 넣은 밀폐 용기에 보관하여 찻잔에 3송이를 넣고 끓은 물을 부어 차로 마신다.

"꽃이 아름다운 **명자나무**"

🌿 **명자나무의 꽃말은 신뢰·수줍음이다.**

    아름다운 꽃과 더불어 살아온 우리 민족은 일상에서 꽃과 함께하는 문화를 형성하면서 정신적으로 자양분으로 삼았다. 우리 선조는 "종화일년(種花一年) 간화십일(看花十日)"이라 했다. 즉 "꽃 심고 가꾸기는 1년이지만, 꽃 보기는 열흘이다"라고 했듯이, 명자나무꽃이 필 때 워낙 화려하고 아름다워 아낙네가 밖에 나가 바람을 피울 수 있다 하여 사랑채 앞에 심지 않았다. 원산지는 중국이다. 우리나라에 들어온 기록은 없으나 전국에 분포하고 있다. 전라도에서는 "산당화(山棠花)"라는 이름이 붙여졌다. 전국에 있는 일본 종인 풀명자는 꽃이 주홍색 뿐이고 열매 크기가 지름 2~3cm 정도이다. 조선시대 원예전문서인 〈화암수록〉에서 "꽃에 벼슬을 하사하는 것처럼 의미나 감정을 부여했다"라고 기록돼 있다. 구(舊)한말 매천 황현(黃玹)은 '꽃은 천 번을 봐도 싫증 나지 않는다'라고 했다. 그래서 우리는 아름다운 여인을 "화인(花人)", 꽃같이 아름다운 얼굴을 "화안(花顔)", 미인의 자태를 "화월용태(花月容態)", 신부가 혼례 때 타는 가마를 "꽃가마"라 부르며 예찬했다. 우리 국민은 꽃에 관한 관심이 부쩍 높아져 사는 곳에 심고, 들여놓는다. 지자체마다 꽃 축제를 하며 사람들을 즐겁게 해준다. 명자나무는 4월부터 5월까지 아름다운 모습으로 현대인의 지친 마음을 위로해 주고 가을에 작은 열매는 식용과 약용으로 쓴다.

🌿 **명자나무는 식용, 약용, 조경수로 가치가 높다!**

    명자나무의 자랑은 꽃, 열매이다. 열매에는 malic acid라는 성분이 들어 있어 한

방에서 가래를 삭여 주는 약재로 쓴다. 약술을 만들 때는 7~8월에 익은 열매를 따서 용기에 넣고 소주(19도)를 부어 밀봉하여 3개월 후에 마신다. 발효액을 만들 때는 7~8월에 익은 열매를 따서 용기에 넣고 재료의 양만큼 설탕을 붓고 100일 정도 발효시킨 후에 발효액 1에 찬물 3을 희석해서 음용한다. 약초 만들 때는 7~8월에 열매가 익기 전에 푸른 열매를 따서 쪼개어 그늘에 말려 쓴다.

한방에서 열매를 말린 것을 "노자(櫨子)·사자(樝子)"라 부른다. 폐 질환(기침, 가래)과 심장 질환(혈액순환 등)에 다른 약재와 처방한다. 민간에서 근육 경련에는 말린 약재를 1회 1~3g씩 달여서 복용한다. 저혈압·자양 강장·불면증에는 생 열매로 술을 담가 자기 전에 한 잔을 마신다.

🌿 명자나무 성분&배당체

명자나무 꽃에는 비타민C, 열매에는 사포닌·플라보노이드·사과산·구연산·주석산·탄닌이 함유돼 있다.

🌿 명자나무를 위한 병해 처방!

붉은별무늬병이 발생할 때는 4월 초순~5월 중순에 만코제브 수화제 500배, 트리아디메폰 수화제 800배, 페나리몰 유제 3000배 희석액을 7~10일 간격으로 3~4회 살포한다. 점무늬병이 발생할 때는 4월 하순~5월에 만코제프 수화제 500배, 옥신코퍼 수화제 1000배 희석액을 7~10일 간격으로 2~3회 살포한다.

> **TIP**
>
> **번식** 명자나무는 가을에 익은 열매를 따서 과육을 제거한 후에 종자를 겨울 동안 습한 모래와 혼합하여 노천 매장해 두었다가 이듬해 봄에 파종한다. 유사한 같은 품종을 증식하려면 분주나 삽목(꺾꽂이) 또는 접목을 한다.

: 불면증 · 대하 · 빈혈에 효능이 있는 :

장미 *Rosa hybrida "Rosekona"*

| **생약명** | 꽃봉오리를 말린 것을 "매괴화(玫瑰花)" | **이명** | 매괴, 적장미, 들장미, 겹장미, 찔레꽃, 해당나무, 돌가시나무, 붉은인가목 | **분포** | 전국 각지

🌿**형태** 장미는 낙엽활엽(활엽반상록성) 관목으로 높이는 2m 정도이고, 잔가지는 적갈색이며 날카로운 가시가 있다. 잎은 어긋나며 작은 잎 5~7개이다. 꽃은 5~10월에 가지 끝에 한 개 또는 몇 개가 홍자색 · 붉은색 · 백색 · 연노란색 등 다양하게 피는데 때론 겹꽃도 있다. 겹꽃은 열매를 맺지 않으나 둥글게 여문다.

●**약성** : 따뜻하며, 달고, 약간 쓰다. ●**약리 작용** : 해독 작용
●**효능** : 혈증 · 운동계 · 부인과 질환에 효험, 빈혈 · 대하증 · 불면증 · 저혈압 · 월경 불통 · 토혈 · 관절염 · 어혈

🌿**음용** : 5~7월에 꽃이 피기 전에 꽃봉오리를 따서 꽃자루와 꽃받침을 제거한 후에 그늘에서 말린 후 찻잔에 조금 넣고 뜨거운 물을 부어 1~2분 후에 꿀을 타서 차로 마신다.

"꽃의 여왕 장미"

🌿 장미의 꽃말은 색에 따라 다른데 대체로 사랑 · 애정 · 행복한 사랑이다.

장미는 기원전 2,000년경부터 바빌론 왕국이었다고 전한다. 장미가 원예 식물로 재배하기 시작한 것은 16세기 영국과 프랑스인 것으로 추정한다. 그래서 영국의 나라꽃은 장미로 속담에 "가시 없는 장미는 없다(There is no rose without thorn)"고 했으나, 오늘날 장미는 가시 없는 겹종을 비롯해 교잡종이 수천 종이 넘을 정도이다. 우리 땅에도 야생종인 찔레꽃, 해당화, 돌가시나무, 붉은인가목 장미가 있다. 우리는 조선시대 중국에서 들어온 것으로 추정한다. 장미 향을 가장 강하게 느낄 수 있는 온도는 15도, 동그랗게 맺힌 장미꽃의 옆을 지날 때면 꽃의 향기가 발길을 멈추게 한다. 장미의 계절 5월에 전남 곡성역 인근에서는 수백여 종의 장미꽃 축제를 하고 있다. 장미는 그리스 로마 시대에 서아시아에서 들어온 야생과 교잡시켜 수만 종의 우수한 품질이 세계적으로 재배되고 있다. 세계 장미원예협회에서는 품종에 따라 커가는 모양 또는 꽃의 형태와 색깔에 비중을 두고 품종으로 분류하고 있을 정도로 많다. 장미꽃의 꽃말은 색에 따라 다르다. 빨간색은 "열렬한 사랑", 흰색은 "순결함 또는 청순함", 노란색은 "우정 또는 영원한 사랑"을 뜻한다. 장미꽃은 남자들이 여자에게 프러포즈할 때 선물한다. 전 세계 연구진은 8년 동안 장미 게놈 유전체를 해독했는데, 장미의 유전자가 딸기와 유사하다는 것을 밝혀냈다. 장미꽃의 색깔이 나올 때는 향기가 억제되고 향이 강해지면 색이 바랜다는 것도 밝혀냈다. 장미 향을 내는 주요 향기 분자는 "페니에탄올"로 레몬이나 카네이션에도 발견된다. 조향사에 의하면 "조향은 장미 향으로 시작해 장미 향으로 끝난

다"고 한다. 장미 향의 분자는 300종이 남는데, 이 중 1%의 "장미 케톤"가 만든다. 향수 산업이 발달하면서 장미 향기를 대량으로 생산하는 방법이 개발되었고, 대다수 향수에는 장미 향이 첨가되고 있다.

🌿 장미는 식용, 약용, 관상용, 공업용으로 가치가 높다!

장미의 자랑은 꽃, 종자이다. 꽃잎은 향수의 주원료로, 종자는 기름을 짜서 쓴다, 장미꽃을 통째로 채취하여 증류하거나 물에 녹인 후 액체(정미수)로 약품의 냄새를 제거하거나 음식의 맛을 내는 데 쓴다. 한방에서 꽃을 말린 것을 "매괴화(玫瑰花)"라 부른다. 부인과 질환(대하, 빈혈, 불면증)에 다른 약재와 처방한다. 민간에서 불면증과 저혈압에는 열매를 술에 담가 취침 전에 1~2잔을 마신다.

장미 열매로 약술 만들 때는 익은 열매를 따서 용기에 넣고 19도의 소주를 부어 밀봉하여 3개월 후에 마신다. 약초 만들 때는 5~7월에 꽃이 피기 전에 꽃봉오리를 따서 꽃자루와 꽃받침을 제거한 후에 그늘에서 말려 쓴다.

🌿 장미 성분&배당체

꽃에는 장미유(Rose Oil)와 향을 내는 페닐에탄올·모노테르펜이 함유돼 있다.

🌿 장미를 위한 병해를 위한 처방!

검은무늬병이 발생할 때는 5월에 클로로타로닐 1000배, 핵사코나졸 액상수화제 2000배, 만코제브 수화제 500배 희석액을 2~3회 살포한다. 장미흰가루병가 발생할 때는 티오파네이트메틸 수화제 희석액을 7~10일 간격으로 2~3회 살포한다.

> **TIP**
>
> **번식** 장미는 실생, 삽목(꺾꽂이), 접목으로 번식한다.

: 소변 불통 · 관절염 · 기관지염에 효능이 있는 :

찔레 *Rosa multiflora*

| **생약명** | 영실(營實)−열매를 말린 것. | **이명** | 야장미자 · 가시나무 · 설널레나무 · 들장미 · 야장미 · 찔레꽃 | **분포** | 전국 각지, 산기슭과 골짜기의 양지 · 개울가

🌿**형태** 찔레나무는 장밋과의 낙엽활엽관목으로 높이는 1~2m 정도이고, 잎은 어긋나고 깃꼴겹잎으로 타원형 또는 달걀꼴로서 끝이 뾰쪽하고 밑은 좁고 가장자리에 잔톱니가 있다. 꽃은 5월에 새 가지 끝에 원추 꽃차례를 이루며 연한 홍색으로 피고, 열매는 9~10월에 둥근 상과로 여문다.

- ●**약성 :** 서늘하며, 시고, 달다. ●**약리 작용 :** 향염 작용
- ●**효능 :** 비뇨기 · 신경계 · 통증 질환에 효험, 신장염 · 강장 보호 · 음위증 · 관절염 · 기관지염 · 무좀 · 변비 · 복통 · 부스럼 · 설사 · 소변 불통 · 신장병 · 옹종 · 치통

🌱**음용 :** 5월에 꽃을 따서 찻잔에 2~3개를 넣고 뜨거운 물을 부어 1~2분 후에 꿀을 타서 차로 마신다.

"장미의 야생화 산처녀 찔레"

🍃 **찔레의 꽃말은 온화이다.**

봄이 한창일 때 찔레꽃은 환상적으로 아름답다. 우리 조상은 찔레꽃을 보고 따려고 할 때 가시에 찔릴 수 있다 하여 "찔레"라는 이름을 붙였다. 우리 땅에 자라는 야생 장미는 찔레, 해당화, 붉은인가목, 흰인가목, 생열귀나무 등이 있다. 지방에 따라서 "찔룩나무", "새비나무"라는 이름도 있다. 우리 땅에는 찔레가 없는 곳이 없을 정도로 자생한다. 예부터 찔레를 장미로 여겨 "들(野)장미"라 불렀는데, 중국에서 이시진이 쓴 〈본초강목〉에서 "영실(찔레)는 장미다"라고 기록돼 있듯이 찔레는 장미의 사촌?으로 봐야 할 것이다. 조선시대 봄이면 어린 순을 따서 먹는 "찔레 구지" 놀이를 했다. 시냇가의 돌을 주워다가 아궁이를 만들고 그 위에 돌을 쌓아 지붕(돌판)을 만든 후 땔감을 구해 불을 지핀 후 그 위에 찔레 순을 놓고 진흙을 덮고 쪄서 별미(別味)로 먹었다. 조선시대 선비들은 찔레꽃이 향이 좋아 따서 말려 베갯 속에 넣거나 향낭(香囊 · 작은 주머니)을 만들어 지니고 다녔다. 조선의 여인들은 오늘날 화장품 대신 찔레꽃잎을 비벼 쓰거나, "꽃 이슬"인 찔레꽃을 증류시킨 후 화장을 하거나 세수를 했다. 찔레에는 슬픈 전설이 있다. 고려 때 몽고에 굴복하여 조공(朝貢)을 바치면서 아리따운 소녀 500여 명이 함께 팔려나갔는데, 그 속에 "찔레"라는 소녀는 몽고 주인의 사랑을 받고 지냈으나 고향에 두고 온 부모와 동네 친구들을 생각하며 죽었다. 이 가련한 소녀가 죽은 골짜기마다 소녀의 마음은 흰 꽃이 되고 수없이 흘린 피눈물은 열매가 되어 아름다운 향기를 산천에 피어났다 하여 그때부터 사람들은 꽃나무 이름을 "찔레"라 불렀다는 속설이 전한다.

🍃 찔레는 식용, 약용, 관상용으로 가치가 높다!

찔레 자랑은 꽃이다. 봄에 어린순을 채취하여 끓는 물에 살짝 데쳐서 나물로 무쳐 먹거나, 꽃을 따서 물에 우려낸 후 차로 마신다. 여름에 굵은 순을 채취하여 껍질을 벗겨내고 생으로 먹는다.

한방에서 열매를 말린 것을 "영실(營實)"이라 부른다. 신장 질환(신장염)과 해독에 다른 약재와 처방한다. 민간에서 치통에는 덜 익은 열매를 1회 6g을 달여 복용한다, 무좀과 부스럼에는 전초를 짓찧어 환부에 붙이거나 삶아 물로 씻는다. 약초 만들 때는 가을에 반 정도 익은 열매를 따서 햇볕에 말려 쓴다.

발효액을 만들 때는 여름에 전초를 채취하여 용기에 넣고 재료의 양만큼 설탕을 붓고 100일 정도 발효시킨 후에 발효액 1에 찬물 3을 희석해서 음용한다. 약술 만들 때는 가을에 뿌리껍질을 캐어 물로 씻고 물기를 뺀 다음 용기에 넣고 19도의 소주를 부어 밀봉하여 3개월 후에 마신다.

🍃 찔레 성분&배당체

찔레꽃에는 아스트라가린과 정유, 잎에는 비타민C, 열매에는 루틴 · 리놀산, 뿌리에는 톨멘틱산, 뿌리껍질에는 탄닌이 함유돼 있다.

🍃 찔레를 위한 병해 처방!

찔레나무 진딧물이 발생할 때는 수프라사이드 용액을 희석하여 통풍이 잘되는 곳에서 살포한다.

TIP

번식 찔레는 가을에 채취한 종자의 과육을 제거한 후 음지에서 건조한 후 노천매장하여 이듬해 봄에 파종한다. 6월에 녹지삽(풋가지꽃이)으로 번식한다.

: 고혈압 · 소변불리 · 진통에 효능이 있는 :

철쭉 *Rhododendron schlippenbachii Maxim.*

| 생약명 | 꽃을 말린 것을 "척촉(躑躅)" | 이명 | 개꽃, 연달래, 함박꽃, 척꽃, 철쭉, 흰산철쭉, 겹산철쭉
| 분포 | 전국 각지의 산등성이

🌿형태 철쭉은 낙엽활엽관목으로 높이는 2~5m 정도이고, 줄기는 곧게 자라며 굵은 가지가 많고, 수피는 회갈색으로 오래되면 갈라진다. 잎은 어긋나고 가지 끝에 5개씩 모여 달리며 도량형이다. 꽃은 가지 끝에 연한 홍색 또는 흰색으로 산형화서를 이루며 3~7개씩 피고, 열매는 10월에 삭과로 여문다.

● 약성 : 독성이 강하다.　● 약리 작용 : 마취 작용, 건위 작용, 혈압 강하 작용
● 효능 : 신장 질환에 효험이 있고, 악창, 이뇨, 소변불리, 간장보호, 고혈압, 위장병, 강장, 진통, 통증

🌿외용 : 꽃잎을 짓찧어 상처를 입은 통증이나 사지마비에 붙인다.

"봄소식의 대명사 철쭉"

🌿 철쭉의 꽃말은 사랑의 기쁨이다.

철쭉은 우리나라, 중국, 일본 등지에 분포한다. 철쭉은 자연 상태로 기르는 수종으로 양지바른 기슭이나 능선에서 큰 군락을 이루기도 하지만, 때로는 깊은 산에서 홀로 자생하기도 한다. 중국에서는 산철쭉을 산척촉(山躑躅)이라 부른다. 조선시대 〈해동역사〉에서 "철쭉꽃이 아름다워 길을 가던 걸음을 머뭇거리게 한다"라고 기록돼 있다. 그래서 "머뭇거린다"는 뜻의 척촉(躑躅)으로 부르다가 "철쭉"이라는 이름이 붙여졌고, 산객(山客)이라는 애칭도 있다. 조선시대 강희안이 쓴 〈양화소록〉에서 꽃나무를 아홉 등급으로 분류했는데 우리 땅에서 자라는 진달래(홍두견)는 육품에 일본에서 세종에게 진상한 왜홍철쭉을 이품에 두었다. 철쭉과 같은 속에 있는 영산홍은 일본에서 들어왔고 주황색 꽃이 피는 황철쭉은 일본 종이다. 철쭉은 진달래와 비슷하게 생겼다. 진달래는 먹을 수 있는 꽃이라 하여 "참(眞)" 꽃 또는 "창꽃"이라 부른다. 꽃은 아름답고 화려하지만, 소량의 독(毒)이 있어 먹을 수 없는 철쭉과 산철쭉이 있는데, "개꽃"이라 부른다. 개꽃은 경상도에서 부르던 옛 이름으로 진달래가 피고 연이어 피는 꽃이라는 이름이 붙여졌다. 진달래, 철쭉, 산철쭉의 꽃의 모양은 매우 비슷하나 피는 시기는 다르다. 진달래는 3~4월에 꽃이 핀 후 잎이 나지만, 철쭉류는 4~5월에 잎이 먼저 핀 후 꽃이 핀다. 진달래 새순은 만지면 달라붙지 않으나 철쭉 새순은 점액 성분이 있어 끈적끈적하고 손에 잘 붙는다. 철쭉은 꽃잎 안쪽에 적자색 반점이 있다. 우리나라에서 가장 크고 오래된 철쭉은 강원도 정선 반론 산에 200살쯤 되는 천연기념물 제348호 지정돼 보호를 받고 있

다. 우리 땅에서 철쭉 군락이 유명한 곳은 지리산 바래봉과 세석평전, 경상도 산청 합천 황매산 철쭉, 영주 소백산 비로봉 철쭉, 축령산휴양림 철쭉, 제주도 한라산 등이 있다. 철쭉은 키가 작은 나무가 줄기가 작아 세밀한 조각재로 쓴다.

🌿 철쭉은 정원수, 공원수, 관상수로 가치가 높다!

철쭉꽃은 독성이 강해 마취 작용을 일으키므로 악창(惡瘡)에 외용으로 쓸 뿐 먹을 수 없다. 한방에서 꽃잎을 말린 것을 "척촉(躑躅)"이라 부른다. 사지 마비·소변불 리(이뇨)에 다른 약재와 처방한다. 민간에서 상처를 입은 진통에 꽃을 짓찧어 부위 에 붙였다. 꽃을 그냥 먹으면 복통을 일으키기 때문에 주의를 요(要)한다.

🌿 철쭉 성분&배당체

철쭉 꽃에는 "그레이이노톡신"이라는 유독(有毒)이 함유돼 있다.

🌿 철쭉을 위한 병해 처방!

철쭉반점병·철쭉갈색무늬병(갈반병)·철쭉엽반병·철쭉떡병, 철쭉탄저병·철쭉 녹병·철쭉민떡병이 발생한다. 철쭉반점병과 철쭉갈색무늬병(갈반병)과 철쭉엽반 병이 발생할 때는 봄에 잎이 나올 때 또는 5~9월에 만코제브 수화제 500배 희석 액을 2~3회 살포한다. 5월부터 가을까지 철쭉방패벌레가 발생할 때는 페니트로 치온 유제를 희석해 2회 살포한다. 병든 잎은 채집 소각하거나 땅속에 묻는다.

> **TIP**
>
> **번식** 철쭉은 가을에 채취한 종자를 그늘에서 말린 후 껍질을 벗기고 종자만을 직파하거나 기건 저장한 뒤 이듬해 봄에 물이끼에 파종한다. 그 외 삽목(꺾꽂이), 포기나누기, 접붙이기를 한다.

: 대하증 · 월경 불순 · 위염에 효능이 있는 :

배롱나무 *Lagerstroemila indica*

| **생약명** | 자미화(紫微花) – 꽃을 말린 것, 자미근(紫微根) – 뿌리를 말린 것. | **이명** | 자미엽 · 파양수 · 후랑달수 · 간질나무 · 만당화 · 패양수 | **분포** | 중부 이남

🌿**형태** 배롱나무는 부처꽃과의 낙엽활엽소교목으로 높이는 5~8m 정도이고, 잎은 다소 가죽질의 두터운 잎이 마주 나고 타원형으로 끝이 뾰족하고 가장자리가 밋밋하다. 꽃은 7~9월에 가지 끝에 원추 꽃차례를 이루며 담홍색, 연한 보라색, 흰색으로 피고, 열매는 나음해 10월경에 타원형 또는 구형의 삭과로 여문다.

● **약성** : 따뜻하며, 달고, 짜다. ● **약리 작용** : 항진균 작용
● **효능** : 부인과 · 순환계 질환에 효험, 꽃(기침 · 혈붕 · 태독), 뿌리(치통 · 이질 · 설사 · 혈액 순환), 잎(이질 · 습진), 대하증 · 불임증 · 월경 불순 · 위염

🌱 **음용** : 7~9월에 꽃이 완전히 핀 꽃봉오리를 따서 말린 후 찻잔에 조금 넣고 뜨거운 물을 부어 1~2분 후에 꿀을 타서 차로 마신다.

"꽃이 100일 동안 피는 배롱나무"

🌿 **배롱나무 꽃말은 일편단심(一片丹心) 헤어지는 벗을 그리워하다.**

배롱나무는 중국이 원산으로 우리 땅에는 중부 이남에서 자생한다. 그래서 중국 궁궐이나 관청의 뜰과 고택(古宅)에 많이 심었다. 당나라 현종은 배롱나무를 무척 사랑한 나머지 궁궐 중서성(中書省)을 아예 자미성(紫微星)으로 고쳐 부르고 "황제 나무"를 뜻한다. 우리나라에는 사찰이나 서당(書堂) 주변에 많이 심었다. 나무껍질은 다른 나무에 비하여 편평하고 매끄러워 간지럼을 잘 탄다고 하여 "간지럼 나무"라 부른다. 일본인은 "사로스 베리(さるすべり)"라 하여 나무를 잘 타는 원숭이도 미끄러진다고 붙여진 이름이다. 그 외 자미화(紫微花), 자금화(紫金花)로 이름도 있다. 배롱나무는 꽃이 100일 동안 핀다고 하여 "백일홍(百日紅)"이라는 이름이 붙여졌다. 꽃이 100일 동안 가지 끝에 달린 것이 아니라 무궁화처럼 꽃이 지면 다른 꽃이 피어서 붙여진 이름이다. 봄에 다른 꽃이 다 핀 후 7~8월에 꽃이 핀다고 하여 "게으름뱅나무"라는 별명도 있다. 고려 말 포은 정몽주가 이방원의 회유에 "단심가(丹心歌)"로 자신의 마음을 드러냈듯이, 조선시대 단종을 위해 목숨을 바쳤던 사육신 가운데 성삼문은 시를 통해 "지난 저녁 꽃 한 송이 피어, 서로 일백일을 바라보니, 너를 위하여 한잔하리라" 예찬하며 일편단심(一片丹心)을 그렸다. 그래서 종묘를 비롯한 묘 주변과 사당 마당에는 배롱나무를 심었다. 제주도에서는 이승만 정권 때 제주 4·3사태에서 이유도 모른 채 인생의 꽃도 피우지 못한 채 죽어가서 그런지 배롱나무꽃이 붉은 꽃이 마치 피 같다고 하여 불길한 나무라 하여 제주도에서는 배롱나무를 심지 않는다. 나무의 나무껍질은 다양하다. 나무는 자라면서 감싸고 있

는 껍질을 통해 생명을 유지한다. 소나무는 갈라진 틈을 두툼하게 하고 계속 붙여 나가지만 그와 반대로 껍질을 벗기는 느티나무나 양버즘나무도 있다. 아예 껍질을 자꾸 벗어버리고 없는 모과나무, 양버즘나무, 배롱나무, 단풍나무가 있다. 경상북도 도화(道花)가 배롱나무다. 그래서 그런지 안동 병산서원의 380년 배롱나무, 경주 남산 기슭의 서출지 주변에 수백 년씩 된 나무가 지금도 사람들에게 즐거움을 준다. 강원도 강릉 오죽헌에는 450년이 넘는 배롱나무가 있고, 부산 양정동에는 수령이 800년이 넘는 천연기념물 제168호가 지정되어 보호를 받고 있다.

🌿 배롱나무는 정원수, 관상용으로 가치가 높다!

배롱나무의 자랑은 꽃과 나무껍질이다. 꽃을 따서 물에 우려낸 후 차로 마신다. 약초 만들 때는 7~9월에 꽃이 완전히 핀 꽃봉오리를, 잎과 뿌리를 수시로 채취하여 햇볕에 말려 쓴다. 한방에서 꽃을 말린 것을 "자미화(紫微花)", 뿌리를 말린 것을 "자미근(紫微根)"이라 부른다. 기관지염에 다른 약재와 처방한다. 민간에서 기침에는 꽃 10g을 달여서 먹는다. 치통에는 뿌리 10g을 달여서 먹는다.

🌿 배롱나무 성분&배당체

배롱나무꽃에는 몰식자산·에라 긴산, 잎에는 데시민·알칼로이드, 뿌리에는 시토시테롤이 함유돼 있다.

🌿 배롱나무를 위한 병해 처방!

배롱나무에는 배롱나무흰가루병, 배롱나무나무갈반병(갈색점무늬병), 배롱나무환문엽고병, 배롱나무빗자루병(천구소병)이 발생한다. 배롱나무 흰가루병에는 5월 하순에서 6월에 티오파네이트메틸 수화제 1000배 희석을 2~3회 살포한다. 배롱나무나무갈반병(갈색점무늬병)에는 5월 하순에서 7월 초순까지 만코제브 수화제 500배 또는 베노밀 수화제 2000배 희석액을 월 2회 살포한다.

> **TIP**
>
> **번식** 배롱나무 번식은 실생, 삽목(꺾꽂이)으로 한다. 10월에 익은 종자를 따서 노천매장했다가 이듬해 봄에 파종한다.

: 간염, 황달, 소화불량에 효능이 있는 :

병꽃나무 *Weigela subsessils*

| **생약명** | 꽃을 말린 것을 "고려양로(高麗楊櫓)" | **이명** | 개골병꽃, 골병꽃나무, 소영도리나무, 노랑병꽃, 색병꽃, 삼색병꽃, 축자병꽃 | **분포** | 전국 산지, 계곡, 산기슭

🌱**형태** 병꽃나무는 낙엽활목관목으로 높이는 3m 정도이고, 줄기에 얼룩무늬가 있다. 잎은 마주나며 잎자루는 없다. 잎의 모양은 달걀을 거꾸로 세운 모양의 타원이고 끝이 뾰쪽하고 가장자리에는 작은 톱니가 있다. 꽃은 4~5월에 잎겨드랑이에 병 모양으로 한 두 개씩 달린다. 열매는 9~10월에 바나나처럼 길게 구부러지고 종자에는 날개가 있다.

- ●**약성** : 맛이 평하다. ●**약리 작용** : 이뇨 작용, 진통 작용
- ●**효능** : 간 질환에 효험이 있고, 간염, 황달, 소화불량, 식중독, 통증, 산후통, 타박상, 피부가려움증, 두드러기, 골절, 저혈압, 혈액순환, 부종

🌿**음용** : 4~5월에 활짝 핀 꽃을 따서 그늘에서 말린 후 뜨거운 물에 3~5개 넣고 우려낸 후 차로 마신다.

"꽃 모양이 병을 닮은 병꽃나무"

🌿 병꽃나무의 꽃말은 전설이다.

우리 땅에는 식물의 종이 다양하게 분포하고 희귀식물도 많다. 국내에 자생하는 1,000여 종이고 이중 주변에서 흔히 접할 수 있는 나무는 100여 종이다. 이 가운데 순수한 토종 나무가 있는데 세계에서 유일하게 우리 땅에서 자라는 나무가 병꽃나무다. 전 세계에 10여 종이 분포하고 있고, 우리 땅에는 5종이 자생하고 있다.

우리에게 정말 소중한 것이 무엇인가? 자연관 속에 존재 이유와 삶의 이유를 인생관과 가치관을 두고 살아야 한다. 우리 땅에서 자라는 나무와 숲은 생명이 숨 쉬는 삶의 터전이다. 숲은 맑은 공기와 찌든 마음을 해독해 준다.

병꽃나무는 비옥한 사질토양에서 잘 자라고 산지의 중턱에서 서식한다. 유사한 종으로는 붉은병꽃나무, 골병꽃나무, 소영도 나무, 노랑병꽃, 색병꽃, 삼색병꽃, 축자병꽃, 골병꽃 등이 있다.

병꽃나무는 비단을 두른 것처럼 아름답다 하여 "조선금대화(朝鮮金大花)", 골병처럼 생겼다 하여 "골병꽃", 명태 주둥이를 닮았다 하여 "명태취꽃", 꽃이 병을 거꾸로 세워 놓은 것 같고 또는 깔때기 모양을 하고 있어 "병꽃나무"라는 이름이 붙여졌다.

나무 중에서 병꽃나무는 목재 이용면에서 볼 때는 별로 가치 없는 것으로 보일지 몰라도 우리 고유의 유산이자 소중한 자산으로 척박한 땅에서도 잘 자라지만 5월에 꽃이 필 때는 산을 찾는 사람에게 즐거움을 주는 나무다.

나무에서 피는 꽃은 한 가지 색만을 볼 수 있으나, 우리 토종 삼색 병꽃나무는

꽃의 특성이 있는데, 한 나무에서 세 가지 색깔의 꽃을 동시에 볼 수 있다. 꽃이 필때는 하얀색, 며칠이 지나면서 노란색, 마지막에는 빨간색으로 변하는 모습이 신기하다.

우리 땅 산에는 병꽃나무가 많이 자생하고 열량이 좋아 옛날에는 숯가마를 만들때 땔감으로 썼다. 양봉 농가에서 꿀을 선사하기도 한다.

🍃 병꽃나무는 식용, 약용, 관상용, 공원수, 조경수로 가치가 높다!

병꽃나무의 자랑은 꽃이다. 봄에 막 나온 새순을 채취하여 끓은 물에 살짝 데쳐서 나물로 먹는다. 꽃은 차로 먹거나 효소를 담가 먹는다.

한방에서 꽃을 말린 것을 "고려양로(高麗楊櫓)"라 부른다. 간 질환에 다른 약재와 처방한다. 민간에서 식중독에는 잎을 1회 사용량 3g을 물에 달여 복용한다. 혈액순환에는 병꽃을 차로 마신다.

🍃 병꽃나무 성분&배당체

병꽃나무 꽃에는 아스트라가린, 잎에는 비타민C, 열매에는 루틴이 함유돼 있다.

🍃 병꽃나무를 위한 병해 처방!

병꽃나무에 진딧물이 발생할 때는 살충제나 주방세제를 1:1000으로 희석해 살포한다.

TIP

번식 병꽃나무는 9월경에 익은 종자를 채취하였다가 봄에 이끼 위에 파종한다. 실생, 분주, 삽목(꺾꽂이)로 번식한다.

: 고혈압 · 심장병 · 항말라리아에 효능이 있는 :

수국 *Hydrangea macrophylla for. otaksa*

| **생약명** | 팔선화(八仙花)-꽃을 말린 것. | **이명** | 분단화 · 자양화 · 경화 · 간판수국, | **분포** | 전국의 각지 · 절이나 인가 부근 재배

🌿**형태** 수국은 범의귓과의 낙엽활엽관목으로, 높이는 1m 정도이고, 잎은 마주 나고, 달걀꼴로서 두텁고 짙은 녹색에 윤기가 나고 끝이 뾰쪽하고 가장자리에 톱니가 있다. 꽃은 6~7월에 줄기 끝에서 산방 꽃차례를 이루며 크고 둥근 두상화 모양으로 피고, 꽃받침 잎은 4~5개로 꽃잎 모양이며 열매 씨방이 발달하지 않고 암술이 퇴화하여 열매를 맺지 못한다.

- **약성** : 차며, 쓰고, 약간 맵다.
- **약리 작용** : 항말라리아 작용 · 혈압 강하 작용 · 심근 수축 작용 · 해열 작용
- **효능** : 열증 · 비뇨기 질환에 효험, 고혈압 · 심장병 · 심계 항진 · 번조 · 학질 · 강심제 · 경련 · 당뇨병 · 방광염

🍵 **음용** : 6~7월에 꽃을 따서 그늘에 말린 후 찻잔에 조금 넣고 뜨거운 물을 부어 1~2분 후에 꿀을 타서 차로 마신다.

"꽃 색이 변화무쌍한 수국"

🌿 수국의 꽃말은 변하기 쉬운 마음이다.

땅은 산성도(酸性度) 정도에 따라 수국(水菊) 꽃이 처음 흰색으로 피었다가 점차 청색으로 바뀌고 다시 붉은색을 담기 시작하다 자색으로 변하기 때문에 변화무쌍한 "칠변화"라는 이름이 붙여졌다. 그래서 수국의 꽃말도 "변하기 쉬운 마음"이다. 수국의 꽃이 뭉게뭉게 피어나기 때문에 "분단화(粉團花)" 또는 "수구화(繡毬花)", 중국 시인 백낙천에 유래되어 "자양화(紫陽花)" 또는 "팔선화(八仙花)"라는 이름이 붙여졌다. 수국의 꽃은 화려하다. 우리가 알고 있는 수국 꽃 무리는 벌을 유인하기 위한 꽃받침이고 암술과 수술이 모두 퇴화한 성(性)이 없는 무성화이다. 수국의 원산지는 중국이다. 삼국시대에 탐라 수국(水菊)이라는 이름이 있는 것으로 보아 우리 땅에는 오래전에 들어와 사찰 주변에 많이 심었다. 지금 우리 땅에서 심어진 수국은 중국 종을 기본종으로 하여 일본에서 만들어진 원예 품종이다. 제주도 한라산 중턱 해발 1,000m쯤 되는 경사면에 탐라 수국이 산재해 자라고 있다. 시골집 대문 앞이나 담장 옆에 피어 있는 수국은 풍성함을 준다. 여름이 한창일 때 보라색, 하늘색, 분홍색으로 어우러진 수국의 꽃송이는 더위를 한순간에 씻겨 줄 만큼 시원하고 아름답다. 수국은 작은 꽃들이 모여 커다란 공처럼 만들어 내는 꽃 무리가 아름다워 옛 선인들은 신선들이 사는 선상에 있는 꽃으로 여길 정도였다. 조선시대 농경사회에서 간장의 향료로 쓰기도 하고 구충제로 썼다. 일본에서는 잎이나 가지를 말린 수국 차를 즐겨 마시는데, 부처가 탄생할 때 용왕이 단비를 내려 부처의 몸을 씻어 주었다 하여 석가탄신일에는 이 차를 불상(佛像)에 붓는 풍속도 있다.

산수국

🌿 수국은 식용, 약용, 관상용으로 가치가 높다!

수국의 자랑은 꽃이다. 꽃, 잎, 뿌리 모두를 약재로 쓴다. 꽃과 잎이나 가는 줄기를 햇볕에 말린 후 물에 우려낸 후 차로 마시고, 막 나온 새순은 나물로 먹는다. 발효액을 만들 때는 봄에 잎을 따서 용기에 넣고 재료의 양만큼 설탕을 붓고 100일 정도 발효시킨 후에 발효액 1에 찬물 3을 희석해서 음용한다. 약술을 만들 때는 가을에 뿌리를 캐어 물로 씻고 물기를 뺀 다음 용기에 넣고 19도의 소주를 부어 밀봉하여 3개월 후에 마신다. 약초를 만들 때는 6~7월에 꽃봉오리를 따서 그늘에, 꽃은 활짝 피었을 때 따서 그늘에 말려 쓴다.

한방에서 꽃을 말린 것을 "팔선화(八仙花)"라 부른다. 혈관 질환(고혈압)에 다른 약재와 처방한다. 민간에서 고혈압 · 당뇨병에는 전초 10g을 불에 달여서 복용한다. 심장병에는 뿌리를 물에 달여서 복용한다.

🌿 수국 성분&배당체

수국에는 항말라리아 알칼로이드와 델피니틴이라닌 색소가 있고, 꽃에는 루틴, 잎에는 스킴민, 뿌리에는 하이드란게롤이 함유돼 있다.

🌿 수국을 위한 병해 처방!

수국에 탄저병이 발생할 때는 봄에 클로로탈로닐 수화제 1000배 희석액을 살포한다. 반점병이 발생할 때는 발생 초기에 만코제브 수화에 500배 희석액을 2주 간격으로 2~3회 살포한다.

> **TIP**
>
> **번식** 수국에는 종자가 없으므로 삽목(꺾꽂이)를 해야 한다. 이른 봄 싹이 트기 전에 지난해에 자란 줄기를 한 뼘쯤 잘라 모래에 꽂으면 뿌리를 잘 내린다.

: 신장병 · 이뇨 · 소변불리에 효능이 있는 :

아까시나무 *Robinia pseudoaca cpia*

| **생약명** | 자괴화(刺槐花)—꽃을 밀린 것, 자괴화엽(刺槐葉)—잎을 말린 것. 자괴근피(刺槐根皮)—줄기와 뿌리를 말린 것. | **이명** | 아카시아 | **분포** | 전국 각지, 산지

🌳**형태** 아까시나무는 콩과의 갈잎큰키나무로 높이는 10m 정도이고, 잎은 어긋나고 깃 모양의 겹잎이고 작은 잎은 9~19개이고 타원 또는 달걀 모양이고 가장자리는 밋밋하다. 가지에는 가시가 있다. 꽃은 5~6월에 새 가지의 겨드랑이에서 술 모양의 꽃차례가 밑으로 처지며 나비 모양의 흰색으로 피고 열매는 9월에 갈색의 꼬투리로 여문다.

● **약성** : 평온하며, 약간 달다. ● **약리 작용** : 이뇨 작용
● **효능** : 소화기 질환에 효험, 신장병 · 이뇨 · 소변불리 · 부종 · 변비 · 수종

🌿 **음용** : 잎을 따서 증기로 쪄서 손으로 비벼 그늘에 말린 후에 찻잔에 조금 넣고 뜨거운 물을 부어 1~2분 후에 꿀을 타서 차로 마신다.

"어릴 적 추억을 생각나게 하는 **아까시나무**"

🌿 아까시나무의 꽃말은 우아함 · 품위이다.

    초여름 흐드러지게 피는 아까시나무 꽃은 추억을 생각나게 한다. 동요 "과수원 길" 노랫말처럼 유년 시절 추억과 함께하는 생활 속의 나무이다. 잎이 가지런히 마주나 있어서 가위바위보를 번갈아 하며 잎 떼기 놀이를 했다. 우리나라를 뒤덮고 있는 아까시는 유사한 가짜 아카시아라고 불리는 별종이다. 아카시아는 고대 이집트나 구약성서 지방에서는 불사(不死)의 상징으로, 지금도 사람을 매장할 때 이 아카시아 나뭇가지를 꺾어 묻는 관습이 있다. 그래서 신전 제단이나 모세의 십계(十戒)를 새긴 돌을 담는 나무로 만든다. 예수가 머리에 쓴 가시나무 관(冠)도 이 나무라는 설이 있다. 인디언은 아까시나무 꽃을 따서 사랑을 고백하기도 한다. 아까시나무는 산림녹화에 큰 공로를 수종으로 세계적으로 다양한 품종이 있다. 우리나라에는 1890년 일본 사람이 중국 북경에서 묘목을 가져와 심었고, 1920년경에는 연분홍 꽃이 피는 아카시아나무를 미국에서 들여와 전국에 심었다. 그 시절 황폐했던 산이 워낙 많아 척박한 땅에서도 잘 자라는 특성을 살린 사방용 지피식물로 전국적으로 많이 심게 되었다. 아까시나무 꽃에는 꿀이 많아 "꿀벌 나무(Bee tree)"라 부른다. 꽃송이 하나에 하루 평균 2.2㎕(1㎕은 100만분의 1)의 꿀이 생산되기 때문에 양봉 농가에 도움을 준다. 한때 국내에서 생산되는 벌꿀의 70% 이상을 차지한 적도 있었다. 아까시나무와 민둥아까시나무를 구분하는 방법이다. 아까시나무는 꽃이 피고, 줄기에 가시가 있으나, 민둥아까시나무는 꽃도 피지 않고 줄기에 가시가 없다. 그리고 흔히 아카시아라고 부르지만, 실제 아카시아는 전혀 다른 나무이다.

🍃 아까시나무는 식용, 약용, 관상용으로 가치가 높다!

꽃과 잎은 식용, 잎과 뿌리껍질은 약용으로 쓴다. 잎을 따서 증기로 쪄 손으로 비벼 그늘에 말린 후 찻잔에 조금 넣고 뜨거운 물을 부어 1~2분 후에 꿀을 타서 마신다. 어린잎을 따서 밀가루에 버무려 튀김·부침개로 잎은 나물이나 떡·샐러드로 먹었다. 성숙한 잎은 살짝 찐 다음 손으로 비비면서 그늘에 말려 차로 마신다. 바비큐 같은 훈제요리에도 사용된다. 한방에서 뿌리껍질을 말린 것을 "자괴근피(刺槐根皮)", 잎을 말린 것을 "자괴화엽(刺槐葉)", 꽃을 말린 것을 "자괴화(刺槐花)"라 부른다. 신장 질환과 소화기 질환에 효험이 있고, 주로 잎은 신장병·이뇨·소변불리·부종에 뿌리껍질은 변비·수종에 다른 약재와 처방한다. 민간에서 변비에는 뿌리껍질을 달여 복용한다. 소변불리에는 잎을 달여 마셨다.

🍃 아까시나무 성분&배당체

아까시나무 꽃에는 탄닌·플라보노이드·아스파라긴산, 잎에는 비타민C, 나무껍질에는 아카세틴, 종자에는 피토헤마그그루티닌이 함유돼 있다.

🍃 아까시나무를 위한 병해 처방!

아까시나무는 척박한 땅에서 잘 자라고 병해가 거의 발생하지 않으나 엽록소 부족으로 인하여 잎이 노랗게 변하는 황화현상이 발생할 때는 4월 하순~6월 하순까지 침투성 살충제인 이미다크로프리드 수화제(10%) 또는 티아클로프리드 액상 수화제(10%) 2000배액을 살포한다.

> **TIP**
>
> **번식** 아까시나무는 맹아력이 아주 왕성하여 자연적으로 원하지 않는 곳에서 스스로 자꾸 돋아나 번식한다.

: 심신불안 · 불면증 · 염증에 효능이 있는 :

자귀나무 *Albizzia julibrissin*

| 생약명 | 합환피(合歡皮)—나무껍질을 말린 것 · 합환화(合歡花)—꽃을 말린 것. | 이명 | 사랑나무 · 소쌀나무 · 합환목 · 합혼수 · 야합수 · 여설목 · 야합화 | 분포 | 중부이남, 산과 들

🌱**형태** 자귀나무는 콩과의 낙엽활엽소교목으로 높이는 3~6m 정도이고, 잎은 어긋나고 2회 깃꼴겹 잎으로 각각 20~40쌍씩 작은 잎이 달리고 가장자리가 밋밋하다. 꽃은 6~7월에 가지 끝이나 잎겨드랑이에 15~20개 정도인 붉은 수술이 산형 꽃차례를 이루며 연분홍색으로 핀다. 열매는 9~10월에 긴 타원형의 편평한 협과가 여문다. 꼬투리 속 1개에 5~6개의 씨가 들어 있다.

- **약성** : 평온하며, 달다. ● **약리 작용** : 진통 작용, 항염 작용
- **효능** : 부인과 · 신경기계 · 이비인후과 질환에 효험, 꽃은 불면증 · 건망증 · 요슬 산통 · 옹종 · 가슴이 답답한 증세 · 임파선염 · 인후통, 줄기껍질은 심신불안 · 우울 불면 · 나력 · 골절상 · 습진 · 종기 · 관절염 · 창종 · 진통

🌿**음용** : 6~7월에 꽃이 피기 전에 따서 그늘에서 말린 후 밀폐 용기에 보관하여 찻잔에 2~3개를 넣고 뜨거운 물을 부어 2~3분간 우려낸 후 차로 마신다.

110

"부부 금실을 상징하는 **자귀나무**"

🌿 자귀나무의 꽃말은 환희이다.

자귀나무는 우리 땅과 일본, 중국, 이란, 남아시아 등지에 분포한다. 꽃피는 기간이 한 달씩이나 되기 때문에 조경수로 가치가 높다. 자귀나무 꽃이 명주실과 같은 연분홍색 공작 깃털 모양이다. 저녁이면 짝 맞춰 접히기 때문에 사랑의 나무로 부른다. 그래서 자귀나무를 집에 심었는데, "합환목(合歡木)", "합환수(合歡樹)", "야합수(夜合樹)", "유정수(有情樹)"라 불렀다. 그 외 자귀나무 잎을 소가 좋아한다고 하여 "소밥나무", 열매가 익을 때 콩깍지 같은 열매가 바람에 흔들려 시끄러운 소리를 낸다고 하여 "여설수(女舌樹)"라는 애칭도 있다. 자귀나무 잎이 밤이면 포개 있는 모습이 마치 귀신이 잠을 자는 것 같아 "잠자는 귀신"이라는 뜻으로 "자귀나무"라는 이름이 붙여졌는데, 좌귀목(佐歸木)에서 "자귀나모"로 이후 "자귀나무"로 이름이 바뀌었다. 중국의 〈박물지〉에서 "자귀나무를 뜰 안에 심으면 노여움이 사라지고, 가정에 불화가 없어 화합된다"라고 기록돼 있다. 그래서 우리 조상들은 부부간에 사이가 좋아진다는 "애정목(愛情木)"으로 보아 부인이 남편의 애정을 받고 싶으면 꽃을 따서 말려 두었다가 베개 밑에 넣어 두었나가 차(茶)나 술에 넣어 마시게 했던 부부화합의 비약(飛躍)이었다. 조선시대 농경사회에서 농부들은 향후 일기를 예보할 수 없어 자귀나무가 음이 트게 되면 늦서리가 없을 것으로 예상하고 마음을 놓고 곡식을 파종해도 서리 피해를 받을 염려가 없다고 했다. 자귀나무가 긍정만 있는 게 아니다. 제주도에서는 자귀나무를 "지구낭"이라 하여 집에 심는 것을 금했는데, 그 이유는 이 나무 밑에 잠을 자면 학질 또는 역병에 걸린다고 하여 꺼렸다.

자귀나무 목재는 재질이 좋아 조각재로 쓴다.

🌿 자귀나무는 식용, 약용, 공원용, 조경수로 가치가 높다!

자귀나무 자랑은 꽃이다. 꽃을 따서 물에 우려낸 후 차로 마신다. 봄에 어린 순을 채취하여 끓는 물에 살짝 데쳐서 나물로 무쳐 먹는다. 나무껍질 10~15g을 물 600mL에 넣고 달여 엽차처럼 마신다. 발효액을 만들 때는 봄에 꽃이 피기 전에 어린순을 따서 마르기 전에 용기에 넣고 재료의 양만큼 설탕을 붓고 100일 정도 발효시킨 후에 발효액 1에 찬물 3을 희석해서 음용한다. 약초를 만들 때는 여름부터 가을 사이에 줄기와 가지의 껍질을 벗겨 햇볕에 말려 쓴다. 여름에 꽃을 채취하여 그늘에 말려 쓴다. 한방에서 나무껍질을 말린 것을 "합환피(合歡皮)" · 꽃을 말린 것을 "합환화(合歡花)"라 부른다. 불면증에 다른 약재와 처방한다. 민간에서 불면증 · 우울증에는 꽃을 채취하여 물에 달여 하루에 3번 공복에 복용한다. 어혈, 타박상에는 줄기를 달인 물을 마시고 환부에 바른다.

🌿 자귀나무 성분&배당체

자귀나무 꽃에는 에라긴산, 잎에는 비타민C, 나무껍질에는 사포닌 · 탄닌이 함유돼 있다.

🌿 자귀나무를 위한 병해 처방!

자귀나무에는 진딧물이 발생할 때는 시중에서 구할 수 있는 이미다클로프리드 수화제 약제를 살포한다.

TIP

번식 자귀나무를 번식할 때는 가을에 종자를 채취하여 노천 매장했다가 파종한다.

: 해열 · 대하증 · 어혈에 효능이 있는 :

조팝나무 *Spiraea for. prunifolia. simp floicriflora*

| 생약명 | 목상산(木常山) – 뿌리를 말린 것. | 이명 | 설유화 · 수선국 · 소엽화 · 계노초 · 압뇨초 | 분포 | 전국 각지, 양지바른 산기슭

🌿 **형태** 조팝나무는 장밋과의 낙엽활엽관목으로 높이는 1~2m 정도이고, 잎은 어긋나고 타원형으로 가장자리에 잔 톱니가 있고 끝이 뾰쪽하다. 꽃은 4~5월에 위쪽의 짧은 가지에 4~6개씩 산형 꽃차례로 흰색으로 피고, 열매는 9월에 털이 없는 골돌로 여문다.

● **약성** : 차며, 시고, 쓰고, 맵다. ● **약리 작용** : 해열 작용, 진통 작용, 항염 작용
● **효능** : 해열 질환에 효험, 감기 · 해열 · 발열 · 대하증 · 어혈 · 학질 · 인후종통 · 신경통 · 설사

🌿 **음용** : 4~5월에 꽃을 따서 찻잔에 넣고 조금 뜨거운 물을 부어 1~2분 후에 꿀을 타서 차로 마신다.

113

"집 담장 울타리 경계용으로 심었던 조팝나무"

🍃 조팝나무의 꽃말은 노련하다.

우리 조상은 꽃이 좁쌀을 뒤집어 놓은 듯하다 하여 조밥나무라 부르다 센 발음이 되어 자연스럽게 "조팝나무"라는 이름이 붙여졌다. 중국에서는 "수선국"이라 부른다. 조팝나무는 우리 땅, 중국, 타이완에 분포하는데 그 종류는 100여 종이나 된다. 전국 산지 100~1000m에 자생한다. 우리 땅에서 가장 흔하게 볼 수 있는 둥글고 흰쌀밥을 수북이 그릇에 담아 놓은 것처럼 많은 꽃을 피우는 산조팝나무와 진분홍색이 꽃이 피는 꼬리조팝나무 외 참조팝나무 있다. 봄에 좁쌀 같은 꽃이 흐드러지게 필 때는 발길을 멈추게 할 정도로 아름답다. 조팝나무류는 화환(花環) 또는 나선(螺旋)을 뜻하는 그리스어로 "스파이리어(Spiraea)"이다. 그래서 그리스에서는 월계수나 조팝나무로 화환을 만들었다. 오늘날처럼 합성약이 없던 시대 〈조선왕조실록〉에 의하면 "일본 사신이 상산(조팝나무)을 궁중에 바쳤다"라는 기록이 있는 것으로 보아 궁중에서 어의(御醫)가 한약재로 썼음을 짐작할 수 있다. 또한, 북아메리카 토착 인디언들도 말라리아에 걸리거나 열이 날 때 민간 치료약으로 썼다. 조팝나무에는 해열제 및 진통제 성분이 함유되어 있어 버드나무에서 추출한 물질과 함께 "아스피린"의 원료로 쓴다. 조팝나무는 봄이 되면 가지마다 잎보다 꽃이 먼저 피는데, 꽃이 만발할 때는 벌이 많이 찾아 농가 양봉에 도움을 준다.

🍃 조팝나무는 식용, 약용, 조경용, 공원용, 산경계용으로 가치가 높다!

조팝나무의 자랑은 꽃이다. 조선시대 허준이 쓴 〈동의보감〉에시 "조팝나무 뿌리

로 학질(瘧疾 · 열이 오르고 내리는 것)을 낫게 한다"라고 기록돼 있다.

봄에 어린순을 따서 쓴맛을 제거한 후에 끓는 물에 살짝 데쳐서 나물로 무쳐 먹는다. 볶음 · 샐러드 · 된장찌개로 먹는다.

꽃을 따서 물에 우려낸 후 차로 마신다. 발효액을 만들 때는 봄에 어린순을 따서 용기에 넣고 재료의 양만큼 설탕을 붓고 100일 정도 발효시킨 후에 발효액 1에 찬물 3을 희석해서 음용한다. 약술을 만들 때는 연중 나무줄기를 채취하여 적당한 크기로 잘라 용기에 넣고 19도의 소주를 부어 밀봉하여 3개월 후에 마신다. 약초 만들 때는 봄에 잎을 따서 쓰고, 가을에 뿌리를 캐어 햇볕에 말려 쓴다.

한방에서 뿌리를 말린 것을 "목상산(木常山)"이라 부른다. 해열과 발열에 다른 약재와 처방한다. 약성이 강해 1회 사용량을 초과하지 않는다. 민간에서 설사 · 대하에는 뿌리 30g을 달여서 먹는다. 어혈에는 잎을 짓찧어 환부에 붙인다.

🌿 조팝나무 성분&배당체

조팝나무 꽃에는 향유(香油), 뿌리에는 쿠마린산이 함유돼 있다.

🌿 조팝나무를 위한 병해 처방!

조팝나무 뿌리썩음병이 발생할 때는 가을에 크리아디메폰 수화제 800배+만코제브 500배+페나리몰 유제 3000배 희석액을 수회 살포한다. 반점병이 발생할 때는 발생 전 만코제브 수화제 500액을 10일 간격으로 2~3회 살포한다.

> **TIP**
>
> **번식** 조팝나무는 번식은 실생, 삽목(꺾꽂이), 뿌리나누기로 하는데, 2~3년 자란 뿌리에서 올라온 줄기를 분주(포기나누기)하거나, 장마철에 가지 끝을 10~20cm 길이로 잘라 꺾꽂이(꺾꽂이)로 번식한다.

수수꽃다리 *Syringa vulgaris*

| 생약명 | 자정향(紫丁香) – 꽃을 말린 것. | 이명 | 정향나무, 개회나무, 서양수수꽃다리, 라일락 | 분포 | 전국 각지, 공원 또는 정원에 식재

🌿**형태** 수수꽃다리는 물푸레나뭇과의 낙엽활엽관목으로 높이는 5m 정도이고, 잎은 마주 나고 잎자루가 있으며 삼각 모양의 달걀꼴로 끝이 뾰족해지고 가장자리는 밋밋하다. 꽃은 4~5월에 묵은 가지의 끝 부분에 2개의 꽃눈이 생겨 총상 꽃차례를 이루며 흰색 · 적색 · 적사색 · 청색 등 다양하게 피고, 열매는 10월에 타원형의 삭과로 여문다.

●**약성** : 차며, 약간 맵다. ●**약리 작용** : 이뇨 작용
●**효능** : 위장 질환에 효험, 소화 불량 · 식체 · 위염 · 속쓰림 · 식적 창만 · 소변 불통 · 이뇨 · 피부소양증

🍵**음용** : 4~5월에 꽃을 따서 그늘에 말린 후 찻잔에 넣고 조금 뜨거운 물을 부어 1~2분 후에 꿀을 타서 차로 마신다.

"봄철 진한 향수목 **수수꽃다리**(라일락)"

🌿 수수꽃다리의 꽃말은 첫사랑 · 젊은 날의 추억 · 우애이다.

수수꽃다리는 우리나라와 중국에 분포하는데, 우리나라에서는 수수꽃다리, 중국에서는 정향나무라 부른다. 우리 토종 특산 식물 "수수꽃다리"는 언뜻 보아 "라일락"이라고 착각할 정도로 모양이 흡사하다. 우리 땅에서 자란 수수꽃다리는 꽃색이 진하지만, 서양에서 들어온 라일락보다 잎이 크고, 곁가지가 덜 나온 것이 다르다. 꽃차례 모양이 수수 이삭과 비슷하다 하여 "수수꽃다리", 꽃봉오리 모양이 못 머리처럼 생기고 향이 매우 강해 "정향(丁香)" 또는 "새발사향나무"라는 이름이 붙여졌고, 그 외 "개똥나무", "넓은잎정향나무"가 있다. 우리 조상은 향수가 없던 시절 봄에 수수꽃다리 꽃이 피면 따서 말려 향갑이나 항 궤에 넣어 두고 방 안에 은은한 향기 나도록 했고, 여인들은 치마 속 향낭(香囊)에 넣어 다녔다. 유럽에서 라일락 축제 때 여인들이 꽃송이를 들고 다니는 것은 영원한 사랑을 얻고 싶은 마음에 "행운의 라일락", 프랑스에서 여인들의 "청춘을 상징"이 있고, 라일락을 보라색 꽃을 긍정으로 보지 않는 영국에서 약혼 후 라일락을 한 송이 보내면 "파혼(破婚)"의 뜻을 표현하기도 한다. 라일락은 15세기 아랍에서 스페인 및 북아메리카를 정복한 후 유럽에서 재배했고, 우리 땅에는 조선 말엽에 원예용으로 들어왔는데 북한 황해도와 평안도가 자생이고, 남한에서는 자생지를 찾아볼 수 없는데 후손들이 남쪽으로 몇 그루 가져와 옮겨 심은 것이 전국에 퍼진 것으로 추측하고 있다. 수수꽃다리는 꽃이 처음에는 은빛에서 차츰 보라색으로 변한 뒤 만개하면 백옥같이 하얀색으로 변하는 장점이 있었는데, 서양이 가져가 지금은 270종 이상 개량되

어 외국에서 상품화되고 있다. 꽃은 향수의 원료로 쓰고, 목재는 조각재로 쓴다. 수수꽃다리의 꽃말은 "젊은 날의 추억"이다. 옛날에 우리 땅에서 자라는 수수꽃다리 꽃을 따서 말려 위장과 비장을 따뜻하게 해주기 때문에 차로 마셨고, 남성이 성(性) 기능을 강화하기 위하여 술을 담가 먹었다.

🌿 수수꽃다리(라일락)는 식용, 약용, 관상수, 조경수로 가치가 높다!

수수꽃다리의 자랑은 꽃이다. 꽃, 잎, 나무껍질, 열매 모두를 쓴다. 꽃을 따서 물에 우려낸 후 차로 마신다. 봄에 어린순을 따서 끓는 물에 살짝 데쳐서 나물로 무쳐 먹는다. 봄에 꽃을 따서 밀가루에 버무려 튀김·부침개로 먹는다.

한방에서 꽃을 말린 것을 "자정향(紫丁香)"이라 부른다. 위장 질환(궤양)에 다른 약재와 처방한다. 민간에서 소화 불량에는 말린 꽃 4~6g을 물에 달여 복용한다. 피부소양증에는 잎을 따서 짓찧어 환부에 붙인다.

🌿 수수꽃다리(라일락) 성분&배당체

꽃에는 향유(香油)가 함유돼 있다.

🌿 수수꽃다리(라일락)를 위한 병해 처방!

수수꽃다리(라일락)에 진딧물이 발생할 때는 시중에서 구할 수 있는 이미다클로프리드 수화제 또는 스미치온 1000액을 희석해 살포한다.

> **TIP**
>
> **번식** 수수꽃다리(라일락)은 가을에 채취한 종자의 과육을 제거한 후 건조한 후 노천매장했다가 이듬해 봄에 파종한다. 종자 파종으로 번식한 경우 꽃이 3~5년 뒤에 핀다. 쥐똥나무를 대목으로 하여 접목을 한다.

: 토혈 · 옹종 · 화상에 효능이 있는 :

부용 *Hibiscus mutabilis Linne*

| **생약명** | 목부용화(木芙蓉花)─꽃을 말린 것. | **이명** | 부용화 · 산부용 · 땅부용 · 부용목련 · 목부용 · 목부용엽 | **분포** | 전국의 산과 초원

🌿**형태** 부용은 아욱과의 여러해살이풀로 높이는 1~3m 정도이고, 가지에 성상유모가 있고, 잎은 호생하며 둥글고 3~7로 갈라지며 길이와 너비가 각각 10~20cm이고 열편은 삼각상 난형이고 가장자리에 둔한 톱니가 있다. 꽃은 8~10월에 연한 홍색으로 피고, 열매는 구형으로 삭과로 여문다.

● **약성** : 평온하며, 맵다. ● **약리 작용** : 진통 작용 · 황색포도상 구균을 억제하는 작용
● **효능** : 치과 · 피부과 · 운동계 질환에 효험, 폐열 해수 · 토혈 · 옹종 · 화상 · 청열 · 백대하 · 종기 · 감기 · 타박상 · 안구 충혈

🌱 **음용** : 여름에 피지 않은 꽃봉오리를 따서 찻잔에 1개를 넣고 뜨거운 물을 부어 1~2분 후에 꿀을 타서 차로 마신다.

119

"양귀비와 비유되는 부용"

🌱 부용의 꽃말은 반드시 행운을 부른다.

부용은 우리 땅과 중국, 일본에 분포한다. 한여름 연꽃이 아름답다 하여 "수부용(水芙蓉)", 부용을 "목부용(木芙蓉)"으로 부른다. 외국 종인 미국 부용도 있다.

부용은 꽃이 아름다워 양귀비와 비유된다. 흰 꽃이 점차 붉어져서 술에 취한 듯하며 아름답다 하여 "취부용(醉芙蓉)"이라는 이름이 붙여졌다.

부용이 우리 땅에 처음 등장한 것은 조선시대 숙종 때 농업서인 〈산림경제〉에서 "목부용을 언급했다"라고 기록돼 있다.

우리 조상은 부용의 꽃도 화려하고 향이 좋아 혼례 때 신부 쪽의 하인이 족두리 부용향(芙蓉香)을 향에 꽂아 들고 가기도 했다. 그래서 그런지 조선시대에 선비는 부용 꽃을 자주 그렸고, 관청의 휘장을 "부용장(芙蓉帳)"이라 하여 규방과 조화를 이루고자 했고, 한지(韓紙)에 빛을 내는 데 사용했고, 꽃술을 떼어 내어 끓은 물에 데친 후 고추장에 찍어 먹기도 했다.

부용의 추출물로 피부 외용제로 피부 보습용으로 아모레퍼시픽(주)에서 특허를 받았다.

🌱 부용은 식용, 약용, 관상용으로 가치가 높다!

부용의 자랑은 꽃이다. 꽃을 따서 물에 우려낸 후 차로 마신다. 봄에 어린순을 채취하여 끓는 물에 살짝 데쳐 나물로 먹는다. 꽃봉오리를 따서 꽃술을 떼어 낸 후 밀가루에 버무려 튀김으로 먹는다. 어린순을 따서 부침개로 먹는다.

발효액을 만들 때는 봄에 어린순을 채취하여 용기에 넣고 재료의 양만큼 설탕을 붓고 100일 정도 발효시킨 후에 발효액 1에 찬물 3을 희석해서 음용한다. 약술을 만들 때는 여름에 꽃, 봄에 잎, 잎이 진 후에 뿌리를 채취하여 물로 씻고 물기를 뺀 다음 용기에 19도의 소주를 부어 밀봉하여 3개월 후에 먹는다. 약초를 만들 때는 여름에 꽃, 봄에 잎, 잎이 진 후에 뿌리를 채취하여 그늘에 말려 쓴다.

한방에서 꽃을 말린 것을 "목부용화(木芙蓉花)"라 부른다. 피부 질환(화상)에 다른 약재와 처방한다. 민간에서 해수에는 잎이나 뿌리 10g을 달여서 먹는다. 결막염에는 꽃을 달여 먹거나 말린 꽃을 가루 내어 한 번에 2~3g을 먹는다. 화상에는 6~10g을 달여서 먹거나 짓찧어서 환부에 붙인다.

🍃 부용 성분&배당체

부용 꽃에는 플라보노이드 · 루틴 · 안토시아닌, 잎에는 플라보노이드 · 페놀 · 탄닌 · 환원당이 함유돼 있다.

🍃 부용을 위한 병해 처방!

부용에 6~7월에 가지가 마른 병이 발생할 때는 테부코나졸 수화제 1000배 희석액을 월 2~3회 살포한다. 병든 가지를 땅속에 묻거나 소각한다.

TIP

번식 부용은 종자, 삽목(꺾꽂이)로 번식한다.

: 고혈압 · 관절염 · 대하증에 효능이 있는 :

목단(모란) *Paeonia suffruticosa*

| **생약명** | 목단피(牧丹皮)─뿌리껍질을 말린 것 | **이명** | 목단근피·목작약·부귀화 | **분포** | 전국 각지의 정원에 식재

🌿 **형태** 목단은 미나리아재빗과의 낙엽활엽관목으로 높이는 2m 정도이고, 잎은 어긋나고 잎자루가 길고 2회 깃꼴겹잎으로 작은 잎은 달걀꼴 또는 댓잎피침형이며 앞면에는 털이 없으나 뒷면에는 잔털이 있고 흔히 흰빛이 돈다. 꽃은 5월에 새 가지 끝에 여러 겹의 꽃이 백색 · 황색 · 홍색 · 담홍색 · 주홍색 · 녹홍색 · 자색 · 홍자색으로 피고, 열매는 9월에 둥근 분과로 여문다.

- **약성** : 서늘하며, 맵고, 쓰다.
- **약리 작용** : 혈압 강하 작용 · 진통 작용 · 진정 작용 · 해열 작용 · 항경련 작용 · 항염증 작용 · 혈전 형성 억재 작용 · 알레르기 작용 · 위액 분비 억제 작용 · 항균 작용
- **효능** : 신진 대사 · 부인과 질환에 효험, 고혈압 · 각혈 · 간질 · 경련 · 관상동맥 질환 · 관절염 · 대하증 · 주통 · 비혈 · 복통 · 부인병 · 암(자궁암) · 야뇨증 · 어혈 · 옹종 · 타박상 · 편두통 · 위 · 십이지장 궤양 예방 · 이질

🌱 **음용** : 5월에 꽃을 따서 햇볕에 말린 후 찻잔에 넣고 뜨거운 물을 부어 1~2분 후에 꿀을 타서 차로 마신다.

"꽃 중의 여왕 목단(모란)"

🌿 목단(모란)의 꽃말은 부귀 · 왕자의 품격이다.

　목단(모란)은 꽃이 화려하고 위엄과 품위를 갖추고 있다. 신라 때 설총이 쓴 〈화왕계(花王戒)〉에서 "꽃들의 왕", 조선시대 강희안이 쓴 〈양화소록(養花小錄)〉에서 "목단을 2품으로 두었다"고 기록돼 있다. 상징성에 따라 신부의 예복인 원삼(圓衫)이나 활옷에는 목단을 수놓았고, 선비들의 책거리 그림에도 부귀와 공명을 염원하는 목단을 그려 넣었다. 왕비나 공주 같은 귀한 신분의 여인들의 옷과 병풍과 이불에도 수를 넣었다. 오늘날에는 결혼식 소품인 부케(bouquet)에 목단과 비슷한 작약(芍藥)을 활용하기도 한다. 목단은 중국에서 신라 선덕여왕 때 들어왔는데, 워낙 꽃이 아름다워서 꽃의 여왕이라는 애칭이 있다. 오늘날 식물 유전자 발전으로 목단 역시 다양한 품종이 개발돼 정원이나 공원, 아파트에 주로 심고 있다. 세계에서 유일하게 중국에서 나라를 상징하는 꽃이 없지만, 모란을 "부귀화(富貴花)"로 부른다. 중국에서 나라꽃을 선정하려고 분주하다는 뉴스를 봤는데, 화훼협회에서 80%와 일반인 33만2000명을 상대로 조사한 결과 목단(牧丹)인 모란을 꼽았다. 왜 그랬을까? 모란은 부귀(富貴)의 상징이어서 현세적 가치를 중시하는 중국인들의 기호에 딱 맞는다고 본다. 봄이면 활짝 핀 꽃에서 풍기는 향기와 아름다움이 사람들의 발길을 멈추게 한다. 그러나 모란은 꽃이 크고 색깔도 화려해 꽃 중의 왕이라는 "화중왕(花中王)"이라고 보았으나 다른 꽃에 비하여 목단(모란)은 향기가 없다. 5월에 피는 큰 꽃은 양성이며, 한 개의 꽃이 5~7일간 피어 있는데 달콤한 향기에 꿀이 들어 있어서 벌들이 많이 찾아 양봉 농가에 도움을 준다. 비슷한 작약은 잎이 광택이

모란

나고 뒷면이 엷은 녹색으로 목단과 구별되기 때문에 함박꽃으로 부른다.

🌿 목단(모란)은 식용, 약용, 관상용으로 가치가 높다!

목단(모란)의 자랑은 꽃, 뿌리이다. 꽃을 따서 물에 우려낸 후 차로 마신다. 약술을 만들 때는 5월에 꽃을 따서 용기에 넣고 19도의 소주를 부어 밀봉하여 3개월 후에 마신다. 약초를 만들 때는 5월에 꽃을 따서 햇볕에 말려 쓴다. 꽃이 진 후에 뿌리껍질을 캐어 그늘에 말려 쓴다. 한방에서 뿌리껍질을 말린 것을 "목단피(牧丹皮)"라 부른다. 부인과 질환(대하증, 야뇨증)에 다른 약재와 처방한다. 민간에서 고혈압에는 뿌리껍질 4~6g을 달여 복용한다. 타박상에는 꽃을 짓찧어 환부에 붙인다.

🌿 목단(모란) 성분&배당체

목단("모란) 꽃에는 아스트라가린, 나무껍질에는 정유(精油)·피토스테롤, 뿌리에는 파에오늘·파에오노시드가 함유돼 있다.

🌿 목단(모란)을 위한 병해 처방!

목단(모란)은 봄에는 녹병과 회색곰팡이병이 발생하고, 여름에는 탄저병·깍지벌레·백견병이 발생한다. 탄저병이 발생할 때는 발생 초기에 만코제브 수화제 500배, 옥신코퍼 수화제, 클로로탈로닐 수화제 1000배, 메트코나졸 액상수화제 3000배 희석액을 2~3회 살포한다.

TIP

번식 목단(모란)은 8월 말~9월 중에 종자를 채취하여 직파한다. 분주(포기나누기)는 10월 초 뿌리가 많은 포기 싹을 나누어 심는다. 좋은 품종을 유지하려면 재래종 목단 씨모나 작약을 대목으로 해서 9월경에 근접을 하면 된다.

: 거담 · 관절염 · 천식에 효능이 있는 :

황매화 *Kerria japonica*

| **생약명** | 체당화(棣棠花) – 꽃을 말린 것. | **이명** | 지당 · 황경매 · 봉당화 · 죽도화 · 출장화 · 황매 | **분포** | 중부 이남, 습윤한 곳.

🌿 **형태** 황매화는 장밋과의 낙엽활엽관목으로 높이는 2m 정도이고, 잎은 어긋나고 타원형으로 끝이 뾰쪽하고 가장자리에 겹톱니가 있다. 꽃은 4~5월에 가지 끝에 한 송이씩 황색으로 피고, 열매는 8~9월에 둥근 달걀꼴의 수과로 여문다.

● **약성** : 평온하며, 약간 쓰다.   ● **약리 작용** : 항염 작용 · 진통 작용
● **효능** : 방광 · 호흡기 질환에 효험, 거담 · 관절염 · 관절통 · 천식 · 해수 · 건위 · 소화 불량 · 류머티즘 · 창독 · 소아의 마진 · 이뇨 · 부종

🍵 **음용** : 4~5월에 꽃을 따서 꿀에 재어 15일 후에 찻잔에 조금 넣고 뜨거운 물을 부어 1~2분 후에 차로 마신다.

"매화 사촌? 황매화"

🌿 **황매화의 꽃말은 기다려주오이다.**

식물의 꽃들은 저마다 독특한 의미와 상징이 있다. 꽃은 요람에서 무덤에 이르기까지 축복과 번영, 풍요의 상징으로 여겨 거의 모든 경조사(慶弔事)에 등장하는데, 축하, 승진, 졸업, 축제, 생일, 기념일, 혼례, 회갑, 장례에 꽃을 장식한다. 황매화는 매화꽃처럼 황색으로 핀다고 하여 이름이 붙여졌고, 다른 이름으로 "금매화(金梅花)", "산취(山吹)", "체당화(棣堂花)", "죽도화", "죽단화", "수중화"라는 이름도 있다.

황매화는 우리 땅과 중국, 일본에 분포하는데, 전국에서 자생하며 비옥한 사질양토의 양음지(陽蔭地)를 가리지 않고 추위와 공해에도 강하다. 옛날에 장난감이 귀할 때 어린이들은 탱자나무나 줄기로 딱총을 만들어 놀았다.

황매화와 죽단화는 수형과 잎이 거의 같은데, 황매화는 꽃잎이 홑 꽃이고, 죽단화는 꽃잎이 겹꽃인데 정원이나 공원에 많이 심는다.

조선시대 홍만선이 쓴 〈양화소록〉에서 "매화는 겨울에 피어나 진한 향기로 사람을 감싸고는 뼛속까지 싱그럽게 만든다"라고 기록돼 있듯이, 매화의 매력이 향기에 있다면 황매화의 매력은 줄기에 달린 꽃들의 화려함에 있지 않을까? 이른 봄 매화의 꽃은 며칠 피지만 황매화는 길게 피고, 가을에는 노란 단풍으로, 겨울에는 벽색 줄기가 돋보인다.

예부터 황매화 꽃이 아름다워 정원이나 사찰에 많이 심었는데, 오늘날에는 산 입구나 도심 공원이나 아파트 단지에 많이 심는다.

🌿 황매화는 식용, 약용, 정원수, 관상용으로 가치가 높다!

황매화의 자랑은 꽃이다. 꽃을 따서 물에 우려낸 후 차로 마신다. 봄에 어린순을 채취하여 끓는 물에 살짝 데쳐서 나물로 무쳐 먹는다. 발효액을 만들 때는 봄에 어린순을 채취하여 용기에 넣고 재료의 양만큼 설탕을 붓고 100일 정도 발효시킨 후에 발효액 1에 찬물 3을 희석해서 음용한다. 약초를 만들 때는 봄에 꽃, 잎은 그늘에, 연중 줄기를 수시로 채취하여 햇볕에 말려 쓴다.

한방에서 꽃을 말린 것을 "체당화(棣棠花)"라 부른다. 호흡기 질환(해수, 거담)에 다른 약재와 처방한다. 민간에서 소화 불량에는 꽃·줄기·잎을 물에 달여 복용한다. 관절통에는 잎을 달인 물로 목욕을 한다.

🌿 황매화 성분&배당체

황매화의 꽃봉오리에는 정유·벤즈알데하이드가 함유돼 있다.

🌿 황매화를 위한 병해 처방!

황매화에는 응애류*가 발생할 수 있으므로 잔가지가 밀접하지 않도록 가지치기를 하고 통풍이 잘될 수 있도록 한다. 응애가 발생할 때는 환경을 오염시키지 않는 친환경 살충제를 살포한다.

＊응애류는 진드기를 제외한 모든 절지동물을 총칭.

번식 황매화는 초봄이나 여름에 삽목(꺾꽂이)를 하거나 포기나누기로 번식을 한다.

4

덩굴나무

: 관절염 · 당뇨병 · 염증성 질환에 효능이 있는 :

인동덩굴 *Albizzia japonica*

| **생약명** | 금은화(金銀花)—꽃을 말린 것 · 인동등(忍冬藤)—잎이 붙은 덩굴을 말린 것. | **이명** | 인동 · 은화 · 금화 · 겨우살이덩굴 · 인동초 · 겨우살이덩굴 · 농박나무 | **분포** | 전국 각지 · 산과 들의 양지바른 곳

🌿 **형태** 인동덩굴은 인동과의 갈잎덩굴나무로 길이는 5m 정도이고, 긴 타원형의 잎이 마주 나며, 가장자리가 밋밋하고 털이 있다. 가지는 붉은 갈색이고 속은 비어 있다. 줄기가 다른 물체를 오른쪽으로 감고 올라간다. 꽃은 5~6월에 잎겨드랑이 에서 2송이씩 흰색으로 피었다가 나중에는 노란색으로 피고, 열매는 9~10월에 검고 둥글게 여문다.

- **약성 :** 차며, 달다.
- **약리 작용 :** 항균 작용 · 혈당강하 작용 · 항염증 작용 · 백혈구의 탐식 작용을 촉진 · 중추신경 계통의 흥분 작용
- **효능 :** 비뇨기 · 운동계 · 소화기 질환에 효험 **꽃**(이질 · 장염 · 종기 · 감기 · 나력 · 중독), **덩굴**(근골동통 · 소변불리 · 황달 · 간염 · 종기), 관절염 · 관절통 · 당뇨병 · 대상포진 · 대장염 · 숙취 · 신부전 · 음부 소양증 · 피부염 · 황달 · 위궤양

🌱 **음용 :** 5~6월에 꽃을 따서 암술과 수술을 제거하고 그늘에 말려 방습제를 넣은 밀폐 용기 에 보관하여 찻잔에 3송이를 넣고 뜨거운 물을 부어 2~3분간 우려 낸 후 차로 마신다.

"한겨울에도 잎이 푸른 **인동덩굴**"

🌿 **인동덩굴의 꽃말은 사랑의 인연 · 헌신적인 사랑이다.**

인동초(忍冬草)는 예부터 고난과 역경을 이겨내며 우리 땅에서 자란 덩굴나무이다. 한자로는 참을 "인(忍)"과 겨울 "동(冬)" 자로 겨울을 이겨낸다는 뜻인 "인동(忍冬)"이라는 이름이 붙여졌다. 조선시대 허준이 쓴 〈동의보감〉과 홍만선이 쓴 〈산림경제〉에서 "인동초는 겨울을 지내는 덩굴"이라고 기록돼 있다. 고대 이집트, 그리스 로마, 인도, 중국에서 공예의 장식 문양(紋樣)으로 썼는데, 우리나라에서도 고구려 중간 묘목 벽화에 인동무늬가 새겨져 있고, 지붕을 덮은 기와와 도자기 청자에도 새겨 넣곤 했다. 인동덩굴은 동아시아 원산으로 현재는 아메리카 대륙까지 퍼져 있다. 우리 땅에는 남쪽 지방의 햇볕이 잘 드는 곳에서 쉽게 볼 수 있다. 꽃은 여름에 흰색으로 피었다가 차차 노란색으로 바뀌기 때문에 "금은화(金銀花)"란 이름은 인동의 꽃 색깔 때문에 붙여졌다. 그 외 꽃의 수술이 마치 노인의 수염처럼 생겼다 하여 "노옹수(老翁鬚)", 꽃잎 모양이 해오라기 같아 "노사등(鷺鷥藤)", 귀신을 다스릴 수 있다 하여 "통령초(通靈草)" 또는 "벽귀초"라는 이름도 있다. 인동덩굴의 꽃말 헌신적 사랑처럼 슬픔과 기쁨을 주는 이야기 전하고 있는데, 옛날 사이가 좋은 쌍둥이 자매 금화(金花)와 은화(銀花)가 열병으로 죽었는데, 이들 무덤가에 덩굴이 나와 처음에는 하얀 꽃을 피우더니 점점 노란색으로 변하였는데, 그 뒤 이 마을에 열병이 돌아 마을 사람들이 이 꽃을 달여 먹고 열병이 낫았다 하여 덩굴의 꽃을 금은화(金銀花)라 부르게 되었다. 필자는 월미도의 일부인 장자도에 수련하러 갔다가 해안가 바닷가 능선을 온통 인동덩굴이 자생하는 것을 발견했다.

🍃 인동덩굴은 식용, 약용, 관상용으로 가치가 높다!

인동덩굴의 자랑은 꽃이다. 꽃, 잎, 줄기 모두를 쓴다. 봄에 어린잎을 채취하여 끓는 물에 살짝 데쳐서 나물로 무쳐 먹는다. 발효액을 만들 때는 봄에 어린잎을 채취하여 마르기 전에 용기에 넣고 재료의 양만큼 설탕을 붓고 100일 정도 발효시킨 후에 발효액 1에 찬물 3을 희석해서 음용한다. 인동주(忍冬酒)를 만들 때는 가을에 검은 열매를 채취하여 용기에 넣고 소주 19도를 부어 밀봉하여 3개월 후에 마신다. 약초를 만들 때는 6~7월에 꽃을 채취하여 그늘에 말려 쓴다. 가을에 잎과 줄기를 채취하여 햇볕에 말려 쓴다. 한방에서 꽃을 말린 것을 "금은화(金銀花)" 잎이 붙은 덩굴을 말린 것을 "인동등(忍冬藤)"이라 부른다. 염증성 질환(관절염)에 다른 약재와 처방한다. 민간에서 황달·간염에는 덩굴 약재를 1회에 4~10g씩 달여서 복용한다. 어혈·종기에는 꽃이나 잎을 말린 약재를 가루 내어 물에 개어서 환부에 바른다. 피부병이나 관절통과 요통에는 줄기를 달인 물로 목욕을 한다.

🍃 인동덩굴 성분&배당체

인동덩굴 꽃에는 사포닌·루테올린, 잎에는 로니세린, 줄기에는 탄닌·알칼로이드가 함유돼 있다.

🍃 인동덩굴을 위한 병해 처방!

인동덩굴은 병충해에 강한 편이나 진딧물이 발생할 때는 시중에서 구할 수 있는 이미다클로프리드 수화제 또는 스미치온 1000배액을 희석해 살포한다.

> **TIP**
>
> **번식** 인동덩굴은 가을에 종자를 채취하여 이듬해 봄에 파종하거나, 삽목(꺾꽂이)이나 휘묻이로 번식한다.

: 부종 · 월경 불순 · 당뇨에 효능이 있는 :

으름덩굴 *Akebia quinata*

| **생약명** | 목통(木通)—줄기를 말린 것, 구월찰(九月札)—열매를 말린 것, 연복자(燕覆子)—씨 | **이명** | 만년등 · 임하부인 · 유름 · 통초 · 통초자 · 통초근 · 목통실 · 졸갱이 · 구월찰(열매) · 예지자 · 연복자(씨) | **분포** | 산기슭 · 숲 속 |

🌿**형태** 으름덩굴은 으름덩굴과의 낙엽활엽덩굴나무로 길이는 6~8m 정도이고, 새 가지 잎은 어긋나고 타원형으로 5개씩 모여 달려 손바닥 모양을 이루고 가장자리는 밋밋하다. 꽃은 암수 한 그루로 5월에 잎 겨드랑에서 총상꽃차례를 이루며 수꽃은 작고 많이 피고, 암꽃은 크고 적게 자줏빛을 띠는 갈색으로 피고, 열매는 10월에 길이 6~10cm의 타원형의 장과로 여문다.

● **약성** : 평온하며, 쓰다. ● **약리 작용** : 혈당 강하 작용
● **효능** : 부인과 · 순환기계 · 신경기계 질환에 효험, 부종 · 신경통 · 관절염 · 당뇨병 · 월경 불순 · 해수 · 유즙 불통 · 빈뇨 · 배뇨 곤란 · 불면증 · 이명 · 진통 · 창종

🍵**음용** : 4~5월에 꽃을 따서 그늘에서 5일 정도 말려 밀폐 용기에 보관하여 찻잔에 3~5개 정도를 넣고 뜨거운 물을 부어 우려 낸 후 차로 마신다.

"열매가 달콤한 으름덩굴"

🍃 으름덩굴의 꽃말은 재능이다.

으름덩굴은 우리나라, 중국, 일본에 분포한다. 중남부 이남 지방의 산지(山地)에 자생한다. 으름덩굴은 생명력이 강해 척박한 땅에서도 물 빠짐만 좋고 뿌리만 내리면 웬만해서 죽지 않는다. 으름덩굴의 줄기에 달린 열매는 남성을 상징하고, 익으면 껍질이 갈라져 가운데가 벌어지는데 그 모양이 여성의 음부(陰部)와 비슷해 성적 상징물로 여기는 속신(俗信)이 있어 "임하부인"이라는 이름이 붙여졌다. 조선시대 허준이 쓴 〈동의보감〉에서 "으름을 목통이라 하고, 산중에 나는 덩굴에서 큰 가지가 생기며 마디마디 2~3개의 가지가 생기고 끝에 다섯 개의 잎이 달리고, 결실기에 작은 목과(木瓜)가 달리고, 열매 속에는 검은 씨와 흰색의 핵은 연복자(燕覆子)로 먹으면 단맛이 난다"라고 기록돼 있다. 조선시대 농경사회에서는 으름덩굴은 조선(朝鮮)에서 나는 바나나였다. 으름덩굴의 종자에서 기름을 짜서 등잔불을 켰고, 줄기는 칡처럼 질겨 새끼 대신으로 나뭇단을 묶거나 바구니를 만들고 세공재로 사용했다. 산에서 나는 덩굴나무 3대 열매는 "으름·머루·다래"다. 으름덩굴의 줄기는 야성미가 넘치고, 꽃은 여인의 모습처럼 아름답다. 숲속의 여인이라는 애칭을 가진 으름덩굴을 산속에서 만나면 걸음을 멈추게 한다. 으름덩굴의 자랑은 꽃, 열매, 줄기이다. 열매에는 단백질, 지질, 회분, 탄수화물, 칼슘, 철, 인 등이 함유돼 있다. 으름덩굴 열매는 달콤한 맛이 좋아 산과일로 손색이 없는데, 바나나처럼 딱딱하지 않고 부드러운 식감이 있다. 경칩을 전후해서 줄기에서 수액을 채취해 물처럼 마신다. 최근 약리 실험에서 으름덩굴이 혈당 강하 작용이 있는 것으로 밝혀졌다. 으름의 열매는 혈당을 내려주기 때문에 당뇨에 좋고, 신장 기능이 약해서 배뇨 곤란과 몸이 자주 부을 때 차로 마신다.

🍃 으름덩굴은 식용, 약용, 관상용으로 가치가 높다!

으름덩굴은 꽃, 열매, 줄기 모두를 쓴다. 꽃을 따서 물에 우려낸 후 차로 마신다. 줄기 10g을 통째로 채취해 감초를 조금 넣고 물이 절반이 될 때까지 끓인 후 차로

  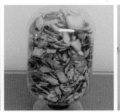 

목통

마신다. 새싹을 채취하여 끓은 물에 살짝 데쳐서 나물로 무쳐 먹는다. 검은 씨앗으로 기름을 짜서 음식 재료에 쓴다. 발효액을 만들 때는 가을에 벌어지지 않은 익은 열매를 따서 적당한 크기로 잘라서 마르기 전에 용기에 넣고 재료의 양만큼 설탕을 붓고 100일 정도 발효시킨 후에 발효액 1에 찬물 3을 희석해서 음용한다. 목통주(木通酒)를 만들 때는 가을에 벌어지지 않은 열매를 따서 용기에 넣고 소주(19도)를 부어 밀봉하여 3개월 후에 마신다. 약초 만들 때는 봄 또는 가을에 줄기를 잘라 겉껍질을 벗기고 적당한 길이로 잘라 햇볕에 말려 쓴다. 한방에서 줄기를 말린 것을 "목통(木通)", 열매를 말린 것을 "구월찰(九月札)", 씨를 말린 것을 "연복자(燕覆子)"라 부른다. 기혈(氣血)을 소통과 12 경맥을 통하는 약재로 처방한다. 입과 혀가 마르는 사람은 복용을 금한다. 민간에서 당뇨병·급성 신장염에는 말린 약재를 1회 2~6g씩 물에 달여 복용한다. 악창과 종기에는 잎을 짓찧어 즙을 환부에 붙인다.

🌿 으름덩굴 성분&배당체

으름덩굴 열매에는 카로파낙스사포닌·올레아놀릭산, 줄기에는 헤드라게닌·스테롤, 뿌리에는 스티그마스테롤·아케보시드가 함유돼 있다.

🌿 으름덩굴을 위한 병해 처방!

으름덩굴에 선녀 벌레가 발생할 때는 디노테퓨란 입상 수화제 2000배를 희석해 살포한다. 진딧물이 발생할 때는 시중에서 구할 수 있는 이미다클로프리드 수화제 또는 스미치온 1000배액을 희석해 살포한다.

TIP

번식 으름덩굴 씨앗을 파종, 삽목(꺾꽂이), 휘묻이 등으로 번식한다. 씨앗은 10월에 직파 또는 모래와 섞어 임시로 묻었다가 봄에 파종한다. 2~4년간 묘목을 키워서 옮겨 심으면 잘 자란다.

덩굴나무

4

청미래덩굴 *Smilax china*

| **생약명** | 토복령(土茯苓)—뿌리를 말린 것, 금강엽(金剛葉)—잎을 말린 것, 금강과(金剛果)—열매를 말린 것, 중국에서는 발계(菝葜) | **이명** | 명감나무 · 맹감나무 · 망개나무 · 산귀래 · 종가시나무 | **분포** | 전국 각지, 산지의 숲 가장자리

🌿**형태** 청미래덩굴은 백합과의 낙엽활엽덩굴나무로 길이는 2~3m 정도이고, 돌이 많은 야산이나 산기슭에 바위틈이나 큰 나무 사이에 뿌리를 잘 내린다. 잎은 어긋 나고 타원형이며 끝이 뾰쪽하며 가장자리는 밋밋하다. 줄기에 갈고리 같은 가시가 있다. 꽃은 4~5월에 잎겨드랑이에 모여 산형꽃차례를 이루며 황록색으로 피고, 열매는 9~10월에 둥근 장과로 여문다.

● **약성** : 평온하며, 달다. ● **약리 작용** : 살충 작용, 해독 작용
● **효능** : 염증 · 부종에 효험, 중독(수은 · 약물) · 매독 · 임질 · 암 · 악성 종양 · 관절염 · 근골 무력 증 · 대하증 · 부종 · 소변불리 · 야뇨증 · 요독증 · 타박상 · 통풍 · 피부염 · 이뇨 · 근육 마비

🌱**음용** : 가을에 뿌리를 캐서 물로 씻고 적당한 크기로 잘라 2~3일 정도 물에 담가 쓴맛을 제거한 후에 잘게 썰어 물에 달여 엽차처럼 마신다.

"환경오염 물질을 해독하는 청미래덩굴"

🍃 청미래덩굴의 꽃말은 장난이다.

청미래덩굴은 동아시아에 분포한다. 깊은 산 속보다는 주로 돌이 많은 야산에서 무더기로 자생하는데 바위틈이나 큰 나무뿌리 사이에서 자란다. 청미래덩굴은 수명을 늘려주는 나무라 하여 "명과(明果)", 병에 걸려 죽게 된 사람이 깨끗하게 나아 살아 돌아왔다 하여 "산귀래(山歸來)", 신선(神仙)이 남겨 놓은 양식이라 하여 "선유량(仙遺糧)", 산에 있는 기이한 음식이라 하여 "산기량(山奇糧)"라는 이름이 붙여졌다. 경상도에서는 "명감나무", 강원도에서는 "참열매덩굴", 전라도에서는 "종가시덩굴", 황해도에서는 "매발톱가시" 일본에서는 원숭이를 잡는 가시덤불이라 하여 "사루도리 이바라" 외 맹감나무, 멍개나무라는 이름도 있다. 뿌리는 굵고 크며 목질로 딱딱하다. 땅속 깊이 뿌리를 내리고 있어 캐내기 쉽지 않다. 겉은 갈색이고 속은 담홍색으로 혹처럼 뭉친 덩이뿌리가 연달아 달린다. 수십 년이나 수백 년 묵은 것은 길이가 4~10m가 넘고 무게도 10kg 넘는다. 조선시대 허준이 쓴 〈동의보감〉에서 "청미래덩굴은 맛은 달고 매우며 독이 없다. 매독이나 수은 중독으로 팔다리를 쓰지 못하고 힘줄과 뼈가 아픈 것을 낫게 한다", 중국의 이시진이 쓴 〈본초강목〉에서 "토복령은 매독(梅毒) 같은 성병에 좋다", 〈항암본초(抗癌本草)〉에서 "뿌리를 달인 물이 항암 작용이 있어 암세포를 억제한다"라고 기록돼 있다. 잎은 수은 과 니코틴을 해독해 준다. 여름에 잎을 채취하여 1일 뿌리 10~20g을 담배처럼 말아 한두 달 정도 피우게 되면 금연이 가능하다. 가을에 빨간 열매가 달린 줄기를 채취하여 꽃꽂이로 이용하고, 줄기는 젓가락 외 세공용(細工用) 재료로 쓴다.

토복령

청미래덩굴은 식용, 약용, 장식용으로 가치가 높다!

봄에 어린순을 따서 나물로 무쳐 먹고, 잎을 따서 비벼 차로 마신다. 잎에는 살충 효과가 있어 떡을 싸놓으면 쉽게 상하지 않는다. 뿌리를 잘게 썰어 2~3일 동안 물에 담가 쓴맛을 뺀 다음 다른 곡식과 섞어 밥에 넣어 먹거나 떡을 만들어 먹는다. 토복령주(土茯苓酒)를 만들 때는 뿌리를 캐서 물로 씻고 물기를 뺀 다음 용기에 넣고 소주를 붓고 밀봉해 3개월 후에 마신다. 뿌리를 잘게 썰어 햇볕에 말려 가루를 내어 찹쌀과 배합해 환을 만들어 식후에 30알을 복용한다. 효소를 만들 때는 뿌리를 잘게 썰어 용기에 넣고 설탕을 녹인 물을 뿌리의 80%를 넣고 100일 후에 건더기는 건져내고 효소 1에 찬물 5를 희석해서 먹는다. 약초로 쓸 때는 잎이 떨어진 후에 뿌리를 캐어 잘게 썰어 햇볕에 말려 쓴다. 한방에서 청미래덩굴의 뿌리가 혹처럼 생겼다 하여 "토복령(土茯苓)"이라 부른다. 수은 중독에 다른 약재와 처방한다. 떫은맛이 있어 오래 먹으면 변비가 생기니 주의를 요(要)한다. 민간에서 피부병과 화상에는 열매를 까맣게 태워서 참기름에 개어서 환부에 발랐고, 어린아이의 태독이나 종기, 아토피 등의 환부에 바르면 효과를 볼 수 있다.

청미래덩굴 성분&배당체

청미래덩굴 잎에는 루틴, 뿌리에는 사포닌 · 알칼로이드 · 페놀 · 아미노산 · 유기산 · 당류, 씨앗에는 지방이 함유돼 있다.

청미래덩굴을 위한 병해 처방!

청미래덩굴은 병충해에 강해 병이 없는 편이다.

TIP

번식 청미래덩굴은 봄에 파종하여 모종하기 위한 묘목으로 살생해 번식한다.

능소화 *Campsis grandiflora*

| **생약명** | 꽃을 말린 것을 "능소화(凌霄花)" | **이명** | 여성 · 명령 | **분포** | 중부이남 · 정원 · 울타리 |

🌿**형태** 능소화는 능소화과의 갈잎덩굴나무로 높이는 10m 정도이고, 잎은 마주 나며 홀수 1회 깃꼴겹잎이다. 달걀 모양의 댓잎피침형이며 양끝이 날카롭고 가장지리에 톱니가 있다. 꽃은 8~9월에 가지 끝에 원추 꽃차례의 황홍색으로 피고, 열매는 10월에 갈색으로 삭과로 여문다.

● **약성** : 차며, 달고 시다.　● **약리 작용** : 진통 작용
● **효능** : 부인과 · 순환계 · 소화기 질환에 효험, 어혈 · 혈열 · 대하증 · 복통 · 소변 불통 · 월경 불순 · 이뇨 · 진통 · 타박상 · 어혈 · 피부 소양증

🌿 **음용** : 8~9월에 꽃을 따서 햇볕에 말린 후 다관에 1을 넣고 우려낸 후 차로 마신다.

139

"한여름 태양처럼 화려한 꽃 능소화"

🍃 능소화의 꽃말은 명예이다.

능소화는 다른 나무를 감고 올라가는 덩굴식물이다. 한자 업신여길 "능(凌)" 자에 하늘 "소(霄)"가 조합되어 하늘을 향해 곧추세워져 있어 하늘을 섬기는 꽃이라는 애칭이 있다. 지방에 따라 "금등화(金藤花)"로 부른다.

조선 시대에서 장원급제하면 화관(花冠)에 꽂는 어사화(御史花)로 사용되었고, 양반의 정원에 심을 수 있고 서민의 집에는 심을 수 없었다. 혹 서민(상민)의 집에서 능소화가 발견되면 관가(官家)로 잡아가 곤장을 맞았다. 그래서 그런지 능소화에 대한 예찬은 박경리의 대하소설 〈토지〉에서 "능소화를 미색인가 하면 연분홍빛으로도 보인다"고 하여 최참판 가문의 명예를 상징하는 꽃으로 묘사하기도 했다.

능소화는 원래 중국 강소성 지방이 원산지로 우리 땅에 언제 들어왔는지 확실시 않으나 옛날부터 남부지방의 사찰 또는 양반집 정원에 심어왔다.

조선시대 사대부 양반은 꽃이 아름다워 정원이나 고가(古家)나 사찰 경내에 심어 "양반 꽃"이라는 이름이 붙여졌다. 능소화 꽃은 나팔 모양으로 6~9cm 정도이고 속은 홍색이다. 서양에서는 능소화 꽃이 악기 트럼펫을 닮았다 하여 "트럼펫 꽃", "아침 고요(Morning Calm)의 꽃"이라 부른다.

능소화에는 지네 발톱처럼 생긴 흡착근(吸着根)이 있어 나무줄기나 벽면을 잘 타고 올라간다. 전북 진안 마이산에는 백 년이 넘는 능소화가 100m 이상 하늘을 향해 있는데 꽃이 만발할 때는 그 아름다움이 장관이다.

능소화에는 슬픈 전설이 있다. 옛날 "소화"라는 이름을 가진 궁녀가 단 한 번의

마이산 능소화

승은(承恩)을 입고 임금을 기다리다 요절한 후 그 넋이 묘지에서 꽃을 피워났다고 한다.

능소화는 동백나무 꽃이 통째로 떨어지는 것처럼 화려한 꽃이 시들지 않은 채로 뚝 떨어지는 것을 볼 때는 인생무상(人生無常) 함을 성찰(省察) 시켜 준다.

능소화 꽃 성분상에는 독(毒)이 없으나 꽃 수술 끝에 달리는 꽃가루가 눈에 들어 가지 않도록 주의를 요(要)한다.

🌿 능소화는 식용, 약용, 정원용, 관상용으로 가치가 높다!

능소화의 자랑은 꽃, 잎, 줄기이다. 한방에서 꽃을 말린 것을 "능소화(凌霄花)", 잎을 말린 것을 "능소엽(凌霄葉)", 줄기와 뿌리를 말린 것을 "능소근(凌霄根)"이라 부른다. 어혈에 다른 약재와 처방한다. 민간에서 어혈에 말린 꽃을 물에 달여 마셨다.

🌿 능소화 성분&배당체

능소화 꽃에는 플라보노이드 · 알칼로이드가 함유돼 있다.

🌿 능소화를 위한 병해 처방!

능소화에 흰불나방이 발생할 때는 피해 초기에 티오파네이트메틸 수화제 1000배 희석액을 2~3회 살포한다. 흰가루병이 발생할 때는 크리아그메톤 수화제 1000배 희석액을 10~15일 간격으로 2~3회 살포한다.

TIP

번식 능소화를 번식할 때는 1년생 줄기를 잘라서 3~7월에 삽목(꺾꽂이)를 하거나 뿌리 나누기를 한다. 가을에 채취한 종자를 이듬해 봄에 온실에서 파종한다.

: 구내염 · 부종 · 이뇨에 효능이 있는 :

등나무 *Wistaria floribunda*

| 생약명 | 등(藤)―줄기를 말린 것. | 이명 | 등목·자등·참등 | 분포 | 전국 각지, 산과 들의 낮은 지대

🌿**형태** 등나무는 콩과의 낙엽활엽덩굴나무로 높이는 10m 정도이고, 잎은 어긋나고 11~19개의 작은 잎으로 구성된 1회 홀수 깃꼴겹잎으로 달걀을 닮은 타원형 또는 달을 닮은 긴 타원형으로 끝이 뾰족하고 가장자리가 밋밋하다. 꽃은 5월에 잎과 함께 꽃대에 꽃차례를 이루며 연한 자주색 또는 흰색으로 피고, 열매는 9월에 꼬투리가 달려 협과로 여문다.

●**약성** : 차며, 쓰다. ●**약리 작용** : 이뇨 작용
●**효능** : 이뇨 질환에 효험, 구내염 · 소변 불통 · 악성 종양 · 자궁근종 · 치주염 · 이뇨 · 부종

🌿**음용** : 5월에 꽃을 따서 햇볕에 말린 후 찻잔에 조금 넣고 뜨거운 물을 부어 1~2분 후에 꿀을 타서 차로 마신다.

"한여름 시원한 그늘을 제공하는 **등나무**"

🍃 등나무의 꽃말은 환영이다.

등나무는 신록이 한창일 때 그늘을 제공하고 화려한 꽃을 피울 때 그윽한 향(香)
이 발길을 멈추게 한다. 조선시대에는 등나무 꽃으로 화채를 만들어 먹었다 하여
"등화채(藤花菜)", 꽃으로 당면과 배합하여 떡을 만든 "등라병(藤蘿餠)", 등나무는 오
른쪽으로, 칡은 왼쪽으로 감고 올라가기 때문에 등나무 아래서 사랑하는 연인이
함께 있으면 어려운 상황을 만든다고 하여 "갈등(葛藤)"이라는 이름이 붙여졌다. 그
외 참등나무, 조선 등나무, 왕들 나무, 연한붉은참등덩굴 이름도 있다. 우리 조상
은 등나무(藤木)의 줄기로 "등침(籐枕 · 베개)"을 만들어 썼고, 술잔(등배−藤杯), 줄기로
종이를 만든 것을 "등지(藤紙)"로 썼다. 예부터 등나무는 생활용품으로 쓰였는데,
〈계림유사〉에 "신라에 등(藤)포가 난다", 〈고려도경〉에는 "종이가 모두 닥나무로
만든 것이 아니라 등나무 섬유로 쓴다", 조선시대 영조가 걷기가 불편할 때 "등나
무 지팡이를 바쳤다"라고 기록돼 있다. 현재는 장수한 어르신이 100세가 되면 그
증표로 청려장(淸麗杖)을 등나무로 만든 것을 하사하고 있다. 등나무는 우리 땅, 중
국, 일본에 분포한다. 척박한 땅이나 산기슭에서 잘 자라기 때문에 공원이나 학교
교정에 심는다. 부산 범어사 주변에 약 5백여 그루의 등나무 군락이 있는 등운곡
(藤雲谷)은 천연기념물 제176호, 서울 삼청동 국무총리 공관에는 수령 900살쯤 되
는 등나무가 천연기념물 제254호로 지정되어 보호하고 있다. 꽃을 말려 신혼부부
의 금침(衾枕)에 넣어주면 금실이 좋아진다고 하여 등나무를 잘게 잘라 끓여 차로
마시기도 했다. 꽃이 만발할 때는 꿀이 풍부해 양봉 농가에 도움을 준다.

🌿 등나무는 식용 · 약용 · 관상용 · 밀원용 · 사료용으로 가치가 높다!

등나무는 꽃, 열매, 잔가지, 줄기, 씨 모두를 쓴다. 5월에 꽃을 따서 물에 우려낸후 차로 마신다. 꽃을 생것으로 먹기도 하지만, 밀가루로 버무려 튀김 · 부침개로먹는다. 가을에 익은 종자를 볶아 먹으면 해바라기 씨처럼 고소하다.

발효액을 만들 때는 5월에 꽃을 따서 통째로 용기에 넣고 재료의 양만큼 설탕을 붓고 100일 정도 발효시킨 후에 발효액 1에 찬물 3을 희석해서 음용한다. 등주(藤酒)를 만들 때는 연중 잔가지와 줄기를 채취하여 적당한 크기로 잘라 용기에 넣고 19도의 소주를 부어 밀봉하여 3개월 후에 마신다. 약초 만들 때는 10월에 잔가지 · 줄기 · 씨를 채취하여 햇볕에 말려 쓴다.

한방에서 줄기를 말린 것을 "등(藤)"이라 부른다. 신장 질환(부종, 이뇨)에 다른 약재와 처방한다. 민간에서 구내염에는 꽃을 달인 물로 입가심을 한다. 소변 불통에는 줄기 2~6g을 물에 달여 복용한다.

🌿 등나무 성분&배당체

등나무 꽃에는 비타민C, 씨에는 향(香), 뿌리에는 항염 물질이 함유돼 있다.

🌿 등나무를 위한 병해 처방!

등나무에 혹병이 발생할 때는 줄기를 잘라내고 알코올 소독을 한다. 흰말이 나방이 발생할 때는 5~6월에 포리옥신비 수화제 1000배 희석액을 7~10일 간격으로 2~3회 살포한다.

> **TIP**
>
> **번식** 등나무는 가을에 채취한 종자를 기건 저장한 후 노천 매장했다가 이듬해 봄에 파종한다. 포기나누기, 접목, 삽목(꺾꽂이)로 번식한다.

: 당뇨병 · 근육통 · 관절염에 효능이 있는 :

담쟁이덩굴 *Parthenocis ttaricuspida*

| **생약명** | 지금(地錦)─줄기의 속껍질을 말린 것. | **이명** | 석벽려 | **분포** | 전국의 산과 들, 담장

🌿**형태** 담쟁이덩굴은 포도과의 덩굴성 여러해이살풀로 높이는 3~4m 정도이고, 잎은 3갈래로 갈라지는 홑잎이거나 잔잎 3개로 이루어진 겹잎이고 서로 어긋난다. 줄기마다 다른 물체에 달라붙는 흡착근이 있어 바위나 나무를 기어오른다. 꽃은 6~7월에 잎겨드랑이나 가지 끝에 황록색으로 피고, 열매는 8~9월에 머루송이처럼 흑색 장과로 여문다.

- ●**약성** : 따뜻하며, 약간 쓰다.
- ●**약리 작용** : 피부에 생기는 육종 · 양성 종양에 좋다. 혈당 강하 · 지혈 작용
- ●**효능** : 신경계 · 부인과 질환에 효험, 암 예방과 치료 · 당뇨병 · 근육통 · 관절염 · 활혈 · 거풍 · 지통 · 양기 부족 · 백대하

🌿**음용** : 가을에 줄기의 속껍질을 잘게 썰어 그늘에 말린 후 찻잔에 조금 넣고 뜨거운 물을 부어 1~2분 후에 꿀을 타서 차로 마신다.

145

"땅을 뒤엎는 비단(緋緞) 담쟁이덩굴"

🌿 담쟁이덩굴의 꽃말은 "아름다운 매력"이다.

담쟁이덩굴은 포도과에 속하는 낙엽성 덩굴식물이다. 줄기마다 벽이나 다른 물체에 달라붙는 흡착근이 있다. 봄에는 푸른 잎이, 가을에는 붉은 단풍이 땅을 뒤엎는 비단(緋緞)과 같다 하여 "지금(地錦)", 벽을 잘 탄다고 하여 "벽려(壁麗)", 나무가 가진 재부가 많다 하여 "쟁이"라는 이름이 붙여졌다. 그 외 파산호(爬山虎), 상춘등(常春藤), 돌담장이 등으로 부른다.

담쟁이덩굴은 우리 땅, 중국, 일본에 분포한다. 전국의 산이나 각지에서 나무, 돌담, 바위에 붙어서 자란다. 필자는 오래된 고택(古宅) 담장이나 청계산 원터골 위 수십 그루의 잣나무를 타고 올라가는 것을 볼 때 찬사를 금치 못한다.

미국의 오 헨리가 쓴 〈마지막 잎새〉에서 "마지막 잎새는 담쟁이덩굴", 우리 대중가요 1000여 곡을 쓴 정규문 작가가 쓴 가수 "마지막 잎새"는 배호의 유작이었다. 그래서 그런지 인생도 나무와 같다고 본다. 나무에서 떨어진 꽃과 잎새는 다시는 그곳으로 돌아가지 않듯이 나무를 통해 삶과 죽음을 성찰(省察)하는 계기로 삼아야 한다.

조선시대 허준이 쓴 〈동의보감〉에서 "종기를 삭이는 데 좋다"고 기록돼 있듯이 약용으로 썼고, 일본에서는 설탕이 나오기 전에는 감미료로 사용하기도 했다.

담쟁이덩굴의 자랑은 잎, 열매, 줄기이다. 봄에는 싱그러움으로, 가을에는 단풍으로 사람의 마음을 다스려 준다. 열매와 줄기는 약재로 쓴다.

🌿 담쟁이덩굴은 식용, 약용, 관상용으로 가치가 높다!

담쟁이덩굴은 잎, 열매, 줄기 모두를 쓴다. 봄에 막 나온 어린싹을 채취하여 끓는 물에 살짝 데쳐서 나물로 무쳐 먹는다. 봄에 막 나온 어린싹을 채취하여 밀가루에 버무려 튀김이나 부침개로 먹는다. 발효액을 만들 때는 봄에 어린순을 채취하여 용기에 넣고 재료의 양만큼 설탕을 붓고 100일 정도 발효시킨 후에 발효액 1에 찬물 3을 희석해서 음용한다. 약술을 만들 때는 여름에 검게 익은 열매를 따서 용기에 넣고 19도의 소주를 부어 밀봉하여 3개월 후에 먹는다. 약초를 만들 때는 산 속에서 소나무나 참나무를 타고 올라가는 것을 겨울에 줄기는 겉껍질을 벗겨 버리고 속껍질과 열매, 뿌리를 캐서 햇볕에 말려 쓴다.

한방에서 줄기의 속껍질을 말린 것을 "지금(地錦)"이라 부른다. 근골 질환(관절염, 근육통)에 다른 약재와 처방한다. 도심지나 도로가에서 시멘트벽을 타고 올라간 것은 약초로 쓰지 않는다. 민간에서 암 예방과 치료에는 줄기 10~20g을 물에 달여서 복용한다. 당뇨병에는 줄기와 열매 10~20g을 물에 달여 복용한다.

🌿 담쟁이덩굴 성분&배당체

담쟁이덩굴 잎에는 플라보노이드 · 안토시안의 색소가 함유돼 있다.

🌿 담쟁이덩굴을 위한 병해 처방!

담쟁이덩굴은 병충해에 강한 편이나 간혹 진딧물이 발생할 때는 시중에서 구할 수 있는 이미다클로프리드 수화제 또는 스미치온 1000배액을 희석해 살포한다.

> **TIP**
>
> **번식** 담쟁이덩굴은 가을에 검은 종자를 채취하여 과육을 제거한 후에 습기를 유지한 채 저온 저장해 노천매장 후 이듬해 봄에 흩어서 뿌린다. 줄기를 잘라 삽목(꺾꽂이)로 번식한다.

: 피부 소양증 · 급성 간염 · 황달에 효능이 있는 :

송악 *Hedera rhombea*

| 생약명 | 상춘등(賞春藤)-잎과 줄기를 말린 것, 상춘등자(賞春藤子)-열매를 말린 것 | 이명 | 담장나무 · 삼각풍 · 토고등 | 분포 | 울릉도 이남의 바닷가 · 삵기슭

🌿**형태** 송악은 두릅나뭇과의 상록활엽덩굴나무로 길이는 10m 정도이고, 잎은 어긋나고 가죽질에 윤기가 나며 짙은 녹색을 띤다. 끝이 뾰쪽하고 가장자리는 밋밋하며 물결 모양이다. 꽃은 10~11월에 가지 끝에서 산형 꽃차례를 이루며 황록색으로 피고, 열매는 이듬해 겨울 또는 봄에 둥근 핵과로 여문다.

- ●**약성** : 서늘하며, 쓰다.   ●**약리 작용** : 항염 작용
- ●**효능** : 마비 증세 · 위장병 · 간장병증 질환에 효험, 급성간염 · 관절염 · 안질 · 중풍 · 황달 · 소아(백일해) · 청간 · 비육혈 · 피부 소양증

🌿**음용** : 겨울 또는 봄에 익은 열매를 따서 햇볕에 말린 후 찻잔에 조금 넣고 뜨거운 물을 부어 1~2분 후에 꿀을 타서 마신다.

"아이비(Ivy) 애칭 송악"

🍃 송악의 꽃말은 우정 또는 신뢰이다.

덩굴나무 송악은 땅을 덮은 지피(地被)식물로 토양을 가리지 않고 잘 자란다. 가지와 원줄기에서 기근(氣根·공기 뿌리)이 나와 자라면서 다른 물체에 붙어 올라가기 때문에 북한에서는 "담장나무"라는 이름이 붙여졌다. 남부지방에서는 송악 잎을 소가 잘 먹는다고 하여 "소밥 나무"라 부른다.

송악은 우리 땅, 중국, 일본, 타이완, 유럽, 아프리카에 분포한다. 내륙으로는 내장산, 동쪽으로는 울릉도, 서쪽으로는 인천 앞바다에 자생한다.

송악이 유럽의 아이비였다면, 우리 땅 송악은 동양의 아이비이다. 송악의 꽃은 특색이 있는데, 다른 나무들은 꽃이 피고 가을에 열매를 맺지만, 송악은 다른 식물이 꽃을 피울 때 열매를 맺는다.

전북 고창 선운사 입구의 송악은 절벽 아래쪽에 뿌리를 내리고 덩굴줄기가 이리저리 휘어 감고 60m나 암벽을 타고 올라가는 모양이 신비한데 천연기념물 제367호 지정되어 보호하고 있다.

🍃 송악은 식용, 약용, 관상용으로 가치가 높다!

송악의 자랑은 잎, 줄기이다. 봄에 막 나온 새싹을 따서 끓는 물에 살짝 데쳐서 나물로 무쳐 먹는다. 발효액을 만들 때는 가을에 나무줄기를 채취하여 적당한 크기로 잘라 용기에 넣고 재료의 양만큼 설탕을 붓고 100일 정도 발효시킨 후에 발

효액 1에 찬물 3을 희석해서 음용한다. 약술을 만들 때는 겨울 또는 봄에 익은 열매를 따서 용기에 넣고 19도의 소주를 부어 밀봉하여 3개월 후에 마신다. 약초를 만들 때는 봄에 잎을 따서 그늘에, 겨울에 열매를, 가을에 뿌리줄기를 캐어 햇볕에 말려 쓴다.

한방 줄기를 말린 것을 "상춘등(賞春藤)", 열매를 말린 것을 "상춘등자(賞春藤子)"라 부른다. 간 질환과 각혈에 자른 약재와 처방한다. 민간에서 간염·황달에는 잎+뿌리줄기+열매 5~7g을 물에 달여 복용한다. 피부 소양증에는 잎을 짓찧어 즙을 내어 환부에 붙인다.

🌿 송악 성분&배당체

송악 줄기에는 탄닌·수지, 잎에는 카로틴·당류, 열매에는 헤데린이라는 결정성 사포닌·올레긴산이 함유돼 있다.

🌿 송악을 위한 병해 처방!

송악에 진딧물이 발생할 때는 시중에서 구할 수 있는 이미다클로프리드 수화제 또는 스미치온 1000배액을 희석해 살포한다. 응애가 발생할 수 있으므로 잔가지가 밀접하지 않도록 가지치기를 하고, 환경을 오염시키지 않는 친환경 살충제를 예방 차원에서 살포한다.

번식 송악은 5월에 종자를 채취하여 씨로 번식하거나 삽목(꺾꽂이)로 번식한다.

등칡 *Pueraria thunbergiana*

| **생약명** | 갈근(葛根) – 뿌리를 말린 것, 갈화(葛花) – 개화하기 전의 꽃을 말린 것, 갈등(葛藤) – 줄기를 말린 것. | **이명** | 갈등 · 갈화 · 갈마 · 칡덩굴 | **분포** | 산기슭의 양지

🌿**형태** 칡은 콩과의 갈잎덩굴나무로 길이는 10m 이상이고, 잎은 어긋나고, 잎자루가 길고 3개의 작은 잎이 달린다. 줄기는 다른 물체를 감고 올라간다. 꽃은 8월에 잎겨드랑이에 붉은빛이 도는 보라색으로 피고, 열매는 9~10월에 길쭉한 꼬투리의 협과(莢果)로 여문다.

- **약성** : 평온하며, 달고, 약간 맵다.
- **약리 작용** : 혈당 강하 작용 · 관상 동맥 확장 작용 · 뇌혈관 개선 작용 · 혈압 강하 작용 · 해열 작용 · 경련 완화 작용
- **효능** : 소화기 · 신경계 · 순환계 질환에 효험, 숙취 · 여성 갱년기 · 당뇨병 · 위궤양 · 식욕 부진 · 고혈압

🍃**음용** : 8월에 꽃이 2~3개 정도 피었을 때 따서 바람이 잘 통하는 그늘에서 말려 밀폐 용기에 보관하여 찻잔에 1~2개를 넣고 뜨거운 물을 부어 2~3분간 우려낸 후 차로 마신다.

"여성호르몬의 대명사 등칡"

🌿 **등칡의 꽃말은 가무(歌舞)이다.**

등칡은 그 왕성한 성장력으로 인해서 다른 나무의 성장을 방해하지만, 등칡은 생활 속 나무로 식용, 약용으로 건강에 이롭다.

등칡은 우리 땅과 중국 동북부, 일본, 동남아시아에 분포한다. 등칡은 추위에 강하고 양지(陽地)와 음지(陰地)를 가리지 않고 생명력이 강해 중부 이북 해발 300~900m 산기슭과 계곡에 자생한다.

중국 이시진이 쓴 〈본초강목〉에 "갈근(葛根)은 술독을 풀어주고, 갈꽃(葛花)은 장풍(腸風)을 다스린다"라고 기록돼 있다. 칡뿌리에서 나온 녹말을 칡가루(葛粉)라고 하는 데, 인스턴츠 식품을 선호하는 어린이 영양식(떡, 과자)으로 좋다. 최근 등칡에는 석류에 함유된 여성호르몬인 에스트로겐이 580배가 들어 있다는 것이 밝혔듯이 여성 갱년기에 좋다.

중국의 두보(杜甫) 시인은 "고운 갈포 옷 속에 바람이 인다"라고 했듯이, 농경사회 옷이 귀한 시절에 갈포(葛袍) 베옷은 매우 시원하여 옛날 서민들이 옷으로 만들어 입었고, 부모의 상(喪)을 당했을 때는 상복으로 입었다. 오늘날 칡 섬유로 실을 만들어 짠 고급 벽지도 생산하고 있다.

등칡의 자랑은 꽃, 잎, 뿌리이다. 꽃은 한여름에 피는데, 향기와 함께 아름다워 발길을 멈추게 한다. 꽃에 꿀이 많이 들어 있어 양봉 농가에 도움을 준다. 뿌리는 식용, 약용으로 쓴다.

🌿 **등칡은 식용, 약용으로 가치가 높다!**

등칡은 꽃, 새순, 줄기, 뿌리 모두를 쓴다. 꽃을 따서 물에 우려낸 후 차로 마신다. 꽃을 가루로 만들어 찻잔에 넣고 따뜻한 물을 부어 우려낸 후 마신다. 봄에 어린잎을 따서 끓는 물에 살짝 데쳐서 나물을 무쳐 먹는다. 뿌리는 생즙으로 먹는다. 묵 · 죽(粥) · 국수 · 다식(茶食) · 엿으로 먹는다.

봄에 어린잎을 채취하여 깻잎처럼 간장에 재어 장아찌로 먹는다. 발효액을 만들

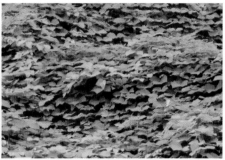

때는 봄에 어린순을 채취하여 용기에 넣고 재료의 양만큼 설탕을 붓고 100일 정도 발효시킨 후에 발효액 1에 찬물 3을 희석해서 음용한다. 칡 주(葛酒)를 만들 때는 가을 또는 봄에 뿌리를 캐서 하룻밤 소금물에 담근 후 겉껍질을 벗긴 다음 잘게 쪼개어 물에 씻고 물기를 뺀 다음 용기에 넣고 소주(19도)를 부어 밀봉하여 3개월 후에 마신다. 약초를 만들 때는 가을 또는 봄에 뿌리를 캐서 하룻밤 소금물에 담근 후 겉껍질을 벗긴 다음 잘게 쪼개어 햇볕에 말려 쓴다.

한방에서 뿌리를 말린 것을 "갈근(葛根)", 줄기를 말린 것을 "갈등(葛藤)", 개화하기 전의 꽃을 말린 것을 "갈화(葛花)"라 부른다. 여성 갱년기와 숙취 해소에 다른 약재와 처방한다. 민간에서 숙취 제거에는 칡꽃 20g+귤껍질 10g+생강 10g을 달여서 마신다. 소화 불량에는 이른 봄에 싹이 나올 때 채취하여 그늘에 말려 두었다가 달여 마신다.

🌿 등칡 성분&배당체

등칡 꽃에는 비타민C, 줄기에는 올레아놀릭산·아리스토로긱산, 뿌리에는 여성 호르몬 에스트로겐이 함유돼 있다.

🌿 등칡을 위한 병해 처방!

등칡은 병충해에 강한 편이다.

TIP

번식 등칡은 가을에 종자를 채취하여 노천매장한 후 이듬해 봄에 파종한다.

: 통풍 · 고혈압 · 당뇨병에 효능이 있는 :

으아리 *Clematis mandshurica ruqreRcht*

| **생약명** | 위령선(威靈仙)—뿌리를 말린 것.　| **이명** | 참으아리 · 외대으아리　| **분포** | 전국의 산과 들

🌿**형태** 으아리는 미나리아재빗과의 갈잎덩굴나무로 길이는 2m 정도이고, 잎은 마주 나고 5~7장으로 된 깃꼴겹잎이며 작은 잎은 달걀 모양이고 가장자리는 밋밋하다. 꽃은 6~8월에 줄기 끝이나 잎겨드랑이에 취산 꽃차례를 이루며 흰색으로 피고, 열매는 9월에 달걀꽃 모양의 수과로 여문다.

- **약성** : 평온하며, 쓰다.
- **약리 작용** : 요산을 녹이는 작용 · 이뇨 억제 작용 · 혈압 강하 · 혈당 강하 · 진통 작용
- **효능** : 신경계 · 운동계 질환에 효험, 통풍 · 수족 마비 · 신경통 · 간염 · 부종 · 소변불리 · 인후 종통 · 근육통 · 두통 · 류머티즘 · 파상풍

🍵**음용** : 봄에 꽃을 따서 찻잔에 1개를 넣고 뜨거운 물을 부어 1~2분 후에 꿀을 타서 차로 마신다.

"신령이 깃든? 으아리"

🌿 으아리 꽃말은 아름다움이다.

으아리는 초목이 무성한 신령이 깃든 신선(神仙)이라 하여 "위령선(葳靈仙)", 줄기가 연하고 약해 보여 쉽게 끊을 수 있을 듯하다 하여 손으로 잡아 잡아채면 줄기가 끊어지지 않고 당겼던 손에 통증을 준다 하여 "으아악" 소리를 지르기 때문에 이름이 붙여졌다. 그 외 "사위질빵", "응아리", "선이초"라 부른다. 우리 땅 덩굴나무 중에서 으아리를 "위령선"이라고 부른 것은 신선과 같이 영험하여 붙여진 이름이 아닐까? 조선시대 농경사회에서 지게 끈을 칡넝쿨이나 인동덩굴을 사용했는데, 쉽게 끊어지지 않아 사용했다. 으아리의 자랑은 꽃이다. 토양이 비옥한 양지 또는 반그늘에서 잘 자란다. 꽃으로 보이는 부분은 실제로 꽃이 아니고 꽃받침이고 술처럼 올라간 것이 진짜 꽃이다. 필자가 자주 가는 전라북도 농업기술원 약용식물원에는 수많은 약용식물이 있는데, 덩굴식물의 으아리 터널에 꽃이 필 때는 발길을 멈출 정도로 찬사가 저절로 나온다.

🌿 으아리는 식용, 약용, 관상용으로 가치가 높다!

으아리는 꽃, 잎, 뿌리 모두를 쓴다. 꽃을 따서 물에 우려낸 후 차로 마신다. 봄에 새순을 따서 끓은 물에 살짝 데쳐서 나물로 무쳐 먹는다. 꽃이나 어린순을 따서 밀가루에 버무려 튀김 · 부침개로 먹는다.

발효액을 만들 때는 봄에 어린순을 채취하여 용기에 넣고 재료의 양만큼 설탕을

붓고 100일 정도 발효시킨 후에 발효액 1에 찬물 3을 희석해서 음용한다. 위령선주(威靈仙酒)를 만들 때는 가을 또는 봄에 뿌리를 캐서 줄기는 잘라 버리고 물로 씻고 물기를 뺀 다음 용기에 넣고 소주(19도)를 부어 밀봉하여 3개월 후에 먹는다. 약초를 만들 때는 가을 또는 봄에 뿌리를 캐서 줄기는 잘라 버리고 물에 씻고 햇볕에 말린다.

한방에서 뿌리를 말린 것을 "위령선(威靈仙)"이라 부른다. 혈관 질환(고혈압, 당뇨병)에 다른 약재와 처방한다. 1회 사용량을 초과하지 않는다. 민간에서 관절염과 류머티즘에는 으아리 12g, 창출 12g, 오가피 12g을 달여서 하루에 3번 복용한다. 목에 가시가 걸렸을 때는 뿌리를 달여 복용한다.

🌿 으아리 성분&배당체

으아리 꽃과 뿌리에는 당류가 함유돼 있다. "아네모닌(Anemonin)"이라는 휘 발성 자극 성분이 함유되어 있어 독성이 강해서 먹을 수 없으나 꽃은 차로 뿌리는 약재로 쓴다.

🌿 으아리를 위한 병해 처방!

으아리에 진딧물이나 깍지벌레가 발생할 할 때는 통풍이 잘되게 하고, 수프라이사이드 용액을 희석하여 2~3회 살포한다.

TIP

번식 으아리는 실생, 포기나누기로 번식한다.

156

: 신경통 · 관절염 · 진통에 효능이 있는 :

줄사철나무 *Euonymus fortunel*

| **생약명** | 화두충(和杜沖)—줄기껍질과 뿌리를 말린 것, 왜두충(倭杜沖)—껍질을 벗겨 말린 것. | **이명** |
겨우살이나무, 개동굴줄기나무 | **분포** | 남부 지방 해안가 산기슭, 서해안, 울릉도, 바위

🌿 **형태** 줄사철나무는 노박덩굴과의 상록활엽 덩굴식물로 길이는 10m 정도이고, 꽃은 6~7월에 가지 끝에 녹색으로 피고, 열매는 10월에 여문다.

● **약성** : 차며, 쓰다.　● **약리 작용** : 진통 작용, 소염 작용
● **효능** : 신경계 · 순환계 질환에 효험, 신경통 · 원기 부족 · 고혈압 · 신경통 · 요통 · 관절염 · 관절통 · 견비통 · 요통 · 생리통 · 월경 불순 · 소염제 · 진통

🌿 **음용** : 6~7월에 꽃을 따서 그늘에 말린 후 찻잔에 조금 넣고 뜨거운 물을 부어 1~2분 후에 꿀을 타서 치로 마신다.

157

"덩굴로 퍼져 자라는 **줄사철나무**"

🌿 **줄사철나무의 꽃말은 변함이 없다.**

　줄사철나무는 사철나무와는 달리 줄기가 덩굴성이며 꽃과 열매가 사철나무보다 작다. 덩굴식물은 물체에 기대어 자생할 때 흡착근을 이용하지만, 줄사철나무는 줄기에 공기를 내어 다른 물체에 달라붙어서 자란다. 줄사철나무는 중부 이남 해발 500m 이하의 산기슭이나 해안 마을에 자생한다. 사철나무와 닮은 모양이지만, 잎에 "줄"이라는 접두사가 붙어 덩굴성 사철나무로 줄기에서 많은 뿌리가 나와 바위나 나무를 기대며 흡착하며 뻗어 나간다. 유사종으로는 금사철, 금테사철, 은테사철, 황금 줄사철, 넓은 잎 사철나무, 좀사철나무가 있다. 금사철은 잎이 절반 정도 노란색이 있고, 금테사철은 잎 가장자리에 노란색의 테가 있고, 은테사철은 잎 가장자리에 흰색의 테가 있고, 황금 줄사철은 잎에 노란색 반점이 있고, 넓은 잎 사철나무는 잎이 크고 두툼하며 광택이 있고, 좀사철나무는 잎이 작고 촘촘하게 자란다. 덩굴식물은 어릴 때는 곧게 자라지만 조금 더 자라면서 받침대를 찾으며 휘감을 수 있도록 용수철 모양이 되고 감고 올라갈 받침대를 찾는다. 줄기가 약한 덩굴식물은 살아남기 위한 특징이 있다. 종류에 따라 감아 올라가는 방법이 다르다. 매우 복잡하게 제멋대로 얽혀 있는 것처럼 보이지만 나름대로 질서를 가지고 있는데, 시계방향으로 감는 등나무와 인동덩굴, 반대 방향으로 감는 칡이 있다. 기대기만을 하는 나무로는 찔레와 다래가 있고, 흡착을 이용해 벽이나 나무를 이용하는 담쟁이덩굴이 있고, 줄기로 다른 물체를 감는 나무로는 인동덩굴 · 칡 · 등나무가 있고, 덩굴손으로 다른 물체를 감는 나무로는 청미래덩굴이 있다. 덩굴

손은 몸 일부분이 특수하게 변한 것인데, 청미래덩굴은 떡잎이 변한 것이고, 줄기가 변한 것은 포도나무이다. 전북 진안 마이산에는 1900년 초 이갑룡 처사가 세운 신비의 탑사가 있다. 석탑 중턱 약수터 주변에 수백 년쯤 되는 천연기념물 380호인 줄사철나무 군락이 있다. 줄기에서 뿌리를 내리고 뿌리가 바위나 나무를 기어오르고 깎아지른 듯한 절벽에 붙어서 자라는 진귀한 나무로 높이가 3~7m, 둘레는 6~38cm 정도로 탑 부근과 은수사 안에 20여 그루가 자생하고 있다.

✔ 줄사철나무는 식용, 약용, 조경용, 정원수, 관상용으로 가치가 높다!

잎, 열매, 줄기, 뿌리 모두를 쓴다. 발효액을 만들 때는 10월에 열매를 따서 용기에 넣고 재료의 양만큼 설탕을 붓고 100일 정도 발효시킨 후에 발효액 1에 찬물 3을 희석해서 음용한다. 약을 만들 때는 연중 수시로 줄기 껍질, 뿌리를 채취하여 물로 씻고 물기를 뺀 다음 적당한 크기로 잘라 용기에 넣고 19도의 소주를 부어 밀봉하여 3개월 후에 마신다. 약초를 만들 때는 연중 수시로 줄기 껍질, 뿌리를 채취하여 햇볕에 말려 쓴다. 한방에서 잎과 줄기를 말린 것을 "부방등(扶芳藤)"이라 부른다. 여성 질환(생리불순, 자궁출혈)에 다른 약재와 처방한다. 민간에서 피가 멈추지 않을 때 잎을 짓찧어 환부에 붙였다. 신경통에는 줄기를 물에 달여 마셨다.

✔ 줄사철나무 성분&배당체

줄사철나무 잎과 열매에는 플라보노이드, 줄기와 뿌리에는 후리에데린 · 에피후리에데라롤이 함유돼 있다.

✔ 줄사철나무를 위한 병해 처방!

줄사철나무에는 봄에 깍지벌레가 발생할 때는 살균제인 석회유황합제를 살포한다. 장마철에 흰가루병이 발생할 때는 5~6월에 티오파네이트메틸 수화제 1000배 희석액을 2~3회 발생한다.

TIP

번식 가을에 익은 종자를 채취하여 과육을 제거한 후 노천 매장한 뒤 이듬해 봄에 파종한다. 실생 또는 삽목(꺾꽂이)로 번식한다.

: 관절염 · 요통 · 신경통에 효능이 있는 :

청가시덩굴 *Smilax sieboldii*

| **생약명** | 점어수(粘魚鬚)—뿌리를 말린 것. | **이명** | 용수채 · 가시나무 · 종가시나무 · 종미래 · 청경계 · 청밀개덤불 | **분포** | 전국 각지, 산기슭이나 숲 속

🌿**형태** 청가시덩굴은 백합과의 낙엽활엽덩굴나무로 길이는 5m 정도이고, 잎은 어긋나고 달걀 모양의 타원형 심장형으로 얇고 윤기가 있고 가장자리가 물결 모양이고 끝이 뾰쪽하다. 꽃은 6월에 잎겨드랑이에서 산형 꽃차례를 이루며 황록색으로 피고, 열매는 9~10월에 둥근 장과로 여문다.

● **약성** : 평온하며, 달다. ● **약리 작용** : 진통 작용
● **효능** : 운동기계 · 신경기계 질환에 효험, 관절염 · 요통 · 신경통 · 진통 · 창종 · 어혈 · 치통 · 풍습 · 행혈

🌿**음용** : 9~10월에 익은 열매를 따서 햇볕에 말린 후 찻잔에 3~5개를 넣고 뜨거운 물을 부어 1~2분 후에 꿀을 타서 차로 마신다.

"메기의 수염을 닮은 **청가시덩굴**"

🌿 가시덩굴의 꽃말은 장난이다.

청가시덩굴 중국 한자 이름은 지역명을 따서 "화동발계(華東菝葜)", 청가시덩굴의 속명 스밀락스(Smilax)는 "휘감음"을 뜻한다. 사계절 푸르고 줄기에 가시가 있다 하여 "청가시덩굴", 메기의 수염처럼 생겼다 하여 "점어수(鮎魚鬚)", "용수채(龍須菜)"라는 이름이 붙여졌다. 그 외 "종가시나무", "종미래", "청밀개덤불", "청열메덤불"이라 부른다.

청가시덩굴은 전국의 산야에 자생하는데, 줄기에 가시가 없는 "민청가시덩굴"이 있다.

청가시덩굴은 청미래덩굴처럼 잎자루 부근에 턱잎이 변한 한 쌍의 덩굴손이 있는데, 이 손으로 다른 식물을 감으며 지탱하며 성장한다. 한 가지 특이한 것은 덩굴나무는 시계방향으로 감거나 반대 방향으로 감는데, 청가시덩굴은 처음에는 한 방향으로 감다가 생존을 위해 잔대 감는 특징이 있다.

청가시덩굴의 자랑은 잎, 열매, 줄기, 뿌리이다. 청미래덩굴과 비슷해 장식용으로 쓴다.

🌿 청가시덩굴은 식용, 약용, 관상용으로 가치가 높다!

청가시덩굴은 어린순, 열매, 뿌리를 쓴다. 봄에 어린순을 채취하여 끓는 물에 살

짝 데쳐서 나물로 무쳐 먹는다. 발효액을 만들 때는 봄에 어린순을 채취하여 용기에 넣고 재료의 양만큼 설탕을 붓고 100일 정도 발효시킨 후에 발효액 1에 찬물 3을 희석해서 음용한다. 약술을 만들 때는 9~10월에 익은 열매를 따서 용기에 넣고 19도의 소주를 부어 밀봉하여 3개월 후에 마신다. 약초를 만들 때는 연중 뿌리를 수시로 캐어 햇볕에 말려 쓴다.

한방에서 뿌리를 말린 것을 "점어수(粘魚鬚)"라 부른다. 혈액순환에 다른 약재와 처방한다. 민간에서 관절염에는 뿌리 5~6g을 물에 달여 복용한다. 피부부스럼과 어혈에는 전초를 채취하여 짓찧어 환부에 붙인다.

🌿 청가시덩굴 성분&배당체
청가시덩굴 잎에는 루틴, 줄기와 뿌리에는 사포닌 · 알칼로이드 · 아미노산 · 페놀 · 당류가 함유돼 있다.

🌿 청가시덩굴을 위한 병해 처방!
청미래덩굴은 병충해에 강해 병이 없는 편이다.

TIP

번식 청가시덩굴은 가을에 검게 익은 열매를 채취하여 과육을 제거한 후에 노천매장한 후 이듬해 봄에 파종한다.

5

열매를 주는 나무

매실나무 *Prunus mume Siebold*

| **생약명** | 오매(烏梅) · 매실(梅實)—열매를 가공한 것. | **이명** | 매화수 · 품자매 · 녹갈매 · 일지춘 · 군자향 | **분포** | 마을 부근에 식재

🌿 **형태** 매화나무는 장밋과의 갈잎큰키나무로 높이는 4~6m 정도이고, 잎은 어긋나고 달걀 모양이며 가장자리에 잔 톱니가 있다. 꽃은 2~4월에 잎이 나기 전에 잎 겨드랑에 1~3개씩 흰색 또는 담홍색으로 피고, 열매는 6~7월에 둥근 핵과로 여문다.

● **약성** : 따뜻하며, 시다.   ● **약리 작용** : 항진균 작용 · 살충 작용
● **효능** : 해독 · 건위제 · 소화기 질환에 효험, 감기 · 기침 · 천식 · 인후염 · 위염 · 월경 불순 · 이질 · 치질 · 구토 · 구내염 · 당뇨병 · 동맥 경화 · 식욕 부진

🌿 **음용** : 매실 80%+설탕 20%를 재어 6개월 이상 숙성시킨 후에 식초를 만들어 요리에 넣어 먹거나 식초 1에 찬물 3을 희석하여 음용한다.

"조선시대 선비의 사군자 매실나무"

🌿 매실나무의 꽃말은 고결 · 끝내 꽃을 피우다.

　조선시대 선비는 매화가 겨울의 눈보라 속에서도 꽃을 피운다고 하여 "사군자(四君子)*"중 하나로 보았다. 매화는 꽃이 피는 시기와 모양에 따라 고매(古梅), 설중매(雪中梅), 원앙매(鴛鴦梅), 중엽매(重葉梅), 홍매(紅梅)가 있다. 꽃이 필 때는 "매화", 열매를 맺을 때는 "매실나무"라 부른다. 잎이 나기 전에 꽃을 피워 봄소식을 가장 먼저 알려 준다고 하여 "춘고초(春告草)"라는 이름이 붙여졌다. 조선시대 강희안(姜希顔)이 쓴 〈양화소록(養花小錄)〉에서 "매화에 대하여 첫째는 희소성이요, 둘째는 늙은 모습의 아름다움이요, 셋째는 군더더기가 없음이요, 넷째는 꽃봉오리가 벌어지지 않고 오므라져 있다"고 했고, 홍만선(洪萬選)이 쓴 〈산림경제(山林經濟)〉에서도 "매화는 사람을 감싸 뼛속까지 싱그럽게 하는 향기다"라고 했듯이, 은은한 향기가 사람의 마음을 사로잡는다. 우리 조상은 매화가 엄동설한(嚴冬雪寒)에 강인한 생명력으로 꽃을 피우고, 그 향기와 꽃 빛이 맑고 깨끗하여 미덕, 충성, 봉사, 희망의 상징하는 청객(清客)으로 보았다. "빙기옥골(氷肌玉骨)"이라 하여 천진하고 "순결한 처녀"에 비유했다. 매화는 우리 민화(民畵)의 화조도(花鳥圖), 여성이 머리에 꽂는 비녀, 회화, 도자기, 나전칠기, 공예품, 도상(圖上)에 소재로 다양하게 등장한다.

🌿 매실나무는 식용, 약용, 관상용으로 가치가 높다!

　매실나무의 자랑은 꽃, 열매이다. 매실을 활용하고자 할 때는 소금에 절였다가

＊ 매(梅), 난(蘭), 국(菊), 죽(竹)을 말한다.

햇볕에 말려 쓰는 "백매(白梅)", 열매의 껍질을 벗기고 씨를 발라낸 뒤 짚불 연기에 그을려 만든 것을 "오매(烏梅)"를 만든다. 매실로 고(膏)를 만들 때는 6월에 덜 익은 매실을 따서 씨는 버리고 과육만을 갈아서 불로 달여서 만든다. 효소(농축액)를 각종 음식 요리에 넣어 요리한다. 큰 열매는 씨를 발라내고 과육을 6조각을 내어 조림이나 장아찌를 만든다. 발효액을 만들 때는 6월 중순에 푸른 청매실을 따서 물로 씻고 채반에 놓고 물기를 완전히 뺀 다음 3일 정도 그대로 두면 황록색으로 변했을 때 용기에 넣고 재료의 양만큼 설탕을 붓고 100일 정도 발효시킨 후에 발효액 1에 찬물 3을 희석해서 음용한다. 매실주를 만들 때는 6월에 푸른 청매실을 따서 용기에 넣고 소주(19도)를 부어 밀봉하여 3개월 후에 마신다. 한방에서 열매를 가공한 것을 "오매(烏梅)·매실(梅實)"이라 부른다. 소화 불량(위염, 속 쓰림)에 다른 약재와 처방한다. 씨앗에는 유독 물질인 아미그달린(amygdalin)이 함유되어 있다. 민간에서 식욕부진·위염에는 덜 익은 열매로 발효액을 만들어 찬물에 타서 먹는다.

🍃 매실나무 성분&배당체

꽃에는 정유·벤즈알데하이드, 열매에는 구연산·사과산·주석산·호박산·탄수화물·올레아놀린산·시토스테롤, 종자에는 독이 있는 아미그달린이 함유돼 있다.

🍃 매실나무를 위한 병해 처방!

매실나무에 진딧물이 발생할 때는 수프라이사이드 용액을 희석하여 2~3회 살포한다. 깍지벌레가 발생할 때는 살균제인 석회유황합제를 살포한다.

TIP

번식 매실나무는 6월에 열매를 따서 과육을 제거한 후에 모래와 1:1로 섞어 노천매장한 뒤 11월 중순 전후 또는 이듬해 2월 중순 전후 파종한다. 그 외 접목으로 번식한다.

: 거담 · 기관지염 · 인후염에 효능이 있는 :

살구나무 *Prunus armeniaca*

| **생약명** | 행인(杏仁)─씨껍질을 벗겨낸 씨알맹이 | **이명** | 행핵자 · 초금단 | **분포** | 마을 근처에 식재

🌿 **형태** 살구나무는 장밋과의 낙엽활엽소교목으로 높이는 5~7m 정도이고, 잎은 어긋나고 달걀꼴 또는 넓은 타원형으로 끝이 뾰쪽하고 가장자리에 불규칙한 톱니가 있다. 꽃은 잎보다 먼저 4월에 지난해 나온 가지에 연분홍색으로 피고, 꽃대는 없다. 열매는 7월에 황적색으로 둥글게 핵과로 여문다.

● **약성 :** 따뜻하며, 쓰고, 맵다. ● **약리 작용 :** 거담 작용 · 항암 작용 · 혈당 강하 작용
● **효능 :** 이비인후과 · 호흡기 질환에 효험, 암(골수암 · 뇌암 · 방광암 · 폐암 · 후두암) · 감기 · 거담 · 기관지염 · 인후염 · 해수 · 천식 · 진해 · 변비 · 당뇨병 · 식체(소고기) · 음부 소양증 · 피부미용

🌿 **음용 :** 봄에 꽃을 따서 찻잔에 넣고 뜨거운 물을 부어 1~2분 후에 꿀을 타서 차로 마신다.

167

"목재애서 영롱한 소리를 내는 살구나무"

◢ 살구나무의 꽃말은 의혹·무분별함이다.

살구나무 꽃이 만발할 때는 찬사가 나오지만, 열매를 생각하면 침이 나온다. 살구나무는 중국이 원산으로 우리 땅과 만주지방, 몽골, 일본, 유럽, 미국 등지에 분포한다. 살구나무 한자는 "행(杏)"으로 열매가 주렁주렁 매달려 있는 모습이다. 그래서 "행목(杏木)", "행자목(杏子木)", "행송진(杏松津)", "행수(杏樹)"라는 다양한 이름이 있다. 개(犬)를 죽인다는 살구(殺狗)가 자연스럽게 살구가 되었다는 유래가 전한다. 중국 이시진이 쓴 〈본초강목〉에 "살구씨를 이용한 치료법이 2백여 가지가 나온다"로 기록돼 있다. 중국 〈신선전(神仙傳)〉에서 "병을 고치는 의사를 행림(杏林)이라 하는데, 가벼운 병에는 1그루, 중병에는 다섯 그루를 심었다"고 기록돼 있다. 조선시대에서 살구나무는 재질이 단단하고 결이 좋아 가옥, 수레바퀴, 빨래판, 다듬잇대, 기구재, 도구재, 가구의 재료로 썼다. 만주지방의 상류는 살구나무로 관(棺)으로 쓰기도 했다. 예부터 사찰에서는 살구나무로 영롱한 소리를 내는 목탁(木鐸)을 만들었는데, 20년 이상 된 목재를 통째로 베어 적당한 크기로 잘라 숲속의 늪에 5년 이상 처박아 두었다가 꺼내어 자연 상태에서 1년 건조하여 만들었다. 살구와 매실을 구분할 때는 살구는 과육과 씨가 잘되지만, 매실은 그렇지 않다. 우리 땅에는 신라 때부터 심어왔고, 전 세계에서 미국이 살구나무를 가장 많이 재배한다.

◢ 살구나무는 식용, 약용, 관상용으로 가치가 높다!

살구나무의 자랑은 꽃, 열매, 종자, 목재이다. 씨는 피부미용, 화장품, 비누 재

료, 기름(杏仁油 · 기침 치료)을 짜서 쓴다. 고기를 요리할 때 말린 살구를 넣는다. 봄에 어린순을 따서 끓는 물에 살짝 데쳐서 나물로 무쳐 먹는다. 꽃을 따서 밀가루에 버무려 튀김 · 부침개 · 화채로 먹는다. 발효액을 만들 때는 6~7월에 익은 열매를 따서 용기에 넣고 재료의 양만큼 설탕을 붓고 100일 정도 발효시킨 후에 발효액 1에 찬물 3을 희석해서 음용한다. 약술을 만들 때는 6~7월에 익은 열매를 따서 용기에 넣고 19도의 소주를 부어 밀봉하여 3개월 후에 먹는다. 약초를 만들 때는 6~7월에 익은 열매를 따서 과육과 단단한 가종피를 벗긴 속 씨를 그늘에 말려 쓴다. 한방에서 씨껍질을 벗겨 낸 알맹이를 "행인(杏仁)"이라 부른다. 호흡기 질환(기침, 기관지염, 해수, 거담)에 다른 약재와 처방한다. 알맹이를 쓸 때는 뾰족한 끝을 제거하고 쓴다. 민간에서 개고기를 먹고 체했을 때는 살구를 먹었다. 기관지염 · 해수 · 천식에는 씨앗 10g을 달여서 먹는다.

🌿 살구나무의 성분&배당체

살구나무 씨 속에는 정유 성분인 기름(행인 유) · 단백질 · 아미노산, 열매에는 구연산 · 리코펜이 함유돼 있다.

🌿 살구나무를 위한 병해 처방!

살구나무에 검은무늬병이 발생할 때는 5월에 디티아논 수화제 1000배 희석해 2~3회 살포한다.

TIP

번식 살구나무 묘목은 식재 후 1년째 겨울에 원가지 위쪽 70% 지점에서 자르고 수형을 만든다. 좋은 열매를 얻기 위해서는 수분을 심어 섞어 심어야 하고, 접목해야 한다. 심은 지 4~5년이면 꽃이 핀다.

: 식체 · 장염 · 소화기 질환에 효능이 있는 :

산사나무 *Crataegus pinnatitida*

| **생약명** | 산사자(山査子)─익은 열매를 말린 것. | **이명** | 당구자 · 산리홍 · 산사자 · 산조홍 · 홍자과 · 야광나무 · 동배 · 뚱광나무 · 이광나무 · 아가위나무 · 찔광이 | **분포** | 전국 각지, 산지 · 골짜기 마을 부근

🌿**형태** 산사나무는 장밋과의 낙엽활엽소교목으로 높이는 6~7m 정도이고, 잎은 어긋나고 넓은 달걀모양이고 깃 모양으로 갈라지고 가장자리에 불규칙하고 뾰족한 톱니가 있다. 꽃은 5월에 가지 끝에 산방 꽃차례로 흰색으로 피고, 열매는 9~10월에 붉게 둥근 이과로 여문다.

- **약성** : 약간 따뜻하며, 시고 달다. ● **약리 작용** : 혈압 강하 작용
- **효능** : 통증 · 순환기계 · 소화기계 질환에 효험, 소화 불량 · 고혈압 · 동맥 경화 · 심장병 · 고지혈증 · 고지방혈증 · 이질 · 식체 · 장염 · 요통 · 월경통 · 진통 · 복부 팽만 · 복통 · 어혈 · 현기증 · 갈증

🌱**음용** : 9~10월에 익은 열매를 따서 그대로 물에 달여 먹거나, 압착을 하여 햇볕에 말린 후 물에 달여 차로 마신다.

"유럽 결혼식에 등장하는 산사나무"

🌿 **산사나무의 꽃말은 단 한 번의 사랑이다.**

산사나무의 열매는 붉은 태양처럼 보이기 때문에 "해 뜨는 모양", "산에서 자라는 아침의 나무"라는 이름이 붙여졌다. 산사나무는 중국의 산사목(山査木)과 산사수(山査樹)에서 따온 이름이다. "사(査)" 자는 아침 "단(旦)"에 나무 "목(木)"이 조합된 글자다. 산사나무 열매는 작은 배(梨)처럼 생겼다 하여 "아가위 나무", 작은 당구공 같다 하여 "당구자(棠毬子)", 호젓한 산길에 붉은 열매가 달린다고 하여 "산리홍(山裏紅)"이라 부른다. 서양에서는 산사나무가 "벼락을 막아 준다"라고 하여 "호손(hawthron)", 기독교 국가에서는 성(聖) 금요일에 꽃을 피운다고 하여 "거룩한 가시나무", 5월을 대표하는 나무라 하여 "메이(may)*"라 부른다. 조선시대〈어약원(御藥園)〉에 의하면, "일본에서는 산사나무가 재배가 안 되기 때문에 영조 때 산사나무를 일본으로 가져가 재배했다"고 기록돼 있다. 조선시대 양반과 서민의 집에 잡귀(雜鬼)가 들어오지 못하도록 울타리용으로 많이 심었고, 가시가 많아 악귀를 물리치는 수호(守護) 수(樹)로 썼다. 서양에서도 귀신을 물리치기 위하여 집 주변에 심었다. 그리스 로마 시대에는 결혼할 때 신랑 신부는 산사나무 가지를 든 들러리를 따라 입장을 하고 산사나무로 만든 횃불 사이로 퇴장을 했다. 신부의 머리에 쓰는 화관은 산사나무의 작은 가지로 치장을 한 이유는 성스러운 결혼식에 잡귀가 접근하는 것을 차단하기 위함이었고, 아기의 요람 옆에 놓아두는 풍습이 전하고 여자의 관(棺)은 반드시 산사나무를 사용했다. 산사나무의 자랑은 꽃, 열매이다. 봄에 하얀 꽃은 눈송이처럼 아름답고, 가을에 빨간 열매가 인상적이다. 중국에서는 고기를 먹고 난 후에 등장하는 후식이 산사 열매이다. 산사 열매를 꿀이나 기름진 음식이나 육식에 꼬치에 산사나무 열매(山査子) 발라 꿰어 파는 당호로(糖胡虜)를 즐겨 먹는다. 흰 꽃은 벌과 나비가 좋아해 농가에 도움을 준다. 산사나무 목재는 재질이 좋고 탄력이 있어 주로, 다식판, 상자, 목침, 지팡이, 책상 재료로 이용한다.

＊1620년 청교도들이 아메리카 신대륙으로 메이플라워(the may flower)호를 타고 간 이유는 산사나무가 벼락을 막아 해상에서 재난으로부터 배를 보호해 줄 것을 기원하는 의미를 담고 있다.

171

🍃 산사나무는 식용, 약용, 관상용, 조경수로 가치가 높다!

산사나무는 꽃, 열매를 쓴다. 열매로 산사죽 · 산사탕 · 산사병을 만들어 먹는다. 고기를 먹고 난 후에 산사 열매를 후식으로 먹는다.

발효액을 만들 때는 9~10월에 열매를 따서 용기에 넣고 재료의 양만큼 설탕을 붓고 100일 정도 발효시킨 후에 발효액 1에 찬물 3을 희석해서 음용한다. 산사주 (山査酒)를 만들 때는 9~10월에 익은 열매를 따서 용기에 넣고 소주(19도)를 부어 밀봉하여 3개월 후에 마신다. 약초를 만들 때는 9~10월에 익은 열매를 따서 햇볕에 말려 쓴다.

한방에서 익은 열매를 말린 것을 "산사자(山査子)"라 부른다. 소화기 질환(식체, 장염)에 다른 약재와 처방한다. 민간에서 소화 불량 · 고기를 먹고 체했을 때는 열매를 먹었다. 고혈압 · 동맥 경화에는 말린 약재를 1회 2~5g씩 달여 복용한다.

🍃 산사나무 성분&배당체

산사나무 열매에는 당류 · 탄닌 · 비타민C · 안토시아니딘 · 올레아놀릭산, 종자에는 지방 · 아미그달린, 나무껍질과 뿌리에는 애스쿠린이 함유돼 있다.

🍃 산사나무를 위한 병해 처방!

산사나무에 붉은별무늬병이 발생하는 4월 초에서 5월 중순에는 트리아디메폰 수화제 800배, 페나리몰 유제 3000배, 만코제브 수화제 500배 희석액을 7~10일 간격으로 3~4회 살포한다.

TIP

번식 산사나무는 가을에 익은 열매를 채취해 과육을 제거한 후에 2년간 노천 매장한 뒤 파종한다. 단, 건조하게 하면 발아가 되지 않고, 삽목(꺾꽂이)도 잘 안 된다.

: 여성 갱년기 · 소갈증 · 식체에 효능이 있는 :

석류나무 *Punica granatum*

| **생약명** | 석류피(石榴皮)—열매의 껍질을 말린 것 · 석류근피(石榴根皮) · 석류자(石榴子)—뿌리, 줄기 또는 가지의 껍질을 말린 것. | **이명** | 석류 · 석류목 · 석류수 · 안석류 · 해류 | **분포** | 남부 지방, 인가 부근에 식재

🌿**형태** 석류나무는 석류나뭇과의 낙엽활엽소교목으로 높이는 5~7m 정도이고, 잎은 마주 나고 긴타원형이며 가장자리가 밋밋하다. 꽃은 5~6월에 가지 끝에 육판화가 1~5송이씩 차례로 붉은색으로 피고, 열매는 9~10월에 둥근 장과로 여문다.

- **약성** : 따뜻하며, 시고 떫다. ● **약리 작용** : 혈당 강하 작용
- **효능** : 소화기계 및 이비인후과 질환에 효험, 여성 갱년기 · 소갈증 · 설사 · 이질 · 대하증 · 구내염 · 신경통 · 구충 · 숙취 · 식체 · 월경 불순 · 인후염 · 치통 · 탈항 · 피임 · 출혈

🍵**음용** : 5~6월에 꽃을 따서 그늘에서 말려 찻잔에 1 송이를 뜨거운 물에 우려낸 후 차로 마신다.

"꽃받침이 왕관을 닮은 석류나무"

🌱 석류나무의 꽃말은 자손 번영이다.

중국 한 무제 때 서한에 속했던 안국과 석국의 머리 글자와 울퉁불퉁한 혹 같은 열매라 하여 류(榴)* 자를 붙여 "석누나무" 또는 "안석류(安石榴)"라는 이름이 붙여졌다. 이란, 아프가니스탄, 파키스탄이 원산지이다. 우리 땅에서는 남부지방에서 자란다. 동방(東方)에서 석류는 다산(多産)과 생명의 상징으로 보았다. 조선시대 양반가는 정원이나 담장 가에 관상용으로 심었고, 벽장 안에 석류 그림으로 치장했다. 사람이 많이 모이는 곳에 석류 그림을 걸어 놓았다. 전통 혼례복에 석류 문양이 많은 것은 아들을 많이 낳으라는 의미가 담겨 있다. 중국에서는 신혼 축하 선물로 석류를 보내는 풍속이 있었고, 서양에서는 신성(神聖)한 나무로 보아 부귀로 상징했고, 과실 속 씨를 "여신(女神)"이 즐겨 먹었다. 열매껍질에는 여성호르몬이 다량 함유되어 있다. 석류 껍질 속에는 "펠레치에린"이라는 물질은 기생충을 아사(餓死)를 시키기 때문에 중국과 유럽에서는 열매껍질을 촌충의 제약으로 쓰기도 했다. 이집트 피라미드 벽에도 석류 그림이 그려져 있고, 그리스 신화에 등장하고, 성경 구약 대제사장의 의복에 석류를 달았다. 고대 페르시아에서 석류는 생명의 과일로 여겨 중동이나 이란 사람들은 석류를 10시간 이상 끓여서 모든 음식에 넣어 먹고, 음료로 만들어 건강을 유지하고 있다. 최근 과학적으로 석류 속에 함유된 "에라그산"은 강한 항암 작용이 있어 암 환자에게 희망을 주기도 하지만, 환경 오염으로 인한 몸을 해독하여 주고 갱년기 여성에게 좋다.

* 열매 속에 씨가 아주 많이 머무른다는 뜻.

🍃 석류나무는 식용, 약용, 관상용으로 가치가 높다!

열매를 생으로 먹거나 음료로 대용했다. 꽃을 따서 튀김으로, 씨의 겉껍질을 그대로 먹거나 화채로 먹는다. 발효액을 만들 때는 가을에 열매가 벌어지기 전에 채취하여 겉껍질을 제거하고 물에 씻어 4등분하여 용기에 넣고 재료의 양만큼 설탕을 붓고 100일 정도 발효시킨 후에 발효액 1에 찬물 3을 희석해서 음용한다. 약초를 만들 때는 가을에 열매가 벌어지기 전에 열매를 채취하여 겉껍질을 제거하고 물에 씻어 햇볕에 말려 쓴다. 한방에서 열매의 껍질을 말린 것을 "석류피(石榴皮)"·뿌리·줄기 또는 가지의 껍질을 말린 것을 "석류근피(石榴根皮)·석류자(石榴子)"라 부른다. 여성 갱년기에 다른 약재와 처방한다. 석류나무껍질은 위 점막을 자극하므로 위염 환자는 복용을 금한다. 민간에서 여성 갱년기에는 석류 껍질을 강판에 갈아 즙을 내어 복용한다. 설사·이질에는 열매껍질을 하루 3~5g 달여 복용한다.

🍃 석류나무 성분&배당체

석류나무 잎에는 과당·서당·탄닌, 열매에는 신맛이 있는데 종자유 중에는 푸니식산·에스트론, 뿌리에는 이소펠레티에린·만니톨이 함유돼 있다.

🍃 석류나무를 위한 병해 처방!

석류나무를 집 주변에 심었을 때는 될 수 있는 대로 친환경 약제를 사용한다. 석류나무에 온실가루이가 발생할 때는 스피노사이드 입상 수화제를, 반점병이 6월 초~7월에 발생할 때는 스트렙토마이신 1000배 희석액을 여러 차례 살포한다.

TIP

번식 가을에 익은 열매를 따서 과육을 제거한 후에 직파하거나 기건 저장한 뒤 이듬해 봄에 파종한다. 삽목(꺾꽂이)을 할 때는 발근촉진제에 침전시킨 후 땅에 꽂는다.

: 기침 · 폐렴 · 해수에 효능이 있는 :

모과나무 *Chaenomeles sinnsis sine*

| 생약명 | 모과(木瓜)–열매를 말린 것. | 이명 | 모개나무 · 목과 · 목리 · 명사 · 보개 · 추피모과 · 광피모과 | 분포 | 과수로 재배

🌿형태 모과나무는 장밋과의 갈잎중키나무로 높이는 10m 정도이고, 나무껍질이 벗겨져서 구름무늬 모양이 된다. 잎은 어긋나고 달걀 모양 또는 긴 타원형이고 가장자리에 잔 톱니가 있다. 꽃은 5월에 가지 끝에 1 송이씩 연한 홍색으로 피고, 열매는 9월에 둥근 이과로 여문다.

● 약성 : 따뜻하며, 시다. ● 약리 작용 : 항염 작용
● 효능 : 소화기계 · 호흡기계 질환에 효험, 천식 · 해수 · 기관지염 · 폐렴 · 신경통 · 근육통 · 빈혈증 · 이뇨 · 이질 · 설사 · 구역증 · 식체(살구) · 진통 · 창종 · 요통

🌿음용 : 5월에 꽃을 따서 그늘에 말린 후 3~5송이를 찻잔에 넣고 따뜻한 물을 부어 2~3분 후 향이 우러나오면 차로 마신다.

"익은 열매는 향기의 대명사 **모과나무**"

🌿 모과나무의 꽃말은 평범함이다.

열매가 참외를 닮았으나 나무에 달렸기 때문에 "나무 참외", 꽃이 아름다워 "화리목(花梨木)", 도사를 보호했다 하여 "호성과(護聖瓜)"라는 이름이 붙여졌다. 그 외 "화초목", "화류목", "명려", "명사"로 부른다. 원산지는 중국이다. 우리 땅 전역에 걸쳐 많이 심고 키우는데, 5월에 피는 연분홍 꽃, 매끈한 얼룩무늬 나무껍질, 가을에 열매가 주렁주렁 달린 모습이 풍성함을 느끼게 한다. 조선시대 사대부는 정원이나 누각(樓閣)에 정자나무로 심고, 선비들의 책상 옆에 모과를 소반에 담고 향으로 즐거움을 함께했다. 옛날에 화류장을 만들 때와 판소리 〈흥부전〉에 나오는 "화초장"이 바로 모과나무로 만들었다. 허리에 차고 다니는 긴 칼의 자루와 칼집도 모과나무로 만들었다. 중국에서는 곡식을 담는 원통 재료로 만들어 사용했다. 모과나무 열매를 처음 본 사람들은 세 번 놀란다. 첫 번째는 못생긴 외형과 모양에 놀라고, 두 번째는 열매의 향기에 놀라고, 세 번째는 맛이 궁금해 먹어 보지만 먹을 수 없어 놀란다. 향기는 어느 과일에 비길 바 없이 향기로워 차(茶), 청, 술을 담가 먹는다. "어물전(생선가게) 망신은 꼴뚜기가, 과일전(과일가게) 망신은 모과가 시킨다"라는 것은 모과는 생것으로 먹을 만한 것이 못 되지만 빛깔과 향이 좋아 건강상으로 좋다는 의미가 아닐까? 그래서 그런지 나무껍질에 구름무늬(雲紋)가 생기는 모습이 아름다워서 사찰과 정원에 많이 심었고, 지금도 분재로 주목을 받는다. 모과나무는 재질이 단단하고 아름다워 장롱, 밥상, 우산 자루, 색깔과 광택이 아름다워 장식재, 조각재, 기구재, 바이올린의 활, 양산의 자루 등에 이용했다.

🌿 모과나무는 식용, 약용, 관상용으로 가치 높다!

열매는 시고 떫고 목질화이기 때문에 생으로 먹을 수 없다. 봄에 꽃을 따서 물에 우려낸 후 차로 마신다. 모과 열매 가루에 찹쌀 뜨물로 죽을 쑤어 생강즙에 섞어 먹는 모과죽, 모과 가루+녹두 가루를 섞어 꿀을 넣어 모과병을 만들어 먹는다. 모과 청을 만들 때는 가을에 노랗게 익은 열매를 따서 얇게 썰어 용기에 넣고 재료의 양만큼 설탕을 붓고 15일 후부터 청 1에 찬물 3을 희석해서 음용한다. 모과주(木瓜酒)를 만들 때는 9월에 노랗게 익은 열매를 따서 잘게 썰어 용기에 넣고 소주 19도를 부어 밀봉하여 3개월 후에 마신다. 약초를 만들 때는 9월에 노랗게 익은 열매를 따서 물에 5~10시간 담갔다가 건져서 잘게 썰어 햇볕에 말린다. 한방에서 열매를 말린 것을 "모과(木瓜)"라 부른다. 폐 질환(기침. 기관지염)에 다른 약재와 처방한다. 민간에서 천식·기관지염에는 말린 약재를 1회 2~3g씩 달여 복용한다. 원기 회복·자양 강장·식욕 증진에는 열매로 모과 주를 담가 잠들기 전에 한 잔 마신다.

🌿 모과나무 성분&배당체

열매에는 사과산·구연산·유기산·마린산·시트린산·비타민C가 함유돼 있다.

🌿 모과나무를 위한 병해 처방!

모과나무에 심식 나방이 발생할 때는 모클로르페나피르 유제 1000배액 희석해 살포한다.

> **TIP**
>
> **번식** 모과나무는 가을에 익은 열매를 따서 종자의 과육을 제거한 후에 노천 매장한 후 이듬해 봄에 파종한다. 가을에 뿌리를 캐서 모래와 섞어 통풍이 잘되는 곳에 보관했다가 이듬해 봄에 심는다.

보리수나무 _Elaeagnus umbellata_

| **생약명** | 우내자(牛奶子) · 호퇴자(胡穎子)─익은 열매를 말린 것. | **이명** | 보리똥나무 · 호퇴목 · 볼테나무 · 목우내 · 목내자 · 양모내자 · 양춘자 · 반춘자 | **분포** | 산과 들, 전국 식재. |

🌿**형태** 보리수나무는 보리수나뭇과의 낙엽활목관목으로 높이는 3~4m 정도이고, 잎은 어긋나고 긴 타원형이며 은백색의 비늘털로 덮이고 가장자리가 밋밋하다. 꽃은 5~6월에 잎겨드랑이에서 1~7송이가 산형 꽃차례를 이루며 연한 황색으로 피고, 열매는 10월에 둥근 장과로 여문다.

● **약성** : 서늘하며, 달고 시다. ● **약리 작용** : 항염 작용

● **효능** : 혈증 및 통증 질환에 효험, 기침 · 천식 · 해수 · 통풍 · 대하증 · 이질 · 설사 · 치창 · 타박상 · 복통 · 과식 · 진통

🌱**음용** : 5~6월에 꽃을 따서 그늘에 말린 후 찻잔에 넣고 뜨거운 물에 우려낸 후 차로 마신다.

179

"석가가 득도한 **보리수나무**"

🌿 **보리수나무의 꽃말은 결혼·부부의 사랑이다.**

보리수나무의 씨앗이 보리처럼 생긴 나무라는 뜻이다. 열대 지방에 자생하는 나무이다. 우리나라는 피나무(달피나무, 찰피나무, 연밥피나무, 염주나무)를 말한다. 일제 강점기에 발간한 〈식물도감〉에서 달피나무를 한자로 "보리수(菩提樹)"라고 기술해 사찰에서부터 자연스럽게 보리수나무로 부르게 되었다. 제주도에서는 볼레나무, 경상도에서는 보리똥나무, 전라도에서는 보리화주나무, 시골 어린이들이 열매를 장난삼아 따 먹기도 해서 "뽀루수"라 부른다. 현재 우리가 말하는 보리수나무는 인도에서 자라는 사찐과는 전혀 다르다. 인도에서 "사찐"이란 보리수나무 아래서 석가모니가 태어나고, 보리수나무 아래서 득도를 하고 사라쌍수(娑羅雙樹) 곁에서 열반했다 하여 인도 불교에서는 "삼대성수(三大聖樹)"로 신성하게 여긴다. 그 외 깨달은 나무라 해서 "각수(覺樹)", 도(道) 얻은 나무라 하여 "도수(道樹)", 나무 아래서 생각하는 나무라 해서 "사유수(思惟樹)", 근심과 걱정이 없는 나무라 하여 "무환자(無患樹) 나무"라는 이름이 붙여졌다. 옛날에 비누가 없던 시절에는 보리수나무의 속껍질로 빨래를 했고, 열매껍질로 머리를 감는 데 썼다. 보리수나무 열매는 "보리똥"이라 하여 산수유 열매와 비슷한데, 어린이들에게 인기가 좋아 앵두와 함께 간식으로 먹었다. 보리수나무 목재의 질이 좋아 사찰 부근에 많이 심는다. 인도에서는 사찐 열매를 말려 염주 알을 만들었고, 보리수 목재는 탄력이 있고 잘 쪼개지지 않아 농기구나 각종 연장, 지팡이를 만들어 이용했고, 목재는 가구재로 썼다. 보리수나무의 자랑은 꽃, 열매이다. 꽃이 만발할 때는 벌이 찾는데 꿀이 많아 양봉 농

인도 보리수 열매 팔찌

가에 도움을 준다. 봄에는 곤충에게, 겨울에는 새에게 먹이를 제공한다.

🍃 보리수나무는 식용, 약용, 관상용으로 가치가 높다.

보리수나무는 꽃, 잎, 열매, 종자, 뿌리 모두를 쓴다. 봄에 연한 잎을 채취하여 끓는 물에 살짝 데쳐서 나물로 무쳐 먹는다. 열매로 잼이나 파이를 만들어 먹는다. 보리수나무의 잎이나 줄기를 꺾으면 흰색의 유액이 나온다. 발효액을 만들 때는 가을에 익은 열매를 따서 용기에 넣고 재료의 양만큼 설탕을 붓고 100일 정도 발효시킨 후에 발효액 1에 찬물 3을 희석해서 음용한다. 약술을 만들 때는 여름에 붉게 익은 열매를 따서 용기에 넣고 소주(19도)를 부어 밀봉하여 3개월 후에 먹는다.

한방에서 씨를 "우내자(牛奶子)", 익은 열매를 말린 것을 "호퇴자(胡頹子)"라 부른다. 통풍에 다른 약재와 처방한다. 민간에서 통풍·통증에는 열매로 효소를 담가 복용한다. 기침과 천식에는 말린 약재를 1회 3~6g씩 물에 달여 복용한다. 자양 강장에는 뿌리껍질을 설탕에 재어 숙성시킨 후에 복용한다.

🍃 보리수나무 성분&배당체

보리수나무 잎·열매·뿌리·종자에는 세로토닌이 함유돼 있다.

🍃 보리수나무를 위한 병해 처방!

보리수나무에 갈반병이 발생할 때는 발병 초기에 만코제브 수화제 500배, 클로로탈로닐 수화제 1000배 희석액을 2~3회 살포한다.

TIP

번식 보리수나무는 번식하기가 쉬운데, 9월에 익은 열매를 채취하여 과육을 제거한 후 직파하거나 노장 매장한 후 이듬해 봄에 파종한다.

: 당뇨병 · 타박상 · 변비에 효능이 있는 :

앵두나무 *Prunus tomentosa*

| **생약명** | 앵도(櫻桃)—열매를 말린 것. | **이명** | 산매자 · 작매인 | **분포** | 중부 이북, 정원이나 인가의 부근에서 식재

🌿**형태** 앵두나무는 장밋과의 낙엽활엽관목으로 높이는 3m 정도이고, 잎은 어긋나고 달걀꼴 또는 타원형으로서 끝이 뾰쪽하고 밑이 둥글며 가장자리에 톱니가 있다. 꽃은 4월에 잎이 나기 전 또는 잎과 같이 잎 겨드랑이에서 나와 1~2개씩 연한 홍색으로 피고, 열매는 6월에 둥근 핵과로 여문다.

● **약성** : 평온하며, 맵고, 쓰고, 시다. ● **약리 작용** : 혈당 강하 작용
● **효능** : 비뇨기 · 소화기 질환에 효험, 열매(당뇨병 · 복수 · 생진), 속씨(해수 · 타박상 · 변비), 외상 소독 · 유정증 · 이뇨 · 통경 · 환각증 · 황달

🌿**음용** : 4월에 꽃을 따서 찻잔에 3~4개를 넣고 뜨거운 물을 부어 1~2분 후에 꿀을 타서 차로 마신다.

"열매가 구슬처럼 아름다운 앵두나무"

🍃 앵두나무 꽃말은 수줍음이다.

앵두나무 빨간 열매가 옥처럼 아름답다 하여 "옥앵(玉櫻)", 꾀꼬리가 잘 먹는다고 하여 "앵도(櫻桃)"라는 이름이 붙여졌다. 그 외 "앵도목(櫻桃木)", "함도(含桃)", "주앵(朱櫻)"이라 부른다. 앵두 열매는 티 없이 맑아 아름다운 여인의 입술로 표현했다. 앵두나무는 중국, 몽골, 히말라야에 분포한다. 우리 땅에는 고려 말에 들어온 것으로 추측하고 햇볕이 잘 드는 곳에서 잘 자란다. 고려 때 앵두나무 빨간 열매를 제사상에 올리거나 약으로 썼다. 조선시대 문종 때 궁궐에 많이 심어 지금도 경복궁에는 앵두나무가 많다. 그래서 사대부는 앵두나무의 꽃이 아름답고 열매가 탐스러워 정원이나 사찰 경내에 심었다. 조선시대 시골 동네 우물가에 앵두나무 한두 그루가 심어져 있는 곳은 아낙네들이 이야기꽃을 피우는 장소였다. 엄격한 유교 전통으로 시부모를 섬길 때 고부갈등으로 인하여 며느리가 혼자서 스트레스를 받을 때 눈물을 뚝뚝 흘리며 운다고 하여 "앵두 딴다"라는 말이 생겼다. 오늘날처럼 스트레스를 풀 수 없는 시절에 한마디로 스트레스를 푸는 나무였다. 앵두나무의 자랑은 꽃, 열매이다. 봄에 흐드러지게 피는 하얀 꽃을 아름답다. 빨간 열매는 식용, 약으로 쓴다. 꽃은 벌꿀 농가에 도움을 준다.

🍃 앵두나무는 식용, 약용, 관상용으로 가치가 높다!

초여름에 앵두나무 빨간 열매는 새콤달콤하다. 6월에 익은 열매를 따서 씨를 빼고 생으로 먹거나 잼·정과(正果)·화채로 먹는다. 발효액을 만들 때는 6월에 익은

열매를 따서 용기에 넣고 재료의 양만큼 설탕을 붓고 100일 정도 발효시킨 후에 발효액 1에 찬물 3을 희석해서 음용한다. 앵도주(櫻桃酒)를 만들 때는 6월에 익은 열매를 따서 용기에 넣고 19도의 소주를 부어 밀봉하여 3개월 후에 마신다. 식초 만들 때는 앵두 80%+설탕 20%+이스트 2%를 용기에 넣고 한 달 후에 식초를 만들어 요리에 넣거나 찬물 3을 희석해서 음용한다. 약초 만들 때는 6월에 익은 열매를 따서 과육과 씨를 제거하고 속 씨를 취하여 햇볕에 말려 쓴다. 한방에서 열매를 "앵도(櫻桃)"라 부른다. 당뇨병에 다른 약재와 처방한다. 민간에서 당뇨병에는 열매 10g을 달여서 먹는다. 해수 · 변비에는 속 씨 4~8g을 달여서 먹는다.

🍃 앵두나무 성분&배당체

앵두나무 꽃에는 비타민C · 철분, 열매에는 팩틴 · 포도당과당 · 유기산 · 사과산이 함유돼 있다.

🍃 앵두나무를 위한 병해 처방!

주머니병(보자기열병 또는 낭과병)이 발생할 때는 2월 하순~3월 하순에 만코제브 수화제 500배, 클로로탈로닐 수화제 1000배, 결정 석회화 합제 500배 희석액을 눈과 가지에 1회 충분히 살포한다. 피해를 입은 나무는 땅에 묻거나 소각한다.

TIP

번식 앵두나무 7월에 익은 종자를 채취한 후 바로 냉상에 파종하거나, 저온 저장한 뒤 가을 혹은 이듬해 봄에 손가락 2~3마디 깊이에 파종한다. 봄에 근삽(뿌리 나눔)으로 번식한 것을 삽목(꺾꽂이)로 번식한다.

: 자양 강장 · 심장 질환 · 동맥 경화에 효능이 있는 :

포도나무 *Vitis vinifera*

| 생약명 | 포도(葡萄) - 자흑색의 열매 | 이명 | 산포도(山葡萄) - 야생 포도 · 포도 · 포도덩굴 · 멀위 · 영욱 | 분포 | 전국의 각지, 밭에 재배

🌿형태 포도나무는 포도과의 낙엽활엽덩굴나무로 길이는 6~8m 정도이고 덩굴손으로 다른 물체를 휘감아 기어오른다. 잎은 어긋나고 둥근 심장 모양의 홑 잎이고 손바닥처럼 3~5개씩 갈래지고 가장자리에 톱니가 있다. 꽃은 5~6월에 원추 꽃차례를 이루며 작은 송이가 황록색으로 피고, 열매는 8~9월에 둥근 액과로 여문다.

● 약성 : 따뜻하며, 달다. ● 약리 작용 : 혈당 강하 작용
● 효능 : 허약 체질 · 순환기계 질환에 효험, 동맥 경화 · 빈혈 · 식욕 부진 · 당뇨병 · 근골 무력증 · 냉병 · 이뇨 · 피부 소양증 · 허약 체질 · 간 기능 회복 · 권태증

🌿음용 : 8~9월에 자흑색의 포도송이를 날것으로 먹는다.

"건강의 파수꾼 포도나무"

🌱 **포도나무의 꽃말은 환희 · 박애 · 자선이다.**

　우리 조상은 포도주를 용(龍)의 수염을 지닌 말의 젖이라 하여 "용수마유(龍鬚馬乳)"란 이름을 붙였다. 중국인들은 페르시아인의 부다우(Budow)를 음역해 포도(葡萄)로 부르게 되었다. 우리나라에는 고려 이전에 들어온 것으로 추정한다. 조선시대에 남겨진 포도 그림을 보면 많은 포도가 재배되었다는 것을 알 수 있다. 조선시대 허준이 쓴 〈동의보감〉에 "포도주를 빚어 이용한다", 홍만선(洪萬選)이 쓴 〈산림경제(山林經濟)〉에 "포도의 품종, 재배 기술, 포도주 제조방법", 〈지봉유설〉에 "건강에 유익한 포도주"가 기록돼 있다. 기원전 3,000년 무렵부터 아시아 서부 코카서스 지방과 카스피 연안에서 재배된 것을 추정하고 있다. 포도나무는 세계에서 가장 많이 재배된다. 프랑스 속담에 포도주 없는 하루는 태양 없는 하루와 같다, 유럽에서 포도나무는 "생명의 나무"로 보아 죽어서도 부활하는 신(神)의 "성스러운 나무"를 상징한다. 아라비아의 〈마시모니테〉에서 "포도주는 적당히 마시면 활기가 나며 잠이 잘 오고 소화가 잘되며, 두뇌의 활동이 활발해져 생활에 크게 도움을 준다"라고 할 정도로 건강에 유익하다. 포도의 열매를 떼어내면 줄기의 모습이 인체의 폐를 닮아 산소가 들어오고 나가는 기낭(氣囊)*으로 상상하면 된다. 포도는 혈액 정화 능력을 가지고 있고, 영양소가 골고루 함유되어 있다. 알칼리성 식품으로 몸이 산성화되는 것을 막아 주는데, 항암, 심장병, 치매(알츠하이머, 파킨슨), 성인병을 방지하는 데 도움이 된다. 포도주에는 심장 질환, 골다공증, 피부미용에 좋다.

* 산소와 이산화탄소를 교환하는 곳으로 약 7억5천만 개 성도 된다.

사진 : 이원희

포도주에는 두 가지가 있는데, 백포도주는 분홍색이나 황록색으로 익은 포도를 원료로 하여 만든 것이고, 적포도주는 자흑색으로 익은 포도를 이용한 것이다.

🌿 포도나무는 식용, 약용, 관상용으로 가치가 높다!

포도송이를 날것으로 먹는다. 주스·젤리·건포도·잼으로 가공해 먹는다. 발효액을 만들 때는 8~9월에 익은 열매송이를 따서 통째로 용기에 넣고 재료의 양만큼 설탕을 붓고 100일 정도 발효시킨 후 발효액 1에 찬물 3을 희석해서 음용한다. 포도주(葡萄酒)를 만들 때는 8~9월에 익은 열매 송이를 따서 용기에 넣고 소주(19도)를 부어 밀봉해 3개월 후에 마신다. 식초는 포도 80%+설탕 20%+이스트 2%를 용기에 넣고 한 달 후에 요리에 넣거나 찬물 3을 희석해서 음용한다. 약초를 만들 때는 줄기 또는 뿌리를 채취하여 적당한 크기로 잘라 햇볕에 말려 쓴다. 한방에서 자흑색의 열매를 "포도(葡萄)", 야생포도를 "산포도(山葡萄)"라 부른다. 심장 질환(혈관 정화, 동맥 경화)에 다른 약재와 처방한다. 민간에서 동맥 경화에는 포도로 효소를 담가 복용한다. 소변불리·이뇨에는 줄기나 뿌리를 달여서 먹는다.

🌿 포도나무 성분&배당체

포도나무 열매에는 포도당·구연산·유기산·당분·탄수화물·비타민B와 C, 열매껍질에는 시아니딘·몰식자산이 함유돼 있다.

🌿 포도나무를 위한 병해 처방!

포도나무의 병충해를 예방하기 위하여 열매가 막 나올 때 종이봉투를 씌운다.

TIP

번식 포도나무는 삽목(꺾꽂이), 접목으로 번식한다.

왕머루 *Vitis coignetiae*

| **생약명** | 목룡(木龍) – 뿌리를 말린 것. | **이명** | 머루 · 새머루 · 까마귀머루 | **분포** | 전국 각지, 산골짜기 숲 속 습윤한 곳

🌿**형태** 머루는 포도과의 낙엽활엽덩굴나무로 높이는 8~10m 정도이고, 잎은 어긋나고 홀 잎이며 심장형 또는 달걀꼴로 손바닥처럼 얕게 갈라지고 가장자리에 톱니가 있다. 꽃은 5~6월에 오판화가 잎과 마주 나온 원추 꽃차례로 적은 송이를 이루며 녹색으로 피고, 열매는 9~10월에 둥근 장과로 여문다.

● **약성** : 따뜻하며, 달다.   ● **약리 작용** : 혈당 강하 작용
● **효능** : 호흡기계 · 소화기계 질환에 효험, 기관지염 · 당뇨병 · 산후 복통 · 폐결핵 · 천식 · 해수

🌿 **음용** : 9~10월에 검게 익은 열매를 따서 생으로 먹는다.

"머루 중에서 열매가 큰 **왕머루**"

🌿 왕머루의 꽃말은 기쁨 · 자선 · 박애이다.

중국 원나라 황제가 고려 충렬왕 때 이색이 쓴 〈목은집〉에 "머루를 선물로 보냈다"라는 기록이 있다는 것은 보편적인 과일임을 증명한다. 조선시대 종묘(宗廟)에서 제사를 지낼 때 제수로 7월에는 청포도, 9월에는 산포도(머루)를 바쳤다. 머루는 포도과에 속하는 덩굴성 목본식물이다. 머루는 중국, 일본, 러시아, 사할린 등지에 분포한다. 우리 땅 전국에 과수원, 정원에 심고 해발 100~1000m에 자생한다. 자연산 야생인 "개머루", "왕머루", "새머루"가 있다. 지방에 따라서 경상도에서는 "멀고 덩굴", 제주도에서는 "제주새모루", 황해도에서는 "머래순", 잔털 왕머루, 머루, 털새머루, 까마귀머루 등 다양하게 불러 왔다. 일본 사람들은 "조선 포도"라 부른다. 머루의 속명은 바리티스(Vitis)인데 이는 "생명"이라는 뜻을 가진 "비타(vita)"에서 유래되었다. 그래서 그런지 기독교에서는 포도주를 예수의 피를 상징하고, 천주교 미사에서 포도주를 쓴다. 머루 꽃은 위에서 아래로 다섯 갈래의 갓을 씌워놓은 등처럼 달려 아주 독특한 모습을 하고 있다. 머루 열매는 포도와 거의 비슷하지만 크기가 좀 더 직고 빛깔이 진하다.

머루와 왕머루는 구별하기 힘들 정도로 흡사하다. 머루 잎 뒷면에 적갈색 털이 있고, 왕머루는 없다. 또한, 머루와 개머루를 구분하는 방법이다. 머루는 자흑색이고, 줄기의 골속은 갈색이며 나무껍질에는 껍질눈이 없고 세로로 벗겨진다. 개머루의 열매는 자주, 보라, 청색 등 다양하고, 줄기의 골속은 백색이며 나무껍질에는 껍질눈이 있고 세로로 벗겨지지 않는다.

왕머루의 자랑은 열매이다. 최근 실험에 의하면 포도보다 머루가 항암 성분인 폴리페놀은 2배, 심혈관 질환을 예방해 주는 레스베라트는 5배 들어 있는 것을 밝혀졌다.

왕머루는 포도보다 항산화제인 안토시아닌이 10배 이상 많이 함유되어 있고, 당질과 섬유소가 풍부해 피로 해소, 변비, 불면증, 피를 맑게 해준다.

농경사회에서 포도나무 줄기가 아름다워 지팡이를 만들어 쓰기도 했다.

🍃 왕머루는 식용, 약용, 조경용으로 가치가 높다!

왕머루는 새순, 열매, 뿌리를 쓴다. 열매를 생으로 먹거나, 즙·포도주·효소·청·잼·푸딩으로 먹는다. 봄에 어린순을 채취해 끓는 물에 살짝 데쳐서 나물로 무쳐 먹는다. 어린잎 한쪽에만 반죽을 묻혀 튀겨 먹는다. 발효액을 만들 때는 봄에 어린순을 채취하여 용기에 넣고 재료의 양만큼 설탕을 붓고 100일 정도 발효시킨 후에 발효액 1에 찬물 3을 희석해서 음용한다. 머루주를 만들 때는 9~10월에 검게 익은 열매를 따서 용기에 넣고 19도의 소주를 부어 밀봉하여 3개월 후에 마신다. 식초 만들 때는 머루 80%+설탕 20%+이스트 2%를 용기에 넣고 한 달 후에 식초를 만들어 요리에 넣거나 찬물 3을 희석해서 음용한다. 약초를 만들 때는 가을에 열매를 딴 후에 뿌리를 캐어 햇볕에 말려 쓴다. 한방에서 뿌리를 말린 것을 "목룡(木龍)"이라 부른다. 호흡기 질환(기관지염. 천식)에 다른 약재와 처방한다. 민간에서 당뇨병에는 머루 열매로 효소를 담가 음용한다. 기관지염에는 뿌리를 물에 달여 복용한다. 티눈·사마귀에는 말린 잎을 비벼 환부에 붙여 쑥 대신에 뜸을 뜬다.

🍃 왕머루 성분&배당체

왕머루 새싹에는 카로틴, 잎에는 유기산·포도산·레몬산, 열매에는 아스코르부산, 씨에는 알칼로이드, 줄기와 뿌리에는 플라보노이드가 함유돼 있다.

🍃 왕머루를 위한 병해 처방!

왕머루는 병충해에 강하지만 해충이 활동할 때 무농약 인증 받은 친환경 약제를 뿌려 예방한다.

TIP

번식 왕머루는 실생, 1년생 가지로 삽목(꺾꽂이), 휘묻이로 번식한다.

사진 : 이원희

: 위염 · 식체 · 주독에 효능이 있는 :

유자나무 *Citrus junos*

| 생약명 | 등자(橙子)-덜 익은 열매 껍질을 말린 것 | 이명 | 금구 | 분포 | 남부 지방(진도 · 해남 · 고흥) 및 제주도

🌿 **형태** 유자나무는 운향과의 상록활엽교목으로 높이는 4m 정도이고, 잎은 어긋나며 달걀 모양의 긴 타원형으로 끝이 뾰쪽하고 가장자리에 둔한 톱니가 있다. 꽃은 5~6월에 작은 오판화가 잎겨드랑이에 한 송이씩 흰색으로 피고, 열매는 9~10월에 둥글납작한 장과로 여문다.

● **약성** : 서늘하며, 시다. ● **약리 작용** : 혈압 강하 작용
● **효능** : 체증 · 순환기계 질환에 효험, 열매 및 열매껍질(구토 · 숙취 · 급체), 과핵(산기 · 임병 · 요통), 감기 · 고혈압 · 냉병 · 방광염, 식체(닭고기 · 어류 · 물고기 · 가루음식 · 수수 음식), 신경통 · 요통 · 위염 · 주독 · 진통 · 치통 · 편도선염

🌿 **음용** : 가을에 열매를 따서 잘라서 끓는 물에 타서 우려낸 후 차로 마시거나, 5~6월에 꽃을 따서 찻잔에 넣고 뜨거운 물을 부어 1~2분 후에 꿀을 타서 차로 마신다.

191

"익은 열매는 향이 좋고 비타민C가 풍부한 유자나무"

🍃 유자나무의 꽃말은 기쁜 소식이다.

원산지는 중국 양쯔강 상류이다. 유자나무는 남부지방 해안(고흥, 완도, 해남)이나 민가(民家)에 한두 그루 심는다. 유자나무는 한자인 유자(柚子)에서 유래된 이름으로 "산유자목(山柚子木)"이라는 이름이 붙여졌다. 그 외 "청유자", "황유자", "실유자"라 부른다. 우리나라에는 "통일 신라 문성왕 때 장보고가 당나라 상인에게 얻어와 남해안에 심었다", 조선시대 〈세종실록〉 31권에 "전라도와 경상도에 심었다"고 기록돼 있다. 고려 〈파한집〉에 "유자나무를 뜻하는 귤(橘)이 등장했다"라는 것은 우리 민족과 친숙한 과일이었다. 조선시대 동짓날 추위를 이기기 위해 대형 솥에 물에 유자를 썰어 넣고 이 물로 목욕을 하기도 했다. 쌀가루에 된장, 설탕 등을 섞은 후 유자즙을 넣고 반죽해서 유병자(柚餠子)라는 과자를 만들어 간식으로 먹었고 즙으로 식초나 음료 대용으로 먹었다. 유자나무의 자랑은 노란 열매이다. 유자 향이 진한 것은 껍질에 "리모넨*"이 함유되어 있기 때문이다. 비타민C가 레몬보다 3배나 많고 풍부하다. 유자차는 감기, 피로 해소, 노화 방지에 좋다. 덜 익은 열매는 탱자나무의 열매 대신 약용으로 썼다. 조선시대에서 유자를 얇게 썰어 꿀에 절여 청으로 만들어 마셨다. 오늘날에는 천연 방향제로 사용하고, 분재를 좋아하는 사람은 유자나무를 화분에 심어 키를 작게 관리하며 관상용으로 즐기기도 한다. 처녀 때 시집와 60년 넘게 사는 할머니의 정원에는 유자나무 한 그루에서 생활하고 자녀를 키울 정도로 돈이 된다. 유자나무는 귤나무 속의 나무 중 내한성이 강하다. 전남 고흥이 유명하다.

🍃 유자나무는 식용, 약용, 관상용, 향신료로 가치가 높다!

유자나무는 꽃, 열매를 쓴다. 가을에 익은 열매를 생으로 먹는다. 노란 유자 열매로 잼 · 젤리 · 양갱(단팥묵) · 식초 · 청으로 먹는다. 신맛이 강해 한꺼번에 많이

---

* 최근 약리실험에서 인체에 안전하면서도 염증을 가라앉혀 주고 암세포를 억제해 주는 것으로 밝혀졌다.

먹지 않는다. 꽃망울은 향신료로 쓴다. 유자 껍질을 갈아 설탕을 넣고 조려 음식으로 먹는다. 유자청을 만들 때는 얇게 썰어 용기에 넣고 설탕이나 꿀을 넣고 7~15일 후에 물에 희석해서 마시거나 한 숟가락 정도 음용한다. 발효액을 만들 때는 가을에 익은 유자 열매를 따서 용기에 넣고 재료의 양만큼 설탕을 붓고 100일 정도 발효시킨 후에 발효액 1에 찬물 3을 희석해서 음용한다. 유자주(柚子酒)를 만들 때는 가을에 잘 익은 열매를 따서 이 등분하여 용기에 넣고 19도의 소주를 부어 밀봉하여 3개월 후에 마신다. 약초를 만들 때는 가을에 줄기를, 겨울에 뿌리를 캐어 햇볕에 말려 쓴다. 한방에서 덜 익은 열매껍질을 말린 것을 '등자(橙子)'라 부른다. 위염과 식체에 다른 약재와 처방한다. 민간에서 숙취나 육류를 먹고 체했을 때 열매 5g을 달여서 먹는다. 감기에는 유자차를 마신다. 식중독에 유자청을 마신다.

🌿 유자나무 성분&배당체

열매에는 비타민 C·칼슘·펙틴·구연산·리모넨·산성 물질이 함유돼 있다.

🌿 유자나무를 위한 병해 처방!

유자나무에 검은점무늬병이 발생할 때는 5월에 디티아논 수화제 1000배 희석해 2~3회 살포한다. 진딧물이 발생할 때는 수프라이사이드 용액을 희석하여 2~3회 살포한다. 깍지벌레가 발생할 때는 살균제인 석회유황합제를 살포한다. 귤응애류나 응애가 발생할 수 있으므로 잔가지가 밀접하지 않도록 가지치기를 하고, 환경을 오염시키지 않는 친환경 살충제를 살포한다.

> **TIP**
>
> **번식** 유자나무는 5~월에 녹지삽(풋가지 꽂이)이나 숙지 삽으로 삽목(꺾꽂이)으로 번식한다. 근삽(뿌리 꽂이)은 20~25cm 길이로 준비해 심는다. 감귤나무를 대목으로 쓴다.

: 소화 장애 · 고혈압 · 기관지염에 효능이 있는 :

귤나무 *Citrus unshiu*

| 생약명 | 진피(陳皮)—껍질을 말린 것. | 이명 | 참귤나무 · 감귤 · 온주밀감 | 분포 | 제주도 · 남해 섬

🌿형태 귤나무는 운향과의 상록활엽소교목으로 높이는 3~5m 정도이고, 잎은 어긋나고 타원형이고 가죽질로 가장자리가 밋밋하거나 물결 모양의 톱니가 있으며 끝이 뾰쪽하다. 꽃은 6월에 잎겨드랑이에 1 송이씩 흰색으로 피고, 열매는 10월에 둥글 납작형 편구형의 장과로 여문다.

- ●약성 : 따뜻하며, 쓰고, 시다. ●약리 작용 : 항염증 작용 · 혈압 강하 작용
- ●효능 : 건위 · 호흡기계 질환에 효험, 감기 · 거담 · 소화 장애 · 구토 · 설사 · 소염 · 진해 · 고혈압 · 기관지염 · 기미 · 주근깨 · 식욕 부진 · 식적 창만 · 식체(어류) · 위염 · 자한 · 주독 · 진통

🌱음용 : 10월에 익은 열매껍질을 쌀뜨물에 담갔다가 햇볕에 말린 후 물에 우려낸 후 차로 마신다.

"노란 열매를 왕에게 진상했던 귤나무"

🌿 **귤나무 꽃말은 깨끗한 사랑 · 친애이다.**

귤나무의 노란 열매는 삼국시대 때 진상품으로 쓰던 귀한 과일이었다. 제주도가 탐라국일 때 백제나 신라에 보내던 진상품이었고, 고려 때 불교 행사에 연등회에 귤이 쓰였다. 조선시대에는 성균관 유생(儒生)들에게 과거 시험장에서 귤을 주었다 하여 "황감과(惶感科)"라 이름이 붙여졌다. 임금에게 귤이 진상(珍賞)되었고 종묘(宗廟) 제사에 쓰였다. 이 과정에서 벼슬아치(승진을 꿈꾸는 자)의 폭정에 제주도 서민은 귤나무를 베어내는 수난을 당했다. 원산지는 일본이다. 우리 땅에는 제주도, 남부 지방 섬에서 재배한다. 지방에 따라 "밀감(蜜柑)", "귤나무(橘木)", "참귤나무(眞橘木)"으로 부른다. 조선시대 양반의 자녀에게 노란 귤을 썰어 꿀에 조려서 "귤병(橘餅)"을 만들어 과자로 먹었다. 집에 귀한 손님이 왔을 때는 귤에 생강을 말린 편강(片薑)을 넣어 끓여 "귤강차(橘薑茶)"를 대접하기도 했다. 귤나무의 자랑은 꽃, 열매이다. 귤이 향이 진한 것은 껍질에 많이 함유된 "리모넨" 성분 때문이다. 꽃이 피기 시작하면 달콤한 향기에 벌들이 모여 양봉 농가에 도움을 준다. 최근 약리실험에서 암세포를 억제하고 염증을 가라앉혀 준다는 것이 밝혀졌다. 귤 속 껍질의 속 흰 껍질 부분에는 "헤스페리닌(hesperidin)" 배당체는 혈관 내 저항력을 높여 주기 때문에 혈관 질환인 동맥경화, 고혈압 등을 예방해 준다. 펙틴도 풍부해 식이섬유가 풍부해 장(腸), 변비에도 좋다. 필자가 어렸을 때만 해도 귤이 귀했으나, 겨울철 최고의 과일이었으나 오늘날 제주도에서 대량으로 재배하여 흔한 과일이 되었다. 귤의 꽃과 열매가 아름다워 실내 가정이나 아파트에서 관상용으로 심기도 한다.

🍃 귤나무는 식용, 약용, 관상용으로 가치가 높다!

꽃과 열매는 식용, 열매껍질은 약용으로 쓴다. 6월에 꽃을 따서 찻잔에 넣고 뜨거운 물을 부어 1~2분 후에 꿀을 타서 차로 마신다. 귤을 꿀에 조려 먹거나 떡·정과를 만들어 먹는다. 귤껍질을 벗겨내고 과육을 생으로 먹거나 주스, 통조림, 소스로 먹는다. 약초를 만들 때는 익은 열매껍질을 쌀뜨물에 담갔다가 햇볕에 말려 쓴다. 한방에서 덜 익은 열매의 껍질을 "청피(靑皮)", 익은 열매의 껍질을 "진피(陳皮)", 껍질을 말린 것을 "귤피(橘皮)", 귤껍질의 안쪽에 있는 흰 부분을 벗겨낸 것을 "귤홍(橘紅)"이라 부른다. 소화기 질환(소화기 장애)에 다른 약재와 처방한다. 민간에서 감기에는 열매 6g을 가루 내어 먹거나 덜 익은 열매껍질과 성숙한 열매 10g을 달여서 먹는다. 소화 장애·거담에는 귤껍질 4~12g을 달여서 먹는다.

🍃 귤나무 성분&배당체

미성숙 열매껍질에는 정유·플라보노이드, 성숙한 열매껍질에는 리모넨·정유·플라보노이드·비타민B와 C, 과즙에는 사과산·구연산·비타민 B와 C, 잎에는 과당·서당·전분·셀룰로스·탄수화물, 종자 속에는 지방유·단백질이 함유돼 있다.

🍃 귤나무를 위한 병해 처방!

귤나무를 농장에서 재배 시 검은점무늬병이 발생할 때는 5월에 디티아논 수화제 1000배 희석해 2~3회 살포한다. 녹색 곰팡이병이 발생할 때는 피라클로스트로빈 유제를 살포한다. 정원수로 심은 경우 병충해에 신경 쓰지 않는다.

> **TIP**
>
> **번식** 귤나무는 탱자나무 또는 유자나무 접목으로 번식한다. 종자 번식과 삽목(꺾꽂이)은 거의 불가능하다.

: 암 · 종기 · 변비에 효능이 있는 :

무화과나무 *Ficus carica*

| **생약명** | 무화과(無花果)—열매와 잎을 말린 것. | **이명** | 무화·영일과·우담발·문선과·품선과 | **분포** | 경기 이남, 인가 부근 식재

🌱**형태** 무화과나무는 뽕나뭇과의 낙엽활엽관목으로 높이는 3~4m 정도이고, 잎은 어긋나고 달걀꼴이고 손바닥처럼 3~5갈래로 갈라지고 가장자리에 물결 모양의 톱니가 있다. 꽃은 암수 딴 그루로 6~7월에 잎 겨드랑이에서 꽃턱이 항아리 모양으로 비대해져 그 안쪽에 흰색의 작은 꽃이 빽빽이 달리면서 은두 꽃차례를 이룬다. 열매는 8~10월에 달걀 모양으로 여문다.

- ●**약성** : 평온하며, 달다.
- ●**약리 작용** : 항암 작용 · 미숙한 열매는 육종 · 성선암 · 골수성 백혈병 · 림프 육종에 억제 작용
- ●**효능** : 피부과 · 소화기 · 순환계 질환에 효험, 암(위암) · 종기 · 옹창 · 장염 · 이질 · 변비 · 주근깨 · 담석증 · 류머티즘 · 무좀 · 사마귀 · 식욕 부진 · 인후염 · 협심증 · 대장염

- 🌿**음용** : 8~10월에 익은 열매를 딴 후 날 것으로 먹는다.

197

"종양(腫瘍)에 좋은 무화과나무"

🌿 무화과나무의 꽃말은 다산(多産) · 은밀한 사랑이다.

    무화과나무는 아라비아 서부 및 지중해 연안이 원산지로 기원전 4,000년경 고대 이집트인이 심었다. 유럽인들은 무화과를 "하늘에 있는 생명의 열매", 조선시대 식물을 분류한 〈유양잡조(酉陽雜俎)〉에서 "하늘에서 나는 종자로 하여 천생자(天生子)"라 기록돼 있다. 우리 땅에는 1927년경 들어와 남부지방 따뜻한 곳에서 자생한다. 무화과나무의 새 가지에 꽃눈이 발달하고 그해에 익는 것을 "추과(秋果)", 이 듬해에 익는 것을 "하과(夏果)"로 부른다. 대체로 꽃이 핀 후에 열매를 맺지만, 무화과나무만큼은 열매 속에서 꽃이 피는 내화(內花)이다. 다른 이름으로 "아일(阿馹)", "저진(底珍)", "영일과(映日果)", "우담발(優曇鉢)", "밀과(蜜果)", "문선과(文仙果)", "품선과(品仙果)" 등 다양하다. 조선시대 허준이 쓴 〈동의보감〉에 "무화과는 체 내의 독(毒)을 제거한다"라고 기록돼 있다. 무화과 열매에는 단백질 분해 효소인 "피신(ficin)" 있는데, 그 시절 성경 구약에서 "히스기야 왕이 종기(지금의 암 추정)를 무화과로 치료했다"라는 기록이 있는 것으로 볼 때 암 또는 종기에 좋다. 무화과는 고대 이집트나 이스라엘 왕족과 귀족의 애용 식품이었고, 클레오파트라가 즐겨 먹었다고 알려져 있고, 그리스 로마 시대에는 검투사들이 강장제로 쓰일 정도로 좋은 것으로 알려져 있다. 우리나라의 무화과나무는 수분(受粉)이 안 된 상태로 열매를 맺는 것으로 배(胚)가 없다. 노란 열매는 8~11월 중순까지 수확할 수 있고, 제철인 9~10월에 입안 가득 퍼지는 부드럽고 달콤한 풍미를 느낄 수 있다. 전남 영암이 전국 생산량의 90%에 달한다.

사진 : 이원희

🍃 무화과나무는 식용, 약용, 관상용으로 가치가 높다!

이스라엘에서는 열매를 햇볕에 말려 먹는다. 익은 열매를 고기에 넣어 연육제로 쓰고, 양갱·잼·즙으로 먹는다. 껍질을 벗긴 무화과는 냉동실에 얼려 두었다가 숟가락으로 떠먹거나 우유나 요구르트를 넣어 셔벗을 만들어 먹는다. 고약(膏藥) 만들 때는 8~10월에 익은 열매를 따서 약한 불로 걸쭉할 때까지 볶아 만든다. 약초를 만들 때는 7~9월에 잎을 채취하여 햇볕에 말려 쓴다. 한방에서 열매와 잎을 말린 것을 "무화과(無花果)"라 부른다. 암(종기, 옹종)에 다른 약재와 처방한다. 유액을 쓸 때 환부 이외의 피부에 피부염이나 풀독 감염·가려움이 생길 수 있으므로 주의를 요한다. 민간에서 신경통·류머티즘에는 잎이나 가지를 목욕제로 쓴다. 종기·치질에는 열매를 짓찧어 환부에 붙이고, 사마귀에는 하얀 즙을 바른다.

🍃 무화과나무 성분&배당체

무화과나무 열매에는 포도당·서당·과당·구연산·호박산·마론산·사과산, 건조한 열매나 미성숙 열매에는 항종 성분이 함유되어 있고, 즙에는 아밀라아제·라파아제·프로테아제 효소가 함유돼 있다.

🍃 무화과나무를 위한 병해 처방!

무화과나무에 탄저병이 발생할 때는 발병 초기에 만코제브 수화제 500배, 옥신코퍼 수화제를 희석하여 2~3회 살포한다.

> **TIP**
>
> **번식** 무화과나무는 배(胚)가 없어 발아할 수 없으므로 여름에서 가을에 익은 열매를 채취하여 과육을 제거한 후에 이듬해 봄에 온실에서 파종하여 말린 과실에서 추출한 종자로 번식한다. 삽목(꺾꽂이)는 겨울~이른 봄에 2~3년생 삽주를 20cm 길이로 잘라서 발근촉진제 침전을 한 후 한다.

: 이뇨 · 진통 · 해수에 효능이 있는 :

초피나무 *Zanthoxylum piperitumpipe*

| **생약명** | 산초(山椒) – 열매껍질을 말린 것. | **이명** | 제피나무 · 조피나무 · 전피나무 · 천초 · 진초
| **분포** | 전국 각지, 산중턱

🌿**형태** 초피나무는 운향과의 낙엽활엽관목으로 높이는 3~7m 정도이고, 잎은 어긋나고, 9~23개의 작은 잎으로 구성된 홀수 1회 깃꼴겹잎이다. 가장자리에 둔한 톱니가 있다. 꽃은 5~6월에 잎 겨드랑이에서 총상 꽃차례를 이루며 황록색으로 피고, 열매는 9월에 적갈색의 삭과로 여문다. 흑색의 씨앗이 들어 있다.

● **약성 :** 따뜻하며, 맵다. ● **약리 작용 :** 진통 작용 · 해독 작용
● **효능 :** 소화기계 · 호흡기계 질환에 효험, 어독 · 살충 · 해독 · 소염 · 이뇨 · 향신료 · 지통 · 소화 불량 · 음부 소양증 · 해수 · 대머리 · 진통 · 치통 · 해수

🌱**음용 :** 초가을에 열매를 따서 그늘에 말린 후 찻잔에 조금 넣고 뜨거운 물을 부어 1~2분 후에 꿀을 타서 차로 마신다.

"향신료의 대명사 초피나무"

🌿 초피나무의 꽃말은 희생이다.

초피나무는 중국, 일본 등지에 분포한다. 우리 땅 남부지방의 산중턱, 산골짜기에 자생한다. 초피나무와 산초나무는 모양새와 향이 달라 쉽게 구별할 수 있다. 지방에 따라 경상도에서는 "제피나무", 어청도에서는 "산초나무", 그 외 "상초나무", "좀피나무", "조피"라 다양한 이름이 있다.

우리 조상은 초피나무를 이용해 비린내를 없애기 위하여 생선 요리나 추어탕에 넣었다. 향이 좋아 향신료로 사용했고, 잎과 줄기나 열매를 짓찧어서 물에 풀어 물고기를 잡았는데, 어떻게 고기가 물에 뜬다는 것을 알았을까? 최근에 초피나무에는 경련을 일으키는 "크산톡신(xanthoxin)"과 마비시키는 "크산톡신산(xanthoxinic acid)", "캄페스테롤(campesterol)", "디메틸에테르(dimethyleter)" 성분으로 인해 물고기가 일시적으로 기절하여 물에 뜨는 것이 과학적으로 밝힌 것이다.

우리 조상은 초피나무에 가시가 있어 울타리로 심었다. 초피나무 지팡이를 짚고 다니면 병마(病魔)에서 벗어난다는 믿는 속설이 있었다. 농경사회에서 모기나 벌레를 쫓을 때는 쑥을 태우거나 집 주변에 초피나무를 심어 해충을 쫓아냈다.

중국에서 초피나무 열매를 각종 요리에 넣는 향신료로 사용했고, 일본에서는 초피나무를 재배하여 초피나무 열매 가루를 미국과 유럽에 수출하여 외화를 벌어들이고 있는데, 미국이나 유럽에서는 초피나무 열매 가루를 커피에 넣어 먹는다.

초피나무와 산초나무를 구분하는 방법이다. 초피나무는 가시가 서로 마주나고 가시 사이에 타원형의 잎이 달리고 가장자리에 약간 무딘 물결무늬가 있지만, 산초나무는 가시가 서로 어긋나고 가시 옆에 잎이 달린다. 초피나무는 정원수로 이용하고 있지 않으나, 일부 지방에서 열매 채취용으로 재배하고 있다. 초피나무는 치밀하고 매우 단단하여 기구재, 선반 공작재, 땔감용으로 이용 가치가 높다.

🌿 초피나무는 식, 약용, 관상용으로 가치가 높다!

초피나무의 자랑은 잎, 열매이다. 봄에 잎을 채취하여 끓는 물에 살짝 데쳐서 나

물로 무쳐 먹는다. 봄~가을까지 잎을 따서 그늘에 말려 가루를 내어 국·생선조림·찜·된장찌개 양념·장아찌·쌈·부침개로 먹는다. 추어탕·김치·생선의 양념으로 먹는다. 열매로 기름을 짜서 쓴다.

발효액을 만들 때는 봄~가을까지 잎을 따서 용기에 넣고 설탕을 녹인 시럽 30%를 부어 100일 정도 발효시킨다. 초피열매주를 만들 때는 초가을에 열매를 따서 용기에 넣고 19도의 소주를 부어 밀봉하여 3개월 후에 마신다. 환을 만들 때는 초가을에 열매를 채취하여 가루 내어 찹쌀로 배합하여 환을 만든다. 약초를 만들 때는 봄에 잎을, 가을에 열매를 따서 열매껍질과 씨앗을 분리하거나 함께 가루 내어 쓴다.

한방에서 열매껍질을 말린 것을 "산초(山椒)"라 부른다. 소화기 질환(위장병)과 해독(어독, 옻)에 다른 약재와 처방한다. 민간에서 생선 독(毒)에 중독되었을 때 잎이나 열매 5g을 달여서 먹는다. 축농증에는 열매 과피(果皮) 5g을 달여서 쓴다. 옻이 올랐을 때 잎을 달여 그 물로 씻는다.

🍃 초피나무 성분&배당체
초피나무 열매에는 게나리올·향균 성분·살충 성분이 함유돼 있다.

🍃 초피나무를 위한 병해 처방!
초피나무 자체에 항균 성분이 있어 병충해에 강한 편이다.

TIP

번식 가을에 열매를 채취하여 온실에서 직파하거나 이듬해 1월에 노천매장한 뒤 이듬해 봄에 파종하면 2년 후에 발아하는 때도 있다. 묘목 이식은 봄에 반숙자삽은 7~8월에 한다.

: 불면증 · 대하증 · 당뇨병에 효능이 있는 :

자두나무 *Prunus salicina*

| **생약명** | 이핵인(李核仁)—씨, 이자(李根)—뿌리를 말린 것. | **이명** | 이수 · 자도나무 · 오얏나무 · 이근
백과 · 이핵인 | **분포** | 전국 각지의 인가 부근 과수 재배

🌿**형태** 자두나무는 장밋과의 낙엽활엽교목으로 높이는 5~10m 정도이고, 잎은 어긋나고 긴 달걀 모양 또는 타원의 모양이고 끝이 뾰족하고 가장자리에 둔한 톱니가 있다. 꽃은 4월에 잎보다 먼저 가지에 흰색으로 피고, 열매는 6~7월에 핵과로 여문다.

- **약성** : 차며, 쓰다. ● **약리 작용** : 혈당 강하 작용
- **효능** : 소화기계 · 피부염 질환에 효험, 열매(당뇨병 · 복수 · 생진), 속씨(해수 · 타박상 · 변비), **구내염** · 기미(주근깨) · 대하증 · 불면증 · 숙취 · 식체(술) · 편도선염 · 피부 소양

🌿**음용** : 4월에 꽃을 따서 찻잔에 3~4개를 넣고 뜨거운 물을 부어 1~2분 후에 꿀을 타서 차로 마신다.

"중국 황제에게 진상했던 자두나무"

🌿 **자두나무 꽃말은 순백 · 순박이다.**

자두나무는 복숭아를 뜻하는 한자 "자도(紫桃)"에서 유래했다. 우리 땅에는 1500년경에 들어온 것으로 추정한다. 자두나무는 전국의 해발 100~300m의 인가 부근에 심는다.

자두나무는 한자 나무 "목(木)" 자와 아들 "자(子)"를 합해 "오얏(자두)"이라는 이름이 붙여졌다. 고려말 이성계가 새 왕조를 예언한 나무라 하여 "오얏나무(자두)"했고, "이씨(李氏)"의 기운을 없애려 애를 썼지만, 도선국사 예언대로 지금의 북한산에 오얏나무를 많이 심어 실제로 이성계가 조선을 건국하고 519년 영화를 누렸다.

중국에서는 자두는 대추, 밤, 감, 배와 함께 5대 과일로 황제에게 진상했다. 조선시대 허준이 쓴 〈동의보감〉에 "자두는 갈증을 멎게 한다."라고 기록돼 있다. 자두나무 열매는 건강에 유익하다.

중국 고대 〈악부시집(樂府詩集)〉에 "계명편(鷄鳴篇)"에 "복숭아는 우물가에 자라고, 자두나무는 그 옆에 자랐네. 벌레가 복숭아나무 뿌리를 갉아 먹으니, 자두나무가 복숭아나무를 대신하여 죽었네. 나무들도 대신 희생하거늘, 형제는 또 서로를 잊는구나." 여기서 형제는 손자병법 삼십육계 중 11계 "이대도강(李代桃僵)"을 빗대어 작은 것을 희생해 큰 것을 얻는다는 뜻이 아닐까?

🌿 **자두나무는 식용, 약용, 관상용으로 가치가 높다!**

자두나무의 자랑은 꽃, 열매이다. 익은 열매를 날것으로 먹거나, 주스로 갈아 먹

는다. 발효액을 만들 때는 6~7월에 익은 열매를 따서 이 등분 하여 용기에 넣고 재료의 양만큼 설탕을 붓고 100일 정도 발효시킨 후에 발효액 1에 찬물 3을 희석해서 음용한다.

자두 주를 만들 때는 6~7월에 익은 열매를 따서 용기에 넣고 19도의 소주를 부어 밀봉하여 3개월 후에 마신다. 약초를 만들 때는 6~7월에 익은 열매를 따서 과육과 핵각을 제거하고 속 씨를 햇볕에 말려 쓴다.

한방에서 뿌리를 말린 것을 "이자(李根)", 씨를 "이핵인(李核仁)"이라 부른다. 피부질환(가려움증, 피부미용, 기미)에 다른 약재와 처방한다. 민간에서 당뇨병에는 열매 10g을 달여서 먹는다. 해수에는 씨앗 4~8g을 달여서 먹는다.

자두나무 성분&배당체
자두나무 잎에는 비타민C, 열매에는 아스파라긴 · 글루타민 · 세린펙틴 · 유기산, 씨에는 아미그달린, 뿌리에는 사리칠산이 함유돼 있다.

자두나무를 위한 병해 처방!
자두나무에 보자기 주머니 병이 발생할 때는 석회유황합제를 뿌린다.

TIP
번식 가을에 채취한 종자를 건조되지 않도록 모래와 섞어 보관한 후 이듬해 봄에 파종한다. 접목도 가능하고, 녹지삽(풋가지 꽂이)은 8월에 한다.

205

: 어혈 · 월경 불통 · 대하증에 효능이 있는 :

해당화 *Rosa rugosa Thunberg*

| **생약명** | 매괴화(玫瑰花) − 꽃을 말린 것, 매괴근(玫瑰根) − 뿌리를 말린 것. | **이명** | 필두화 · 때찔레 · 매괴 · 적장미 · 해당나무 · 수화 · 월계 | **분포** | 전국 각지, 바닷가 모래땅과 산기슭

🌿**형태** 해당화는 장밋과의 낙엽활엽관목으로 높이는 1~1.5m 정도이고, 잎은 어긋나고 5~9개의 작은 잎으로 구성되는 홀수 깃꼴겹잎이다. 작은 잎은 두텁고 타원형으로 가장자리에 잔 톱니가 있다. 꽃은 5~7월에 새로 나온 가지 끝에 분홍색 또는 홍자색으로 피고, 열매는 8월에 황적색의 둥근 수과로 여문다.

● **약성** : 따뜻하며, 달고, 약간 쓰다. ● **약리 작용** : 해독 작용, 혈당 강하 작용
● **효능** : 혈증 · 운동계 · 부인과 질환에 효험, 당뇨병 · 어혈 · 불면증 · 빈혈 · 저혈압 · 월경 불통 · 대하증 · 토혈 · 관절염

🌱**음용** : 5~7월에 꽃이 피기 전에 봉오리를 따서 꽃자루와 꽃받침을 제거한 후에 그늘에서 말린 후 찻잔에 조금 넣고 뜨거운 물을 부어 1~2분 후에 꿀을 타서 차로 마신다.

"향수의 원료 해당화"

🌿 **해당화의 꽃말은 아름다운 용모 · 슬픈 아름다움이다.**

해당화는 바닷가에서 아침 이슬을 듬뿍 머금고 자란다. 잠든 꽃이라 하여 "수화 (睡花)"라는 이름이 붙여졌다. 그 외 "해당 나무", "해당과"로 부른다. 동해안의 명사 십리(明沙十里)의 해당화 자생지에서 채취는 법으로 금지되어 있고 보호를 받는 야 생화이다. 나무와 줄기에 예리한 가시가 있어 찔레와 혼동을 준다. 유사종으로는 민해당화, 개해당화, 만첩해당화가 있다. 해당화는 해안가 모래언덕이나 낮은 산 자락에 자라는 키 작은 나무로 1.5m 정도까지 자라고, 뿌리에서 많은 줄기가 솟아 나 큰 면적을 차지한다. 해당화는 조선시대 사대부로부터 사랑받는 꽃으로 시(詩) 나 그림의 소재로 등장했고, 중국에서도 해당화의 아름다움을 소재로 삼아 시(詩) 로 읊거나 그림으로 그렸다. 북한에서 발행한 식물 책인 〈북한기〉에서 "해당화의 열매와 뿌리의 홍색염료로 썼다", 우리 책 〈만선 식물〉에서도 "우리나라 해안이나 섬지방의 바닷가에서 무리를 지어 자란다."라고 기록되어 있다. 기다림에 지친 여 인의 한 맺힌 눈물이 꽃으로 변했다는 애틋한 전설도 있다. 우리 조상은 해당화 꽃 으로 떡이나 부침개의 색깔을 내는 재료로 썼고, 중국에서는 피를 맑게 한다고 하 여 "매괴차(玫瑰茶)"로 마시고, 만주지방에서는 다른 약재를 가미하여 "매괴탕(玫瑰 糖)"을 만들어 먹었고, 간식용 과자(菓子)나 건강주 매괴주(玫瑰酒)로 만들어 먹었다. 중국에서 꽃잎을 모아 말린 것을 매괴화(玫瑰花)를 최고로 친다. 꽃에는 방향유를 함유하고 있어 고급향수, 화장품의 원료로 쓴다. 열매는 관상 가치가 높고 달콤해 서 먹을 수 있고 한약재로 쓴다. 꽃은 향기 좋아 차와 향수 원료로 쓰고, 가을에 익

은 붉은 열매는 생으로 먹을 수 있고, 한약재로 쓴다.

🌿 해당화는 식용, 약용, 관상용, 밀원용, 공업용으로 가치가 높다!

봄에 어린순을 따서 끓는 물에 살짝 데쳐서 나물로 무쳐 먹는다. 볶음 · 샐러드 · 쌈 · 국거리로 먹는다. 발효액을 만들 때는 여름에 익은 열매를 따서 용기에 넣고 재료의 양만큼 설탕을 붓고 100일 정도 발효시킨 후에 발효액 1에 찬물 3을 희석해서 음용한다. 매괴화주(玫瑰花酒)를 약술 만들 때는 여름에 익은 열매를 따서 용기에 넣고 19도의 소주를 부어 밀봉하여 3개월 후에 마신다. 약초 만들 때는 5~7월에 꽃이 피기 전에 꽃봉오리를 따서 꽃자루와 꽃받침을 제거한 후에 그늘에서 말려 쓴다. 한방에서 꽃을 말린 것을 "매괴화(玫瑰花)", 뿌리를 말린 것을 "매괴근(玫瑰根)"이라 부른다. 부인과 질환(대하증. 월경 불순, 빈혈)에 다른 약재와 처방한다. 민간에서 당뇨병에는 뿌리 6g을 달여서 먹는다. 불면증과 저혈압에는 열매를 술에 담가 취침 전에 1~2잔을 마신다.

🌿 해당화 성분&배당체

해당화 꽃에는 정유 · 유기산 · 황색소 · 지방유 · 베타–카로틴 · 게나리올, 열매에는 타닌 · 케르세틴이 함유돼 있다.

🌿 해당화를 위한 병해 처방!

깍지벌레가 생길 때는 수프라사이드 수화제 1000배 희석액을 2~3회 살포한다.

TIP

번식 가을에 종자를 채취하여 과육을 제거한 후 바로 직파한다. 봄에는 숙지삽(굳가지 꽂이)으로 번식한다. 분주를 할 때는 봄에서 가을 사이에 한다.

6

상징을 주는 나무

: 월경불순 · 뇌졸중 · 이뇨에 효능이 있는 :

이팝나무 *bionanthus retusus*

| **생약명** | 탄율수(炭栗樹)–열매를 말린 것. | **이명** | 이밥 · 입하목 · 뺏나무 | **분포** | 전국 각지, 경기도 · 제주도 · 경남 · 전북 · 충남

🌿**형태** 이팝나무는 물푸레나뭇과의 낙엽활엽교목으로 높이는 25m 정도이고, 잎은 마주 나고, 타원형 또는 달걀형, 첨두, 무단형, 넓은 예형으로 가장자리는 밋밋하다. 꽃은 5~6월에 암수 딴 그루로 세 가지에 흰꽃으로 피고, 열매는 9~10월 검은색의 핵과로 여문다.

● **약성** : 서늘하며, 쓰고, 시다. ● **약리 작용** : 이뇨 작용
● **효능** : 통증 · 부인병 질환에 효험, 뇌졸중 · 수족 마비 · 근골 위약 · 이뇨 · 부종 · 소변 불통 · 월경 불순 · 생리통 · 혈액 순환

🍵**음용** : 5~6월에 꽃을 따서 찻잔에 3~5개를 넣고 뜨거운 물을 부어 1~2분 후에 꿀을 타서 차로 마신다.

"꽃으로 풍흉(豊凶)을 점쳤던 이팝나무"

🌱 **이팝나무의 꽃말은 영원한 사랑이다.**

이팝나무는 5월에 못자리(논농사)가 한창일 때 가지에는 하얀 꽃송이가 함박눈이 내린 듯 뒤덮고 20일 동안 은은한 향기를 내뿜으며 핀다. 입하 때 꽃이 핀다고 하여 "입하목(入夏木)" 또는 "이팝나무", 꽃송이가 흰 쌀밥 같기도 해서 "이팝(쌀밥)"이라는 이름이 붙여졌다. 한자로는 "육도목(六道木)" 또는 "유소수(流蘇樹)"이다. 충남 어청도에서는 "뻣나무", 중국과 일본에서는 잎을 차로 먹기 때문에 "다엽수(茶葉樹)", 서양에서 "Snow flower"라 하여 "눈꽃"이라 부른다. 농경사회에서 이팝나무는 한 해의 풍년을 점치는 나무였다. 흰 꽃이 많이 피면 풍년, 그렇지 못하면 흉년이 든다고 믿었다. 어느 마을에 시집온 며느리가 시부모님께 순종하며 살았으나 시어머니에게 끊임없이 구박을 받고 살았다. 5월 어느 날 며느리가 제사를 모시려고 쌀밥을 하다 뜸이 들었나 보려고 밥알 몇 개를 떠먹는 것을 시어머니가 보고 먼저 퍼먹었다고 심하게 구박을 받고 며느리는 너무 억울해 뒷산에 올라가 스스로 목숨을 끊었는데, 무덤가에 흰 꽃이 수북한 나무가 자란 후일 사람들은 쌀밥에 한(恨)이 맺힌 며느리가 환생(還生)하여 "이팝나무"라 부르게 되었다는 전설이 있다. 전북 진안 마령초등학교 담장 안에 키가 13m까지 치솟는 이팝나무 일곱 그루가 있는데 "평지리 이팝나무군(群)"이다. 마을 사람들은 이곳을 "아기 사리"라고 부른다. 이 마을에서는 어린아이가 죽으면 이 나무가 자라는 숲에 묻는 풍속이 있고 지금도 정월 대보름이면 이팝나무 당산목에서 한 해의 안녕을 기원하고 있다. 천연기념물은 전남 승주군 쌍암면 제36호, 전북 고창 대산면 중산리 제183호, 경남

211

김해 한림면 신천리 제185호, 경남 양산 신전리 제186호·제234호, 부산 양정동 제187호, 전북 진안 마령 제214호, 부산 구포동의 제309호 총 8그루나 있고, 20여 그루는 신목(神木)으로 남아 있다. 특산종은 제주도에서 자라는 긴잎이팝나무가 있고, 충남 어청도와 경북 포항에 군락지도 있다. 충남 계룡시는 가로수로 심고 이팝나무 축제를 한다. 꽃이 아름다워 아파트 단지에 정원수로 심는다.

🌿 이팝나무는 식용, 약용, 정원수, 공원용으로 가치가 높다!

5월 중하순에 꽃을 따서 물에 우려낸 후 차로 마신다. 봄에 잎을 따서 끓는 물에 살짝 데쳐서 나물로 무쳐 먹는다. 복음·샐러드·쌈·국거리로 먹는다. 탄율(炭栗) 주(酒)를 만들 때는 가을에 검게 익은 열매를 따서 용기에 넣고 19도의 소주를 부어 밀봉하여 3개월 후에 마신다. 약초 만들 때는 가을에 검게 익은 열매를 따서 햇볕에 말려 쓴다. 한방에서 열매를 말린 것을 "탄율수(炭栗樹)"라 부른다. 소변불리에 다른 약재를 처방한다. 민간에서 수족 마비에는 열매 2~4g을 물에 달여 복용한다. 이뇨와 부종에는 잎 3g을 물에 달여 복용한다.

🌿 이팝나무 성분&배당체

이팝나무 열매와 씨에는 폴리페놀이 함유돼 있다.

🌿 이팝나무를 위한 병해 처방!

이팝나무는 병충해에 강하지만, 간혹 깍지벌레가 발생할 때는 살균제인 석회유황합제를 살포한다.

TIP

번식 가을에 채취한 종자의 과육을 제거한 후 2년간 노천 매장한 후 봄에 파종한다.

: 이질 · 살충 · 염증에 효능이 있는 :

칠엽수 *Aesculus turbinata*

| **생약명** | 사라자(娑羅子) — 종자를 말린 것. | **이명** | 칠엽나무 · 칠엽꽃종오리나무 | **분포** | 깊은 산 계곡 · 가로수

🌿 **형태** 칠엽수는 칠엽수과의 낙엽활엽교목으로 높이는 20~30m 정도이고, 잎은 마주 나며 5~7개의 작은 잎으로 구성된 손꼴겹잎이다. 밑부분의 작은 잎은 작으나 중간 부분의 잎은 길이가 20~30cm, 너비는 12cm 정도로 크고 가장자리에 겹톱니가 있다. 꽃은 5~6월에 가지 끝에 원추 꽃차례를 이루며 빽빽이 달려 잡성으로 피고, 열매는 10월에 지름 5cm 정도의 원추형의 둥근 삭과로 여문다. 열매가 다 익으면 3개로 갈라져 갈색의 씨가 1~2개가 나온다.

● **약성** : 서늘하며, 달고 떫다.   ● **약리 작용** : 살충 작용 · 소염 작용
● **효능** : 염증 질환에 효험, 암(위암) · 류머티즘 · 이질 · 살충 · 염증

🌿 **음용** : 잿물로 떫은 맛(타닌)을 제거한 후에 떡으로 먹는다.

"이국(異國)적 경관을 뽐내는 **칠엽수**"

🌱 **칠엽수의 꽃말은 낭만이다.**

낭만을 즐기는 곳으로 유명한 프랑스 파리의 몽마르트르 언덕과 샹젤리제 거리는 마로니에(marronnier) 가로수로 이루어져 있다. 그래서 그런지 칠엽수는 "마로니에"라는 이름으로 가로수용으로 많이 심는다.

칠엽수 원산지는 중국이다. 지금 공원이나 길가에 심고 있는 것은 일본 칠엽수이다. 그 외 미국 칠엽수, 가시 칠엽수가 있다. 우리 땅에서 가장 오래된 서양 칠엽수는 1913년 네덜란드 공사가 고종(高宗)에게 선물해 심은 칠엽수가 덕수궁에 있다.

우리 땅에는 유럽 원산의 마로니에와 일본 원산의 칠엽수가 있다. 두 나무의 차이는 열매 곁에 가시돌기가 있고 잎에 주름살이 많고, 꽃이 흰색이고, 붉은 반점이 있고 큰 편이다. 이에 비해 칠엽수는 잎의 맥 뒤에 부드러운 적갈색의 털이 있으며 열매 곁이 매끄러우며 돌기가 없고 꽃이 유백색이다.

우리 땅에도 예전 서울대가 있었던 지금의 서울 동대문구 대학로 동숭동에는 마로니에 공원이 있다. 서울 서초구 양재동 시민의 숲에는 칠엽수 군락지가 있다.

칠엽수 잎은 7개, 열매는 밤과 비슷하나 독(毒)이 있어 사람은 먹을 수 없으나 동물들의 먹이가 된다. 칠엽수 목재는 잘 뒤틀리고 썩기 쉬운 결점이 있으나 광택이 좋고 무늬가 독특해 공예품 재료, 합판, 가구재, 기구재로 쓴다. 그림을 그릴 때 쓰

는 목탄(木炭)을 이 나무 숯으로 만들고, 서양에서는 화약 원료로 쓴다.

칠엽수의 자랑은 꽃, 잎, 열매이다. 5~6월에 꽃이 필 때는 벌이 찾아와 밀원으로 좋아 큰 나무에서는 하루에 10ℓ 꿀을 생산될 정도로 양봉 농가에 도움을 준다. 서양에서 종자를 "말 밤"이라 하는데, 현재 칠엽수로 의약품 소염제로 환제ㆍ캡슐제로 만들어 시판되고 있다.

🍃 칠엽수는 식용, 약용, 공업용, 관상용으로 가치가 높다.

칠엽수 익은 열매를 따서 잿물로 떫은맛을 제거한 후에 떡이나 풀을 만든다. 한방에서 종자를 말린 것을 "사라자(娑羅子)"라 부른다. 이질에 다른 약재와 처방한다. 그냥 먹으면 위장 장애를 일으키기 때문에 기(氣)가 허(虛)한 사람과 음(陰)이 한(寒)한 사람은 금한다. 민간에서 위의 통증이나 기침에는 열매 하루 용량(10g)을 물에 달여 2~3회 마신다.

🍃 칠엽수 성분&배당체

칠엽수 열매에는 사포닌ㆍ올레인산ㆍ글리세린 에스테르ㆍ전분ㆍ조단백질ㆍ섬유, 씨에는 다량의 녹말ㆍ사포닌ㆍ타닌을 함유하고 있으나 소량의 독성(毒性)이 있어 먹을 수 없다. 작은 가지 끝의 겨울눈에는 수지(樹脂)로 덮여 있어 끈끈하다.

🍃 칠엽수를 위한 병해 처방!

칠엽수에 개각충 또는 흰불나방이 발생할 때는 관련 약제를 살포한다.

TIP

번식 칠엽수는 8월에 밤색의 종자를 채취하여 과육을 제거한 후 씻어 그늘에서 말린 뒤 마른 모래와 섞어 저장했다가 이듬해 봄에 파종한다. 3월 숙지삽(굳가지꽂이)은 발근율이 낮다.

: 관절염 · 근육통 · 피부병에 효능이 있는 :

누리장나무 *Clerodendron tridotomutmrich*

| **생약명** | 취오동(臭梧桐)—어린 가지와 잎을 말린 것. | **이명** | 취목 · 취오동 · 취오동자 · 해주상산 · 토아위 | **분포** | 중부 이남의 산골짜기

🌿**형태** 누리장나무는 마편초과의 낙엽활엽관목으로 높이는 2m 정도이고, 잎은 마주 나고 달걀꼴로 잎의 끝은 뾰족하고 밑은 둥글며 가장자리는 밋밋하거나 큰 톱니가 있다. 꽃은 새 가지 끝에 취산 꽃차례로 8~9월에 홍색으로 피고, 열매는 10월에 하늘색의 둥근 핵과로 여문다.

●**약성** : 차며, 쓰다.　●**약리 작용** : 혈압 강하 · 진정 작용 · 진통 작용
●**효능** : 신경계 · 순환계 질환에 효험, 관절염 · 옴 · 고혈압 · 반신 불수 · 근육통 · 동맥 경화 · 소염 · 피부병

🌿**음용** : 8월에 꽃을 따서 찻잔에 넣고 뜨거운 물을 부어 1~2분 후에 꿀을 타서 차로 마신다.

216

"산에서 맵시를 뽐내는 **누리장나무**"

🍃 누리장나무 꽃말은 깨끗한 사랑이다.

생존을 위해 나무는 특이한 냄새를 풍긴다. 누리장나무가 어린싹부터 누린내를 풍기는 것은 "클래로덴드린"과 같은 여러 화학물질을 분비하기 때문이다. 누리장나무는 오동나무와 비슷한 냄새가 난다고 하여 "취오동(臭梧桐)", 지방에 따라 "개똥 나무", "개나무", "노나무", "누룬나무", "깨타리나무"라는 다양한 이름도 있다. 누리장나무에는 슬픈 전설이 있다. 백정의 아들이 관아(官衙)의 규수를 담장 너머로 흠모했다는 이유로 끌려가 곤장을 맞고 죽었는데, 부모는 아들을 규수가 바라보이는 양지바른 곳에 묻었는데, 몇 달이 지난 뒤 규수가 무덤을 지날 때 발이 얼어붙어 죽게 되어 그 사유를 들은 규수의 부모가 백정의 무덤에 합장했는데, 이듬해 냄새가 나는 나무 한 그루가 자라나 사람들은 이 나무를 누린내가 나는 나무라 하여 "누리장나무"라는 이름으로 부르게 되었다. 누리장나무는 우리나라, 중국, 일본, 타이완에 분포한다. 어른 키보다 약간 높게 자라는 키 작은 나무인데, 한여름이면 오동잎처럼 넓고 풍성한 잎들 사이로 무더기로 모여 피는 하얀색의 꽃이 아름답다. 농경사회에서 누리장나무 청자색 열매는 염색할 때나 염료를 만들거나 천연물감이나 먹물로 썼다. 집 주변에 누리장나무를 심었는데, 살충제가 없던 시절에는 화장실 안에 잎과 가지를 꺾어 놓아 구더기가 생기는 것을 방지했다.

🍃 누리장나무는 식용, 약용, 관상용으로 가치가 높다!

누리장나무는 꽃, 새순을 식용과 약용으로 쓴다. 새순의 누린내를 없앨 때는 감

초 몇 조각을 넣고 끓인다. 봄~초여름에 부드러운 잎을 따서 살짝 데쳐 찬물로 누린내를 우려낸 후 소금으로 간하여 나물로 무쳐 먹는다. 양념 무침·장아찌·묵나물 볶음으로 먹는다. 발효액을 만들 때는 봄~초여름에 부드러운 잎을 따서 용기에 넣고 재료의 양만큼 설탕을 붓고 100일 정도 발효시킨 후 발효액 1에 찬물 3을 희석해서 음용한다. 누리장나무 뿌리 주를 만들 때는 가지와 뿌리를 채취하여 물로 씻고 물기를 뺀 다음 적당한 크기로 잘라 용기에 넣고 19도의 소주를 부어 밀봉하여 3개월 후 마신다. 약초를 만들 때는 봄에 꽃이 피기 전에 잎을, 여름에는 꽃을, 가을에는 열매를, 가지와 뿌리는 수시로 채취하여 햇볕에 말려 쓴다. 한방에서 어린 가지와 잎을 말린 것을 '취오동(臭梧桐)'이라 부른다. 염증 질환(관절염, 근육통)에 다른 약재와 처방한다. 민간에서 옴·습진·무좀 등 각종 피부 질환에는 봄부터 가을까지 잎을 채취하여 건조해 1일 10~20g이나 생것 40~60g을 달여 먹거나 상처 부위에 짓찧어 바른다. 손발 마비, 근육통에는 말린 잎 15~30g을 달여서 먹는다.

🌿 누리장나무 성분&배당체

누리장나무 잎에는 알칼로이드·크레로덴드린, 뿌리에는 크레스테롤이 함유돼 있다.

🌿 누리장나무를 위한 병해 처방!

누리장나무는 비교적 병충해에 강한 편이나, 점무늬병이 발생할 때는 동수화제를 살포한다.

> **TIP**
>
> **번식** 누리장나무는 가을에 익은 종자를 노천 매장하여 이듬해 봄에 파종하여 묘목을 쉽게 기를 수 있다.

: 기관지염 · 후두염 · 진통에 효능이 있는 :

때죽나무 *Styrax japonica*

| **생약명** | 매마등(買麻藤) – 나무 껍질을 말린 것. | **이명** | 금대화 · 야말리 · 오색말리 | **분포** | 중부 이남의 산기슭 · 산 중턱의 양지

🌿**형태** 때죽나무는 때죽나뭇과의 갈잎작은큰키나무로 높이는 6~8m 정도이고, 잎은 어긋나며 길이는 2~8cm의 달걀꼴 또는 긴 타원형이고 가장자리에 이빨 모양의 톱니가 있다. 꽃은 5~6월에 잎겨드랑이에서 나온 총상 꽃차례로 2~5송이씩 밑을 향해 흰색으로 피고, 열매는 9월에 둥근 핵과로 여문다.

●**약성 :** 평온하며, 쓰다.　●**약리 작용 :** 항염 작용
●**효능 :** 염증 · 소화기 질환에 효험, 구충 · 기관지염 · 담 · 후두염 · 진통 · 사지통 · 치통 · 풍습 관절염

🌱**음용 :** 6월에 꽃을 따서 물에 달여 차로 마신다.

"향수의 원료로 쓰는 때죽나무"

🌿 **때죽나무의 꽃말은 겸손이다.**

때죽나무는 껍질이 칙칙하고 어두운 흑갈색여서 마치 때가 낀 것 같다 하여 "때죽나무", 나무에 주르르 메달린 모습이 마치 스님이 떼로 있는 같아 "떼중나무"라는 이름이 붙여졌다. 우리나라, 중국, 일본, 필리핀에 분포하는데, 그 종류만도 120여 종이 넘는다. 중부 이남 100~1500m 양지바른 산지에 자생한다. 조선시대 허준이 쓴 〈동의보감〉에서 "때죽나무 혹을 화상에 좋다", 중국 이시진이 쓴 〈본초강목〉에서 "때죽나무는 악한 것을 없애고 유사한 기운을 잠재운다고 하여 안식향(安息香)이다"라고 기록돼 있다. 종교의식에서 훈향으로 쓰였고, 화장품 방향제로 이용된다. 때죽나무는 진한 향기를 내는 꽃나무이다. 농경사회에서 비누처럼 기름때를 쭉 뺀다고 하여 "때죽나무"라는 이름이 붙여졌다. 때죽나무 가지와 열매껍질에는 독성(毒性)이 있다. 냇가에서 물고기를 잡고자 할 때는 열매를 짓찧어 물에 풀면 물고기를 기절해서 둥둥뜬다. 때죽나무 한자는 "제돈과(齊墩果)" 또는 "야말리(野茉莉)", 영어로는 종(鍾)처럼 생긴 꽃이 아래를 보고 핀다고 하여 "스노벨(snowbell · 눈 종)"이라 부른다. 새로 나온 가지에서 꽃대가 나와 20송이쯤 되는 예쁜 꽃들이 조롱조롱 달린다. 꽃은 향기가 좋아 향수의 원료로 쓰고, 농경사회에서 열매를 찧은 물로 빨래를 했고, 기름을 짜서 호롱불로 쓰고, 글리세린과 에고놀 지방유가 많아 머릿기름으로 바르기도 했다. 줄기에서 나오는 유액에는 안식향산과 바닐린이 함유되어 있어 향료도 썼고, 옛날 제주도에서는 때죽나무를 족낭이라 하여 가지를 잘라 빗물을 정수하는데 썼다. 여름철 때죽나무 가지 끝에 작은 바나나처럼 생긴

혹은 열매가 아니라 때죽납작진딧물이라는 충영(蟲癭·벌레혹)이다. 에고사포닌이라는 독이 있는 때죽나무 열매를 빻아 화약과 섞어 동학혁명 때 무기로 사용하기도 했다. 목재는 세공품, 기구재, 장기 알, 지팡이, 우산 자루, 목기에 쓴다.

🌿 **때죽나무 식용은 할 수 없고, 약용, 관상용, 조경수, 공업용으로 가치가 높다.**

때죽나무 꽃, 열매는 쓴다. 때죽나무는 꽃과 표주박 같은 열매가 아름다워 관상용, 공업용으로 가치가 높지만, 식물 전체에 독성이 있어 먹을 수 없다. 한방에서 꽃과 나무껍질을 말린 것을 "매마등(買麻藤)"이라 부른다. 진통에 다른 약재와 처방한다. 한 번에 다량으로 복용하면 위장장애를 일으키기 때문에 1회 사용량을 준수한다. 민간에서 인후통이나 치통에 꽃을 물에 달여 먹었다. 풍습(風濕)에는 잎과 열매를 물에 달여 먹었다.

🌿 **때죽나무 성분&배당체**

때죽나무 전체에 독(毒)이 있으나, 꽃에는 방향제, 열매껍질에는 마취를 시키는 성분이 들어 있고, 가지에는 독성이 함유돼 있다.

🌿 **때죽나무를 위한 병해 처방!**

때죽나무에 녹병이 발생할 때는 4월 중순에 5% 석회유황합제를 나무 몸통에 살포한다.

> **TIP**
>
> **번식** 때죽나무는 가을에 채취한 종자의 과육을 제거한 후에 모래와 섞어 노천 매장한 뒤 2년 후 봄 무렵에 파종한다. 삽목(꺾꽂이)은 7월에 새 가지를 고농도 발근촉진제에 10초 정도 담근 뒤 심는다.

: 신경통 · 관절염 · 진통에 효능이 있는 :

사철나무 *Euonymus japonica*

| **생약명** | 화두충(和杜沖)—나무껍질과 뿌리를 말린 것, 왜두충(倭杜沖)—껍질을 벗겨 말린 것. | **이명** |
개동굴나무 · 겨우살이나무 · 동청 · 동청목 | **분포** | 전국 각지, 해안가 산기슭 · 인가 부근에 식재

🌿**형태** 사철나무는 노박덩굴과의 상록활엽관목으로 높이는 2~3m 정도이고, 잎은 마주 나고 가죽질이며 타원형으로 가장자리에 둔한 톱니가 있다. 꽃은 6~7월에 잎겨드랑이에서 나온 꽃대 끝에 취산 꽃차례로 달려 빽빽이 황록색으로 피고, 열매는 9~10월에 붉은색으로 둥근 삭과로 여문다.

● **약성** : 차며, 쓰다. ● **약리 작용** : 소염 작용 · 진통 작용
● **효능** : 운동계 · 신경계 · 순환계 질환에 효험, 원기 부족 · 고혈압 · 신경통 · 요통 · 관절염 · 관절통 · 견비통 · 요통 · 생리통 · 월경 불순 · 소염제 · 진통

🌿 **음용** : 6~7월에 꽃을 따서 그늘에 말린 후 찻잔에 조금 넣고 뜨거운 물을 부어 1~2분 후에 꿀을 타서 차로 마신다.

"사계절 푸른 사철나무"

🌿 사철나무 꽃말은 변화가 없다.

활엽수 중에서 사철나무는 사계절 항상 잎이 반짝반짝 윤기 나는 조경수이다. 중국에서 들어와 "두중(두충나무)" 또는 "동청"을 사철나무를 대신해 썼다는 것을 알 수 있다. 조선시대 홍만선이 쓴 〈산림경제〉에는 "사철나무를 두중, 동청"으로 기록돼 있다. 서양에서는 "에버그린 스핀들 트리"라는 애칭이 있다. 사계절 푸른 잎을 달고 있다 하여 "사철나무", 겨우살이처럼 푸르다 하여 "겨우살이나무" 또는 "동청목(冬靑木)", 잎이 가죽처럼 두껍고 질겨 "혁질(革質)", 한자명은 "화두충(和杜沖)" 또는 "동청위모(冬靑衛矛)"라는 이름이 있다. 그 외 "무룬나무", "넓은잎사철나무", "들축나무", "푸른 나무", "긴잎사철나무", "무른 사철나무" 다양한 이름도 있다. 긴잎사철나무는 잎의 길이는 6~9cm, 너비는 2~3.5cm 정도이고, 흰점사철나무는 잎에 흰색 줄이 있고, 은태사철나무는 잎에 노란색 반점이 있고, 금사철나무는 잎의 가장자리에 노란색이 있고, 황록사철나무는 잎에 노란색과 녹색 반점이 있다. 사철나무는 우리나라, 중국, 시베리아, 유럽 등지에 분포하는데, 공해에 강하고 습지와 건지를 가리지 않는다. 특히 남해 바닷가나 제주도에 자생한다. 사철나무는 염분이 많은 바닷가에서 잘 자란다. 영국에서는 1800년경부터 도심지나 정원에 많이 심고 지팡이로 만들어 쓰기도 한다. 미국 캘리포니아주에는 100년 전부터 바닷가의 정원수나 울타리로 심었다고 한다. 옛날 밧줄이 귀할 때는 줄기 껍질을 벗겨 꼬아 줄을 만들어 썼다. 사계절 푸른 잎, 6~7월에는 꽃, 가을에는 주황색 종자, 하얀 눈 덮인 겨울에 잎 사이로 보이는 앙증맞은 열매는 아름답다.

🍃 사철나무는 식용, 약용, 조경용, 관상용, 울타리용으로 가치가 높다!

약술을 만들 때는 수시로 나무껍질, 뿌리를 채취해 물로 씻고 물기를 뺀 다음 적당한 크기로 잘라 용기에 넣고 19도의 소주를 부어 밀봉해 3개월 후 마신다. 약초 만들 때는 수시로 나무껍질, 뿌리를 채취해 햇볕에 말려 쓴다. 한방에서 나무껍질과 뿌리를 말린 것을 "화두충(和杜沖) 또는 조경초(調經草)"라 부른다. 진통(신경통, 요통, 관절통, 견비통, 생리통)에 다른 약재와 처방한다. 민간에서 생리통·월경 불순에는 뿌리 10g을 달여서 먹는다. 관절통·신경통에는 뿌리껍질 20g을 달여서 먹는다.

🍃 사철나무 성분&배당체

사철나무 뿌리에는 플라보노이드 · 후리에데린이 함유돼 있다.

🍃 사철나무를 위한 병해 처방!

사철나무에는 흔히 흰가루병 · 탄저병 · 갈색무늬병 · 더뎅이병(창가병, 갈색 원성별, 구멍병)이 발생한다. 흰가루병에는 피해 초기에 결정 석회황합제를 100~200배 희석액을 살포한다. 탄저병과 갈색무늬병에는 발병 초기에 만코제브 수화제 500배, 옥신 코퍼 수화제 1000배 희석액을 2~3회, 갈색무늬병은 4~5월에 여러 차례 살포한다. 더뎅이병에는 9월에 만코제브 수화제 500배, 옥신 코퍼 수화제 1000배 희석액을 여러 차례 살포하고, 병든 낙엽과 병든 가지를 채집하여 소각한다. 탄저병으로 피해를 본 잎은 소각해야 이듬해 재발하지 않는다.

TIP

번식 사철나무는 가을에 채취한 종자의 과육을 제거한 뒤 바로 파종하거나, 노천 매장한 뒤 이듬해 봄에 파종한다. 삽목(꺾꽂이)을 할 때는 지난해 꺾은 가지로 하는데 해가림을 해주어야 한다. 녹지삽(풋가지꽂이)는 장마철 전후 녹색 줄기 중 단단히 굳은 것을 10~20cm 길이로 잘라 심는다.

: 암 · 관절염 · 고혈압에 효능이 있는 :

오동나무 *Paulownia coreanai*

| **생약명** | 백동피(白桐皮)—뿌리껍질을 말린 것, 동피(桐皮)—나무껍질을 말린 것, 동엽(桐葉)—잎을 말린 것, 포동화—꽃, 포동과—열매, 동목—원목 | **이명** | 동피 · 동엽 · 오동 · 오동엽 · 오동자 · 오동근 · 오동유 | **분포** | 경기 이남 마을 근처

🌿 **형태** 오동나무는 현삼과의 낙엽활엽교목으로 높이는 15m 정도이고, 잎은 마주나며 달걀 모양의 원형이지만 오각형에 가깝다. 뒷면에 갈색의 성모가 있고 어린 잎에는 톱니가 있다. 꽃은 5~6월에 가지 끝의 원추꽃차례를 이루며 보라색 또는 자주색으로 피고, 열매는 10월에 둥글며 달걀 모양이고 끝이 뾰쪽하고 삭과로 여문다.

● **약성** : 차며, 쓰다. ● **약리 작용** : 암세포의 성장을 억제 · 혈압 강하 작용
● **효능** : 체증 · 순환기계 질환에 효험, 암 · 관절염 · 수종 · 부종 · 설사 · 복통 · 구충 · 종창 · 사지 마비 동통 · 해독 · 류머티즘에 의한 동통 · 고혈압

🌱 **음용** : 5~6월에 꽃을 따서 그늘에 말린 후 찻잔에 조금 넣고 뜨거운 물을 부어 1~2분 후에 꿀을 타서 차로 마신다.

"길상(吉祥)을 상징하는 오동나무"

🌿 오동나무 꽃말은 고상이다.

우리나라 울릉도가 원산지인 특산종 참오동나무는 잎 뒷면에 갈색 털이 없고, 꽃에는 자줏빛을 띤 갈색의 털이 있다. 오동나무는 활엽수 중에서도 잎이 넓어 한 여름에 "피서(避暑) 나무", "벽오동(碧梧桐)", "백동(白桐)", "청동(靑桐)"이라 부른다.

조선시대 사대부 선비는 오동나무를 길상(吉祥)의 나무로 보아 뜰에 심어놓고 달밤에 운치를 즐겼다. 자식이 관직을 오르기를 기원하는 나무였다. 오동나무는 깨끗하고 푸르고 곧게 올라가 절개 높은 선비의 정신을 나타낸다고 하여 서당이나 서재 근처에 심었다. 줄기가 초록색인 벽오동(碧梧桐)은 깨끗하고 귀족적이며 우아한 선비를 상징하기 때문에 나전칠기(螺鈿漆器) 만큼은 목지(木地)를 오동나무로 만들었다. 일본 황실의 문장 또한 오동나무이다.

오동나무의 특징은 빨리 자라는 "우량목(優良木)"이다. 그래서 옛날 농경사회에서 오동나무를 집 가까이에 두고 심고 목재로 사용했다. 오동나무는 고향을 상징하기 때문에 어느 집이든 마당 주변에 한두 그루를 심었다. 아들을 낳으면 소나무를 심었고, 딸을 낳으면 시집을 갈 때 장롱(欌籠)을 만들어 주기 위해 심었다. 아버지상(喪)에는 대나무 상장(喪杖)을 짚고, 어머니상(喪)에는 오동나무나 버드나무로 상장(喪杖)을 짚었다. 오동나무를 세 번 전지(剪枝)해 주면 그 집안에 훌륭한 자손이 난다는 풍속이 전하고 있다. 또한, 오동나무 수액은 미끈하고 잘 생겨서 임산부가 난산일 때 오동나무를 깔고 앉거나 그 잎을 둔부(臀部·엉덩이)나 하체(下體)에 대면 아이를 순산(順産)할 수 있다는 속신(俗信)이 있다.

오동나무의 자랑은 꽃, 열매, 목재이다. 목재는 가볍고 얇은 판으로 가공해도 갈라지지 않고, 뒤틀리지도 않기 때문에 장롱, 병풍 살, 금고 내부의 상자, 실내 장식, 고급 상자, 악기, 문갑, 나무 그릇을 만들었다. 악장(樂匠)은 질 좋은 오동나무를 구하는 것이 큰 기쁨으로 알고, 벽오동으로 만든 거문고를 "사동(絲桐)"이라 했다. 오동나무는 가벼우면서 탄성이 좋아 소리를 잘 퍼뜨리기 때문에 거문고, 비파, 가야금은 벽오동을 재료로 한 것을 제일로 쳤다.

🍃 오동나무는 식용, 약용, 조경용, 악기용으로 가치가 높다!

오동나무는 잎, 열매를 식용하고, 줄기껍질은 약용으로 쓴다. 약술을 만들 때는 가을에 열매를 따서 용기에 넣고 19도의 소주를 부어 밀봉하여 3개월 후에 마신다. 약초를 만들 때는 봄에 어린잎을 따서 그늘에, 가을에 줄기껍질을 따서 햇볕에 말려 쓴다. 한방에서 뿌리껍질을 말린 것을 "백동피(白桐皮)", 나무껍질을 말린 것을 "동피(桐皮)", 잎을 말린 것을 "동엽(桐葉)", 꽃을 말린 것을 "포동화", 열매를 말린 것을 "포동과", 원목 전체를 "동목"이라 부른다. 순환기계 질환(고혈압)에 다른 약재와 처방한다. 민간에서 류머티즘에 의한 동통에는 줄기 껍질 또는 잎 15g을 달여서 먹는다. 암에는 줄기 껍질 또는 잎 15g을 달여서 먹는다.

🍃 오동나무 성분&배당체

오동나무 잎에는 폴리페놀 · 글루코사이드, 열매에는 지방산 · 플라보노이드 · 알칼로이드, 나무껍질에는 시린 진이 함유돼 있다.

🍃 오동나무를 위한 병해 처방!

오동나무에 빗자루병(천구소병)이 발생할 때는 발견 즉시 옥시테트라사이크린(테라마이신)을 1000배 희석액을 가슴높이 지름 10cm당 1L씩 나무 주사를 하거나, 약제를 살포할 때는 7월 초순~9월 하순에 페니트로티온 유제 1000액 희석액을 2주 간격으로 살포한다.

TIP

번식 오동나무는 가을에 채취한 종자를 기건 저장한 뒤 이듬해 봄에 냉상 소독하고 20일 지나 파종한다. 근삽(뿌리꽂이)은 3~4월에 뿌리를 10~15cm 길이로 잘라 심는다. 녹지삽(풋가지꽂이)은 6~7월에 한다.

: 자양 강장 · 불면증 · 신체 허약에 효능이 있는 :

측백나무 *Thuja orientalis*

| 생약명 | 측백엽(側柏葉)—어린 가지의 잎을 말린 것, 백자인(柏子仁)—씨 | 이명 | 측백자 · 백자인 · 강백 | 분포 | 전국 각지, 경북(대구 · 울진) · 충북(단양 · 진천)의 산지 벼랑틈

🌲형태 측백나무는 측백나뭇과의 상록교목으로 높이는 20m 정도이고, 잎은 작은 비늘 모양의 뾰쪽한 잎들이 다닥다닥 붙어 마주 난다. 꽃은 4월에 암수 한 그루. 수꽃은 전년도 가지 끝에 1개씩 달리며 둥글고 달걀 모양의 수꽃과 암꽃이 한 나무에 자갈색으로 피고, 열매는 9~10월에 난과형의 구과로 여문다.

● 약성 : 서늘하며, 맵고, 약간 쓰다. ● 약리 작용 : 진해 작용
● 효능 : 소화기계 · 혈증 질환에 효험, 신장 · 심장 · 냉증, 잎(신체 허약 · 지혈 · 거풍 · 소염 · 이하선염), 뿌리줄기(데었을 때 · 모발), 종자(자양 강장 · 진정 · 불면증 · 변비)

🌿음용 : 측백나무 씨앗을 따서 햇볕에서 말려서 가루를 내어 물에 타서 먹거나, 다관이나 주전자에 백자인 20g를 넣고 약한 불로 끓여서 우려낸 후 식혀서 엽차 대용으로 마시거나, 찻잔에 넣고 뜨거운 물을 부어 1~2분 후에 꿀을 타서 차로 마신다.

"식물 천연기념물 1호 측백나무"

🌿 측백나무 꽃말은 기도·경고한 우정이다.

우리나라 국보 1호는 남대문, 보물 1호는 동대문, 식물에서 천연기념물 제1호는 대구시 달성 해안면 도동(당시 대구) 측백나무 숲이다. 1934년에 지정(1962년 재검토)해 측백나무 숲을 조성할 때는 1000그루 넘게 있었다는 기록이 있으나 지금은 몇백 그루만이 북사면을 깎아지른 듯한 벼랑 끝에 남아 있다. 측백나무를 한자로는 "측백(側柏)" 또는 "백(柏)"이라 부른다. 예부터 나무에도 성수(聖樹)가 있는데, 왕릉에는 소나무를, 왕족 능에는 측백나무를 심었다. 측백나무 잎이 손바닥을 편 것처럼 옆으로 한쪽 방향을 하기 때문에 "측백(側柏)"이라는 이름이 붙여졌다. 큰 가지가 옆으로 퍼지는 특산인 "눈 측백", 피라미드 모양인 "서양 측백", 황금색이 나는 "황금 측백", 수령이 둥근 "둥근 측백" 등 수많은 품종이 조경용으로 심고 있다. 사촌이 되는 편백과 화백이 있다. 측백나무는 중국의 황허강 유역을 대표하는 나무다. 측백나무가 유명한 나무로 된 것은 불로장생(不老長生) 신선(神仙) 나무로 보았다. 중국의 〈열선전〉에서 적송자라는 사람이 측백나무 씨를 먹고 나이 들어 빠진 치아(齒牙)가 다시 돋아났다든가, 〈화원기〉에서 백엽 선인(仙人)이 8년간 측백나무 잎을 먹었더니 온몸의 뜨거워지면서 전신의 종기가 낫고 어린아이처럼 살결이 되고 광채가 났다는 이야기 등이 전한다. 그래서 그런지 중국과 우리나라에 사찰이나 문묘에 많이 심어 남아 있다. 측백나무의 자랑은 잎, 종자, 목재이다. 목재는 가공이 쉽고 견디는 힘이 강해서 건축재, 선박재, 조각, 세공재 등에 사용하고, 왕족이나 양반의 관(棺)을 쓰기도 했다. 측백나무로 백자인주(柏子仁酒)는 씨앗으로 담근 술이고, 백자주(柏子酒)는 잎으로 담근 술이다.

🌿 측백나무는 식용보다는 약용, 관상용, 울타리용으로 가치가 높다.

측백나무는 잎, 종자를 쓴다. 잎에는 정유와 히노키티올(Hinokitioil)을 함유하고 있다. 발효액을 만들 때는 9~10월에 열매를 따서 용기에 넣고 재료의 양만큼 설탕을 붓고 100일 정도 발효시킨 후에 발효액 1에 찬물 3을 희석해서 음용한다. 백자

인주(柏子仁酒) 만들 때는 9~10월에 열매를 따서 용기에 넣고 19도의 소주를 부어 밀봉하여 3개월 후에 마신다. 약초를 만들 때는 봄에 잎을 채취하여 그늘에, 가을에 씨앗을 따서 햇볕에 말려 쓴다.

한방에서 잎을 말린 것을 '측백엽(側柏葉)', 씨를 '백자인(柏子仁)'이라 부른다. 신체 허약(자양 강장)에 다른 약재와 처방한다. 민간에서 자양 강장에는 잎 또는 씨앗 10g을 달여서 먹는다. 불면증에는 씨앗 10g을 달여서 먹는다. 잎을 짓찧어 지혈제로 쓰고, 측백나무 씨는 신경 쇠약과 불면증에 쓴다.

🌿 측백나무 성분&배당체

측백나무 잎에는 정유가 있는데 그 속에는 탄닌 · 비타민C, 가지와 나무껍질에는 정유가 있는데 세스키터펜 알코올, 열매에는 정유 · 지방산 · 리그난 · 사포닌이 함유돼 있다.

🌿 측백나무를 위한 병해 처방!

측백나무 외 편백나무, 화백나무에 측백세리디움가지마름병이 발생할 때는 송진이 침적되어 상품 가치가 크게 저하되기 때문에 피해 발생 시에는 만코제브 수화제 500배, 베노밀 수화제 2000배 희석액을 월 2회 살포한다. 병든 가지는 건전 부위에서 절단하여 소각한다.

> **TIP**
>
> **번식** 측백나무는 9~10월에 덜 익은 종자를 채취하여 직파하거나, 노천 매장한 뒤 이듬해 봄에 파종한다. 삽목(꺾꽂이)는 4~5월에 전년도 가지를 15cm 길이로 준비한 뒤 하단부의 잎을 떼어내고 물에 침전시킨 뒤 밭 흙에 심는다. 차광한 뒤 잘 물 주기 하면 8주 뒤 80% 확률로 뿌리를 내린다.

: 소화 불량 · 식적 창만 · 거담에 효능이 있는 :

탱자나무 *Poncirus trifoliata*

| **생약명** | 지각(枳殼) – 익은 열매를 말린 것, 지실(枳實) – 덜 익었을 때 2~3조각으로 잘라서 말린 것
| **이명** | 지실자 · 가길 · 구귤 · 동사자 | **분포** | 전국 각지, 울타리로 사용

🌿**형태** 탱자나무는 운향과의 낙엽활목관목으로 높이는 2~4m 정도이고, 잎은 어긋나고 3개의 작은 잎으로 구성된 3출 겹잎으로 잎자루에 날개가 있다. 가장자리에 둔한 톱니가 있다. 꽃은 5월에 잎이 나기 전에 줄기 끝과 잎 겨드랑이에 1~2개씩 흰색으로 피고, 열매는 8~9월에 누렇게 둥근 장과로 여문다. 씨앗은 10개 정도 들어 있다.

● **약성** : **지각**(서늘하며, 쓰다) · **지실**(차며, 맵고 시다)
● **약리 작용** : 에탄올 추출물은 여러 암세포의 성장을 억제 작용
● **효능** : 소화기계 · 호흡기계 질환에 효험, 거담제 · 건위 · 소화 불량 · 식적 창만 · 기관지염 · 편도선염 · 대하증 · 변비 · 복부 팽만 · 복통 · 빈혈증 · 이뇨

🌿 **음용** : 가을에 익은 열매를 따서 껍질을 말린 후 감초를 조금 넣고 대용 차로 마신다.

"줄기의 가지에 가시가 많은 **탱자나무**"

🍃 **탱자나무의 꽃말은 추억이다.**

　귤나무의 열매를 닮았다 하여 "구귤(枸橘)" 또는 "지귤(枳橘)"이라 부른다. 우리 조상은 전염병이 돌면 탱자나무의 가시가 막아 준다고 하여 울타리로 심었다. 탱자나무를 안방 문 위에 걸어 놓고 축귀(逐鬼)를 했다. 고려 때 고종은 몽고가 침입해 오는 것을 막기 위해 강화도 성(城) 주변에 탱자나무를 많이 심었다. 그때 심은 노거수(老巨樹) 두 그루가 천연기념물이다. 갑곶 탱자나무는 1962년 천연기념물 제78호, 사기리 탱자나무는 천연기념물 제79호로 지정되어 있다. 탱자나무는 운향과에 속하는 관목성으로 자라는 교목이다. 중국이 원산이다. 강화도가 한계선으로 경기 이남 해발 700m 이하의 따뜻한 지역에 심는다. 탱자나무는 1960년대 초까지만 해도 시골(울타리, 사립문, 물가)에서 흔히 볼 수 있었으나, 오늘날에는 탱자나무를 과수원 방범용이나 시골 동네에서 생울타리로 심을 정도다. 조선시대 허준이 쓴 〈동의보감〉에서 "덜 익은 열매는 습진에, 껍질을 벗겨 말려 설사나 건위에 쓴다"라고 기록돼 있다. 재질이 단단해 윷만큼은 반드시 탱자나무로 만들었다. 굵은 V자로 된 줄기를 채취하여 딱총(새총)도 만들어 놀았다. 노랗게 익은 열매를 손으로 가지고 놀기도 하고 집 안의 소쿠리에 담아 냄새를 쫓았다. 오늘날 소쿠리에 담아 방향제로 쓴다. 꽃에는 정유 성분이 있어 향료와 화장품을 만드는 재료로 쓴다.

🍃 **탱자나무는 식용보다는 약용, 관상용, 생울타용으로 가치가 높다.**

　탱자나무는 꽃, 열매를 쓴다. 열매는 맛이 시고 써서 그냥 먹을 수 없으나 약용

으로 쓴다. 가을에 익은 열매를 따서 반으로 잘라 그늘에서 말려 용기에 보관한 후 다관이나 주전자에 10g을 넣고 약한 불로 우려낸 후 건더기는 건져 내고 용기에 담아 냉장고에 보관하여 차로 마신다. 발효액을 만들 때는 가을에 익은 열매를 따서 용기에 넣고 재료의 양만큼 설탕을 붓고 100일 정도 발효시킨 후 발효액 1에 찬물 3을 희석해 음용한다. 탱자 열매 주를 만들 때는 가을에 익은 열매를 따서 용기에 넣고 19도의 소주를 부어 밀봉하여 3개월 후 마신다. 약초를 만들 때는 가을에 덜 익은 열매를 따서 2~3조각으로 잘라 햇볕에 말려 쓴다. 한방에서 익은 열매를 말린 것을 "지각(枳殼)", 덜 익었을 때 2~3조각으로 잘라서 말린 것 "지실(枳實)"이라 부른다. 소화 불량(식적창만·食積脹滿)에 다른 약재와 처방한다. 민간에서 지통에는 덜 익은 열매 10g을 달여 먹는다. 소화 불량에는 탱자 열매 10g을 달여 먹는다.

🌿 탱자나무 성분&배당체

탱자나무 꽃에는 폰시티린, 잎에는 폰시린·나린진, 열매에는 헤스페리닌·로포린·플라보노이드·알칼로이드, 수피와 뿌리에는 리모닌·말메신이 함유돼 있다.

🌿 탱자나무를 위한 병해 처방!

깍지벌레가 발생할 때는 살균제인 석회유황합제를 살포한다. 탄저병이 발생할 때는 발병초기에 만코제브 수화제 500배, 옥신코퍼 수화제, 클로로탈로닐 수화제 1000배, 메트로코나졸 액상 수화제 3000배 희석액을 2~3회 살포한다.

> **TIP**
>
> **번식** 탱자나무는 가을에 익은 종자를 채취하여 과실을 제거한 후 직파하거나 촉촉한 모래와 섞어 저장했다가 이듬해 봄에 파종한다. 발아율이 좋아 95% 이상이다. 묘목은 귤나무를 접붙일 때 대목으로 쓴다.

쥐똥나무 *Ligustrum obtusifolioubmtus*

| 생약명 | 수랍과(水蠟果)−열매를 말린 것. | 이명 | 가백당나무 · 수랍목 · 싸리버들 · 유목 | 분포 | 전국의 각지, 산기슭

🌲형태 쥐똥나무는 물푸레나뭇과의 낙엽활엽관목으로 높이는 2~4m 정도이고, 잎은 마주 나고 긴타원형으로 끝이 둔하고 밑이 넓게 뾰쪽하며 가장자리가 밋밋하다. 꽃은 5~6월에 가지 끝에서 백색으로 피고, 열매는 10월에 둥근 모양의 흑색으로 여문다.

● **약성** : 평온하며, 달다. ● **약리 작용** : 강장 보호 작용
● **효능** : 자양 강장 · 열증 질환에 효험, 강장 보호 · 각기 · 지혈 · 신체 허약 · 자한 · 토혈 · 출혈 · 토혈 · 혈변 · 유정증

🌿**음용** : 5~6월에 꽃을 따서 꿀에 재어 15일 후에 찻잔에 조금 넣고 뜨거운 물을 부어 1~2분 후에 꿀을 타서 차로 마신다.

"향기로운 꽃을 피우는 쥐똥나무"

🍃 **쥐똥나무의 꽃말은 강인한 마음이다.**

우리 조상은 쥐똥나무는 열매가 마치 쥐똥과 닮아 "쥐똥나무"라는 이름이 붙여졌다. 그래서 그런지 5~6월에 향기로운 유백색 꽃을 피우는데도 손해를 보는 나무다. 지역에 따라 울릉도에서는 자라는 "섬 쥐똥나무", 제주도와 진도에서 자라며 잎이 버들잎처럼 가녀린 "버들쥐똥나무", 속리산에서 자라는 "상동 쥐똥나무", 남쪽에서 자라며 잎이 큰 반상록성의 왕 쥐똥나무"가 있고 그 외 지방에 따라서는 "백당나무", "남정실", 북한에서는 수수한 한국말로 "검정알나무"라는 이름도 있다. 세계적으로 50여 종, 우리 땅에는 십여 종이 있다. 쥐똥나무 유사종으로는 털 쥐똥나무는 2년생 가지에 털이 있고 잎 뒷면 맥 위에 털이 촘촘히 나 있고, 얼룩 쥐똥나무, 청 쥐똥나무가 있다. 쥐똥나무는 우리나라 산에서 쉽게 볼 수 있는 낙엽성 관목이다. 쥐똥나무의 가장 큰 용도는 산울타리용인데, 공해에 강해 도심의 공원이나 도로변의 산울타리는 대부분 쥐똥나무로 심는다.

쥐똥나무의 자랑은 꽃, 열매이다. 꽃이 필 때는 벌이 찾아 양봉 농가에 도움을 준다. 검은 열매로 차 대용으로 쓴다.

🍃 **쥐똥나무는 식용보다는 약용, 정원수, 공원수(산울타리용)로 가치가 높다!**

쥐똥나무는 꽃, 열매를 쓴다. 5월에 어린잎을 따서 끓는 물에 살짝 데쳐서 나물로 무쳐 먹는다. 발효액을 만들 때는 5월에 잎을 따서 용기에 넣고 재료의 양만큼 설탕을 붓고 100일 정도 발효시킨 후에 발효액 1에 찬물 3을 희석해서 음용한다.

약술을 만들 때는 가을에 검게 익은 열매를 따서 용기에 넣고 19도의 소주를 부어 밀봉하여 3개월 후에 마신다. 약초를 만들 때는 가을에 검게 익은 열매를 따서 햇볕에 말려 쓴다.

한방에서 열매를 말린 것을 "수랍과(水蠟果)"라 부른다. 신체 허약증에(식은땀, 강장 보호)에 다른 약재와 처방한다. 민간에서 신체 허약에는 열매 4~6g을 물에 달여 복용한다. 자한(自汗 · 땀)에는 황기와 열매 각각 4~6g을 물에 달여 복용한다.

🌿 쥐똥나무 성분&배당체
쥐똥나무 열매에는 베타−시토스테롤 · 세로틴산이 함유돼 있다.

🌿 쥐똥나무를 위한 병해 처방!
쥐똥나무에 녹병 · 반점병 · 흰가루병 · 잎말이벌레병이 발생할 때는 다인센+디프렉스 800배 희석액을 2~3회 살포한다.

TIP

번식 쥐똥나무는 가을에 검은 종자를 채취한 후 과육을 제거한 후 바로 파종하거나, 노천 매장한 뒤 이듬해 봄에 파종한다. 숙지삽(굳가지꽂이)이나 녹지삽(풋가지꽂이)는 잎이 1~3개 있는 상단 가지를 10~20cm 길이로 잘라 삽목(꺾꽂이)한다.

: 고혈압 · 관절염 · 혈액 순환에 효능이 있는 :

향나무 *Juniperus chinensis*

| **생약명** | 회백엽(檜栢葉) – 잎을 말린 것. | **이명** | 회엽 · 향목엽 · 향목 · 향백송 · 상나무 · 노송나무
| **분포** | 중부 이남, 산기슭

🌱**형태** 향나무는 측백나뭇과의 상록침엽교목으로 높이는 25m 정도이고, 잎의 모양에는 두 종류가 있는데 7~8년 이상 된 묵은 가지에 부드러운 비늘잎이 달리지만, 새로 나온 어린 가지에는 날카로운 바늘잎이 나온다. 꽃은 암수 딴 그루로 4~5월에 1cm의 꽃차례가 달리고, 암꽃과 수꽃은 엷은 자갈색으로 지난해 동안에 자란 가지의 끝에서 피고, 열매는 이듬해 9~10월에 콩알만한 구과로 여문다.

● **약성** : 평온하며, 약간 달다. ● **약리 작용** : 항균 작용 · 혈압 강하 작용
● **효능** : 부인과 · 신경기계 질환에 효험, 고혈압 · 관절염 · 복통 · 해독 · 거풍 · 산한 · 활혈 · 해독 · 소종 · 풍한 · 감기 · 통증 · 습진 · 종기 · 종독 · 혈액 순환

🌿**음용** : 9~10월에 익은 열매를 따서 햇볕에 말린 후 찻잔에 조금 넣고 뜨거운 물을 부어 1~2분 후에 꿀을 타서 차로 마신다.

"인간의 생로병사(生老病死)와 밀접한 향나무"

🍃 향나무의 꽃말은 영원한 향기이다.

나무줄기에서 독특한 향(香)을 내기에 "향나무"라는 이름이 붙여졌다. 옛날에는 우물가에 많이 심어 물맛이 늘 향기롭고, 사시사철 푸르고 샘물이 마르지 않아 풍요로운 삶을 기원했다고 한다. 우리 조상은 장례 때 향나무 향기로 시체가 부패한 냄새를 제거하기 위해 사용했다. 그 향기가 하늘까지 올라간다고 믿었고, 하늘 망자(亡者)의 영혼이 내려온다고 하여 차례나 제사 때 향료로 사용하게 되었다. 향나무는 청정(淸淨)을 뜻하기 때문에 궁궐에 심었고, 조선 왕실에서 홀(笏 · 5품의 벼슬)로 향나무 명패를 만들어 소지하게 했고, 사찰에서 바리때와 수저를 향나무로 만들어 음식을 먹었다. 중국에서는 보배같이 생긴 소나무처럼 생겼다 하여 "보송(寶松)"이라 부르고, 북경 자금성 내에 오래된 향나무를 쉽게 볼 수 있다. 조선시대 허준이 쓴 〈동의보감〉에서 "향나무는 향이 좋고, 습기를 막아 주며, 벌레를 물리치고, 심신(心身)을 안정시키는 데 탁월하다"라고 기록돼 있다. 향의 연기 때문에 좀벌레가 생기지 않는다. 우리 조상은 향나무 향이 더러운 때를 씻어낸다고 하여 신성하게 여겼고, 귀신을 쫓는 힘이 있다고 믿었고, 경건함을 유지하기 위해 신목(神木)의 표상으로 삼았다. 향나무는 공기 정화수로 알려져 공공장소에 많이 심었다. 분재처럼 수형을 만들 수 있으므로 정원에 심었다. 향나무를 귀한 나무로 보아 매향 의식(儀式)이 있었다. 향나무는 나무의 조직이 치밀하고 결과 윤기가 좋아 조각재, 기구, 가구 등을 만들었다. 현대에 와서 연필, 화장품 향료, 비누를 만든다. 향나무로 만든 상자나 궤짝에 귀중한 서류나 책 또는 옷을 보관하면 벌레가 생기지 않는다.

🌿 향나무는 식용보다는 약용 · 관상용 · 공업용으로 가치가 높다!

잎, 열매, 나무껍질, 뿌리 모두를 쓴다. 한방에서 잎을 말린 것을 "회백엽(檜栢葉)"
이라 부른다. 혈액 순환에 다른 약재와 처방한다. 약초는 잎이나 어린 가지를 채취
하여 햇볕에 말려 쓴다. 민간에서 관절염에는 잎 15g을 달여서 먹는다. 생잎을 짓
찧어 종기나 두드러기에 붙였고, 향나무를 잘게 썰어 우려낸 물은 폐종양에 쓴다.

🌿 향나무 성분&배당체

향나무 잎에는 이멘토 플라본 · 히노키 플라본 · 아피게닌, 나무껍질과 뿌리에는
정유 성분인 세드롤이 함유돼 있다.

🌿 향나무를 위한 병해 처방!

녹병에는 6~7월에 트리아디메폰 수화제 800배, 페나리몰 유제 3000배, 만코
제브 수화제 500배 희석액을 7~10일 간격으로 살포한다. 아고병(눈마름병)에는
4~5월에 만코제브 수화제 500배, 옥신코퍼 1000배액 희석액을 7~10일 간격으로
2~3회 살포한다. 페스탈로치 엽고병이 태풍이나 장마가 지난 후 발생하는데 피해
발견 즉시 옥신코퍼 수화제 1000배, 만코제브 수화제 500배 희석액을 7~10일 간
격으로 2~3회 살포한다. 검은돌기 잎마름병에는 6~8월경 주로 수관 하부 침엽과
가지가 갈색으로 변하는데 약제 방법이 어려워서 영양공급으로 수세를 회복시키
는 보육 작업을 시행한다.

> **TIP**
>
> **번식** 향나무는 봄에 어린나무에서 전년도 가지 끝을 10cm 길이로 준비한 뒤 하단부 잎을
> 떼어내고 하단부를 물에 침전시킨 후 점토에 삽목(꺾꽂이)하고 차광한 뒤 주기적으로 물을 주
> 어 뿌리를 내리게 한다.

: 불면증 · 고혈압 · 당뇨에 효능이 있는 :

뽕나무 *Morus alba*

| **생약명** | 상엽(桑葉)—잎을 말린 것, 상백피(桑白皮)—뿌리껍질을 말린 것, 상지(桑枝)—가지를 말린 것, 상심자(桑椹子)—덜 익은 열매를 말린 것. | **이명** | 오디나무 · 포화 · 상 · 상수 · 오디나무 · 뽕 · 상목 | **분포** | 마을 부근에 식재

🌲**형태** 뽕나무 뽕나뭇과의 낙엽활엽교목 또는 관목으로 높이는 5~10m 정도이고, 잎은 어긋나고 달걀 모양의 원형 또는 긴 타원 모양의 달걀꼴로서 3~5갈래로 갈라지며 가장자리에 둔한 톱니가 있고 끝이 뾰족하다. 꽃은 암수 딴 그루 또는 암수 한 그루이고 6월에 햇가지 잎의 겨드랑이에서 꼬리처럼 생긴 미상 꽃차례로 달려 밑으로 처져 연두색으로 피고, 열매는 6월에 원형 또는 타원형의 검은 자주색으로 여문다.

● **약성** : 차며 달다.   ● **약리 작용** : 혈압 강하 작용 · 혈당 강하 작용

● **효능** : 소화기 · 순환기계 · 신경기계 · 호흡기계 질환에 효험, **잎**(고혈압 · 구갈 · 기관지 천식 · 불면증 · 피부병 · 류머티즘), **열매**(소갈 · 이명 · 관절통 · 변비 · 어혈 · 이뇨), **가지**(관절염 · 류머티즘 · 수족 마비 · 피부 소양증), **뿌리껍질**(고혈압 · 기관지염 · 부종 · 소변불리 · 자양 강장 · 천식 · 피부 소양증 · 황달 · 해수)

🌿 **음용** : 봄에 뽕잎을 따서 햇볕에 말린 후 다관이나 용기에 넣고 물에 달여 차로 마신다.

240

"건강에 유익한 뽕나무"

🌿 뽕나무의 꽃말은 지혜·못 이룬 사랑이다.

한자는 "상(桑)"으로 나무 위에 열매가 다닥다닥 붙어 있는 모습이다. 열매(오디)를 많이 먹으면 소화가 잘되어 방귀가 잘 나와 "뽕나무"라는 이름이 붙여졌다. "새뽕나무", "가상(家桑)", "지상(地桑)" 등 다양한 이름도 있다. 조선시대 〈산림경제〉, 〈임원경제지〉, 〈목민심서〉에 뽕나무 재배 기록이 나온다. 부(富)의 척도는 "비단(緋緞)"이었는데, 누에는 뽕잎을 먹기 때문에 많이 심었다. 허준이 쓴 〈동의보감〉에서 "뽕나무 열매(오디)는 보약이다", 중국의 농서(農書)인 〈제민요술〉에서 "검은 오디를 먹으면 소갈(당뇨병)을 멈추게 한다"라고 기록돼 있다. 뿌리를 물에 끓여 머리를 감는 풍습이 있었고, 정월에는 뽕나무 잎에 바늘을 박는 속신(俗信)이 있었는데, 바늘을 입에 물고 힘껏 내뿜는 유희(遊戱)를 하며 충치를 치료하는 주문(呪文)을 하기도 했다. 예전에는 잎으로 누에고치를 얻어 비단을 생산하는 데 썼으나 오늘날에는 잎, 가지, 열매, 뿌리 모두를 식용과 약용으로 쓴다.

🌿 뽕나무는 식용, 약용으로 가치가 높다.

6월에 검게 익은 열매를 생식하고, 봄에 어린잎을 따서 끓는 물에 살짝 데쳐서 나물로 먹는다. 잎을 간장에 재어 30일 후에 장아찌로 먹는다. 잎이나 가지의 속껍질을 말려 가루로 만들어 곡식과 섞어서 밥·죽·떡을 만들어 먹는다. 발효액을 만들 때는 6월에 익은 열매를 따서 용기에 넣고 재료의 양만큼 설탕을 붓고 100일 정도 발효시킨 후 발효액 1에 찬물 3을 희석해서 음용한다. 오디주를 만들 때는 6

월에 익은 열매를 따서 용기에 넣고 소주(19도)를 부어 밀봉해 3개월 후에 마신다. 약초를 만들 때는 6월경 잎을 채취해 햇볕에 말려 쓴다. 가을에 땅속의 뿌리껍질을 캐어 속껍질만을 따로 떼어 햇볕에 말려 쓴다. 한방에서 잎을 말린 것을 "상엽(桑葉)", 뿌리껍질을 말린 것을 "상백피(桑白皮)", 가지를 말린 것을 "상지(桑枝)", 덜 익은 열매를 말린 것을 "상심자(桑椹子)"라 부른다. 당뇨병과 고혈압에 다른 약재를 처방한다. 민간에서 암에는 뽕나무에서 나오는 상황버섯이나 겨우살이를 채취하여 잘게 썰어 물에 달여 하루에 3번 공복에 복용한다. 고혈압에는 뿌리를 캐서 물로 씻고 15g을 물에 달여 하루에 3번 공복에 마신다. 장복해야 효과를 볼 수 있다.

🌿 뽕나무 성분&배당체

잎에는 루틴·케르세틴·모라세틴, 정유 성분에는 초산·주석산·구연산·호박산·서당·과당·포도당·아스파라긴·아미노산·비타민C·아연, 뿌리껍질에는 타닌·점액소, 가지에는 타닌·유리서당·포도당·플라보노이드, 열매에는 당분·타닌·사과산·비타민B와 C, 상심유(桑椹油) 지방산은 라놀산·올레인이 함유돼 있다.

🌿 뽕나무를 위한 병해 처방!

뽕나무에 녹병이 발생할 때는 발생 초기에 트리아디메폰 수화제 800배, 페나리몰 유제 3000배, 만코제브 수화제 500배 희석액을 7~10일 간격으로 3~4회 살포한다. 흰가루병에는 비터타놀 수화제를 살포한다.

> **TIP**
>
> **번식** 6월 말에 채취한 종자의 과육을 제거한 뒤 비닐봉지에 습기 흡수제와 함께 밀봉한 뒤 이듬해 봄에 파종한다. 녹지삽(풋가지 꽂이)은 6월 초 전후 밝은 촉진제에 30분간 침전한 후 심는다.

7

종교적 상징 나무

: 지혈 · 이뇨 · 부종에 효능이 있는 :

산딸나무 *Cornus kousa*

| **생약명** | 야여지(野茹枝) – 꽃과 잎을 말린 것. | **이명** | 박달나무 · 오목 · 흑단 · 들메나무 · 미영꽃나무 · 소리딸나무 | **분포** | 경기 이남의 산 숲 속

🌿 **형태** 산딸나무는 층층나뭇과의 갈잎큰키나무로 높이는 10m 정도이고, 잎은 어긋나고 넓은 달걀꼴로서 가장자리가 손바닥 모양으로 갈라진다. 끝이 뾰족하고 가장자리에 겹톱니가 있다. 꽃은 6월에 잎겨드랑이나 가지 끝에 오판화로 연한 흰색으로 피고, 열매는 7~8월에 적색으로 여문다.

● **약성** : 평온하며, 달다. ● **약리 작용** : 이뇨 작용
● **효능** : 소화기계 질환에 효험, 수렴 · 지혈 · 장출혈 · 혈변 · 이뇨 · 부종

🌿 **음용** : 6월에 꽃을 따서 찻잔에 1개를 넣고 뜨거운 물을 부어 1~2분 후에 꿀을 타서 차로 마신다.

"꽃잎 총포가 아름다운 산딸나무"

🌿 **산딸나무의 꽃말은 견고이다.**

산딸나무 한자명은 "사조화(四照花)"이다. 붉은 열매가 마치 딸기처럼 생겼다 하여 "산딸나무"라는 이름이 붙여졌다. 이스라엘에서는 "오목(烏木)" 또는 "흑단(黑檀)", 나무가 치밀하고 무거워 "박달나무"라 부른다. 쓰임새가 많아 "쇠박달나무", "박달나무", "준딸나무", "아기 산딸나무", "굳은 산딸나무", "들메나무", "미영꽃나무"라는 다양한 이름도 있다. 산딸나무는 중국, 일본, 유럽 등에 분포한다. 우리 땅에는 중부 이남에 자생한다. 산딸나무와 꽃산딸나무는 꽃, 수형, 잎 모양이 거의 같으나 열매가 다르다. 산딸나무는 성경에서 언급될 정도로 여러 섬에서 온 상인들이 코끼리 상아(象牙)와 거래할 정도로 귀하고 비싼 나무였다. 그래서 그런지 나무가 워낙 단단한 나무는 가공이 쉽지 않지만, 뒤틀림이 없고 변질이 없고 광택이 나기 때문에 가치가 높게 평가된다. 필자도 외국에서 수입한 흑단을 소유하고 있다. 산딸나무 가지 끝에 꽃잎으로 보이는 총포 조각은 4장 짝수인데 아름답다. 이 하트 모양이 십자가 모양을 연상케 한다고 하여 예수님이 못 박혀 운명할 때 이 나무로 십자가를 만들었다 하여 기독교인은 성스러운 나무로 본다.

고대 인도에서는 왕의 홀(笏)이나 잔을 만드는 데 사용했다. 악기를 만드는데 최고로 쳐 피아노 건반, 바이올린, 조각재, 기구재, 가구재, 공예품 등을 만드는 데 쓴다.

산딸나무의 자랑은 꽃(총포), 열매이다. 꽃이 필 때는 아름답고, 빨간 딸기 모양의 열매는 새들의 좋은 먹잇감이고 식용, 약용으로 쓴다.

🌿 산딸나무는 식용, 약용, 가로수, 관상용으로 가치가 높다.

산딸나무는 꽃, 잎, 열매를 쓴다. 봄에 어린순을 따서 끓는 물에 데쳐서 나물로 무쳐 먹는다. 꽃을 따서 밀가루에 버무려 튀김·부침개로 먹는다. 발효액을 만들 때는 가을에 익은 열매를 따서 용기에 넣고 재료의 양만큼 설탕을 붓고 100일 정도 발효시킨 후에 발효액 1에 찬물 3을 희석해서 음용한다. 식초를 만들 때는 산딸기 열매 80%+설탕 20%를 용기에 넣고 한 달 후에 식초로 만들어 요리에 넣거나 찬물 3을 희석해서 음용한다. 약술을 만들 때는 가을에 익은 열매를 따서 용기에 넣고 19도의 소주를 부어 밀봉하여 3개월 후에 마신다. 약초를 만들 때는 여름에 꽃과 잎을 따서 그늘에, 가을에 열매를 따서 햇볕에 말려 쓴다.

한방에서 꽃과 잎을 말린 것을 "야여지(野茹枝)"라 부른다. 소화기계 질환에 다른 약재와 처방한다. 민간에서 지혈에는 꽃과 잎을 10g을 달여서 먹는다. 이뇨, 지혈에는 전초를 짓찧어 환부에 붙인다.

🌿 산딸나무 성분&배당체
산딸나무 열매에는 주석산·구연산·과당·타닌이 함유돼 있다.

🌿 산딸나무를 위한 병해 처방!
산딸나무는 병충에 강한 편이다.

TIP

번식 산딸나무는 9월에 붉게 익은 열매를 따서 과육을 제거한 후에 직파하여 짚으로 덮고 물을 관수하여 관리를 한다. 녹지삽(풋가지 꽂이)으로 번식할 수 있다.

사진 : 배종진

: 근골동통 · 골다공증 · 관절염에 효능이 있는 :

호랑가시나무 *Llex cornuta*

| 생약명 | 구골엽(枸骨葉)–잎을 말린 것. | 이명 | 호랑이발톱나무 · 가시낭이 · 묘아자 · 노호자 · 구골목 · 구골자 · 산혈단 | 분포 | 산기슭 양지

🌿 **형태** 호랑가시나무는 감탕나뭇과의 상록활엽관목으로 높이는 2~3m 정도이고, 잎은 어긋나고 타원 모양의 육각형으로 모서리의 끝이 예리한 가시로 되어 있다. 꽃은 암수 딴 그루로 4~5월에 잎겨드랑이에 5~6개씩 모여 산형 꽃차례를 이루며 황록색으로 피고, 열매는 8~10월에 둥근 핵과로 여문다.

● **약성** : 평온하며, 쓰다. ● **약리 작용** : 진통 작용 · 항염 작용
● **효능** : 운동계 및 신경계 질환에 효험, 관절염 · 류머티즘 관절염 · 요슬산통 · 타박상 · 해수 · 신경통 · 신경성 두통 · 이명증 · 요통 · 정력 감퇴 · 근골 동통 · 골다공증 · 강정 보호

🌱 **음용** : 4~5월에 꽃을 따서 꽃과 동량의 꿀을 재어 15일 이상 그늘에서 숙성시켜 냉장 보관하여 찻잔에 한 스푼을 넣고 끓는 물을 부어 우려낸 후 차로 마신다.

"예수의 고난을 상징하는 **호랑가시나무**"

🍃 **호랑가시나무의 꽃말은 가정의 행복 · 평화이다.**

잎끝이 호랑이 발톱같이 날카롭고 단단한 가시가 있어 "호랑가시나무", 호랑이가 등이 가려울 때 날카로운 잎으로 긁는다고 하여 "호랑이등긁이나무", 제주도에서는 호랑이 발톱처럼 무섭다 하여 "가시낭", 기독교에서는 꽃, 가시, 열매, 껍질이 예수를 상징하기 때문에 "예수의 나무"라는 이름이 붙여졌다. 그 외 "범의발나무", "구골(枸骨)", "둥근잎호랑가시"라는 다양한 이름도 있다. 호랑가시나무는 중국에 분포한다. 우리 땅에는 변산반도, 완도, 제주도 저지대의 산기슭 양지와 바닷가나 하천변에 자생한다. 이스라엘 사람들은 가을 제사를 지냈는데, 성막(聖幕) 안에 호랑가시나무를 꽂아 놓는 풍속이 있었다. 서양에서 크리스마스를 상징하는 성수(聖樹)로 보아 해마다 성탄절 시즌이 다가오면 꽃, 잎, 열매, 줄기로 장식을 해왔다. 성탄 카드, 선물 포장지, 장식용 절화(가지째 꺾는 꽃), 크리스마스트리, 실내 장식에 이르기까지 호랑가시나무로 장식한다. 호랑가시나무에는 슬픈 이야기가 있다. 예수가 가시관을 쓰고 피를 흘리며 골고다 언덕을 지날 때 "로빈*"이라는 새가 예수의 머리에 박힌 가시를 부리로 뽑아내려고 했으나 오히려 가시관의 가시에 온통 찢겨 죽게 되었는데, 훗날 이 새가 호랑가시나무 열매를 잘 먹기 때문에 귀하게 여기며 신성시하는 계기가 되었다고 전한다. 그래서 그런지 기독교에서는 가지는 "가시면류관", 둥그렇고 빨간 열매는 예수가 흘린 "피", 꽃은 백합꽃처럼 하얗기 때문에 "예수의 탄생", 나무껍질은 연(蓮)즙처럼 쓴맛이 나기 때문에 "예수의 고난"을 뜻한다. 우리나라는 액운을 쫓는 데 썼다. 음력 2월에 영등날 호랑가시나무의 가지를 꺾어다가 정어리의 머리에 꿰어 처마 끝에 매달아 액운을 쫓았다. 그리스 로마인은 집 안에 심어 재앙이 없길 바랐고, 독일인은 면류관을 만들었고, 중국인은 새해 축제 때 장식용으로 쓰고, 영국인은 호랑가시나무로 지팡이를 짚고 다녔고, 인디언은 차로 마셨다. 필자가 자주 가는 해상 국립공원인 변산반도 해안 호랑가시나무 군락은 1962년 천연기념물 제122호로 지정되어 보호하고 있다.

＊지빠귓과의 티티새

🌿 호랑가시나무는 식용, 약용, 관상용, 꺾꽂이용으로 가치가 높다!

봄에 연한 잎을 채취하여 끓는 물에 살짝 데쳐서 나물로 무쳐 먹는다. 봄에 연한 잎을 따서 밀가루에 버무려 튀김·부침개로 먹는다. 발효액을 만들 때는 가을에 붉게 익은 열매를 따서 용기에 넣고 재료의 양만큼 설탕을 붓고 100일 정도 발효시킨 후에 발효액 1에 찬물 3을 희석해서 음용한다. 약술을 만들 때는 가을에 붉게 익은 열매를 따서 용기에 넣고 19도(소주)를 부어 밀봉하여 3개월 후에 마신다. 약초를 만들 때는 여름에 잎은 그늘에·가을에 씨앗과 뿌리를 채취하여 햇볕에 말려 쓴다. 한방에서 잎을 말린 것을 "구골엽(枸骨葉)"이라 부른다. 관절염에 다른 약재와 처방한다. 민간에서 관절염·골다공증에는 잎이나 줄기 20~30g을 물에 달여 복용한다. 해수·천식에는 씨 3~7g을 물에 달여 하루 3회 나누어 복용한다.

🌿 호랑가시나무 성분&배당체

호랑가시나무 열매에는 사포닌·알칼로이드·타닌, 뿌리에는 사포닌·타닌, 나무껍질에는 카페인·사포닌·전분이 함유돼 있다.

🌿 호랑가시나무를 위한 병해 처방!

호랑가시나무에는 진드기·흰가루병·반점병·줄기마름병·황변 현상이 발생한다. 반점병에는 5~9월에 만코제브 수화제 500배 희석액을 월 1~2회 살포한다. 줄기마름병에는 알코올로 소독 후 선처 부위에 티오파네니트메틸을 바른다. 피해를 본 가지는 절단하여 소각한다.

> **TIP**
>
> **번식** 호랑가시나무는 가을에 채취한 종자의 과육을 제거한 후에 2년간 노천매장 했다가 이듬해 봄에 파종한다. 6~7월에 삽목(꺾꽂이)을 한다.

박태기나무 *Cercis chinensis*

| **생약명** | 자형피(紫荊皮)–가지를 말린 것. | **이명** | 육홍 · 구슬꽃나무 · 자형목 | **분포** | 전국 각지

🌿 **형태** 박태기나무는 콩과의 낙엽활엽관목으로 높이는 5m 정도이고, 잎은 어긋나고 가죽질 심장형으로서 가장자리가 뾰쪽하고 밋밋하다. 꽃은 4월 하순경에 잎보다 먼저 작은 꽃차례를 이루며 자홍색으로 피고, 열매는 8~9월에 꼬투리가 달린 갈색으로 편평하고 긴 선 모양의 타원형의 협과로 여문다.

- **약성** : 평온하며, 쓰다. ●**약리 작용** : 항바이러스 작용 · 항균 작용
- **효능** : 부인과 · 신경계 질환에 효험, 줄기껍질(월경 불순 · 월경통 · 인후통 · 소종 · 통경 · 해독), 줄기(심복통 · 천식 · 지통), 대하증 · 산후 복통 · 신경통 · 옹종 · 타박상

🌿 **음용** : 4월에 꽃을 따서 햇볕에 말린 후 찻잔에 조금 넣고 뜨거운 물을 부어 1~2분 후에 꿀을 타서 차로 마신다.

"꽃봉오리가 구슬을 닮은 **박태기나무**"

🌿 박태기나무의 꽃말은 우정 · 의혹이다.

　성경에서 호랑가시나무라는 이름은 없다. 기독교에서는 예수가 박태기나무 십자가에 달렸다 하여 "죄인이 목멘 나무"라는 이름을 붙였다. 프랑스 유다 지방의 일설에 의하면 박태기나무가 원래 흰 꽃이었으나, 가룟 유다가 목매어 죽은 후부터 붉은 꽃으로 되었다고 전한다. 박태기나무는 중국, 한국에 자생한다. 한자명은 "만조홍(滿條紅)", 밥알 모양과 비슷한 꽃이 피기 때문에 "박튀기" 또는 "밥알 나무", 유럽에서는 칼처럼 생긴 꼬투리가 달린다고 하여 "칼집 나무", 유다가 예수를 배반했다 하여 "유다 나무", 북한에서는 꽃봉오리가 마치 구슬 같다 하여 "박태기나무"라 부른다. 그 외 "소방목", "밥태기꽃나무", "자형(紫荊)"이라는 다양한 이름도 있다. 기독교에서 신앙고백을 할 때 주기도문이나 사도신경을 한다. 필자는 당시 로마 총독이었던 본디오 빌라도가 예수를 십자가에 처형한 후 오늘날까지 기독교인들의 신앙고백을 통해 저주를 받고 있다고 생각한다.

　예수의 제자 12명 중 가룟 유다는 로마 총독에 은(銀) 삼십에 예수를 팔았다. 당시 은화 30개는 노예를 한 사람을 살 수 있었다. 예수가 재판을 받고 십자가에 죽자, 유다는 스스로 정죄함을 알고 목메 자살을 하게 되는데 그때 목맨 나무가 박태기나무이다.

　박태기나무의 자랑은 꽃, 잎, 열매이다. 봄에 꽃이 화려하고 아름다워 관상용으로 아파트 화단이나 공원에 많이 심고, 벌이 찾아 양봉 농가에 도움을 준다.

사진 : 이원희

🍃 박태기나무는 식용, 약용, 관상용으로 가치가 높다!

박태기나무 꽃, 가지, 뿌리껍질을 쓴다. 5월에 어린순을 따서 끓는 물에 살짝 데쳐서 나물로 무쳐 먹는다. 향이 좋아 샐러드로 먹고, 볶음·국거리·된장찌개로 먹는다. 발효액을 만들 때는 5월에 어린순을 따서 용기에 넣고 재료의 양만큼 설탕을 붓고 100일 정도 발효시킨 후에 발효액 1에 찬물 3을 희석해서 음용한다. 약술을 만들 때는 7~8월에 나무껍질을 채취하여 적당한 크기로 잘라 용기에 넣고 19도의 소주를 부어 밀봉하여 3개월 후에 마신다. 약초를 만들 때는 7~8월에 나무껍질을 햇볕에 말려 쓴다. 한방에서 가지를 말린 것을 "자형피(紫荊皮)"라 부른다. 부인과 질환(월경불순. 생리통)에 다른 약재와 처방한다. 꽃에는 소량의 독이 있다. 민간에서 월경통에는 줄기 껍질 10g을 달여서 먹는다. 통증에는 줄기 8g을 달여서 먹는다. 소변불리나 이뇨에는 줄기나 껍질을 물에 삶아 마셨다.

🍃 박태기나무 성분&배당체

박태기나무에는 타닌, 종자에는 미량의 유기산·아스파라긴이 함유돼 있다.

🍃 박태기나무를 위한 병충해

박태기나무에 패스탈로치아병이 발생할 때는 피해 발생 시 만코제브 수화제 500배 희석액을 여러 차례 살포한다. 박쥐나방에는 다이센 500배액을 희석해 2~3회 살포한다.

TIP

번식 박태기나무는 가을에 콩꼬투리 모양의 열매 속 종자를 채취하여 과육을 제거한 후 직파를 하거나 노천매장한 뒤 이듬해 봄에 파종한다. 포기나누기로 번식할 수 있고, 숙지삽(굳가지꽂이)는 3~4월, 녹지삽(풋가지 꽂이)은 6~7월에 한다.

: 미세먼지 · 해독 · 질병을 예방해 주는 :

양버즘나무 *Platanus occidentalis*

| 생약명 | 열매를 말린 것을 "법국오동(法國梧桐)" | 이명 | 버즘나무, 미국오동, 쥐방울나무, 양방울나무, 단풍버즘나무 | 분포 | 전국 식재, 도로변

🌿형태 양버즘나무는 버즘나무과 낙엽 활엽교목으로 높이는 30m 이상이고, 잎 길이는 10~20cm, 너비는 10~22cm의 관란형으로 가장자리가 3~5개로 깊게 갈라져 있다. 암갈색의 수피는 세로로 갈라지면서 박편상으로 떨어진다. 꽃우 수꽃은 액상화서, 암꽃은 정생화서에 달리고 4~5월에 핀다. 열매는 9~10월에 달려 다음 해 봄까지 달린다.

●약성 : 차며, 쓰다. ●약리 작용 : 진통 작용, 해독 작용
●효능 : 몸속의 독소를 배출하고, 복통, 설사, 이질, 치통

🌿음용 : 가을에 덜 익은 열매를 채취하여 물에 달여 차로 마신다.

253

"미세먼지와 환경 오염 정화하는 **양버즘나무**"

🍃 양버즘나무의 꽃말은 천재이다.

양버즘나무는 "플라타너스(Platanus)"이다. 우리 조상은 암갈색의 나무껍질이 작은 조각으로 떨어져 "버짐"이 핀 모양 같다 하여 "버즘"으로 부르다가 북아메리카에서 건너온 나무라 하여 "양버즘나무"라는 이름이 붙여졌다. 북한에서는 조랑조랑 달린 열매가 방울 같다 하여 "방울 나무"라 부른다. 양버즘나무는 도로변 가로수로 도시를 아름답게 빛내는 나무이다. 키가 50m 정도까지 자라고 잎은 손바닥보다 크다. 이산화탄소를 흡수해 미세먼지나 환경 오염을 정화해 준다. 또한 대도시의 "열섬 현상*"을 완화해 주는 에어컨 역할을 한다. 이유미가 쓴 "우리 나무 백가지"에 의하면, 서울 시내 가로수의 49%가 "양버즘나무"라 한다. 양버즘나무는 100여 년 전부터 가로수로 심었다. 그러나 봄이면 어린잎 뒷면 솜털이 날아다니며 인체에 해로워서 아쉽게도 다른 나무로 교체되고 있다. 환경연구원에서 발표한 논문에 의하면, 도심에 떠다니는 분진, 오염 물질들을 흡수하는 능력이 뛰어난 것을 밝혀냈다. 우리나라의 양버즘나무와 비슷한 신풍나무는 지중해 연안과 요단강 상류에서 쉽게 볼 수 있다. 성경 구약 창세기 30장 37절에서 양(羊)의 번식을 위해 사용한 나무로 언급되고 있다. 신풍나무의 외종피의 껍질을 벗기면 얼룩무늬가 있다. 인간이 산림의 혜택을 누리고 산다는 것은 축복이다. 인간은 식물 없이 살 수 없는 이유는 건강에 직접 영향을 받고 심리적 안정과 평화, 행복을 주기 때문이 아닐까? 서울 도심의 숲은 일본 도쿄나 미국 뉴욕, 영국 런던의 30~50% 밖에 안 된

* 열섬 현상은 높은 건물, 아스팔트 도로와 자동차가 많은 대도시의 중심 부분이 숲과 비교해 기온이 현저히 높게 나타난다.

다. 지금보다 2~3배는 많아져야 하지만, 지금도 녹지 공간인 그린벨트를 해제를 해서 아파트를 짓겠다는 정책을 펴려고 하고 있다. 양버즘나무는 북부 온대 지방에 분포하는데, 우리 땅에는 1910년경에 들어온 버즘나무, 양버즘나무, 단풍버즘나무 세 종류가 있다. 세계에서 제일 큰 양버즘나무는 미국 인디애나주에 있는데 높이는 45m가 넘고, 둘레는 12.7m쯤 된다. 양버즘나무의 자랑은 잎, 나무껍질이다. 잎이 커서 꽃이 필까 하지만 5월이면 어김없이 꽃이 피고, 방울처럼 화사하게 달린다. 나무 한 그루가 하루 360g의 수분을 방출하고, 대기 중의 열에너지를 22만kcal나 흡수해 대기 온도를 낮추어 준다. 이는 15평형 에어컨 8대를 5시간 동안 가동하는 효과와 같다. 양버즘나무는 식용보다는 가로수, 공원수, 풍치수로 가치가 높다! 목재의 무늬가 아름다워 식품의 포장재를 비롯하여 각종 가구의 재료, 합판, 펄프재로 쓴다.

✔ 양버즘나무 성분&배당체

양버즘나무 한그루 잎에서 하루 360g의 수분을 방출하여 대기 중의 오염을 방지해 준다.

✔ 양버즘나무를 위한 병해 처방!

양버즘나무에는 병충해에 약해 탄저병 · 진드기 · 미국흰불나방이 발생한다. 탄저병에는 발병 초기에 만코제브 수화제 500배, 옥신코퍼 수화제, 클로로탈로닐 수화제 1000배, 메트코나졸 액상 수화제 3000배 희석액을 2~3회 살포한다.

> **TIP**
>
> **번식** 양버즘나무는 봄에 딱딱한 열매를 채취한 뒤 종자만을 꺼내 흐르는 물에 10일 정도 담가두었다 파종한다. 삽목(꺾꽂이)는 봄에 한다.

버드나무 *Salix koreensis Andersson*

| 생약명 | 잔 가지를 말린 것을 "청명류(淸明柳)" | 이명 | 버들강아지, 버들개지 | 분포 | 전국 각지, 물가, 들

🌿형태 버드나무는 버드나무과 낙엽활엽교목으로 높이는 20m 정도이고, 잎은 어긋나며 피침형이고 앞면은 녹색으로 털이 없고 뒷면은 흰빛을 띤다. 수피는 암갈색이다. 꽃은 4월에 잎과 함께 핀다. 암수딴그루이며 수꽃은 타원형으로 털이 있고, 암꽃의 포는 난형이며 녹색으로 털이 있다. 열매는 5월에 난형으로 여문다.

● 약성 : 따뜻하며, 달고, 떫다. ● 약리 작용 : 진통 작용, 해열 작용, 살균 작용
● 효능 : 통증을 다스리고 종기에 효험이 있는데, 치통, 진통, 골절, 동맥경화, 종독, 출혈, 풍치, 해열, 황달, 각혈

🌿음용 : 차로 마신다.

"아스피린의 원료 버드나무"

🌿 버드나무의 꽃말은 자유 · 솔직함 · 경쾌함이다.

버드나무는 뿌리가 개울가 둑을 보호해 준다고 하여 "수향목(水鄕木)"이라는 이름이 붙여졌다. 그 외 "능수버들", "갯버들", "수양버들", "왕버들", "고리버들", "유수(柳樹)", "수양(垂楊)", "수류(垂柳)", "유서(柳絮)", "양류(楊柳)" 등 다양한 이름이 있다. 생명력이 강해 어느 곳에 꽂아도 뿌리를 잘 내려 자라는 속도가 빨라 새봄에는 재생(再生)을 상징하기 때문에 버드나무를 깎아 불을 피워 각 관청에 나누어 주는 관례가 있었다. 버드나무는 생명력이 강해 청춘의 표상으로 삼았다. 조선시대 사대부들은 버드나무를 "재녀(才女)"라고 비유했다. 청명(淸明)에는 봄나물을 먹었다. 해마다 사흘 전에 아궁이 속의 불을 끄고, 버드나무로 불을 지피는 것은 악귀(惡鬼)를 태운다는 속신을 믿었다. 버드나무를 봄과 생명력에 비유하여 유색(柳色)으로 표현했으며, 문인(文人)들은 수양버들의 하얀 솜털이 바람에 휘날릴 때 눈보라처럼 보인다고 하여 "유서(柳絮)"로 불렀다. 불교(佛敎)에서 버들가지는 중생의 고난을 상징하는데, 불상 "양류관음(楊柳觀音)"은 오른손에 버드나무 가지를 쥐고, 왼손은 젖가슴에 대고 바위 위에 앉아 있는 모습은 중생의 병고(病苦)를 덜어주는 것을 의미한다. 늘씬하고 아름다운 여인을 가리켜 "유요(柳腰)", 미인의 눈썹을 "유미(柳眉)", 예쁜 모습을 "유용(柳容)", 날씬한 허리를 "유요(柳腰)", 길고 윤기가 나는 여인의 머리를 "유발(柳髮)"이라 했다. 버드나무가 물을 정화해 마을 우물가에 심었다. 어머니가 돌아가셨을 때 상주는 부드럽고 온유하다는 뜻에서 버드나무 지팡이를 짚었다. 능수버들 가지의 늘어진 모습이 마치 상(喪)을 당한 여인이 머리를 풀어헤친 모습

같아 집 안에 심지 않았다. 버드나무 가지가 부드러우므로 이쑤시개를 "양지", 일본에서는 "요오지"로 부른다. 버드나무로 젓가락, 상자, 세공재 등을 만들고, 나무 밑 부분은 각종 기구(器具), 받침목, 수레, 건축용으로 썼다.

🍃 **버드나무는 식용보다는 약용, 풍치림, 가로수, 공업용으로 가치가 높다.**

버드나무는 독(毒)이 없어 고약(膏藥)을 만드는 재료로 쓰고, 나무껍질은 이뇨제로 쓰고, 아스피린의 원료가 물질도 버드나무의 뿌리에서 추출한다. 의사의 아버지인 히포크라테스는 버드나무의 잎과 껍질이 통증 완화에 효과가 있다는 기록을 남겼고, 그로부터 2300여 년이 지난 1,892년에 과학자들은 버드나무 껍질로부터 통증을 완화하는 성분인 "살리신"을 발견했고, 1915년 독일 바이엘은 이 살리신으로 우주인도 휴대한다는 해열진통제 "아스피린"을 개발하였다.

🍃 **버드나무 성분&배당체**

버드나무 가지에는 통증을 완화해 주는 성분인 아스피린이 함유돼 있다.

🍃 **버드나무를 위한 병해 처방!**

버드나무에 세균성 구멍병이 발생할 때는 디티아논 액상 수화제, 탄저병에는 만코제브, 흰가룻병에는 비티티놀 수화제, 잎말이벌레·미국흰불나방에는 클로르피리포스 수화제를 살포한다.

> **TIP**
>
> **번식** 버드나무의 5월에 채취한 종자를 바로 저습지나 축축한 땅에 파종한다. 3~4월에 전년도 가지를 20cm 길이로 잘라 삽목(꺾꽂이)한다. 녹지삽(풋가지꽂이)는 6~7월에 당해연도 가지로 삽목한다.

백당나무 열매

: 관절염 · 피부소양증 · 순환계 질환에 효능이 있는 :

불두화 *Vlburnum opulus*

| 생약명 | 꽃을 말린 것을 "불두화(佛頭花)", 뿌리와 껍질을 말린 것을 "불두근(佛頭根)" | 이명 | 수국백당, 수구화, 백당나무 | 분포 | 전국 각지, 절 주변 식재, 계곡

🌿**형태** 불두화는 인동과의 낙엽활엽관목으로 높이는 2~3m 정도이고, 잎은 2개씩 마주나며 세 갈래로 갈라지고 가장자리에 거친 톱니가 있다. 뒷면에 털이 나 있다. 어린 가지는 자라면서 잿빛이 된다. 나무껍질에는 코르크질이며 세 갈래로 갈라진다. 꽃은 5~6월에 가지 끝에서 공처럼 무성화(중성화)로 피고, 열매는 9월에 팥알 만한 둥근 핵과로 여문다.

● **약성** : 평하며, 달고, 쓰다. ● **약리 작용** : 거풍(祛風) 작용, 진통 작용
● **효능** : 운동계 · 순환계 질환에 효험이 있고, 관절염, 관절통, 진통, 타박상, 풍, 요통, 악창, 개창, 옴, 버짐, 피부소양증(가려움증), 이질을 억제

🌿**음용** : 꽃잎을 따서 햇볕에 말린 후 따뜻한 물에 넣고 우려낸 후 차로 마신다.

"부처의 머리를 닮은 **불두화**"

🍃 **불두화의 꽃말은 은혜 · 베풂이다.**

　불두화는 인위적으로 만들어진 원예품종이다. 인동과에 속하는 낙엽성 관목으로 다 자라도 3m를 넘지 못한다. 16세기 전후로 일본에서 들어온 것으로 추정한다. 일본 에도 시대에 "약용으로 재배되었고, 정원수로 이용했다"라고 기록돼 있다. 불두화(佛頭花)는 불교와 관련이 깊어 사찰 주변에 많이 심었다. 커다란 꽃송이가 부처의 머리처럼 생겼다 하여 "불두화(佛頭花)" 또는 "불두수(佛頭樹)", 수를 놓은 공과 비슷하다 하여 "수구화(水球花)", 활짝 피면 사발 같다 하여 "사발꽃", 하늘나라 선녀가 하얀 눈을 먹고 토해 놓은 것 같아 "설토화"라는 이름이 붙여졌다. 영어로 스노 볼 트리(Snow ball tree) 고운 이름도 있다. 사찰 경내 대웅전 계단 양옆에는 어김없이 작은 화단에 한두 그루쯤 심겨 있다. 스스로 씨를 맺지 못하는 무성화(중성화)라 하여 사찰에 심었다. 모든 현화 식물은 두 개의 성(性)을 가져야 꽃을 피우는데, 불두화의 꽃에는 수술과 암술이 없고 흰 꽃잎만 있어 무성화(無性花 · 중성화)이다. 풍성한 꽃이 필 때 벌과 나비가 찾아들어 열매를 맺을 수 있도록 돕는다. 절에서 많이 심는 불두화는 신기하게도 초파일 즈음에 핀다. 불두화의 모체가 되는 것은 백당나무로 꽃을 제외한 모든 것이 비슷하다. 구분을 할 때는 불두화의 꽃차례가 공과 같은데 백당나무는 원판 모양이다. 유사종으로 백당나무는 가지 끝에 흰색이 가장자리에는 장식 꽃이 피고, 털백당나무는 전체적으로 백당나무와 비슷하나 꽃자루에 털이 있고, 만백당 나무는 1년생 가지와 잎에 털이 없고, 좀 백당나무는 꽃 모양이 말채나무 꽃과 비슷하다. 불두화의 자랑은 꽃이다. 봄에 꽃이 지고

여름에 피는 꽃은 화려하다. 꽃 위쪽에는 꿀샘이 있어 벌들이 많이 찾아 양봉 농가에 도움을 준다. 꽃을 말려 열을 내리는 약재로 썼다.

🌿 **불두화는 식용, 약용, 정원수로 가치가 높다.**

불두화는 꽃, 어린 가지를 쓴다. 여름에 꽃을 따서 물에 우려낸 후 차로 마신다. 한방에서 간 질환에 다른 약재와 처방한다. 민간에서 황달에는 잎이나 가지를 물에 달여 복용했다. 피부소양증(가려움증)에는 꽃잎을 끓은 물에 넣고 목욕을 했다.

🌿 **불두화 성분&배당체**

불두화 꽃잎에는 미네랄 · 비타민C · 당분, 씨에는 정유(20% 이상)가 함유돼 있다.

🌿 **불두화를 위한 병해 처방!**

불두화에 진딧물이 발생할 때는 수프라이사이드 용액을 희석하여 2~3회 살포한다.

TIP

번식 불두화를 번식할 때는 3~4월에 눈이 몇 개 붙어 있는 전년도 가지를 15~20cm 길이로 잘라서 발근촉진제를 바른 뒤 삽목(꺾꽂이) 한다.

8

수액을 주는 나무

: 헬리코박터 · 신경통 · 위장병에 효능이 있는 :

고로쇠나무 *Acer mono*

| 생약명 | 골리수(骨利樹)–나무줄기를 통해 내려가는 사관부 내수피에서 나오는 수액 | 이명 | 고로쇠 · 오각풍 · 수색수 · 색목 | 분포 | 산의 숲 속

🌿 **형태** 고로쇠나무는 단풍나뭇과의 낙엽활엽교목으로 높이는 20m 정도이고, 잎은 마주 나고 둥글며 손바닥 모양이고 끝은 뾰쪽하고 톱니는 없다. 꽃은 양성화로 5월에 잎보다 먼저 잎겨드랑이에 산방 꽃차례를 이루며 연노란색으로 피고, 열매는 9월에 시과로 여문다. 프로펠러 같은 날개가 있다.

● **약성** : 평온하며, 달고, 쓰다.　● **약리 작용** : 항균 작용
● **효능** : 신경통 · 소화기계 질환에 효험, 헬리코박터 · 신경통 · 위장병 · 허약 체질 · 골다공증 · 타박상 · 관절염 · 부종 · 숙취 · 식체(고구마 · 보리밥)

⚘ **음용** : 우수~경칩 사이에 줄기에 구멍에 호스를 꽂고 물통에 받아 수액을 마신다. 상온에서 쉽게 변하기 때문에 바로 먹거나, 냉동 보관해 마신다.

264

"자연산 건강 음료 수액의 대명사 **고로쇠나무**"

🌿 **고로쇠나무의 꽃말은 영원한 행복이다.**

땅속에서 지기(地氣)와 수액을 높이 100m 정도까지 운반하는 기술은 나무만이 가지고 있다. 고로쇠나무는 신라 도선 국사가 수액을 마시고 회복되었다 하여 "골리수(骨利樹)"라는 이름이 붙여졌다. 고로쇠나무는 전국 계곡 습윤한 데서 무리를 지어 분포한다. 고로쇠나무는 단풍나무 중에서 키가 20m 이상까지 가장 크게 자란다. 잎이 손바닥처럼 5~7갈래로 갈라져, 단풍나무의 사촌뻘이다. 고로쇠나무 수액에는 미네랄이 풍부하고 당분이 2% 정도 함유되어 있다. 수액 채취할 때는 나무줄기를 통해 내려가는 사관부 내수피(內樹皮)에서 낮과 밤의 기온 차가 섭씨 15도 이상 되는 우수(雨水)~경칩(驚蟄) 사이에 지리산 해발 500~1,000m에서 채취해야 맛이 담백하고 당도가 높다. 고로쇠나무 수액 채취 규정이 있다. 산림청과 한국수액협회에서는 높이 1.2m, 지름 10~20cm이면 구멍을 한 개, 21~30cm이면 둘, 30cm이면 셋까지 뚫을 수 있다. 채취가 끝나면 살균과 생장 촉진 성분을 가진 유합(癒合) 촉진제로 구멍의 안쪽을 발라 구멍이 원상회복되도록 한다.

고로쇠나무의 자랑은 잎, 수액이다. 잎은 봄에는 신록으로 가을에는 단풍으로 아름답다. 최근 수액의 약리 효능이 밝혀져 천연 음료로 손색이 없다. 전남 광양보건대학의 연구팀이 고로쇠 수액으로 만든 된장에서 위염과 위암을 유발하는 헬리코박터균을 억제하는 것을 밝혀냈다. 나무껍질은 골절상과 타박상을 치료하는 데 쓴다. 고로쇠나무의 목재로 옛날에는 가마, 배의 키 같은 기구, 소반, 집기를 만들었고, 오늘날에는 건축재 및 가구재로 쓰는데 체육관이나 볼링장 바닥에 이용되

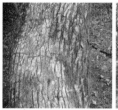

고, 바이올린, 비올라의 액션 부분, 스키, 테니스 라켓, 볼링 핀으로 이용된다.

전국 산지의 고로쇠나무 수액이 유명한 곳은 전남 백운산, 지리산의 피아골 · 뱀사골, 전북 진안 운장산 등이 유명하다.

🌿 고로쇠나무는 식용, 약용, 정원수로 가치가 높다!

고로쇠나무는 수액을 쓴다. 고로쇠의 수액으로 밥 · 김치 · 물김치를 담가 먹는다. 약술을 만들 때는 연중 내내 나뭇가지를 베어 적당한 크기로 잘라 용기에 넣고 19도의 소주를 부어 밀봉하여 3개월 후에 먹는다. 약초를 만들 때는 나무에 상처를 내거나 구멍을 뚫고 호스로 수액을 받아 냉동 보관한다.

한방에서 고로쇠나무에 구멍을 뚫어 호스로 받은 수액을 "골리수(骨利水)"라 부른다. 골절상과 타박상에 다른 약재와 처방한다. 민간에서 위장병 · 신경통에는 줄기 껍질 10g을 달여서 먹는다. 관절염에는 줄기 껍질 10g을 달여서 먹는다.

🌿 고로쇠나무 성분&배당체

고로쇠나무 수액의 주성분은 포도당 · 자당 · 과당, 미네랄 · 황 · 칼슘 · 마그네슘 · 망간 · 염소 · 아연 · 구리가 함유돼 있다.

🌿 고로쇠나무를 위한 병해 처방!

고로쇠나무는 병충해에 비교적 강한 편이나, 진딧물이 발생할 때는 수프라이사이드 용액을 희석하여 2~3회 살포한다.

TIP

번식 고로쇠나무 가을에 열매가 갈색으로 되었을 때 채취하여 모래와 1:2로 섞어 노천매장한 뒤 이듬해 봄에 파종한다. 발아율은 30% 정도 된다. 2년생 묘목을 산에 심는다.

: 통풍 · 기관지염 · 신장병에 효능이 있는 :

자작나무 *Betula platyphylla var. japovnica*

| **생약명** | 백화피(白樺皮)—줄기와 껍질을 말린 것, 화수액(樺水液)—나무줄기를 통해 내려가는 사관부 내 수피에서 나오는 수액 | **이명** | 화수피 · 화목피 · 백단 · 백화 · 붓나무 | **분포** | 북부지방(강원도), 깊은 산 양지

🌿 **형태** 자작나무는 자작나뭇과의 낙엽활엽교목으로 높이는 20m 정도이고, 잎은 짧은 가지에서는 어긋나고 긴 가지에서는 2개씩 나온다. 잎몸은 심각형 또는 마름모 모양의 달걀꼴로서 끝이 뾰쪽하고 가장자리에 거칠고 불규칙한 톱니가 있다. 꽃은 4~5월에 잎이 나오기 전 또는 잎과 함께 연한 분홍색으로 피고, 열매는 9~10월에 원통 모양의 견과로 여문다.

- **약성** : 차며, 쓰다.
- **약리 작용** : 향균 작용 · 진통 작용 · 진해 작용 · 거담 작용 · 연쇄상 구균에 발육 억제 작용
- **효능** : 비뇨기 · 이비인후과 · 소화기계 질환에 효험, 통풍 · 간염 · 편도선염 · 자양 강장 · 강장 보호 · 기관지염 · 류머티즘 · 방광염 · 설사 · 습진 · 신장병 · 종독 · 진통 · 피부병 · 해수

🌿 **음용** : 경칩을 전후해서 나무에 구멍을 내고 수액을 받아 마시거나 요리에 쓴다.

"겨울 숲의 귀부인 자작나무"

🍃 **자작나무의 꽃말은 당신을 기다린다.**

　자작나무는 겨울 문턱을 하얗게 빛내주는 "나목(裸木)"이라 하여 "겨울 숲의 귀부인" 또는 "숲의 가인(佳人)"이라는 애칭이 있다. 불을 지필 때 자작자작 소리를 내며 잘 탄다고 해서 "자작나무", 나무껍질이 백옥(白玉)의 은빛을 띠기 때문에 "백단(白椴)" 또는 "백화(白樺)"라는 이름이 붙여졌다. 서양에서는 사랑의 나무이고, 슬라브 족은 사람을 보호해 주는 신(神)의 선물로 여겨 집 주변에 심는다. 아메리칸 인디언들은 자작나무로 만든 통에 수액을 받고 모여서 춤을 추고 노래를 부르는 풍속이 있고, 북유럽에서는 잎이 달린 자작나무 가지를 묶어 사우나를 할 때 몸을 두드려 혈액 순환에 쓴다. 예부터 북방에서는 자작나무 껍질로 만든 지붕 아래 태어나 껍질로 군불을 때 밥을 해 먹고, 혼례를 치를 때 껍질에 불을 붙여 사용했고, 생을 마감할 때는 껍질로 몸을 싸서 땅속에 묻었다. 자작나무 나무껍질은 흰색이고, 가로로 벗겨지고, 잔가지는 자갈색으로 털이 없다. 목재가 단단하고 치밀하여 합천 해인사(海印寺)의 팔만대장경도 자작나무와 박달나무로 만들었고, 경주 천마총에서 출토된 천마도도 자작나무로 그려졌다. 옛날에는 껍질이 매끄럽고 물기에 강해서 우천 시 불쏘시개로 이용했고, 지팡이, 연장 등의 손잡이를 감는 데 이용했고, 오늘날에는 조각재, 특수 용재, 가구재, 세공재, 방적용 목판, 판목, 펄프 용재로 쓰인다. 구소련에서는 자작나무를 건류해서 얻은 타르를 가죽제조에 사용하였고, 새순을 증류해서 얻은 방향유를 화장품 제조에 사용한다. 자작나무 껍질이 아름답고 흰 종이처럼 잘 벗겨져 명함을 만든다. 자작나무를 주원료로 사용하는 "자일리톨"

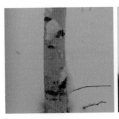

껍을 만든다. 강원도 인제군 남면 수산리 매봉 자락 산중 600ha에 1986년에 펄프용으로 심은 자작나무 90만 그루가 자라고 있다.

🍃 자작나무는 식용보다는 약용, 관상용, 공업용으로 가치가 높다.

자작나무 수액, 껍질, 나무를 쓴다. 차를 만들 때는 연중 나무껍질을 채취하여 햇볕에 말린 후 찻잔에 조금 넣고 뜨거운 물을 부어 1~2분 후에 꿀을 타서 마신다. 약초를 만들 때는 연중 나무껍질을 채취하여 벗겨 햇볕에 말려 쓴다. 한방에서 줄기와 껍질을 말린 것을 "백화피(白樺皮)", 나무줄기를 통해 내려가는 사관부 내수피에서 나오는 수액을 "화수액(樺水液)"이라 부른다. 통풍이나 신장 질환에 다른 약재와 처방한다. 민간에서 통풍에는 자작나무의 수액을 꾸준히 마신다. 자양 강장에는 나무껍질 10~15g을 물에 달여 복용한다.

🍃 자작나무 성분&배당체

자작나무에는 미네랄 · 비타민C · 칼슘이 함유돼 있다.

🍃 자작나무를 위한 병해 처방!

자작나무에 녹병 · 갈색무늬병 · 나방류가 발생할 때는 다이센 500배액, 테프수용제로 발생 즉시 방제한다. 진딧물이 발생할 때는 수프라이사이드 용액을 희석하여 2~3회 살포한다.

TIP

번식 자작나무는 가을에 채취한 종자를 직파하거나 노천매장한 후 이듬해 봄에 파종하면 발아율이 낮아, 잎 이 몇 개 달린 새 가지를 20cm 길이로 잘라 발근촉진제에 하루 담근 후 녹지삽(풋가지 꽂이)로 꽂는다.

: 위장병 · 신장병 · 당뇨에 효능이 있는 :

다래 *Actindia arguta Planchon*

| **생약명** | 미후리(獼猴梨) · 미후도(獼猴桃)—열매를 말린 것 · 목천료(木天蓼)—충영(나무벌레의 혹), 화수액(樺水液)—나무줄기를 통해 내려가는 사관부 내수피에서 나오는 "수액(水液)" | **이명** | 개다래 · 참다래 · 섬다래나무 · 쥐다래나무 · 귀도 · 등리 · 등천료 | **분포** | 전국 각지, 깊은 산지

🌿 **형태** 다래나무는 다래나뭇과의 덩굴성 갈잎떨기나무로 길이는 5~10m 정도이고, 타원형의 잎은 어긋나고 넓은 타원형이며 가장자리에 날카로운 톱니가 있고, 줄기는 다른 물체를 감거나 기댄다. 꽃은 암수 딴 그루로 5~6월에 잎겨드랑이에 모여 3~6송이 모여 흰색으로 피고, 열매는 9~10월에 타원형이나 불규칙한 타원형의 황록색 원형의 장과로 여문다.

- **약성** : 평온하며, 약간 떫다. ● **약리 작용** : 혈당 강하 작용
- **효능** : 소화기 및 호흡기 질환에 효험, **잎**(소화불량 · 황달 · 류마티스 관절통 · 구토 · 당뇨병), **열매**(요통 · 석림), **뿌리**(이뇨 · 통경), **충영**(수족 냉증 · 요통 · 류마티스 · 신경통 · 통풍), **수액**(위장병 · 신장병)

🍵 **음용** : 5~6월에 꽃봉오리를 따서 찻잔에 넣어 뜨거운 물을 붓고 5분 정도 우려낸 후 차로 마신다.

"열매가 달콤한 **다래**"

🌿 **다래의 꽃말은 깊은 사랑이다.**

우리나라 산에는 다래나무와 비슷한 나무가 여러 종이 있다. 사람들은 먹을 수 있는 다래와 먹을 수 없는 개다래가 있다. 중국에서 원종 다래를 1906년 뉴질랜드에서 가져가 품종을 개량한 것이 "키위"이고, 먹을 수 없는 개다래와 쥐다래가 있는데, 쥐다래는 "쇠젓다래", 개다래는 "못좃다래", "묵다래", "말다래"라 부른다. 다래나무의 열매가 달다 하여 "다래"라는 이름이 붙여졌다. 한자명은 "등리(藤梨)", "연조(軟棗)", "연조자(軟棗子)"이고, 원숭이 "미(獼)"에 "후(猴)" 자를 써서 "미후도", "미후리(獼猴梨)"라 부른다. 그 외 "참다래 나무", "다래넌출", "다래덩굴", "청 다래 나무"라는 다양한 이름도 있다. 다래는 중국, 일본, 사할린 등지에 분포한다. 우리 땅에는 전국 해발 100~1500m 산기슭의 골짜기에 자생하는데, 추위에 강하고 척박한 땅에서 양지와 음지에서 잘 자란다. 조선 시대 허준이 쓴 〈동의보감〉에 "다래나무는 심한 갈증과 가슴이 답답하고 열이 나는 것을 멎게 한다"라고 기록돼 있다. 다래나무의 자랑은 꽃, 열매, 수액이다. 열매에는 여러 종류의 비타민이 다량 들어 있는 천연 음료이다. 6~7월에 피는 꽃은 매화꽃처럼 생겼는데 아름답고, 꽃이 필 때 벌들이 찾아 양봉 농가에 도움을 준다. 정원이나 공원의 녹음용으로 심고, 줄기는 생활 도구, 기구재로 이용된다. 수액은 우리 절기 중 경칩을 전후해서 다래나무 밑동에 구멍을 내고 호스를 꽂아 받는다. 상온에서는 쉽게 변하기 때문에 바로 냉동 보관한다. 갈증을 해소하는 데 좋다. 서울 창덕궁에는 수령이 600년 정도 되는 다래가 있는데 천연기념물 제251호로 지정되어 보호를 받고 있다.

🌱 다래는 식용, 약용으로 가치가 높다!

꽃 · 어린순 · 열매 · 수액은 식용하고, 열매(충영 · 蟲癭-벌레 혹)는 약용으로 쓴다. 봄에 잎을 채취하여 나물, 무침 · 볶음 · 국거리 · 간장에 재어 장아찌로 먹는다. 매운탕을 끓일 때 육수로 쓴다. 발효액을 만들 때는 봄에는 잎을 채취하여 마르기 전에 용기에 넣고 재료의 양만큼 설탕을 붓고 100일 정도 발효시킨 후에 발효액 1에 찬물 3을 희석해서 음용한다. 충영 주를 만들 때는 가을에 열매를 따서 물로 씻고 물기를 뺀 다음 용기에 넣고 소주(19도)를 부어 밀봉하여 3개월 후에 마신다. 약초를 만들 때는 가을에 열매가 익으면 채취하여 햇볕에 말리거나 끓는 물에 한 번 데친 후 햇볕에 말린다. 봄부터 가을 사이에 뿌리를 캐서 햇볕에 말려 쓴다. 한방에서 열매를 말린 것을 "미후리(獼猴梨) · 미후도(獼猴桃)" · 벌레혹(나무 벌레의 혹)을 "목천료(木天蓼)"라 부른다. 위장병과 갈증에 다른 약재와 처방한다. 민간에서 류마티스성 관절염 · 관절통에는 다래나무 껍질을 채취하여 물에 달여서 하루에 3번 공복에 복용한다. 통풍, 결석에는 열매로 효소를 담가 물에 희석해서 마신다. 당뇨병에는 줄기를 물에 달여 복용한다.

🌱 다래 성분&배당체

다래 수액에는 미네랄 · 비타민C · 칼슘, 잎에는 액티니딘, 열매에는 타닌 · 비타민C · 점액질 · 서당 · 단백질 · 유기산, 뿌리에는 액티니딘이 함유돼 있다.

🌱 다래를 위한 병해 처방!

다래는 비교적 병충에 강하다.

TIP

번식 다래는 실생, 접목으로 번식한다.

9

기름을 주는 나무

: 자양 강장 · 우울증 · 기관지염에 효능이 있는 :

호두나무 *Juglans sinensis*

| 생약명 | 호도인(胡桃仁) · 호도육(胡桃肉)—익은 씨를 말린 것. | 이명 | 호도수 · 강도 · 당추자 · 핵도 · 호핵 | 분포 | 중부이남, 산기슭 · 밭둑 · 마을 근처에 식재

🌿 **형태** 호두나무는 가래나뭇과의 낙엽활엽교목으로 높이는 20m 정도이고, 잎은 어긋나고 5~7개의 깃꼴겹잎이며 작은 잎은 타원형으로 가장자리는 밋밋하거나 뚜렷하지 않은 톱니가 있고 끝은 뾰쪽하다. 꽃은 4~5월에 암수 한 그루로 수꽃은 잎겨드랑이에서 미상 꽃차례로 암꽃은 1~3개가 수상 꽃치례를 이루며 황갈색으로 피고, 열매는 9월~10월에 둥근 핵과로 여문다.

- ●**약성** : 따뜻하며, 달다.　●**약리 작용** : 살균 작용
- ●**효능** : 피부과 및 호흡기계 질환에 효험, 천식 · 기관지염 · 우울증 · 자양 강장 · 이뇨 · 원기 회복 · 담석증 · 액취증 · 요로 결석 · 요통 · 피부염 · 종독 · 창종

🌿 **음용** : 호두 속알갱이로 기름을 짜서 요리에 쓴다.

274

"인체 뇌에 좋은 호두나무"

🌿 호두나무의 꽃말은 지성이다.

　민속 정월 대보름날 부스럼을 깨문다. 건강과 행운을 바라는 호도 알을 깨뜨려 속살을 먹기도 하고, 호두 알 두 개를 손에 쥐고 다녔다. 성현(聖賢)은 호도를 "외강 박유감(外剛樸柔甘) 질이고현(質似古賢)"이라 하여 "껍질은 단단하나 속은 달고 부드럽다"라고 예찬했다. 한자로 "오랑캐 복숭아"라는 뜻의 "호도인(胡挑仁)"은 〈화경(花鏡)〉에서 "만세자(萬歲子)"라 하여, "일만 년간 수명을 누리는 씨앗"이라는 애칭으로 불리고 있다. 우리나라는 고려 때 고관이 원나라에 가서 호두를 들여와 천안 광덕사에 심어 천안의 토종으로 자리를 잡게 되었다. 그때 심은 호두나무는 천연기념물 제398호로 지정되어 있다. 속 알갱이는 사람의 뇌를 닮아 건강과 밀접한 관계가 있다. 어린이의 두뇌 발달에 좋다. 중국에서도 정월 초에 아이들과 임산부에게 호두를 선물하는 풍속이 있다. 서양에서는 "만성절(萬聖節 · All Saints day)"에 연인을 생각하며 호두를 불 속에 던져 터지는 정도에 따라 사랑의 점(占)을 쳤고, 로마와 이스라엘에서는 결혼식에 신랑 · 신부에게 자녀를 많이 낳으라고 호두를 던진다. 열매에는 오메가-3가 불포화방산, 리놀렌산 글리세리드라는 지방유가 40~50% 함유되어 있다. 목재는 단단하고 결이 좋아 장롱, 농기구를 만들었고, 오늘날에도 건축재와 조각재를 만들고, 열매의 기름은 식용 또는 공업용 윤활유로 이용된다.

🌿 호두나무는 식용, 약용, 공업용으로 가치가 높다.

　호두 속 열매는 날것으로 먹는다. 정과 · 보양식 · 기름으로 먹는다. 호두죽은 호

275

두 10개의 속살과 쌀 1컵을 물에 잘 불려서 함께 섞은 후 으깨어 물 6컵으로 걸러서 냄비에 담고 끓여서 1컵 분량의 죽을 만든다. 호두유를 만들 때는 밥솥에 쌀을 적당히 넣고 물을 많이 부어서 끓기 시작하면, 호두 알맹이를 보자기에 싸서 밥물에 잠기게 하여 쪄서 말리기를 3번 반복하여 법제한 후 건조해서 기름집에서 살짝 볶아서 기름을 짠다. 한방에서 익은 씨를 말린 것을 "호도인(胡桃仁)·호도육(胡桃肉)"이라 부른다. 정신 질환(우울증)에 다른 약재와 처방한다. 민간에서 우울증·불면증에는 매일 날 호두 2개를 먹는다. 심장병·자양 강장에는 호두 20개+대추 살 20개를 찧어 잘게 부수고 꿀에 넣어 고약처럼 끓여 매회 3숟갈씩 먹는다.

🍃 호두나무 성분&배당체

호두나무 종인에는 오메가-3·불포화지방산이 풍부하고, 지방유·리놀산·단백질·탄수화물·칼슘·인·철·카로틴·비타민C, 잎에는 몰릭자산, 뿌리껍질과 뿌리에는 시토스테롤·바닐산, 나무껍질에는 탄닌·베타-시토스테놀·마그네슘·철·칼륨·무기질이 함유돼 있다.

🍃 호두나무를 위한 병해 처방!

호두나무에 검은(돌기) 가지마름병(흑립지고병)이 발생할 때는 병든 가지를 잘라서 소각해 버린다. 갈색점무늬병에는 발생 초기에 만코제브 수화제 500배, 클로로탈로닐 수화제 1000배 희석액을 여러 차례 살포한다.

TIP

번식 호두나무는 종자 번식이 잘된다. 똑같은 품종을 증식시키기 위해서는 접목 등 무성번식을 해야 한다. 10월 하순에 종자를 따서 과육을 제거한 후 물 빠짐이 좋은 토양에 노천매장한 뒤 이듬해 봄에 파종한다. 가래나무를 대목으로 쓴다.

: 기침 · 해수 · 천식에 효능이 있는 :

산초나무
Zanthoxylum scbinifol isucmh

| 생약명 | 산초(山椒)—열매껍질을 말린 것. | 이명 | 분지나무 · 화초 · 대초 · 남초 · 야초 · 진초 · 척초 · 상초 | 분포 | 전국 각지, 산기슭 양지

🌿 **형태** 산초나무는 운향과의 낙엽활엽관목으로 높이는 2~3m 정도이고, 잎은 어긋나고 13~21개의 작은 잎으로 구성된 1회 홀수 깃꼴겹잎이다. 가장자리에 물결 모양의 잔 톱니가 있다. 꽃은 7~8월에 가지 끝에 산방 꽃차례로 황록색으로 피고, 열매는 9~10월에 둥근 삭과로 여문다.

● **약성** : 따뜻하며, 맵다.　● **약리 작용** : 진통 작용
● **효능** : 건위제 · 통증 질환에 효험, 기침 · 해수 · 소화 불량 · 위하수 · 구토 · 설사 · 이질 · 치통 · 음부 소양증 · 유선염 · 종기 · 타박상 · 편도선염

🌿 **음용** : 9~10월에 열매를 따서 기름을 짜서 쓴다.

"열매의 씨앗에서 기름을 짜는 **산초나무**"

🍃 **산초나무의 꽃말은 희생이다.**

　자잘하게 달린 열매는 "다산(多産)"을 상징한다. 조선시대 왕실에서 왕손을 많이 낳기를 원해 산초 열매를 진상(珍賞)했고, 중국 한나라 황후의 방을 초방(椒房 · 산초나무로 만든 방)이라 하여 황제 손을 기원했다. 산초나무는 중국, 일본에 분포한다. 우리 땅에는 전국의 각지의 높은 산을 제외한 곳에 자생한다. "천초", "향초자", "향초유", "애초", "상초나무", "산추나무"라는 다양한 이름이 많다. 산초나무는 가시가 어긋나며, 작은 잎은 긴 타원형이고 드문드문 둔한 톱니가 있고 꽃은 여름에 피고, 초피나무는 가시가 마주나고, 잎 중앙부에 옅은 황록색의 반점이 있고, 꽃은 봄에 핀다. 산초(山椒)라는 의미는 산에서 나는 "초(椒)"이다. 산초나무와 초피나무는 생김새는 비슷하나 맛과 쓰임새는 다르다. 추어탕(미꾸라지)에는 초피나무 열매 빻은 것을 쓰고, 생선을 요리할 때는 산초나무로 만든 향신료를 써야 한다. 산초나무 열매는 중부지방에서 기름으로 쓴다. 사찰에서는 산초가루를 쓰고, 공양식 간장에 식초를 절여 반찬으로 먹는다. 매운 중국 요리에 쓰여 "중국 후추"라 하고, 서양에서는 "동양의 신비한 후추"라 부른다. 8월 중순 무렵 연한 녹색 꽃이 필 때 밀원이 부족한 상태라 벌이 찾아 양봉 농가에 도움을 준다. 산초의 어린잎과 줄기를 과실과 함께 장채(醬菜)에 식용으로 먹었고, 산초의 열매를 짜서 향미료의 재료로 쓰고, 장조림용이나 김치를 담가 먹기도 했다. 산초나무의 향과 모기와는 상극(相剋)이어서 산초나무 주변에는 모기가 얼씬도 못 한다. 시냇가에서 고기를 잡을 때 여뀌 · 때죽나무를 사용하는데, 산초나무 가지를 돌로 으깨어 물속에 풀어 놓으면

물고기가 잠시 기절을 할 때 손쉽게 잡을 수 있다.

◢ 산초나무는 식용, 약용, 관상용으로 가치가 높다!

봄에 잎을 채취해 끓는 물에 살짝 데쳐서 나물로 먹는다. 잎을 간장에 재어 30일 후에 장아찌로 먹는다. 가을에 열매가 익어 갈라질 무렵에 따서 햇볕에 말려 가루를 내어 추어탕이나 생선 독과 비린내를 제거하고 맛을 내는 데 쓴다. 산초 열매로 기름을 짤 때는 10월에 익은 열매의 씨로 짠다. 한방에서 열매껍질을 말린 것을 "산초(山椒)" 또는 "천초(川椒)"라 부른다. 기관지염과 천식에 다른 약재와 처방한다. 민간에서 기관지염에는 산초나무 열매껍질 10개+귤껍질 4g+차조기 4g+생강 3쪽을 1회 용량으로 하여 물에 달여서 하루 3번 공복에 복용한다. 벌에 쏘였을 때는 잎과 열매를 소금에 비벼 붙인다. 치통에는 열매껍질을 씹는다. 옻이 올랐을 때 잎을 달인 물을 씻는다. 치질에는 가지를 달인 물로 씻는다.

◢ 산초나무 성분&배당체

산초나무 잎에는 정유 · 수지 · 페놀성, 열매에는 정유 · 타닌 · 안식향산, 뿌리에는 알카로이드가 함유돼 있다.

◢ 산초나무를 위한 병해 처방!

산초나무 자체에 항균 성분이 있어 병충해에 강하다.

TIP

번식 산초나무는 가을에 붉은색에서 검은색으로 변할 때 종자를 따서 바로 직파를 하거나, 1:2 비율로 모래와 혼합해 노천매장한 뒤 이듬해 봄에 파종한다. 묘목 이식은 이른 봄에 한다. 좋은 품종은 접목해야 한다.

10

차로 음용하는 나무

: 불면증 · 고혈압 · 당뇨병에 효능이 있는 :

차나무 *Thea sinensis*

| **생약명** | 다엽(茶葉)—어린싹을 말린 것, 다자(茶子)—열매를 말린 것 | **이명** | 아차 · 고차 · 아초 · 차수 엽 · 다수 · 다엽수 · 가다 · 원다 · 고다 · 작설 · 다나무 | **분포** | 남부 지방(경사지) · 경남 · 전남

🌿 **형태** 차나무는 차나뭇과의 상록활엽관목으로 높이는 2~3m 정도이고, 잎은 어긋나고 긴 타원형으로 가장자리에 둔한 톱니가 있다. 꽃은 10~11월에 잎겨드랑이나 가지 끝에서 1~3 송이씩 밑을 향해 흰색으로 피고, 열매는 10월에 꽃이 핀 이듬해 둥글게 여문다.

- **약성** : 서늘하며, 달고 쓰다
- **약리 작용** : 혈압 강하 작용 · 혈당 강하 작용 · 중추 신경 계통에 작용하여 정신을 흥분시키고 활동을 강화시키며 원기 회복 작용 · 이뇨 작용 · 수렴 작용
- **효능** : 순환계 및 소화기계 질환에 효험, 간염 · 고혈압 · 구내염 · 기관지염 · 당뇨병 · 불면증 · 두통 · 소화 불량 · 천식 · 해수 · 지방간 · 콜레스테롤 억제

🍵 **음용** : 10~11월에 꽃을 따서 그늘에서 5일 정도 말려 밀폐 용기에 보관하여 찻잔에 3~5개 정도를 넣고 뜨거운 물을 부어 우려낸 후 차로 마신다.

"봄에 막 나온 잎으로 차를 만드는 **차나무**"

🍃 **차나무의 꽃말은 추억이다.**

차나무는 사시사철 푸른 상록 관엽수로 변종이 많아서 그 모양과 크기가 달라 세계적으로 야생종에서 재배종까지 100여 종이 넘는다. 우리나라에는 신라 때 당나라에서 김대림이 종자를 가져와 경남 하동 쌍계사 일대에 최초로 심었다. 쌍계사 차나무는 천연기념물 제61호로 지정되어 보호하고 있다. 차는 원래 중국의 불교 사원에서 정신을 맑게 하기 위해 마셨다면, 조선시대 사대부 선비들은 물맛을 따져 산에서 샘솟는 약수를 마시는 품천가(品泉家), 차(茶)를 즐기는 명선가(茗禪家)가 있었다. 중국 이시진이 쓴 〈본초강목〉에서 "차의 효능"이 기록돼 있다. 잎이 넓은 대엽 종으로 중국 남서부 쓰촨성과 윈난성에 분포하고 보이차와 홍차가 유명하고 그 외 수많은 차(茶)가 많다. 현재 우리 땅에 자라는 차나무는 중국 소엽종으로 대량으로 생산할 수 있는 녹차용이다. 옛 선비는 차(茶)에도 여섯 가지 덕(德)을 부여했다. 조선 연산군 때의 문관인 이목(李穆)의 〈다부(茶賦)〉에 나오는 차의 육덕(六德)은 "사인수수(使人壽修:오래 살게 한다), 사인병기(使人病己:병을 낫게 한다), 사인기청(使人氣清:기운을 맑게 한다), 사인심(使人心:마음을 편안하게 한다), 사인선(使人仙:신선 같게 한다), 사인예(使人禮:예의 바르게 한다)"라고 기록돼 있다.

차나무는 초본이 아닌 목본이다. "다(茶)"에서 유래 되어 중국 발음으로도 "차(茶)"이다. 차나무는 연평균 기온이 13도, 강수량이 1,400mm 이상인 곳인 전남 구례, 하동, 보성, 영암에 차 재배 적기다. 차나무 열매로 기름을 짜고, 단추 재료로 쓴다. 화장품이나 비료, 가축 사료로 쓴다.

차나무의 자랑은 꽃, 잎, 열매이다. 최근 약리실험에서 차에는 카페인을 비롯하여 항산화 물질이 다량 함유된 것으로 밝혀졌다. 녹차에는 인체에 결핍되기 쉬운 비타민C가 많이 함유돼 있다.

🍃 차나무는 식용, 약용, 관상용 · 공업용으로 가치가 높다.

차나무는 꽃, 잎, 열매를 쓴다. 봄에 어린싹을 채취하여 끓는 물에 살짝 데쳐서 나물로 무쳐 먹는다. 열매로 기름을 짜서 요리에 넣는다. 어린 새싹을 따서 밀가루에 버무려 튀김 · 부침개로 먹는다.

녹차를 만들 때는 찻잎을 찜통에 넣고 30~40초 동안 찐 다음 선풍기 등을 사용하여 식힌 후 배로(焙爐) 위에 가열된 시루에 담고 손으로 비벼 가면서 가마솥에서 구증구포(九蒸九曝)를 반복하며 채반에 말린다. 찻잎으로 청태전(靑苔錢) 만들 때는 녹차의 어린순을 따서 절구에 넣고 찧어 반죽하여 채반에 넣고 모양을 만들어 엽전처럼 구멍을 내 항아리에 넣고 일정 기간 숙성을 시킨다.

한방에서 어린싹을 말린 것을 "다엽(茶葉)", 열매를 말린 것을 "다자(茶子)"라 부른다. 불면증 · 고혈압에 다른 약재와 처방한다. 민간에서 거담 · 천식에는 열매를 물에 달여 하루에 3번 공복에 복용한다. 원기 회복 · 두통에는 어린싹을 물에 달여 차(茶)로 마신다.

🍃 차나무 성분&배당체

차나무 잎에는 카페인 · 퓨린 · 알칼로이드 · 타닌, 뿌리에는 서당 · 당류 · 폴리페놀 화합물, 뿌리에는 플라바놀이 함유돼 있다.

🍃 차나무를 위한 병해 처방!

차나무에는 탄저병이나 노균병이 발생할 할 때는 디노테퓨란 입상 수용제 약제를 살포한다.

TIP

번식 차나무는 가을에 채취한 종자의 과육을 제거한 후 직파한다. 좋은 품종을 얻기 위해서는 무성 증식(삽목(꺾꽂이), 취목)이 좋다.

: 신경통 · 타박상 · 여성 산후통에 효능이 있는 :

생강나무 *Lindera obtusiloba*

| **생약명** | 삼찬풍(三鑽風)—나무껍질을 말린 것 · 단향매(檀香梅) · 황매목(黃梅木)—줄기의 잔가지를 말린 것. | **이명** | 개동백 · 산동백 · 남매 · 새앙나무 · 생나무 · 아위나무 | **분포** | 산기슭 양지쪽

🌱**형태** 생강나무는 녹나뭇과의 낙엽활엽관목 또는 소교목으로 높이는 3~5m 정도이고, 잎은 어긋나고, 윗부분이 3~5갈래로 둔하게 갈라지고, 뒷면에 털이 있고 가장자리는 밋밋하다. 꽃은 3월에 암수 딴 그루이며 잎이 나기 전에 잎겨드랑이서 나온 짧은 꽃대에 작은 꽃들이 모여 산형 꽃차례를 이루며 노란색으로 피고, 열매는 9월에 둥글고 녹색에서 붉은색으로 변했다가 검은색으로 여문다.

● **약성** : 따뜻하며 맵다. ● **약리 작용** : 진통 작용
● **효능** : 신경계 및 순환기계 질환에 효험, 오한 · 복통 · 신경통 · 타박상 · 염좌 · 어혈 · 산후통 · 뼈마디가 쑤실 때 · 어혈 동통 · 해열 · 통증 · 중독증

🌿 **음용** : 3월에 꽃을 따서 깨끗하게 손질하여 그늘에서 말려 밀폐 용기에 보관하여 찻잔에 3~5송이를 넣고 뜨거운 물을 부어 우려 낸 후 차로 마신다.

"건강적으로 쓰임새가 많은 생강나무"

🍃 **생강나무의 꽃말은 수줍음이다.**

　생강나무는 잎을 따서 손으로 비비면 생강 같은 향기가 코를 톡 쏘기 때문에 "생강나무"라는 이름이 붙여졌다. 한자는 "황매(黃梅)"라 쓰고, 가장 먼저 봄을 알린다고 하여 영춘화(迎春花), 매화처럼 이른 봄에 피는 꽃이라 하여 "황매목(黃梅木)", 지역에 따라 경기도에서는 "생강나무", 강원도에서는 "동백꽃" 또는 "동박 나무", 중부 이북에서는 "단향매(檀香梅)", "아기 나무"라는 다양한 이름이 있다. 도가(道家)에서 사당(祠堂)이나 신당(神堂)에 차(茶)를 올릴 때 생강나무 잔가지를 달인 물을 바쳤다. 선가(仙家)에서 수행자는 뼈와 근육이 튼튼해야 하므로 생강나무의 잎이나 가지를 말려 차를 끓여 마셨다. 생강나무는 열대 아시아 원산으로 중국, 일본에 분포한다. 우리 땅에는 1608년 들어와 해발 100~1,600m의 계곡이나 바위틈, 산골짜기에서 자생한다. 내장산에서만 자생하는 "고로쇠생강나무"가 있다. 우리 땅에 계피나 생강과 고추 같은 향신료가 들어오기 전에는 생강나무의 잎과 껍질을 말려 가루로 만들어 양념이나 향료로 썼다. 생강나무 가지는 향이 좋아 이쑤시개로 만들어 썼다. 일본에서는 생강나무를 "양념 관목"이라 하여 "양념"이나 "향료"로 쓰고, 미국에서 독립전쟁 때 생강나무 열매를 갈아서 음식의 향료도 썼다. 생강나무의 자랑은 꽃, 잎, 열매이다. 봄에 막 나온 새싹을 따서 작설차(雀舌茶)로 마신다. 생강나무의 자랑은 꽃이 아닌 꽃덮개와 검은 열매이다. 가지의 마디마디에 노랑 구슬과 같은 노란 꽃이 피고, 열매에는 약 60%의 유지(油脂)가 들어 있다. 가을에 검은 열매로 기름을 짜서 사대부 귀부인이나 이름난 기생(妓生)들이 머릿기름으로 쓰

고, 농경사회 전기가 없던 때 등잔의 기름으로 썼다. 가을에 단풍이 아름답다. 생강나무와 산수유의 노란 꽃이 비슷한데 자세히 관찰하면 완전히 다르다. 생강나무 꽃덮이는 6개로 갈라지고, 산수유나무의 꽃덮이는 4개로 갈라진다.

🍃 생강나무 식용, 약용, 관상용으로 가치가 높다.

생강나무는 꽃, 잎, 열매, 가지를 쓴다. 봄에 어린싹을 채취하여 쌈이나 끓는 물에 살짝 데쳐서 나물로 무쳐 먹는다. 튀김 · 전으로 먹는다. 새순에 찹쌀가루를 기름에 튀겨 부각으로 먹는다. 검은 열매를 갈아서 음식의 향신료로 사용한다. 봄에 잎을 따서 깻잎처럼 간장에 재어 살짝 데쳐서 바로 먹거나 잎을 따서 포개어 고추장이나 된장에 박아 두었다가 60일 후에 장아찌로 먹는다. 연한 잎을 따서 음지에 말린 뒤에 찹쌀가루를 묻혀 기름에 튀긴다. 어린싹(新芽)을 따서 그늘에 말려 주전자에 넣고 끓여 꿀을 타서 마신다. 약술을 만들 때는 가을에 검은 열매를 따서 용기에 넣고 소주(19도)를 부어 밀봉하여 3개월 후에 마신다. 약초를 만들 때는 연중 내내 수시로 가지를 채취하여 잘게 썰어 햇볕에 말려 쓴다.

한방에서 나무껍질을 말린 것을 "삼찬풍(三鑽風)" · 줄기의 잔가지를 말린 것을 "단향매(檀香梅) · 황매목(黃梅木)"이라 부른다. 여성 산후통에 다른 약재와 처방한다. 민간에서 어혈 종통 · 타박상에 잎을 따서 짓찧어 환부에 붙인다. 복통 · 신경통 · 산후통에는 잎과 잔가지를 채취하여 물에 달여 하루에 3번 일주일 정도 복용한다.

🍃 생강나무 성분&배당체

생강나무 잎에는 방향유, 종자에는 정유 · 리놀레산 · 올레인산 · 카프린산, 나무껍질에는 시토스테놀이 함유돼 있다.

🍃 생강나무를 위한 병해 처방!

생강나무는 비교적 병충해에 강하다.

> **TIP**
>
> **번식** 생강나무는 가을에 채취한 검은 종자의 과육을 제거한 후 바로 직파거나, 축축한 모래와 섞어 노천매장한 뒤 이듬해 봄에 파종한다.

: 관절염 · 근골통 · 골절에 효능이 있는 :

골담초 *Caragana sinica*

| **생약명** | 금작근(金雀草) – 뿌리를 말린 것 · 금작화(金雀花) – 꽃을 말린 것 | **이명** | 곤달초 · 금작
목 · 골담근 · 금계아 | **분포** | 산지 · 마을 부근 식재

🌿 **형태** 골담초는 콩과의 낙엽활엽관목으로 높이는 2m 정도이고, 잎은 어긋나고
타원형의 작은 잎이 4개 달린다. 줄기에 날카로운 가시가 있고, 무더기로 자라고
많이 갈라진다. 꽃은 5월에 잎겨드랑에 나비 모양으로 1 송이씩 노란 색으로 피었
나가 점점 연한 노란색으로 피고, 열매는 9월에 꼬투리 모양의 협과로 여문다.

- **약성** : 평온하며, 쓰고 맵다. ● **약리 작용** : 혈압 강하 작용 · 진통 작용
- **효능** : 순환기계 및 신경기계 질환에 효험, 꽃(해수 · 대하증 · 요통 · 이명 · 급성유선염), 뿌리(신경
  통 · 통풍 · 류마티즘 · 관절염 · 해수 · 기침 · 고혈압 · 대하증 · 각기병 · 습진)

🌱 **음용** : 5월에 꽃을 따서 깨끗이 씻어 그늘 말려 찻잔에 꽃잎 5g를 넣고 뜨거운 물을 부어
우려낸 후 차로 마신다.

"인체 뼈에 이로운 골담초"

🍃 골담초의 꽃말은 겸손이다.

골담초(骨膽草)는 뼈와 관계되는 약용 자원이다. 5월에 아름다운 노란 꽃은 차(茶), 잎과 뿌리는 약초로 쓴다. 골담초는 뼈에 이롭다 하여 "골담초(骨膽草)"라는 이름이 붙여졌다. 조선 사대부 선비가 좋아 한다 하여 "선비화(禪扉花)", 꽃이 아름다워 "금작화(金雀花)", "금작목(金雀木)", "금계아(金鷄兒)"라는 이름도 있다. 골담초는 중국에서 들어온 꽃나무로 생장도 빠르고 추위와 공해에도 강하다. 경북 및 중부지방 해가 잘 드는 곳에서 자생한다. 조선시대 이중환이 쓴 〈택리지〉에서 "의상대사가 부석사를 창건한 뒤 도(道)를 깨치고 천축으로 떠나면서 꽂은 지팡이가 자란 것"이라고 기록돼 있다. 후일 사람들은 조사당 "선비화"라고 부르게 되었는데 바로 "골담초"인데, 아이를 낳지 못하는 부인이 이 골담초 잎을 물에 삶아 마시면 아들을 낳는다고 하여 많은 사람에게 수난을 당해 지금은 철책 속에 가둬 보호하고 있다.

조선시대 퇴계 이황은 〈부석사 선비화〉 시(詩)에서 "옥(玉)같이 빼어난 줄기 절문(寺門)을 비겼는데 석 장이 꽃부리로 화하였다고 스님이 알려주네. 지팡이 끝에 원래 조계수가 있어 비와 이슬의 은혜는 조금도 입지 않았네."

우리 조상은 좁은 공터에서도 키울 수 있어 정원이나 생울타리용으로 심었고, 사찰 주변에서 흔히 볼 수 있다.

🍃 골담초는 식용, 약용, 밀원용, 관상용으로 가치가 높다!

골담초의 자랑은 꽃, 잎, 뿌리이다. 봄에 뿌리와 연한 줄기를 삶은 후 찬물에 담

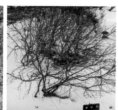

가 우려낸 후 살짝 데쳐 나물로 무쳐 먹는다. 5월에 노란 꽃을 따서 날것으로 먹는다. 비빔밥·시루떡·화채 등으로 먹는다. 가을에 잎이 달린 가지를 채취하여 잘게 썰어 채반에서 살짝 쪄서 뜨거운 황토방에서 일주일간 말린 후 찻잔에 티스푼으로 2개를 넣고 뜨거운 물을 부어 우려낸 후 마신다.

발효액을 만들 때는 5월에 노란 꽃을 따서 용기에 넣고 재료의 양만큼 설탕을 붓고 100일 정도 발효시킨 후에 발효액 1에 찬물 3을 희석해서 음용한다. 약술을 만들 때는 봄에 꽃을 따서, 가을에 뿌리를 캐서 잔뿌리를 제거한 후에 물로 씻고 물기를 뺀 다음 용기에 넣고 소주(19도)를 부어 밀봉하여 3개월 후에 마신다. 약초를 만들 때는 꽃은 5월에 노란색, 가을에 뿌리를 캐서 잔뿌리를 제거한 후에 햇볕에 말려 쓴다. 한방에서 뿌리를 말린 것을 "금작근(金雀根)"· 꽃을 말린 것을 "금작화(金雀花)"라 부른다. 골절과 신경통에 다른 약재와 처방한다. 민간에서 골절에는 약재를 1회 5~10g을 물로 달여서 복용한다. 타박상·어혈에는 생뿌리를 짓찧어 환부에 붙인다.

🌿 골담초 성분&배당체

골담초 뿌리에는 사포닌·전분·알칼로이드·스티그마스테놀·스테롤이 함유돼 있다.

🌿 골담초를 위한 병해 처방!

골담초는 비교적 병충해에 강한 편이다.

TIP

번식 골담초는 9월경 꼬투리 모양의 열매가 달리는데 완벽하지 않아 번식할 수 없고, 새로운 가지를 삽목(꺾꽂이) 하면 뿌리 내림이 잘 된다.

: 불면증 · 스트레스 · 화병에 효능이 있는 :

조릿대 *Sasa boreaalis*

| **생약명** | 담죽엽(淡竹葉) · 송하죽(松下竹) · 지죽(地竹)—잎을 말린 것. | **이명** | 산죽 · 지죽 · 조죽 · 입죽 · 동백죽 · 사사 · 죽실 · 죽미 · 속 | **분포** | 중부 이남의 산 속 나무 그늘

🌿 **형태** 조릿대는 볏과의 상록여러해살이풀로 높이는 1~2m 정도이고, 잎은 가지 끝에서 2~3개씩 나고 길쭉한 타원형의 피침형이며 앞면이 반질반질하고, 뒷면은 흰빛이고, 가장자리에 잔 모양의 톱니가 있다. 꽃은 5년마다 한 번씩 4월에 원추 꽃차례 자주색으로 피고, 열매는 7~8월에 긴 타원형의 영과로 여문다.

● **약성** : 차며, 달다. ● **약리 작용** : 혈압 강하 작용 · 혈당 강하 작용
● **효능** : 순환기계 · 호흡기 질환에 효험, 화병 · 번갈 · 번열 · 불면증 · 당뇨병 · 스트레스 · 소변 불리 · 고혈압 · 동맥 경화 · 자한증 · 진정 · 진통 · 해수

🌱 **음용** : 조릿대의 새순을 채취하여 말려서 다관이나 주전자에 새순을 넣고 약한 불로 끓여서 차로 마신다.

"농경사회 행운을 비는 복(福)조리를 만든 조릿대"

🌿 조릿대의 꽃말은 외유내강(外柔內剛)이다.

옛날에 머리에 쌀을 이는 데 썼기 때문에 대나무에서 유래하여 "조릿대"라는 이름이 붙여졌다. 조릿대는 우리 토종 대나무이다. 산에서 자라는 대나무라 하여 "산죽(山竹)", 땅에서 자라는 대나무라 하여 "지죽(地竹)", 갓에 쓰기 때문에 "갓 죽", "신이대", "섬대", "조리대", "기주조릿대"라는 이름도 있다. 우리나라와 일본 등지에 분포한다. 산 중턱 아래쪽이나 나무 숲 속에서 군락을 이루며 자란다. 대개 1m의 높이로 엉켜 자라지만, 잘 크는 곳에서는 2m를 넘기도 한다. 울릉도에서 자라는 "섬조릿대", 제주도에서 자라는 "제주조릿대", 완도와 백양산에서 자라는 "섬대"가 있다. 우리 조상은 음력 5월 13일을 죽취일(竹醉日)로 정하여 대나무를 심었다. 대나무는 꽃이 피면 바로 죽기 때문에 "개화병(開花病)"이라 부른다. 조릿대의 꽃은 보통 2~5개씩으로 된 조그만 이삭이 총상꽃차례를 이루며 꽃차례는 털과 백분으로 덮여 있고, 번식이 가능하다. 조선시대 사대부들은 늘 푸른 대나무가 죽은 순간까지 한 치의 흐트러짐조차 보이지 않기 때문에 대나무 꽃을 길조(吉兆)로 보았다. 올해에 나는 죽순(竹筍)은 3~5년생의 땅속줄기에서 나오는데, 아침에 겨우 모습을 보여 주고 저녁에는 사람 키만큼 자란다고 하여 어머니의 키를 시샘해 빨리 자라겠다는 뜻에서 "투모초(妬母草)"라는 애칭도 있다. 대나무 순이 땅에 나타나면 일순(一旬)과 6일 만에 사람 키만큼 자라 "우후죽순(雨後竹筍)"이라는 말이 생겼다. 옛말에 "조리에 옻칠한다"라는 말은 "쓸데없는 일에 재물을 탕진하고, 격에 맞게 꾸며서 도리어 흉하다"라는 뜻이 담겨 있다. 대나무는 다른 곳에 옮겨 심으면 잘 자라

죽순

죽복령

죽순주

죽순 무침

지 않고, 고엽제를 뿌려도 살아남을 정도로 생명력이 강하다. 조릿대는 땅속줄기를 뻗어 가며 숲속을 장악하여 다른 식물이 발붙이기가 어려워 자라지 못한다.

🌿 조릿대는 식용, 약용, 관상용, 경계용으로 가치가 높다!

조릿대의 자랑은 새싹, 뿌리이다. 중국과 일본 음식에서 빠지지 않는다. 봄에 갓 나온 새싹을 채취하여 끓는 물에 살짝 데쳐서 나물로 무쳐 먹는다. 봄에 새순을 채취하여 그늘에서 말려 잘게 썰어 달여 먹거나 가루를 내어 음식에 넣어 먹는다. 떡을 조릿대 잎으로 싸서 보관해서 먹는다. 약술을 만들 때는 조릿대의 새순을 채취하여 용기에 담아 소주(19도)를 부어 밀봉하여 3개월 후에 마신다. 약초를 만들 때는 잎은 사계절, 줄기와 뿌리는 가을부터 이듬해 봄까지 채취하여 잘게 썰어 말려 쓴다. 한방에서 잎을 말린 것을 "담죽엽(淡竹葉) · 송하죽(松下竹) · 지죽(地竹)"이라 부른다. 화병에 다른 약재와 처방한다. 몸이 냉한 사람과 위장이 안 좋은 사람은 먹지 않는다. 민간에서 잦은 유산을 할 때는 연한 죽순을 차(茶)로 마신다. 토혈에는 죽순을 짓찧어 즙을 먹는다.

🌿 조릿대 성분&배당체

조릿대 잎에는 미네랄 · 단백질 · 지질 · 칼슘 · 인 · 철 · 염분, 뿌리에는 섬유질 · 당질이 함유돼 있다.

🌿 조릿대를 위한 병해 처방!

조릿대는 생명력이 강해 병충해에 강하다.

> **TIP**
>
> **번식** 조릿대는 땅속줄기 또는 뿌리줄기나 죽묘(竹苗)로 번식한다.

노각나무 *Stewartia pseudocamellia*

| 생약명 | 수피를 말린 것을 "금수목(錦繡木)" | 이명 | 노가지나무, 비단나무, 하동백 | 분포 | 경북, 충북 이남 해발 200~1200m의 산중턱, 해안가

🌿 형태 노각나무는 차나무과의 낙엽활엽관목으로 높이는 7~15m 정도이고, 잎은 어긋나며 타원형으로 가장자리에 파상의 톱니가 있다. 수피에는 홍황색의 얼룩무늬가 있다. 꽃은 6~7월에 흰색으로 피고, 열매는 9~10월에 삭과로 여문다. 갈색의 씨가 들어 있다.

● 약성 : 평온하며, 달다. ● 약리 작용 : 해독 작용
● 효능 : 알코올 중독, 농약 중독, 중금속 중독

🌱 음용 : 봄에 새순을 따서 햇볕에 말린 후 물에 달여 차로 마신다.

"나무껍질이 아름다운 노각나무"

🌿 노각나무의 꽃말은 견고·정의이다!

노각나무는 경북 소백산 이남 산지에서 자란다. 꽃 모양이 차나무 꽃과 흡사하다. 나무껍질은 오래될수록 배롱나무처럼 미끈하고, 사슴 등처럼 생겼다 하여 "노각나무", 백로의 다리를 닮았다 하여 "비단 나무", 껍질이 벗겨져서 붉은빛 황금색 얼룩무늬가 비단 같다 하여 "금수목(錦繡木)"이라는 이름이 붙여졌다.

노각나무는 백송처럼 생장 속도는 느리다. 봄에 대부분 꽃이 질 때 7~8월에 동백꽃과 비슷한 하얀 꽃이 한 달 동안 피고, 가을에는 단풍이 아름답다. 나무껍질은 홍 황색의 얼룩무늬가 선명한데, 모과나무·배롱나무·양버즘나무처럼 잘 벗겨진다.

노각나무는 세계적으로 8종이 있다. 우리나라에는 1917년 미국의 선교사 윌슨(Wilson)이 종자를 가지고 와서 "Korean splendor"라는 품종을 개발했는데, 오늘날 조경수로 널리 보급했다.

노각나무는 깊은 산에서 자생하는 게 가장 아름답다. 우연히 산을 왔다가 정상 부근에 선경(神仙) 같은 절경에 빠지고, 중턱에 노각나무 군락을 발견하고, 이참에 아예 도심의 모든 것을 정리하고 이곳에 정착해야겠다고 결심하고 산 주인을 수소문 끝에 만나 통째로 산을 사고 노각나무에서 봄에 새순이 나올 때 온 동네 사람들

이 채취하여 차로 만들어 시중에 보급하는 기인도 있다.

노각나무의 자랑은 새순, 목재이다. 봄에 새순을 따서 차의 재료로 사용되고, 여름에는 신록으로, 가을에는 단풍이 아름답다. 그래서 그런지 옛날에 노각나무 흰 꽃과 나무껍질이 아름다워 한옥 정원에 많이 심었다.

옛날에 농경사회에서는 목재가 단단하여 농기구용으로 사용했지만, 오늘날에는 색깔이 좋아 가공성이 좋아 목기, 가구재, 장식재, 미장재에 사용된다. 노각나무가 아름다워 수형을 만들어 분재로 인기가 높다.

🌿 노각나무는 식용, 약용, 공원수, 정원수로 가치가 높다.

노각나무 꽃, 잎, 목재를 쓴다. 봄에 어린 새싹을 따서 끓은 물에 살짝 데쳐서 나물로 먹는다. 차로 만들 때는 봄에 새싹을 따서 구증구포(九蒸九曝)하여 끓은 물에 넣고 우려낸 후 차로 마신다.

한방에서는 나무껍질을 말린 것을 "금수목(錦繡木)"이라 부른다. 각종 중독(중금속, 농약)에 다른 약재와 처방한다. 민간에서는 발이 삐었을 때 껍질을 물에 달여 마시고 짓찧어 붙였다. 냇가에서 물고기를 잡을 때 열매를 짓찧어 물에 풀었다.

🌿 노각나무 성분&배당체

노각나무 꽃에는 사포닌 · 플라보노이드, 잎에는 미네랄 · 비타민C가 함유돼 있다.

🌿 노각나무를 위한 병해 처방!

노각나무에 탄저병이 발생할 때는 6월 하순에 클로로탈로닐 수화제 1000배 희석액을 2~3회 살포한다.

> **TIP**
>
> **번식** 노각나무는 종자 번식이 어렵다. 가을에 채취한 열매의 껍데기를 벗기고 바로 GA 처리한 후 3개월간 저온 하거나 이끼 위에 직파하거나 2년 동안 노천매장했다가 봄에 촉촉한 땅에 파종한다. 최고 42%까지 발아된다. 6~7월에 녹지삽(풋가지꽂이)로 번식할 수도 있는데, 삽목(꺾꽂이)하면 80%까지 뿌리를 내리게 할 수 있다.

11

나물을 주는 나무

: 당뇨병 · 신장병 · 천식에 효능이 있는 :

두릅나무 *Aralia elata*

| **생약명** | 총목피(楤木皮)—줄기껍질을 말린 것,자노아(刺老鴉)—뿌리껍질을 말린 것. | **이명** | 참두릅 · 목말채 · 총근피 · 목두채 | **분포** | 산골짜기, 농가에서 재배

🌿 **형태** 두릅나무는 두릅나뭇과의 낙엽활엽관목으로 높이는 3~4m 정도이고, 잎은 어긋나고, 잎자루와 작은 잎에 가시가 있고, 가장자리는 고르지 못한 톱니 모양이고, 줄기에는 억센 가시가 있다. 꽃은 7~9월에 여러 송이가 가지 끝에 흰색으로 피고, 열매는 10월에 납작하고 둥근 모양의 검은색으로 핵과(核果)가 여문다.

- ●**약성** : 평온하며, 맵다. ●**약리 작용** : 혈압 강하 작용 · 혈당 강하 작용
- ●**효능** : 운동계 · 신경기계 · 소화기계 질환에 효험, 류마티스성 관절염 · 간병변 · 만성 간염 · 위장병 · 당뇨병 · 기허증 · 고혈압 · 신경쇠약 · 골절증 · 복통 · 위염 · 타박상

🌿 **음용** : 뿌리껍질 10g를 물 600ml에 넣고 끓인 후 3번 나누어 차로 마신다.

"봄나물의 제왕 두릅나무"

🌿 **두릅나무의 꽃말은 애정 · 희생이다.**

　지구상에 인류와 더불어 사는 식물자원이 50만 여종이나 존재한다. 사는 것은 인생관과 가치관에 따라 다르다. 식물학자는 사과 한 개를 보고 품종을 생각하고, 농사를 짓는 사람은 가격을 생각하고, 예술가는 색채를 생각하고, 산나물을 알고 사는 것도 잘사는 삶이다. 두릅나무는 목두채(木頭菜)에서 나무줄기 끝에서 어린 순이 나올 때 머리 같다 하여 "두릅"이라는 이름이 붙여졌다. 두릅 한자명은 늙은 마귀 발톱 같은 가시가 있다 하여 "자노아(刺老鴉)", 상상 속 동물인 용의 비늘과 같다 하여 "자룡아(刺龍鴉)"라 부른다. 두릅은 우리나라와 중국, 일본, 만주, 사할린 등지에 분포한다. 우리 땅에는 전국의 양지바른 산기슭이나 골짜기에 자생한다. 지방에 따라 쓰임새가 많아 "두릅나무", "참 두릅나무", "참두릅", "참드릅"이라는 다양한 이름이 있다. 두릅은 나무에서 나는 두릅을 "참두릅"이라 하고, 땅에서 솟아나는 순을 "땅 두릅(독활)", 음나무에서 새싹인 "개두릅"이 있다. 두릅나무의 자랑은 새싹이다. 봄날 미각(味覺)을 돋워주는 나무에 피는 산나물로 춘곤증에 좋다. 나무두릅은 잎자루에 가시가 있고, 음나무 잎과 잎자루에 가시가 없다. 두릅은 알싸하면서도 맛도 있고 향이 그윽해 쌈, 부침개, 튀김, 산적, 장아찌, 김치 등 다양하게 먹는다. 두릅의 재목은 크지 않아 기구재로 사용한다. 두릅은 산에 자연산도 많지만, 농가에서 재배하여 소득을 올릴 수 있는 유망한 특용 수종이다. 꽃피는 나무가 거의 없는 8월 하순에서 9월 상순쯤까지 아주 많은 꿀이 많은 꽃을 피우기 때문에 양봉 농가에 도움을 준다.

🌿 두릅나무는 식용, 약용, 관상용으로 가치가 높다!

두릅나무는 꽃, 새싹, 뿌리껍질을 모두를 쓴다. 이른 봄에 두릅의 새싹을 따서 겉껍질을 살짝 벗기고 끓는 물에 살짝 데쳐 나물로 무쳐 먹는다. 봄에 어린순을 따서 초고추장에 찍어 먹거나 석쇠에 구워서 양념장에 찍어 먹거나 김치를 담가 먹는다. 어린순을 쇠고기와 함께 꿰어 두릅적을 만들거나 튀김 · 부침개 · 샐러드 · 숙회로 만들어 먹는다. 삶아서 말린 후 묵나물로 먹는다. 약초를 만들 때는 봄에 뿌리의 껍질 또는 줄기의 껍질을 벗겨 잡물질을 제거하고 햇볕에 말려 쓴다.

한방에서 줄기껍질을 말린 것을 "총목피(楤木皮)", 뿌리껍질을 말린 것을 "자노아(刺老鴉)", 새순을 "목두채(木頭菜)"라 부른다. 소화기계 질환(위장병)에 다른 약재와 처방한다. 민간에서 당뇨병에는 줄기 껍질이나 뿌리껍질을 채취하여 적당한 크기로 잘라 물에 달여 하루 3번 나누어 복용한다. 류머티즘성 관절염에는 줄기 껍질이나 뿌리껍질을 달인 물로 목욕을 한다.

🌿 두릅나무 성분&배당체

두릅나무 잎에는 사포닌 · 단백질 · 지방 · 당질 · 섬유질 · 철분 · 비타민C, 나무 껍질에는 정유 · 알칼로이드, 뿌리에는 올레아놀릭산이 함유돼 있다.

🌿 두릅나무를 위한 병해 처방!

두릅나무에 갈색무늬병(갈반병)이 발생할 때는 발병 초기에 만코제브 수화제 500배, 클로로탈로닐 수화제 1000배 희석액을 2~3회 살포한다.

TIP

번식 두릅나무 번식은 실생, 삽목(꺾꽂이), 뿌리나누기로 한다.

: 신경통 · 요통 · 견비통에 효능이 있는 :

음나무 *Kalopanax picyus*

| **생약명** | 해동피(海桐皮)—나무껍질을 말린 것, 해동수근(海桐樹根)—뿌리를 말린 것. | **이명** | 개두릅나무 · 엄나무 · 해동수근 · 엄목 · 자추목 · 멍구나무 · 당음나무 · 해동목 | **분포** | 전국 각지, 산기슭 · 인가 부근

🌿 **형태** 음나무는 두릅나뭇과의 낙엽활엽교목으로 높이는 20~30m 정도이고, 잎은 어긋나고 원형으로서 가장자리가 손바닥 모양으로 5~9개로 깊게 갈라진다. 가장자리에 톱니가 있다. 줄기에는 억센 가시가 있다. 꽃은 7~9월에 햇가지 끝에 겹산형 꽃차례를 이루며 황록색으로 피고, 열매는 10월에 둥근 핵과로 여문다.

● **약성** : 평온하며, 쓰고, 약간 맵다. ● **약리 작용** : 중추신경을 진정시키는 작용
● **효능** : 운동기계 · 소화기계 · 신경기계 질환에 효험 · 신경통 · 요통 · 관절염 · 구내염 · 타박상 · 종기 · 창종 · 견비통 · 당뇨병 · 신장병 · 위궤양 · 진통 · 풍치

🌱 **음용** : 연중 가지를 채취하여 적당한 크기로 잘라 햇볕에 말린 후 물에 달여 차로 마신다.

"봄에 막나온 새순은 입맛을 돋게 하는 음나무"

🌱 **음나무의 꽃말은 경계 · 방어이다.**

음나무는 중국, 일본에 분포한다. 우리 땅에는 해발 100~1800m에 자란다. 줄기에 날카로운 가시가 많아 "엄나무(嚴木)"라는 이름이 붙여졌다. "큰엄나무", "당엄나무", "털엄나무", "털음나무", "엉개나무" 등 다양한 이름이 있다. 우리 조상은 음나무가 복(福)이 들어오기를 바라는 "길상목(吉祥木)"으로 여겨 집 안이나 마을 입구에 심고, 대문이나 대청마루 천장에 걸어 놓아 잡귀를 막고자 했다. 노거목(老巨木) 음나무 아래에서 마을 주민의 안녕을 빌고, 무병장수를 기원하는 제사를 지냈다. 옛날에 역병이 돌면 음나무 가지로 노리개를 만들어 질병을 예방하고자 했다. 무당들이 굿을 할 때는 음나무를 사용했고, 잡귀를 막아 준다는 나무로 여겨 "도깨비 방망이"라는 애칭도 있다. 다른 사람이 명당에 진묘(眞墓)를 쓰지 못하도록 미리 그 자리에 음나무로 만든 몽둥이로 봉목(棒木)을 받는 금장(禁葬)이라는 풍속을 믿었다. 경남 남천면 신방리 음나무 군락은 천연기념물 제164호, 전북 무주군 설천면의 음나무는 천연기념물 제306호, 강원 삼척시 근덕면의 음나무는 천연기념물 제363호로 지정하고 있다. 독특한 향이 있어 봄철에 입맛을 돋게 하는데 그만이다. 강원도 강릉에서는 음나무 새순이 나는 4월에 "개두릅" 축제를 한다. 재질이 좋고 광택이 아름다워 사찰(寺刹)에서 바리때를 만들어 사용했고, 물속에 담가 두어도 잘 스며들지 않기 때문에 비 올 때 신는 나막신을 음나무로 만들었다. 오늘날에는 조경수로 가치가 높아 합판, 기구재, 가구재, 조각재, 건축재, 내장재, 악기재 등으로 이용되고 있다.

🌿 음나무는 식용 · 약용 · 관상용으로 가치가 높다!

음나무는 새싹, 줄기를 쓴다. 봄에 어린순을 뜯어 끓는 물에 살짝 데쳐서 나물로 무쳐 먹는다. 볶음 · 초고추장 · 쌈으로 먹는다. 음나무 기름을 음식에 쓴다. 가시가 있는 나뭇가지는 닭과 함께 가마솥에 넣고 푹 삶아서 보양식으로 먹는다. 한방에서 나무껍질을 말린 것을 "해동피(海桐皮)", 뿌리를 말린 것을 "해동수근(海桐樹根)"이라 부른다. 신경통에 다른 약재와 처방한다. 약초를 만들 때는 봄부터 여름 사이에 줄기를 채취하여 겉껍질과 하얀 속껍질을 긁어내고 햇볕에 말려 쓴다. 민간에서 신경통 · 요통에는 닭의 내장을 빼내 버리고 그 속에 음나무를 넣고 푹 고아서 그 물을 먹거나 음나무의 가지에 상처를 내어 진액을 받아 한 숟가락 정도를 먹는다. 골절상에는 엄나무의 껍질을 골절상 부위를 감싸 준다. 근육통 · 관절염에는 음나무를 달인 물로 목욕을 한다.

🌿 음나무 성분&배당체

음나무 나무껍질에는 사포닌 · 리그산 · 페놀 화합물 · 타닌 · 플라보노이드 · 알칼로이드 · 정유 · 전분 · 헤데라사포닌, 뿌리에는 다당류 · 펙틴 · 글루칸이 함유돼 있다.

🌿 음나무를 위한 병해 처방!

음나무에 갈색무늬병(갈반병)이 발생할 때는 발병 초기에 만코제브 수화제 500배, 클로로탈로닐 수화제 1000배 희석액을 2~3회 살포한다.

TIP

번식 음나무 번식은 까다롭다. 가을에 익은 종자를 채취하여 모래와 1:1로 섞어서 노천매장한 후 이듬해 봄에 파종한다.

: 관절염·근골 동통·당뇨병에 효능이 있는 :

옻나무 *Rhus verniciflua*

| 생약명 | 건칠(乾漆) – 껍질을 말린 것·칠엽(漆葉) – 잎을 말린 것·칠수자(漆樹子) – 씨 | 이명 | 칠목
| 분포 | 마을 부근 근처

🌱 **형태** 옻나무는 옻나뭇과의 낙엽활엽교목으로 높이는 12~20m 정도이고, 잎은 어긋나고 9~11개의 작은 잎으로 구성된 홀수 1회 깃꼴겹잎이며 가지 끝에 모여 달린다. 달걀꼴로서 끝이 뾰족하고 밑은 다소 둥글며 가장자리가 밋밋하다. 꽃은 5~6월에 잎겨드랑이에 1 송이씩 원추 꽃차례로 밑으로 늘어지며 녹황색으로 피고, 열매는 10월에 둥글납작한 등황색의 핵과로 여문다.

- **약성** : 따뜻하며, 맵다. ● **약리 작용** : 항균 작용·살충 작용·항암 작용·혈당 강하 작용
- **효능** : 통증·소화기계 질환에 효험, 수지(어혈·월경 폐지·소적), 줄기 껍질 뿌리(접골·혈액 순환·동통), 잎(외상·출혈·창상), 관절염·근골 동통·당뇨병·암(전립선암·직장암·피부암)염증·요통·위장염·위통

🌿 **음용** : 닭백숙에 옻나무 껍질+음나무+꾸지뽕+오가피+감초+대추를 배합하여 보양식으로 먹는다.

"칠기 도료(塗料)로서 가치가 높은 옻나무"

옻나무의 꽃말은 현명이다.

옻나무는 티베트, 히말라야가 원산지이다. 우리 땅에는 중국에서 들어와 전국으로 퍼졌다. 우리 조상은 "옻나무는 옻진을 쓸 수 있으므로 잘려서 없어진다"고 할 정도로 옻나무 진(液)을 최상품으로 쳤다. "참옻나무", "칠수(漆樹)", "간칠(干漆)", "산칠(山漆)"이라 부른다. 고조선 〈낙랑고분〉에서 발견된 칠기는 오늘날까지 은은하고 화려한 빛깔을 지니고 있고, 고분(古墳)에서 발견되는 유물 중에는 광택을 잃지 않는 칠기(漆器)가 출토되고 있다. 신라의 병기(兵器)나 관곽(棺槨)과 가구 등에 옻을 사용한 흔적이 있다. 〈조선왕조실록〉에 세종 14년에 335개의 고을 중 옻 세금(漆貢組)을 바치는 고을이 182개였고, 옻나무를 칠장(漆匠)으로 기록돼 있다. 줄기에 금을 넣어 칠액이 흘러나오면 대나무 칼 같은 것으로 긁어모은다. 옻나무에서 나오는 진(液)은 도료(塗料)로서 가치가 높다. 신라 경덕왕(景德王)은 식기방(飾器房)의 관직을 두고 옻나무의 재배를 관리했고, 고려 선종(宣宗)은 옻나무에 세금제도가 마련되기도 했고, 인종(仁宗) 때는 옻나무 심기를 권장했고, 명종(明宗) 때는 옻나무를 심으면 수입이 좋다고 권장했다. 봄의 새순을 산물로, 껍질에 상처를 내면 잿빛의 진이 나온다. 전남 신안 앞바다에서 700년 동안 바다 밑 갯벌 속에서도 썩지 않은 송대(宋代)의 보물선 표면도 옻칠한 것으로 밝혀냈다. 옻에는 "우루시올"이라는 성분이 있어 몸에 닿으면 피부가 가렵고 퉁퉁 부어오른다. 예부터 스님들은 동구 밖에 옻나무를 심었는데, 옻을 채취해 목기(木器)나 기구에 손으로 발랐다. 옻을 칠한 목기(木器)에 밥을 담아 놓으면 곰팡이를 억제하는 살균 작용이 있어 쉽게 상하지 않는다.

자연산 옻칠은 침투력이 좋고 방수가 잘되고, 칠한 후 시간이 지나면서 윤기가 나고, 살충 효과가 있어 좀이 생기지 않아 구충제로 사용하기도 하였다. 위장병에 효험이 있고, 머리 염색약에도 들어간다. 옻은 칠기(漆器), 공예품, 고급가구, 선박, 군함, 해저전선(海底電線) 등에 칠감으로 쓰인다. 교실의 칠판은 옻칠을 한 판이라 하여 "칠판(漆板)"이라 한다. 해독하고자 할 때는 옻 순에 달걀 노른자를 풀어 비벼 먹든가, 만질 때는 식물유·광물유를 바르고 작업이 끝나면 비눗물로 씻는다.

🌿 옻나무는 식용, 약용으로 가치가 높다!

봄에 어린순을 채취하여 끓는 물에 살짝 데쳐서 나물로 무쳐 먹는다. 약술을 만들 때는 연중 내내 나무줄기를 채취하여 적당한 크기로 잘라 용기에 넣고 19도의 소주를 부어 밀봉하여 3개월 후에 마신다. 한방에서 껍질을 말린 것을 "건칠(乾漆)", 잎을 말린 것을 "칠엽(漆葉)", 씨를 "칠수자(漆樹子)"라 부른다. 근골통에 다른 약재와 처방한다. 민간에서 어혈에는 수지 5g을 달여서 먹는다. 접골·외상 출혈에는 잎과 뿌리·껍질 2~10g을 달여 먹거나 즙을 내어 환부에 바른다.

🌿 옻나무 성분&배당체

다당류·타닌·스텔라시아닌·라카아제·페놀라아제·자일로스·갈락토스가 있다.

🌿 옻나무를 위한 병해 처방!

옻나무는 비교적 병충해에 강한 편이다.

TIP

번식 옻나무 열매의 껍질은 왁스 층이 있고 두터워서 물기를 흡수하지 못하기 때문에 얇게 갈아서 노천매장한 후 이듬해 봄에 파종한다. 2년쯤 묘포에서 키운 후 옮겨 심는다.

: 암(대장암 · 신장암 · 유방암) · 당뇨병 · 월경 불순에 효능이 있는 :

화살나무 *Euonymus alatus*

| **생약명** | 귀전우(鬼箭羽)—가지에 붙은 날개(코르크질)를 말린 것 | **이명** | 참빗나무 · 금목 · 귀전우 · 위모 · 신전목 · 팔수 | **분포** | 전국 각지, 산기슭

🌿**형태** 화살나무 노박덩굴과의 낙엽활엽관목으로 높이는 1~3m 정도 되고, 잎은 마주 나고 타원형으로 가장자리에 잔 톱니가 있다. 꽃은 5~6월에 잎 겨드랑에서 나온 꽃이삭에 취산 꽃차례를 이루며 3송이씩 황록색으로 피고, 열매는 10월에 타원형의 삭과로 여문다.

● **약성** : 차며, 달다. ● **약리 작용** : 혈압 강하 작용 · 혈당 강하 작용
● **효능** : 통증 질환에 효험, 여러 가지 암(대장암 · 신장암 · 유방암) 예방과 치료 · 당뇨병 · 월경불순 · 생리통 · 동맥 경화 · 고혈압 · 정신병 · 대하증

🌱 **음용** : 봄에 어린순을 따서 그늘에 말린 후 찻잔에 조금 넣고 뜨거운 물을 부어 1~2분 후에 꿀을 타서 차로 마신다.

"단풍이 아름다운 **화살나무**"

🌿 **화살나무의 꽃말은 위험한 장난이다.**

화살나무 한자명은 귀신이 쓰는 화살이라 하여 "귀전우(鬼箭羽)", "팔수(八樹)", "사능수(四稜樹)"로 부른다. 잔가지에 달린 날개가 활의 살 같다고 하여 처음에는 "활살나무"가 "화살나무"라는 이름이 붙여졌다. 잔가지 날개가 참빗 모양과 비슷해 "참빗나무", 나무의 단풍이 비단처럼 곱다 하여 "금목(金木)"이라 부른다.

화살나무는 중국, 일본에 분포한다. 우리 땅에는 전국의 산기슭에 자생한다. 조선시대 허준이 쓴 〈동의보감〉에서 "화살나무는 산후에 어혈을 풀어준다"라고 기록돼 있다. 최근 약리실험에서 멍든 것을 풀어주는 것으로 밝혀졌다.

화살나무의 자랑은 새순, 코르크층 날개, 단풍이다. 봄에는 새순을 나물로 먹고, 10월에 기온이 섭씨 15도 이하로 내려갔을 때 가장 선명한 단풍이 든다. 그래서 조경 수종으로 많이 심고, 분재 등으로 개발되고 있다.

옛날에는 지팡이를 만들어 짚었고, 전쟁을 대비해 진짜 화살의 재료로 썼고, 목재는 치밀하고 인장 강도가 높아 나무못 같은 특수 용도나 세공제로 이용된다.

🌿 **화살나무는 식용, 약용, 관상용으로 가치가 높다!**

화살나무는 어린순, 가지에 붙은 날개(코르크질), 뿌리 모두를 쓴다. 봄에 어린순을 따서 살짝 데쳐서 찬물에 우려낸 후 나물로 무쳐 먹는다. 봄에 어린순을 따서 무침, 쌀과 섞어 나물밥·된장국·볶음으로 먹는다. 발효액을 만들 때는 봄에 어린순을 따서 용기에 넣고 재료의 양만큼 설탕을 붓고 100일 정도 발효시킨 후에 발효액 1에 찬물 3을 희석해서 음용한다. 약초를 만들 때는 연중 수시로 어린 가지에 붙은 날개를 채취하여 햇볕에 말려 쓴다.

한방에서 가지에 붙은 날개(코르크질)를 말린 것을 "귀전우(鬼箭羽)"라 부른다. 암(대장암·신장암·유방암)에 다른 약재와 처방한다. 임산부는 복용을 금한다. 민간에서 각종 암에는 날개에 달린 잔가지를 채취하여 1일 20~30g을 달여서 먹는다. 당뇨병에는 잔가지와 뿌리 20~40g을 달여서 먹는다. 몸살에 가시가 찔렸을 때 화살

나무 날개를 태워 그 재를 발라 뗏는다.

🍃 화살나무 성분&배당체

화살나무 잎에는 플라보노이드 · 로이코시야니딘 · 케르세틴 · 프리에데린 · 둘 시톨, 열매에는 알칼로이드, 가지 날개에는 칼데노라이드 성분인 아콥베노시게닌 이 함유돼 있다.

🍃 화살나무를 위한 병해 처방!

화살나무에는 진딧물 · 깍지벌레 · 그을음병 · 잎말이나방이 발생한다. 진딧물이 발생할 때는 수프라이사이드 용액을 희석하여 2~3회 살포한다.

> **TIP**
>
> **번식** 화살나무 가을에 채취한 종자의 과육을 제거한 후 저온 저장한 뒤 이듬해 봄에 파종한 다. 녹지삽(풋가지 꽂이)은 6~7월 올해 자란 가지 끝을 10~20cm 길이로 잘라 상단부 잎 몇 개를 남기고 뿌리 내림 촉진제를 바른 뒤 심는다.

12

약용 나무

: 고혈압 · 당뇨병 · 정력에 효능이 있는 :

구기자나무 *Lycium chinense*

| 생약명 | 구기자(枸杞子) – 익은 열매를 말린 것 · 지골피(地骨皮) – 뿌리껍질을 말린 것 · 구기엽(枸杞葉) – 잎을 말린 것 | 이명 | 지골자 · 적보 · 청정자 · 천정자 · 선인장 · 구기 · 구기묘 · 지선 · 구계 · 고기 · 각로 | 분포 | 전국 각지, 마을 근처 재배

🌿 **형태** 구기자나무는 가짓과의 낙엽활엽관목으로 높이는 1~2m 정도이고, 잎은 어긋나고 위쪽에서 3~6개씩 뭉쳐난다. 달걀꼴로 털은 없고 끝이 뾰족하고 가장자리는 밋밋하다. 줄기는 다른 물체에 기대어 비스듬히 서고 끝이 늘어진다. 꽃은 6~9월에 잎겨드랑이에 1~4송이씩 자주색 종 모양으로 피고, 열매는 8~9월에 타원형의 장과로 여문다.

- **약성** : 평온하며, 달다. **약리 작용** : 혈당 강하 작용 · 혈압 강하 작용
- **효능** : 면역력 · 신진대사 · 신경계 질환에 효험, 열매는 당뇨병 · 음위증 · 요통 · 오슬무력 · 마른기침, 뿌리껍질은 기침 · 고혈압 · 토혈 · 혈뇨 · 결핵

🌿 **음용** : 구기자 10g+오미자 3g를 물 500㎖에 넣고 달여 차로 마신다.

"중국의 3대 약초 **구기자나무**"

🌿 **구기자나무의 꽃말은 희생이다.**

가지가 헛개나무와 비슷하고 줄기는 버드나무와 비슷하다 하여 "구기자나무", 늙지 않게 한다고 하여 "각로(却老)"라는 이름이 붙여졌다. 다른 이름으로 "서구기", "첨채지"라 부른다. 중국 〈의서(醫書)〉에서 "구기자(拘杞子) 열매를 매일 상복하면 병약자가 건강해지고 정력이 증강되고 불로장수(不老長壽)의 선약(仙藥)이다"라고 기록돼 있다. 노나라의 한 관리가 이상한 광경을 목격했다. 소녀가 회초리로 할아버지를 쫓아가는 것을 보고 호통을 쳤다. 소녀가 "내 나이는 300살이요, 이 할아버지는 증손자요."하니 믿을 수 없어 비방(祕方)을 물었는데 "구기자를 상복하면 된다. 1월에는 뿌리를 캐서 달여 먹고, 3월에는 줄기를 잘라 4월에 달여 먹고, 5월에는 잎을 따서 6월에 끓여 마시고, 7월에는 꽃을 따서 차로 먹고, 9월에는 익은 열매를 따서 10월에 먹는다"고 알려 주었다. 중국 동북부, 일본, 타이완에 분포한다. 우리 땅에는 햇빛이 잘 드는 해발 100~300m의 산비탈에서 자생한다. 봄에 나오는 잎은 천정초(天精草), 여름꽃은 장생초(長生草), 겨울의 뿌리는 지골피(地骨皮)이다. 구기자는 신체의 노화 진행을 늦추고 본래의 원기(元氣)를 회복시켜 주는 대표적인 자양강장제이다. 구기자나무의 자랑은 열매이다. 비타민A, B_1, B_2, C를 비롯하여 칼슘, 인, 철, 단백질, 타닌, 미네랄 등이 함유되어 있다. 최근 임상 시험에서 혈전을 용해하여 피를 맑게 하고 콜레스테롤 수치를 떨어트리는 것으로 밝혀졌다. 구기자나무는 충남 청양과 전남 진도로 농가의 소득을 주는 "돈나무"이다. 중국산이 무분별하게 들어와 약초를 찾는 소비자는 구별할 수 있어야 한다.

🌿 구기자나무는 식용, 약용, 관상용으로 가치가 높다!

봄에 어린싹을 따서 소금물에 담가 두었다가 잘게 썰어 소금으로 간을 한 다음에 쌀과 섞어 나물밥으로 먹는다. 잎과 열매로 나물무침·튀김·부침개·식혜·죽으로 먹는다. 생잎을 즙을 내서 녹즙으로 먹는다. 구기자 주를 만들 때는 가을에 익은 열매를 따서 용기에 넣고 소주(19도)를 부어 밀봉하여 3개월 후에 마신다. 약초를 만들 때는 봄 또는 가을에 뿌리를 캐서 물에 씻고 껍질을 벗겨 감초 탕에 담가 썰어서 햇볕에 말려 쓴다. 가을에 익은 열매를 따서 햇볕에 말려 쓴다. 한방에서 익은 열매를 말린 것을 "구기자(枸杞子)"·뿌리껍질을 말린 것을 "지골피(地骨皮)"·잎을 말린 것을 "구기엽(枸杞葉)"이라 부른다. 신체허약에 다른 약재와 처방한다. 민간에서 당뇨병에는 가지를 채취하여 잘게 썰어서 물에 달여서 차로 수시로 마신다. 몸이 허약할 때는 열매 10g+황정 뿌리 10g을 물에 달여서 수시로 장복한다. 치통에는 뿌리 한 줌에 식초를 넣고 달인 물로 입안에서 입가심을 한다.

🌿 구기자나무 성분&배당체

구기자나무 열매에는 카로틴·리놀레산·비타민C, 뿌리껍질에는 페놀·베타인, 뿌리에는 시스테인이 함유돼 있다.

🌿 구기자나무를 위한 병해 처방!

구기자나무의 면역력을 높이기 위해 영양제를 준다. 탄저병이 발생할 때는 발병 초기에 만코제브 수화제 500배, 옥신 코퍼 수화제 1000배 희석액을 2~3회 살포한다.

번식 구기자나무는 씨, 삽목(꺾꽂이)로 번식한다.

: 인후염 · 당뇨병 · 고혈압에 효능이 있는 :

오미자나무 *Schizandra chinensis Baill*

| **생약명** | 오미자(五味子) – 익은 열매를 말린 것. | **이명** | 개오미자 · 오메자 · 문합 · 현급 · 금령자 · 홍내소 · 북미 | **분포** | 전국 각지, 산기슭의 300m 이상 돌이 많은 비탈

🌿 **형태** 오미자나무는 목련과의 갈잎떨기나무로 길이는 5~9m 정도이고, 잎은 어긋나고 달걀 모양이며 가장자리에 톱니가 있다. 줄기는 다른 물체를 감고 올라간다. 꽃은 6~7월에 새 가지의 잎 겨드랑에 한 송이씩 흰색 또는 붉은빛이 도는 연한 노란색으로 피고, 열매는 8~9월에 둥근 장과로 여문다.

- ●**약성** : 따뜻하며, 시고, 맵고, 쓰고, 달고, 떫다. ●**약리 작용** : 혈당 강하 작용
- ●**효능** : 순환기계·호흡기계 질환에 효험, 당뇨병·기관지염·인후염·동맥 경화·빈뇨증·설사·소변 불통·식체·신우신염·양기 부족·음위·저혈압·조루·해수·천식·탈모증·허약 체질·권태증·해열

🌱 **음용** : 5~7월에 꽃을 따서 그늘에 말려 3~5송이를 찻잔에 넣고 따뜻한 물을 부어 2~3분 동안 향이 우러나면 차로 마신다.

🌿 **오미자 명인** : 한상대 명인은 전북 장수군 녹수청산에서 친환경으로 오미자를 재배하여 1년 이상 저온 숙성한 후 액기스를 판매하고 하고 있다. 연락처 : 010-5633-5005

"익은 빨간 열매에서 5섯 가지 맛을 내는 **오미자나무**"

🌿 **오미자의 꽃말은 다시 만나다.**

오미자는 신맛 · 단맛 · 짠맛 · 매운맛 · 쓴맛 등 5가지 맛이 있어 "오미자(五味子)"라는 이름이 붙여졌다. 오미자는 중국, 일본 등지에 분포하는데, 우리 땅 전역에서 2속 3종인 "오미자 · 남오미자 · 흑오미자"가 자생하고 있다. 제주도와 남부 해안 지역에 자생하는 흑오미자와 중부 산간지에 자생하는 북 오미자 · 적 오미자가 있다. 흑오미자는 제주도 산록지에서 재배하고, 적 오미자는 경북 문경과 전북 무주, 진안, 장수, 강원 인제에서 주로 재배한다. 조선시대 허준이 쓴 〈동의보감〉에서 "오미자는 허(虛)한 것을 보(補)하고, 남자들의 정(精)을 더한다", 중국 〈본초서〉에서 "소갈(당뇨병)에 쓴다"라고 기록돼 있다. 조선시대 왕에게 궁중에서 녹두를 곱게 갈아 가라앉힌 녹말을 오미자즙에 넣고 끓여 진상했다. 오미자는 해발 300~500m 정도에 생육이 좋다. 오미자는 겉껍질이 약하기 때문에 수확한 즉시 동결 건조해 보관해야 하고, 오미자는 겨울철에 가지를 절반쯤 솎아주면 수확량이 늘고 나무 수명이 길고 아치형 울타리 재배가 유리하다. 조선시대 문헌에 의하면 경북 문경이 오미자 주산지이며 지역특산물로 기록돼 있다. 경북 문경은 백두대간 자락에서 자생하는 오미자 주산지로 400여 농가가 254ha의 면적에서 오미자를 재배하고 있으며 이는 전국 생산량의 50% 이상을 차지한다. 2006년 오미자 산업 특구로 지정된 이후 특화작물 육성책을 마련하여 오미자 생산 농가를 적극적으로 지원하여 고부가 가치를 창출하여 농가 소득을 올리고 있다. 그 외 전북 장수군과 무주군은 고품질 친환경 오미자 생산으로 오미지 농축색상 차, 오미자 포도주, 기능성 식품 등의 산지로 알려져, 장수의 접경 지역인 진안고원의 산지에서 재배하고 있다.

오미자의 자랑은 꽃, 열매이다. 오미자는 최근 약리실험에서 오미자 열매는 인후 질환과 당뇨병에 좋은 것으로 밝혀졌다. 열매는 "신맛", 껍질은 "단맛", 과육은 "신맛", 씨는 "매운맛"과 "쓴맛" 짠맛인 오행(五行)의 맛이 있으므로 인체의 오장육부(五臟六腑)에 좋고, 산성 소화액인 담즙분비를 촉진하고, 몸 안의 지방을 녹이기 때문에 다이어트에도 좋다.

🌿 오미자는 식용, 약용, 관상용으로 가치가 높다!

봄에 어린순을 따서 끓는 물에 살짝 데쳐 나물로 무쳐 먹는다. 오미자 편·오미자차·오미자술·나물무침·볶음·튀김·국거리로 먹는다. 열매로 화채를 만들어 먹는다. 발효액을 만들 때는 가을에 익은 열매를 송이째 따서 용기에 넣고 재료의 양만큼 설탕을 붓고 100일 정도 발효를 시킨 후 발효액 1에 찬물 3을 희석해서 음용한다. 약술을 만들 때는 가을에 익은 열매를 송이째 따서 용기에 소주(19도)를 부어 밀봉하여서 한 달 후에 마신다. 약초를 만들 때는 가을에 익은 열매를 따서 햇볕에 말려 쓴다. 한방에서 익은 열매를 말린 것을 "오미자(五味子)"라 부른다. 인후질환과 당뇨병에 다른 약재와 처방한다. 민간에서 해수·천식에는 오미자 열매와 탱자나무 열매를 끓여서 식사 전에 하루 3번 복용한다. 인후염에는 오미자를 물에 우려 차(茶)로 마신다. 자양 강장에는 오미자 효소를 담가 찬물에 희석해서 먹는다.

🌿 오미자 성분&배당체

오미자 열매에는 구연산·주석산·데옥시쉬잔드란·감마-쉬잔드란·정유·유기산 시트린산·비타민C·과당유·지방유가 함유돼 있다.

🌿 오미자를 위한 병해 처방!

오미자나무 병충해를 방지하기 위해서는 친환경 천연기피제를 살포한다. 석회유황합제(점무늬병, 흰가루병, 깍지벌레, 응애에 효과를 보임)를 희석해 꽃과 싹이 트기 전에 뿌려준다.

TIP

번식 오미자나무의 번식은 비교적 쉽다. 가을에 새끼 친 포기를 나누어 심는다. 가을에 종자를 채취하여 노천매장한 후 이듬해 봄에 파종한다.

: 비염 · 천식 · 기관지염에 효능이 있는 :

마가목 *Sorbus commixta*

| **생약명** | 정공피(丁公皮)—줄기를 말린 것·천산화추(天山花楸)—씨를 말린 것·마아피(馬牙皮)—나무껍질을 말린 것 | **이명** | 마아목·당마가목·백화화추·산화추·일본화추·접화추 | **분포** | 강원·경기이남·산지

🌿 **형태** 마가목은 장밋과의 낙엽활엽소교목으로 높이는 6~8m 정도이고, 잎은 어긋나고 9~13개의 작은 잎으로 구성된 깃꼴겹잎이며 가장자리에 톱니가 있다. 꽃은 5~6월에 가지 끝에 겹산방의 꽃차례를 이루며 흰색으로 피고, 열매는 9~10월에 둥근 이과로 여문다.

● **약성** : 평온하며, 맵고, 쓰고 시다. ● **약리 작용** : 항염 작용 · 진해 · 거담 작용
● **효능** : 신경계 · 운동계 · 호흡기 질환에 효험, 기관지염 · 기침 · 해수 · 천식 · 거담 · 신체
허약 · 요슬산통 · 위염 · 백발 치료 · 관상동맥 질환 · 동맥 경화 · 방광염 · 소갈증 · 폐결
핵 · 정력 강화 · 수종

🌱 **음용** : 가을에 익은 열매를 따서 햇볕에 말린 후 다관이나 용기에 넣고 물에 달여 차로 마신다.

🌿 **마가목 및 산야초 효소 명인** : 지리산과 진안고원에서 자연산 산야초를 채취하여 20년 이상 발효시킨 효소이다. 상담 : 약산 011-9046-6480, 010-3241-6480

"나무 중 으뜸 대명사 **마가목**"

🌿 **마가목의 꽃말은 신중 · 조심이다.**

    새싹이 나오는 모양이 마치 말(馬)의 이빨처럼 생겼다 하여 "마아목(馬牙木)", 줄기 껍질이 말가죽을 닮았다 하여 "마가목"이라는 이름이 붙여졌다. 중국에서는 "정공 등(丁公藤)", 울릉도에서는 "마구나나무", "남등", "석남등", "마깨낭", "은빛마가목" 라는 이름도 있다. 마가목은 중국, 일본에 분포한다. 세계적으로 마가목은 80여 종이 있다. 중국 원산지 "호북 마가목"이 있고, 서양 마가목 중에는 봉사하는 이름 을 가진 "유럽 마가목"이 있다. 우리 땅에는 해발 500~1200m의 중부이북에서 습 기가 있고 자갈이 섞여 있는 사질양토에서 자생한다. 대부분 "당마가목"이고, 털 의 종류에 따라 "잔털 마가목", 흰털이 있는 "흰털 마가목", 갈색 털이 있는 "차빛 당마가목", 잎이 넓은 "넓은 잎 당마가목", "녹마가목" 등이 있다. 예부터 마가목을 나무 중에서 으뜸으로 쳤다. 수행하는 도인이나 사찰의 스님이 마가목 줄기를 꺾 으면 특이한 향이 나기 때문에 차(茶)로 마셨다. 농경사회에서 목재로 지팡이를 만 들어 썼다. 조선시대 어의(御醫) 이경화가 쓴 〈광제비급〉에서 "마가목으로 술을 담 가 먹으면 서른여섯 가지 중풍을 모두 고칠 수 있다"라고 기록돼 있다. 최근 약리 실험에서 항염 작용, 진해 · 거담 작용이 있고, 타박상 및 허리와 다리의 동통을 완 화하는 것으로 밝혀졌다. 마가목 자랑은 꽃, 잎, 열매, 줄기이다. 자연산 마가목은 약초꾼이나 등산객에 의해 수난을 당하고 있다. 봄에는 초록빛 잎새와 순백색의 꽃다발로, 가을에는 둥글게 생긴 주황색 열매에 단풍까지 아름답고, 한겨울에는 나무에 그대로 달린 열매는 새들의 먹잇감이 되고 나무껍질은 약초로 쓴다.

🍃 마가목은 식용, 약용, 관상용으로 가치가 높다.

봄에 어린순을 채취하여 끓는 물에 살짝 데쳐 나물로 무쳐 먹는다. 볶음·쌈·국거리로 먹는다. 발효액 만들 때는 가을에 익은 열매를 따서 용기에 넣고 재료의 양만큼 설탕을 붓고 100일 정도 발효시킨 후에 발효액 1에 찬물 3을 희석해서 음용한다. 마가목 주를 만들 때는 가을에 익은 열매를 따서 용기에 넣고 소주(19도)를 부어 밀봉하여 3개월 후에 마신다. 약초를 만들 때는 가을에 익은 열매를 따서 햇볕에 말려 쓴다. 한방에서 줄기를 말린 것을 "정공피(丁公皮)", 씨를 말린 것을 "천산화추(天山花楸)" 또는 "마가자", 나무껍질을 말린 것을 "마아피(馬牙皮)"라 부른다. 비염과 기관지염에 다른 약재와 처방한다. 민간에서 천식에는 가지를 채취하여 적당한 크기로 잘라 물에 달여 하루에 3번 공복에 복용한다. 잦은 기침에는 가을에 성숙한 열매를 따서 효소를 만들어 공복에 수시로 먹는다.

🍃 마가목 성분&배당체

마가목의 열매와 나무껍질에는 플라보노이드·리그산·아미그다달린·루페올·베타-시토스테롤이 함유돼 있다.

🍃 마가목을 위한 병해 처방!

마가목에 붉은별무늬병이 발생할 때는 6~7월에 트리아디메폰 수화제 800배, 페나리몰 우제 3000배, 만코제브 수화제 500배 희석액을 7~10일 간격으로 3~4회 살포한다.

> **TIP**
>
> **번식** 마가목은 가을에 채취한 종자의 과육을 제거한 후 모래와 함께 충적저장한 뒤 이듬해 봄 3월에 파종한다. 발아율은 90% 정도이다.

사진 : 구성찬

: 자양 강장 · 부종 · 이명에 효능이 있는 :

산수유나무 *Comus officinalis*

| **생약명** | 산수유(山茱萸) · 삭조(石棗) – 열매를 말린 것. | **이명** | 춘황금화 · 산채황 · 실조아수 · 산대추나무 · 멧대추나무 · 촉조 · 계족 | **분포** | 중부이남, 산기슭이나 인가 부근

🌱 **형태** 산수유나무는 층층나뭇과의 낙엽활엽소교목으로 높이는 4~7m 정도이고 잎은 마주 나고 달걀 모양이며 가장자리는 밋밋하다. 꽃은 양성화로 3~4월에 잎보다 먼저 사판화 20~30개가 산형꽃차례를 이루어 노란색으로 피고, 열매는 10~11월에 타원형의 핵과로 여문다.

● **약성** : 약간 따뜻하며, 시고, 떫다. ● **약리 작용** : 항균 작용 · 혈압 강하 작용 · 부교감신경 흥분 작용
● **효능** : 자양 강장 · 신경기계 · 신장에 질환에 효험 · 원기 부족 · 부종 · 빈뇨 · 이명 · 요슬산통 · 현훈 · 유정 · 월경 과다 · 식은땀 · 기관지염 · 소변 불통 · 양기 부족 · 요실금 · 전립선염 · 자양 강장 · 음위

🌿 **음용** : 3~4월에 꽃을 따서 소금물에 씻어 그늘에서 말려 밀폐 용기에 넣어 보관하여 찻잔에 3~5송이를 넣고 끓는 물을 부어 우려낸 후 마신다.

🍃 **산야초 효소 · 식초 명인** : 지리산 산야초 영농조합 상담 : 손영호 010-5548-9133, 061-781-9133

321

"농가에 高소득을 주는 산수유나무"

🍃 **산수유나무의 꽃말은 영원히 변치 않은 사랑이다.**

　빨간 열매가 대추를 닮았다하여 "석조(石棗)", "산대추"라는 이름이 붙여졌다. "촉산조", "육조", "석조", "서시"라고도 부른다. 일교차가 크고 배수가 잘되는 해발 300~400m 정도의 분지나 산비탈에서 잘 자란다. 심은 지 7~8년이 지나면 열매를 수확할 수 있고, 30년 이상 된 나무에서는 열매 50~100근을 이상을 수확할 수 있어 한 그루가 자식을 대학에 보낼 수 있다 할 정도로 농가에 고(高)소득을 주는 나무이다. 산수유나무는 우리나라가 자생지이다. 식물학자 이유미가 쓴 〈우리가 정말 알아야 할 우리나무 백가지〉에서 경기도 광릉(지금의 국립수목원)에서 1920년대에 일본 식물학자 "나카이"가 산수유 거목 두세 그루를 발견하였는데, 그 뒤 우리나라가 산수유 자생지임을 확인했다. 우리나라 전남 구례 산동면에는 중국 산동성(山東城)에서 시집온 여인이 가져와 심었다는 수령이 약 1000년 정도 산수유나무 시조(始祖)로 불리는 시목(始木)이 있다. 산수유나무 자랑은 꽃, 열매이다. 봄에 노란 꽃이아름답고, 잎사귀는 여름내 보기 좋고, 껍질은 얇은 조각으로 벗겨지며 새껍질이 생기기를 반복해 독특한 운치가 있고, 열매는 엉롱한 루비처럼 아름답다. 산수유나무는 단단하고 무늬 결이 치밀해 목재로서 이용가치가 적으나, 옛날에는 농기구 자루, 세공재 정도로 이용했고, 빨간 열매로 염색의 원료로 쓰기도 했다.

🍃 **산수유나무 식용, 약용, 관상용, 공업용으로 가치가 높다!**

　산수유나무 꽃, 열매를 쓴다. 미성숙한 열매는 신맛과 떫은맛이 있어 먹을 수 없

다. 빨갛게 익은 열매를 따서 씨를 제거한 후 끓는 물에 살짝 데쳐서 햇볕에 말려 밥이나 부침개에 넣어 먹는다. 산수유 주를 만들 때는 늦가을에 빨갛게 익은 열매를 따서 꼭지를 떼어 내고 씨를 제거한 후 용기에 넣고 19도의 소주를 부어 밀봉하여 2개월 후에 마신다. 약초를 만들 때는 가을에 익은 열매를 따서 씨를 제거하고 햇볕에 말려 쓴다. 한방에서 열매를 말린 것을 "산수유(山茱萸) · 삭조(石棗)"라 부른다. 신장 질환(소변불리, 전립선염, 요실금)에 다른 약재와 처방한다. 씨에 독(毒)이 있기 때문에 제거한 후에 먹는다. 민간에서 남성의 전립성염이나 여성의 요실금에는 빨갛게 익은 열매를 따서 씨를 제거한 후에 물에 달여 차(茶)로 마신다. 원기 회복 · 자양 강장에는 열매로 술에 담가 식후에 조금씩 마신다.

🌿 산수유나무 성분&배당체

산수유나무 열매에는 사포닌 · 사과산 · 주석산 · 비타민A · 몰석자산, 종자에는 리놀 · 올레인산 · 지방유가 함유돼 있다.

🌿 산수유나무를 위한 병해 처방!

산수유나무에 산수유반점병(점무늬병)이 발생할 때는 발생초기에 만코제브 수화제 500배, 클로로탈로닐 수화제 1000배 희석액을 2주 간격으로 3~4회 살포한다. 산수유 두창병에는 눈이 트기 시작할 때 만코제브 수화제 500배, 클로로탈로닐 수화제, 티오차네이트메틸 수화제 1000배 희석액을 2주 간격으로 2~3회 살포한다.

> **TIP**
>
> **번식** 산수유나무는 가을에 빨갛게 익은 종자를 채취하여 과육을 제거한 후 노천매장한 뒤 2년 뒤 봄에 파종한다. 묘목 식재는 4월과 10월이 적기다. 열매 수확은 식재 후 7~8년 후에 한다.

: 관절염 · 당뇨병 · 근골에 효능이 있는 :

가시오갈피나무 *Eleutherococcus sentiocsusse*

| **생약명** | 자오가(刺五加)-뿌리 또는 줄기의 껍질을 말린 것 | **이명** | 백침 · 자오가피 · 자오가근(刺五加根) | **분포** | 깊은 깊은 산지 해발 500m 이상

🌿 **형태** 가시오갈피는 두릅나뭇과의 낙엽활엽관목으로 높이는 2~3m 정도이고, 잎은 어긋나고 손바닥 모양의 겹잎이고, 잎의 가장자리에 날카로운 톱니가 있다. 잎자루 밑에 솜털 같은 작은 가지가 많다. 꽃은 7월에 가지 끝에 모여 산형화서 자황색으로 피고, 열매는 10월에 둥근 핵과로 여문다.

- **약성** : 따뜻하며, 맵고, 쓰다.   **약리 작용** : 혈당 강하 작용
- **효능** : 순환계 · 신경계 · 운동계 질환에 효험. 신체 허약 · 면역 · 당뇨병 · 동맥 경화 · 저혈압 · 관절염 · 요통 · 심근염 · 신경통 · 위암 · 악성 종양 · 육체적 피로

🍵 **음용** : 봄부터 초여름까지 뿌리껍질 또는 줄기껍질을 벗겨 햇볕에 말린 후 다관이나 용기에 넣고 물에 달여 차로 마신다.

🌾 **가시오가피 명인** : 전북 진안고원 산기슭에서 20년 이상 가시오갈피를 재배한 정경교는 MBC와 SBS에서 소개된 오가피 명인이다. 가시오갈피-약재를 가미하며 3일 이상 달인 액상차, 가을에 채취한 열매를 10년 이상 숙성시킨 효소를 판매하고 있다. 010-9640-6562

"하늘의 선약(仙藥) 가시오갈피나무"

🌿 가시오갈피나무의 꽃말은 만능이다.

학명은 "아칸토파낙스(Acanthopanax)"이다. 만병을 치료하는 "가시나무"라는 뜻이다. 가시오가피는 해발 500m 이상 추운 곳에서 자생한다. 오가피와는 달리 잎 가장자리와 줄기에 날카로운 가시가 있다. 우리 땅에서는 "지리산 오갈피", "토종 오갈피", "섬오갈피", "중부 오갈피", "당 오갈피", "민가시 오갈피" 등 20여 종이 있다. 중국의 신농씨가 쓴 〈신농본초경〉에서 "가시오갈피를 상급으로 분류하여 오래 먹으면 몸을 가볍게 만들어줄 뿐만 아니라 늙지 않고 장수한다", 조선시대 허준이 쓴 〈동의보감〉에서 오가피를 "삼(蔘) 중에서도 으뜸이라 하여 천삼(天蔘)"이라 하여 "하늘의 선약(仙藥)"이라고 기록되어 있듯이 근육과 뼈를 튼튼하게 하고 몸을 강하게 만들어주고, 오래 복용하면 몸이 가벼워지고 노화를 방지해 준다. 가시오가피에 함유된 배당체 리그산(Lysine)은 면역력 강화와 RNA 합성을 촉진해 백혈구 수 증가시키고, 시나노사이드(Cyanoside)는 진정 작용이 있어 요통과 관절염으로 부종 치료해 주고, 아칸소사이드(Acanthoside)는 항암 작용, 혈액순환, 독소 해독 작용, 스테로이드(Steroid)는 혈관 환경 정화, 콜레스테롤 배설, 고지혈증 등을 예방해 준다. 세사민(Sesamin)은 항산화 작용이 있고, 쿠마린(Coumarin)은 혈압 강하 작용이 있고, 지린긴(Gilingin)은 노화 방지, 신진대사 촉진에 관여한다는 것을 밝혔다.

🌿 가시오갈피나무는 식용, 약용, 관상용으로 가치가 높다.

봄에 어린순을 따서 끓는 물에 살짝 데쳐 나물로 먹거나 쌈장·장아찌로 먹는다.

잔가지로 각종 육수를 만들 때 쓴다. 발효액을 만들 때는 검은 열매를 따서 이물질을 제거한 후 마르기 전에 용기에 넣고 재료의 양만큼 설탕을 붓고 100일 정도 발효시킨 후 발효액 1에 찬물 3을 희석해서 음용한다. 열매 주를 만들 때는 가을에 검은 열매를 따서 채반에 펼쳐 놓고 물을 뿌려 씻은 후 물기가 빠지면 용기에 넣고 소주(19도)를 부어 밀봉하여 1개월 후에 마신다. 약초를 만들 때는 봄부터 초여름까지 잎·뿌리껍질·줄기껍질을 벗겨 햇볕에 말려 쓴다. 한방에서 뿌리·줄기껍질을 말린 것을 "자오가(刺五加)"라 부른다. 근골 질환에 다른 약재와 처방한다. 민간에서 관절염·요통에는 말린 약재를 5~10g 물에 달여서 하루 3번 나누어 복용한다. 노화 방지·면역력 증강에는 봄에는 잎, 가을에 열매로 효소를 만들어 장복한다.

🌿 가시오갈피나무 성분&배당체

잎에는 정유·사포닌·세사민·카페인산, 나무껍질과 뿌리에는 아칸토시드·타닌·팔미틴·세사민·안토시드·글루칸·쿠마린·알데하이드가 함유돼 있다.

🌿 가시오갈피나무를 위한 병해 처방!

가시오갈피나무에는 진딧물·탄저병·일소병이 발생한다. 탄저병이 발생할 때는 발생 초기에는 만코제브 수화제 500배, 옥신코퍼 수화제, 클로로탈로닐 수화제 1000배, 메트코나졸 액상수화제 3000배 희석액을 2~3회 살포한다. 일소병은 여름에 줄기가 타들어 가기 전에 방제한다.

TIP

번식 가시오갈피나무는 가을에 검은 종자를 채취하여 과육을 제거한 후 약간 촉촉하게 건조해 모래와 섞어 노천매장한 뒤 이듬해 봄에 파종한다. 분주는 휴면지를 채취해 24시간 동안 물에 침전시킨 뒤 발근제를 발라 삽목한다. 삽목(꺾꽂이)시에는 잎이 1~3개 있는 가리를 20cm 길이로 잘라 심는다.

: 자양 강장 · 고혈압 · 원기 부족에 효능이 있는 :

잣나무 *Pinus koraiensis*

| **생약명** | 해송자(海松子) − 과육과 겉껍질을 제거한 속알갱이 | **이명** | 과송 · 백자목 · 홍송 · 백목 · 오엽송 · 신라송 | **분포** | 전국의 산지, 고산 지대, 강원도 가평

🌲**형태** 잣나무는 소나뭇과의 상록침엽교목으로 높이는 20~30m 정도이고, 잎은 솔잎보다 굵으면서 세모진 바늘잎이 짧은 가지 끝에 5개씩 모여 달린다. 가장자리에 톱니가 있고, 3년 동안 붙어 있다. 꽃은 5월에 암수 한 그루로 새 가지 밑쪽에는 붉은색의 수꽃이, 암꽃 이식은 달걀 모양의 노란색으로 피고, 열매는 9월에 긴 달 갈꼴 솔방울 같은 구과(毬果)를 맺는데 솔방울보다 크다.

- ●**약성** : 따뜻하며, 달다. ●**약리 작용** : 혈압 강하 작용
- ●**효능** : 건강 증진 · 호흡기계 질환에 효험, 중풍 · 자양 강장 · 허약한 체질, 종자(풍비 · 두현 · 조해 · 토혈 · 변비), **뿌리**(감기 · 기침 · 천식 · 해열), 고혈압 · 관절통 · 기관지염 · 비만증 · 빈혈증 · 시력 감퇴 · 원기 부족 · 허약 체질

🌿**음용** : 수정과에 잣을 넣어 마신다.

"잣은 자양강장제 대명사 잣나무"

🌿 잣나무의 꽃말은 만족이다.

예부터 잣나무는 우리 생활 속 나무였다. 사계절 늘 푸른 잎을 띠고, 곧게 뻗은 잣나무를 불변성으로 여겨 "양생", "부귀", "자손 번성", "풍요", "번창", "장수"를 상징한다. 큰 소나무라 하여 "송자송(松子松)", 기름이 많으므로 "유송(油松)", 잎에 흰 가루를 덮어씌운 듯 창백한 녹색 빛을 띠어 "상강송(霜降松)"이라 부른다. 조선시대 허준이 쓴 〈동의보감〉에 "잣을 많이 먹어 장수한다"라고 했고, 중국 이시진이 쓴 〈본초강목〉에서 "신라 송자를 으뜸"이라 할 정도로 우리나라에서 나는 잣을 최고로 쳤다"라고 기록돼 있다. 고려 명종 때 왕의 허약한 체질을 잣술 백자주(栢子酒)로 치료한 후 조선 중엽까지 만드는 방법이 전해졌다. 잣은 영양가가 풍부하고 고소한 맛과 향이 일품이고 자양강장제로 100g에서 670㎈의 많은 열량이 나오며 비타민 B와 철분, 회분 등이 많이 함유되어 있다. 씨에는 지방유 74%, 단백질 15%, 유지방, 필수지방산이 함유되어 있다. 맛이 고소해 날것으로 먹거나 각종 요리에 쓴다. 잣나무의 자랑은 잎, 잣이다. 사계절 푸른 잎, 잣은 세포의 변질과 손상을 해독해 주고, 몸속에 있는 중성지방질을 녹여내 혈액을 정화해 준다. 최근 약리실험에서 혈압 강하 작용이 있는 것으로 밝혀졌다.

🌿 잣나무는 식용, 약용, 산림용으로 가치가 높다!

과육과 씨껍질을 벗긴 알갱이를 날것으로 먹거나 잣죽·강정·수정과·식혜·전통차·요리에 쓴다. 전동 신선로에 잣과 은행을 넣어 먹는다. 백자주(栢子酒·잣술)

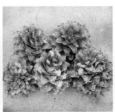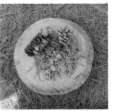

는 9월에 덜 익은 파란 잣송이를 따서 통째로 용기에 넣고 19도의 소주를 부어 밀봉하여 3개월 후에 마신다. 약초를 만들 때는 9월에 솔방울 같은 구과를 따서 거죽을 덮은 실편(實片 · 비늘조각의 끝이 길게 자라 젖혀진 것)을 제거한 후에 씨를 햇볕에 말린 후 씨껍질을 벗겨 알갱이를 쓴다. 연중 내내 뿌리를 수시로 캐어 햇볕에 말려 쓴다. 한방에서 과육과 겉껍질을 제거한 씨를 "해송자(海松子)"라 부른다. 자양 강장에 다른 약재와 처방한다. 민간에서 자양 강장, 허약한 체질에는 종자 10g을 달여서 먹는다. 중풍에는 잣나무잎 한 묶음과 대파 뿌리 한 묶음을 달여서 먹는다.

🌿 잣나무 성분&배당체

잣나무 종자에는 지방유 74% · 에틸올레산 · 단백질 · 팔미틴, 수지에는 알파 및 베타—피넨 · 캄마—테피넨 · 피나센이 함유돼 있다.

🌿 잣나무를 위한 병해 처방!

잣나무털녹병에는 8월 말~9월에 트리아디메폰 수화제 800배, 옥신코퍼 수화제 1000배 희석액을 10~15일 간격으로 수회 살포한다. 잣나무 잎떨림병(엽진병)에는 베노밀수 수화제 2000배, 만코제브 수화제 500배, 클로로탈로닐 수화제 1000배 희석액을 월 3회 정도 집중적으로 살포한다. 잣나무 잎녹병에는 9~10월에 트리아디메폰 수화제 800배, 만코제브 수화제 500배, 페나리몰 유제 3000배 희석액을 7~10일 간격으로 3~5회 살포한다. 잣나무의 소나무 재선충에 의한 시듦병에는 피해 목을 벌채하여 소각한다.

TIP

번식 잣나무는 가을에 채취한 종자를 노천매장한 뒤 이듬해 봄에 파종한다. 묘목은 해빙기인 3월 말이 적정하다.

: 간염 · 숙취 해소 · 간 질환에 효능이 있는 :

헛개나무 *Hovenia dulcis*

| **생약명** | 지구자(枳椇子)─익은 열매를 말린 것 · 지구목피(枳椇木皮)─줄기의 껍질을 말린 것. | **이명** | 지구목 · 백석목 · 목산호 · 현포리 | **분포** | 산중턱 이하의 숲 속

🌿 **형태** 헛개나무는 갈매나뭇과의 갈잎큰키나무로 높이는 10m 이상 자라고, 잎은 어긋나고 넓은 달걀 모양이고 가장자리에 톱니가 있다. 꽃은 5~7월에 가지 끝에 취산화서 녹색으로 피고, 열매는 8~10월에 핵과로 여문다.

- **약성** : 평온하며, 달다. **약리 작용** : 이뇨 작용
- **효능** : 해독 · 간 질환에 효험, 술로 인한 간 질환 · 간염 · 황달 · 숙취 해소 · 알코올 중독 · 딸꾹질 · 구갈, 열매는 이뇨 · 부종 · 류머티즘, 줄기껍질은 혈액순환

🌿 **음용** : 말린 열매 30g을 물에 불린 후 물 2리터를 붓고 끓이다가 물이 끓으면 불을 줄여 약한 불로 30분 정도 끓인 후 차로 마신다.

"인체 간(肝)을 해독해 주는 **헛개나무**"

🌿 헛개나무의 꽃말은 결속이다.

중국, 일본 등지에 분포한다. 우리 땅에는 중부 이남 해발 50~800m의 산기슭이나 골짜기에 자생한다. 한자명은 "금조리(金釣梨)"이다. 강원도 방언에서 유래된 이름으로 "지구자나무"라는 이름이 붙여졌다. "호리깨나무", "볼게나무", "민헛나무", "고려호리깨나무"라는 다양한 이름도 있다. 조선시대 세종 때 편찬한 〈의방유취(醫方類聚)〉에서 "헛개나무와 술과의 관계"가 기록돼 있다. 집 밖에 헛개나무가 있으면 술을 빚어도 익지 않고, 헛개나무 밑에서 술을 담그면 물처럼 되어 버린다", 중국 이시진이 쓴 〈본초강목(本草綱目)〉에서 "실수로 헛개나무 조각을 술독에 떨어뜨리자 물로 변했다"라고 기록돼 있는 것을 볼 때 헛개나무와 술은 천적으로 보았다. 그래서 헛개나무는 주독(酒毒) 및 숙취 해소에 좋다. 식품의약품안전처에서 헛개나무 열매에서 추출한 물질이 알코올로 손상된 간을 보호하는 효과가 있다고 인증했다. 꽃이 만발할 때는 꿀을 생산할 수 있어 양봉 농가에 도움을 준다. 열매는 식용, 약용으로 쓴다. 헛개나무는 농경사회에서 목재는 악기재, 기구재 등으로 썼다. 오늘날에는 약재나 청량음료 재료로 쓴다.

🌿 헛개나무 식용, 약용, 관상용으로 가치가 높다!

헛개나무 열매, 가지 줄기를 쓴다. 봄에 어린순을 채취하여 끓는 물에 살짝 데쳐서 나물로 무쳐 먹는다. 발효액을 만들 때는 가을에 검게 익은 열매를 따서 용기에 넣고 재료의 양만큼 설탕을 붓고 100일 정도 발효시킨 후에 발효액 1에 찬물 3을

희석해서 음용한다. 약술을 만들 때는 가을에 익은 열매를 따서 용기에 넣고 소주 19도를 부어 밀봉하여 3개월 후에 마신다. 약초를 만들 때는 가을에 검게 익은 열매를 따서 햇볕에 말려 쓴다. 연중 줄기껍질을 수시로 채취하여 얇게 썰어 햇볕에 말려 쓴다. 한방에서 익은 열매를 말린 것을 "지구자(枳椇子)", 줄기의 껍질을 말린 것을 "지구목피(枳椇木皮)"라 부른다. 간장 질환에 다른 약재와 처방한다. 간 수치가 높은 사람이 가공하지 않은 헛개나무를 집에서 직접 달여 먹으면 오히려 간에 나쁜 영향을 줄 수 있으므로 주의를 요한다. 민간에서 알코올 중독에는 말린 약재를 1회 35g을 달여서 찌꺼기는 버리고 따뜻하게 복용한다. 간 질환을 개선하고자 할 때는 얇게 썬 헛개나무 줄기를 물에 달여 보리차처럼 마신다.

🍃 헛개나무 성분&배당체

헛개나무의 열매에는 플라보노이드 · 다량의 포도당 · 사과산 · 칼슘, 나무껍질과 뿌리에는 페프타이드알칼로이드 · 프랑구라닌, 목즙에는 트리테르페노이드의 호벤산이 함유돼 있다.

🍃 헛개나무를 위한 병해 처방!

헛개나무에는 잎말이병 · 모랄록병 · 박쥐나방 · 쐐기나방 · 노린재 등이 발생한다. 잎말이병에는 발병 초기에 만코제브 수화제 500배, 클로로탈로닐 수화제 1000배 희석액을 10일 간격으로 2~4회 살포한다.

TIP

번식 헛개나무는 가을에 채취한 종자를 노천매장한 후 이듬해 껍질을 까고 파종한다. 숙지삽(굳가지꽂이)는 4월 초에 10년 이하 나무에서 삽주를 채취해 뿌리 내림 촉진제에 침전시킨 뒤 심는다.

: 간경화 · 복수(간) · 요도염에 효능이 있는 :

개오동나무 *Catalpa ovata*

| 생약명 | 재백피(梓白皮)—뿌리껍질을 말린 것, 재엽(梓葉)—잎을 말린 것, 재실(梓實)—열매를 말린 것, 재복(梓木)—줄기를 말린 것 | 이명 | 노나무 · 재수 · 향오동 · 칠사 · 칠저 · 목각두 · 개오동 | 분포 | 야산, 마을 부근

🌿**형태** 개오동나무는 능소화과의 낙엽활엽교목으로 높이는 10~20m 정도이고, 잎은 마주 나고 넓은 달걀 모양이며 잎자루는 자줏빛을 띤다. 꽃은 6~7월에 가지 끝에 모여 노란빛을 띤 흰색으로 피고, 열매는 10월에 긴 선형 삭과로 여문다.

● **약성** : 평온하며, 달다. ● **약리 작용** : 혈압 강하 작용

● **효능** : 간 · 비뇨기 · 순환계 질환에 효험, **잎**(피부 가려움증 · 소아장열 · 종독 · 피부소양증 · 화상), **열매**(만성 신염 · 부종 · 소백뇨 · 요도염 · 이뇨), **수피**(간경화 · 황달 · 간염 · 반위 · 고혈압), **가지**(수족 통풍 · 곽란으로 토하지 않고 내려가지 않는 증상)

🌱 **음용** : 6~7월에 꽃을 따서 바람이 잘 통하는 그늘에서 말려 밀폐 용기에 보관하고 찻잔에 2~3송이를 넣고 뜨거운 물로 우려낸 후 차로 마신다.

"오동나무의 사촌? 개오동나무"

🍃 개오동나무의 꽃말은 고상이다.

우리나라에서 자생하는 나무 중에서 나무 이름 앞에 "개"자가 붙은 종이 있다. 오동나무보다 못하다는 이유로 "개오동나무"라는 이름이 붙여졌다. 꽃의 향이 좋아 "향오동(香桐)", 열매가 노인의 노끈(수염)처럼 길게 늘어진다고 하여 "노나무(老木)" 또는 "노끈 나무", 중국에서 송나라 때 슬픈 전설이 있어 "상사수(相思樹)"라는 다양한 이름도 있다. 유사한 종으로는 "꽃개오동"이 있다. 개오동나무는 중국, 일본 등지에 분포한다. 개오동나무는 조선시대 초·중기에 들어온 것으로 추정한다. 〈조선왕조실록〉에서 "숙종 때 사헌부(司憲府)에서 각 마을에 심은 개오동은 물론, 뽕나무와 밤나무를 베어 문제다"라고 기록되어 있으나 우리 땅에는 1904년에 들어와 강원, 경기의 비옥한 습지에서 자생한다. 경북 청송군 부남면 홍원리의 마을 입구에 세 그루의 수령이 400~500년으로 추정되는 개오동은 당산나무는 천연기념물 제401호로 지정되어 보호하고 있다. 개오동나무의 자랑은 꽃, 나무껍질과 목재이다. 6월에 흰 꽃잎에 자주색 점과 짙은 노란색 있는 화려한 꽃과 목재는 식용과 약용으로 쓴다. 최근 약리실험에서 간염, 간경화에 대한 치료 효과가 의학적으로 밝혀졌다. 옛날에 개오동나무가 빨리 자라는데도, 목재가 강하고 뒤틀리지 않아서 활을 만들었고, 악기를 만드는 데 사용한다. 일본강점기부터 1970년대까지 땅속에서도 잘 썩지 않아 철도 침목(枕木)으로 사용했다. 개오동나무는 밀원식물로 가치가 높은데, 6월 중순에 꽃이 만발할 때는 벌들이 찾아와 양봉 농가에 큰 도움을 준다.

🌿 개오동나무는 식용, 약용, 관상용으로 가치가 높다!

봄에 막 나온 새싹을 따서 밀가루에 버무려 튀김·부침개로 먹는다. 발효액을 만들 때는 가을에 익은 열매를 따서 용기에 넣고 재료의 양만큼 설탕을 붓고 100일 정도 발효시킨 후에 발효액 1에 찬물 3을 희석해서 음용한다. 약술을 만들 때는 가을에 익은 열매를 따서 용기에 넣고 소주 19도를 부어 밀봉하여 3개월 후에 먹는다. 약초를 만들 때는 가을에 열매가 익었을 때 따서 햇볕에 말려 쓴다. 가을부터 이른 봄 사이에 잎, 뿌리껍질, 줄기를 채취하여 잘게 썬 후 햇볕에 말린다. 한방에서 뿌리껍질을 말린 것을 "재백피(梓白皮)", 잎을 말린 것을 "재엽(梓葉)", 열매를 말린 것을 "재실(梓實)", 줄기를 말린 것을 "재목(梓木)"이라 부른다. 간장 질환(간염, 간경화, 복수)에 다른 약재와 처방한다. 민간에서 간염·간에 복수가 찰 때는 줄기 껍질에 굼벵이를 넣고 물에 달여 일주일 이상 하루 3번 복용한다. 만성 신염·부종에는 말린 열매를 하루 5~10g을 물에 달여 복용한다.

🌿 개오동나무 성분&배당체

개오동나무의 잎에는 파라-쿠마린산·벤조인산, 열매에는 카탈포시드·파라-하이드록시 벤조인산, 나무껍질에는 파라-쿠마린산, 뿌리에는 이소페루린산이 함유돼 있다.

🌿 개오동나무를 위한 병해 처방!

개오동나무에 빗자루병이 발생할 때는 발생 초기 옥시테트라사이클린 수화제를 희석해 살포한다.

TIP

번식 개오동나무는 가을에 씨앗을 받아 직파하거나 노천매장한 후 이듬해 봄에 파종한다.

: 축농증 · 비염 · 이비인후과 질환에 효능이 있는 :

목련 *Magnolia kobus*

| 생약명 | 신이(辛夷)—피지 않은 꽃봉오리를 말린 것 · 목란피(木蘭皮)—나무껍질 | 이명 | 보춘화 · 신
치 · 모란 · 근설영춘 · 옥란 · 목란 · 옥수 · 향린 | 분포 | 전국 각지, 습윤한 곳의 양지

🌿 **형태** 목련은 목련과의 낙엽활엽교목으로 높이는 10m 정도이고, 잎은 어긋나고 잎자루는 위로 올라 갈수록 짧아진다. 꽃은 4월 중순에 잎이 돋기 전에 흰색으로 피고, 열매는 9~10월에 원통형의 분과로 여문다.

- ●**약성** : 서늘하며, 맵다.
- ●**약리 작용** : 혈압 강하 작용 · 소염 작용 · 비염에 수렴 작용 · 진통 작용 · 진정 작용
- ●**효능** : 신경계 · 순환계 · 이비인후과 질환에 효험, 비염 · 축농증 · 비색증(코막힘) · 비창 · 치통 · 타박상 · 고혈압 · 거담 · 두통 · 발모제 · 소염제

🌱 **음용** : 4월에 활짝 핀 꽃을 따서 깨끗이 손질하여 설탕에 겹겹이 재어 15일 후에 차로 마신다.

336

"콧병 비염의 명약 목련"

🌿 **목련의 꽃말은 우애 · 우정 · 자연 사랑 · 환영 · 장엄이다.**

　우리나라는 중국이 원산지인 유백색의 백목련과 자주색인 자목련이 주중을 이루고, 산 목련이라고 부르는 함박꽃나무와 태산목과 일본목련 등이 있다. 우리 땅에는 전역에 자란다. 나무에 피는 연꽃이라 하여 "목련(木蓮)", 꽃이 아름다워 꽃봉오리가 마치 붓 끝을 닮아 "목필(木筆)", 봄을 맞는 꽃이라 하여 "영춘화(迎春化)", 꽃하나하나가 옥돌 같다 하여 "옥수(玉樹)", 꽃 조각 모두가 향기가 있다 하여 "향린(香鱗)"이라는 이름이 붙여졌다. 조선시대 사대부는 꽃봉오리가 임금에 대한 충절(忠節)의 상징으로 북녘을 바라보기 때문에 "북향화(北向花)", 옥돌로 산을 바라보는 것 같아 "망여옥산(望如玉山)"이라는 다양한 이름이 있다. 유사 종으로는 자주색 꽃이 피는 "자목련", 산목련인 "함박꽃나무", "일본목련", 꽃이 큰 "태산목"이 있다. 예부터 우리의 선비들은 뾰쪽하게 피지 않은 꽃송이를 "나무의 붓"이라 하여 "목필(木筆)"로 부르는 "신이(辛夷)"를 말한다. 중국 〈전통 의서〉에서 "인체의 콧병에는 신이(辛夷)가 아니면 소용이 없다"라고 할 정도로 귀한 약재인데, 최근 중국에서는 비염 환자 100명을 대상으로 임상 실험한 결과 비염에 효험이 있는 것으로 밝혀졌다. 옛날에는 목련의 꽃의 향기가 병마(病魔)를 물리친다고 하여 벽사(辟邪) 신앙으로 집마다 장마 전에 장작으로 준비하였고, 실질적으로 장마철에는 목련 나무를 장작으로 불을 지필 때 나쁜 냄새나 습기를 없애기도 하였다. 식물의 꽃과 잎사귀가 피는 것을 보고 점을 쳤다. 목련 꽃이 오랫동안 피면 풍년이 들고, 아래로 처지면 비가 온다는 예측을 했다. 목련의 자랑은 꽃이다. 봄에 순백색의 꽃을 피워 삭막했던 겨울 분위기를 환하게 바꿔준다. 목련의 꽃은 방향(芳香)이 있어 향수 원료로 쓰고, 꽃봉오리는 약재로 쓴다. 잔가지에는 방향성의 목련유가 약 0.45% 함유되어 있다. 나무의 재질이 고아 고급 목재로 이용한다.

🌿 **목련은 식용, 약용, 관상용, 공업용으로 가치가 높다!**

　목련 꽃봉오리, 꽃, 열매를 쓴다. 봄에 꽃을 따서 밀가루에 버무려 튀김 · 부침

개로 먹거나 따뜻한 물에 넣고 우려낸 후 차로 마신다. 4월에 꽃봉오리를 따서 소금물에 겉을 살짝 담갔다가 물기를 닦고 말려 찻잔에 꽃잎 1~2장을 넣고 끓는 물을 부어 우려낸 후 마신다. 약술을 만들 때는 봄에 꽃이 피지 않는 꽃봉오리를 따서 용기에 넣고 소주(19도)를 부어 밀봉하여 3개월 후에 마신다. 환을 만들 때는 봄에 꽃이 피지 않는 꽃봉오리를 따서 햇볕에 말린 후에 가루를 내어 찹쌀과 배합하여 만든다. 약초를 만들 때는 겨울이나 이른 봄에 개화 직전의 꽃봉오리를 따서 햇볕에 말려 쓴다. 꽃이 활짝 피었을 때 채취하여 그늘에 말려 쓴다.

한방에서 피지 않은 꽃봉오리를 말린 것을 "신이(辛夷)", 나무껍질을 "목란피(木蘭皮)"라 부른다. 호흡기 질환(비염, 인후염)에 다른 약재와 처방한다. 나무껍질과 나무껍질 속에는 사리시보린의 유독이 있다. 민간에서는 비염·축농증에는 꽃봉오리 4~6g을 물에 달여 하루 3번 나누어 복용한다. 복통에 꽃을 달여 먹었고, 불임을 예방하기 위해 산모가 목련꽃을 달여 먹었다.

🌿 목련 성분&배당체

목련 꽃봉오리에는 정유·시네올·시트랄·오이게놀, 꽃에는 마그노롤·호노키올, 잎과 열매에는 페오디딘, 뿌리에는 마그노폴로린이 함유돼 있다.

🌿 목련을 위한 병해 처방!

목련에 만점병이 발생할 때는 만코제브 500배 액, 깍지벌레에는 메프유제 1000배 액, 응애에는 아조사이클로틴 수화제 700배 액을 발생 초기에 살포한다.

TIP

번식 목련은 가을에 채취한 종자를 바로 직파하고나 노천매장한 후 이듬해 봄에 파종한다. 이식할 때는 뿌리를 잘 내리도록 밑거름을 주어야 한다.

: 근육통 · 근골 동통 · 근골 허약에 효능이 있는 :

두충나무 *Eucommia ulmoidse*

| **생약명** | 두충(杜沖) – 줄기와 껍질을 말린 것, 두충실(杜沖實) – 씨, 두충엽(杜沖葉) – 잎을 말린 것.
| **이명** | 사선목 · 사금목 · 옥사피 · 두중 · 목면 · 사면피 | **분포** | 중남부 지방, 산지

🌲**형태** 두충나무는 두충과의 낙엽활엽교목으로 높이는 8~10m 정도이고, 잎은 어긋나고 타원형으로 끝이 좁고 뾰쪽하고 날카로운 톱니가 있다. 꽃은 암수 딴 그루로 4~5월에 오래 묵은 나무의 잎겨드랑에서 엷은 녹색의 잔꽃이 피는데 꽃잎은 없다. 수꽃은 적갈색으로 암꽃은 새 가지 밑에 핀다. 열매는 9월에 긴 타원형의 편평한 열매로 여문다.

● **약성** : 따뜻하며, 달고, 약간 맵다. ● **약리 작용** : 혈압 강하 작용, 항염 작용

● **효능** : 비뇨기 · 신경계 · 운동계 질환에 효험, 근육통 · 근골동통 · 근골 위약 · 고혈압 · 동맥 경화 · 진통 · 관절통 · 요통 · 유산 방지 · 기력 회복 · 정력 증강 · 이뇨 · 비만증 · 소변 불통 · 신경통

🌿 **음용** : 봄에 잎을 가을에 두충을 채취하여 다관이나 주전자에 두충 20g을 넣고 약한 불로 끓여서 건더기를 체로 걸러 내고 국물은 식힌 후에 용기에 담아 냉장고에 보관하여 수시로 차로 마신다.

"인체 근골(筋骨)과 염증 질환의 감초 두충나무"

🌿 두충나무의 꽃말은 가정의 행복과 평화이다!

두충나무는 옛날 중국에서 두중(杜仲)이 이 나무의 껍질을 먹고 "도(道)"를 터득했다 하여 붙여진 이름이다. 쓰임새가 많아 "당두중(唐杜仲)", "사중"(思仲), "사선(思仙)", "두중(杜仲)"이라는 이름도 있다. 두충나무는 중국 특산으로 우리 땅에서는 비옥하고 습기가 있는 사질양토에서 자생한다. 우리나라에는 고려 문종 때 왕의 병을 치료하기 위해 송나라로부터 들어 왔다는 기록이 있다. 그동안 중국에서 수입해서 쓰다 약 30년 전부터 남부지방을 중심으로 많이 재배하고 있다. 북한 평양 대성동에는 두충이 높이 12~13m, 가슴둘레 1.1m 이상 되는 노거수는 천연기념물로 지정되어 보호하고 있다. 중국에서 2000년 전부터 두충나무를 강장제 보약에 배합하는 생약으로 썼다. 두충나무 줄기나 잎을 자르면 점질의 흰색 실이 길게 늘어난다. 두충나무의 자랑은 나무껍질이다. 최근 약리실험에서 두충나무의 껍질에서 칼슘 성분과 알칼로이드 풍부하여 골밀도를 높여 주고, 관절의 염증을 억제하는 것으로 밝혀졌다. 두충나무는 농경사회 비가 올 때 장화처럼 나막신을 만드는 재료로 썼다. 오늘날에는 재목보다는 염증 질환(관절염, 요통)에 감초처럼 다른 약재와 배합해서 쓰는 약용나무로 쓴다.

🌿 두충나무 식용, 약용, 공원수로 가치가 높다!

두충나무는 잎, 줄기껍질을 쓴다. 봄에 어린잎을 따서 끓는 물에 살짝 데쳐서 나물로 무쳐 먹는다. 발효액을 만들 때는 봄에 어린잎을 따서 용기에 넣고 재료의 양

만큼 설탕을 붓고 100일 정도 발효시킨 후에 발효액 1에 찬물 3을 희석해서 음용한다. 두충 주를 만들 때는 가을에 15년 이상 된 나무껍질을 채취하여 용기에 넣고 19도의 소주를 부어 밀봉하여 3개월 후에 마신다. 약초를 만들 때는 봄~여름 사이에 나무껍질을 채취하여 겉껍질을 벗겨 내고 햇볕에 말려서 쓴다. 잎과 껍질을 그대로 솥에 찐 다음 말려 달이거나 약재로 쓰려면 반드시 섬유질을 끊어 주어야 한다. 한방에서 줄기와 껍질을 말린 것을 "두충(杜冲)", 씨를 "두충실(杜冲實)", 잎을 말린 것을 "두충엽(杜冲葉)"이라 부른다. 염증 질환(관절염, 요통)에 다른 약재와 처방한다. 처음 1회 사용량을 초과하면 빈혈이나 갈증 등 명현 현상이 일어날 수도 있다. 민간에서 고혈압에는 껍질을 볶아 1일 20g을 먹는다. 관절통·요통에는 껍질을 말려 50~60g을 달여 먹거나 두충 주를 만들어 먹는다.

두충나무 성분&배당체

두충나무 나무껍질에는 지방·펙틴·유기산·비타민C·클로로겐·알칼로이드·사과산·주석산, 잎에는 타닌·펙틴·비타민C·카페인이 함유돼 있다.

두충나무를 위한 병해 처방!

두충나무에 탄저병이 발생할 때는 발생 초기에 만코제브 수화제 500배, 옥신코퍼 수화제, 클로로탈로닐 수화제 1000배, 메트코나졸 액상수화제 3000배 희석액을 2~3회 살포한다.

TIP
번식 두충나무는 가을에 채취한 종자를 2~3일 그늘에서 말린 뒤 모래와 섞어 노천매장한 후 이듬해 봄 파종 며칠 전 꺼내 냉장 보관한 후 파종한다. 삽목(꺾꽂이)를 할 때는 뿌리 내림 촉진제를 바른 뒤 10개 정도를 심는다.

: 자양 강장 · 신체 허약 · 갱년기에 효능이 있는 :

복분자딸기 *Rubus coreanus Miquel*

| 생약명 | 복분자(覆盆子)-덜 익은 열매를 말린 것. | 이명 | 곰딸, 곰의 딸 | 분포 | 산기슭의 양지

🌱 **형태** 복분자는 장밋과의 갈잎떨기나무로 높이는 3m 정도이고, 잎은 어긋나고 깃꼴겹잎이며, 작은 잎은 타원형이고 가장자리에 예리한 톱니가 있다. 꽃은 5~6월에 가지 끝에 산방화서 흰색이나 연홍색으로 피고, 열매는 7~8월에 반달 모양의 보과로 여문다.

●**약성** : 평온하며 달고 시다. ●**약리 작용** : 이뇨 작용 · 항염증 작용
●**효능** : 원기 회복 및 자양 강장에 효험, 신체 허약 · 양기 부족 · 음위 · 유정 · 빈뇨 · 이뇨 · 시력 회복 · 스태미나 강화

🌿**음용** : 찻잔에 덜 익은 열매를 6~10g씩 넣고 우려내어 차로 마신다.

342

"건강에 이로운 **복분자딸기**"

🌿 복분자딸기의 꽃말은 질투이다.

　예부터 복분자(覆盆子)를 먹고 소변을 볼 때 요강(소변을 받는 용기)을 뒤집는다고 하여 붙여진 이름이다. 일설에 의하면 신혼부부가 행복하게 살고 있었는데, 어느 날 남편이 이웃 마을을 다녀오는 길에 배가 고파 산에서 덜 익은 산딸기를 따 먹고, 집에 와서 소변을 보는데 요강이 뒤집혀 있는 것을 보고 이후 그 산딸기를 "복분자"라 부르게 되었다. 복분자딸기는 중국, 일본, 극동 아시아에 분포한다. 우리 땅에는 중부 이남 해발 50~1000m 사이의 계곡과 산기슭에 자생한다. 산에서 나는 것으로는 산딸기, 멍석딸기, 줄딸기, 덩굴딸기, 덤불딸기, 번동딸기, 멍딸기, 청명석딸기가 있고, 섬에서 자라는 겨울딸기, 땅줄딸기, 왕딸기(늘 푸른 딸기), 수리딸기, 장딸기(땃딸기), 가시딸기, 맥도딸기, 거제딸기, 수리딸기, 섬딸기, 거문딸기(꾸지딸기), 왕갯딸기 등 다양한 이름이 있다. 복분자딸기 열매의 자랑은 열매이다. 미성숙 열매는 중년 남자에게 좋고, 검게 익은 열매는 중년 여자에게 좋다. 프랑스 포도주보다 함량이 28% 이상 높아 노화 방지, 신장의 기능을 개선해 주는 것으로 알려져 있다. 농경사회에서는 복분자 줄기를 생울타리로 심었고, 오늘날에는 열매만을 식용과 약용으로 쓴다. 전북 고창에서 1960년대 심은 후 1990년대 중반에 김대중 대통령이 청와대 만찬에 올려진 후 유명하다.

🌿 복분자딸기 식용, 약용, 관상용으로 가치가 높다!

　봄에 어린순을 채취하여 끓는 물에 살짝 데쳐서 나물로 무쳐 먹는다. 잎을 튀

김 · 부침개로 먹는다. 여름에 익은 열매를 따서 생으로 먹거나 주스로 먹는다. 발효액 만들 때는 여름에 검은 열매를 따서 용기에 넣고 재료의 양만큼 설탕을 붓고 100일 이상 발효시킨 후에 발효액 1에 찬물 3을 희석해서 음용한다. 복분자 주를 만들 때는 여름에 검게 익은 열매를 따서 용기에 넣고 소주(19도)를 부어 밀봉하여 1개월 후에 먹는다. 약초를 만들 때는 초여름에 덜 익은 푸른 열매를 따서 햇볕에 말려 쓴다. 한방에서 덜 익은 열매를 말린 것을 "복분자(覆盆子)"라 부른다. 자양 강장에 다른 약재와 처방한다. 민간에서 발기불능에는 복분자를 술에 담갔다가 건져 내어 약한 불에 말려 가루 내어 물에 타서 복용한다. 정력 강화 · 신체 허약에는 말린 약재를 1회 2~4g씩 물에 달여 하루 3번 나누어 복용한다.

🌿 복분자딸기 성분&배당체

복분자딸기의 꽃 · 잎 · 줄기에는 플라보노이드, 열매에는 필수아미노산 · 주석산 · 구연산 · 비타민C · 칼본산이 함유돼 있다.

🌿 복분자딸기를 위한 병해 처방!

복분자딸기의 뿌리썩음병이 발생할 때는 충분한 유기물 사용과 석회, 황산칼슘을 살포한다. 처음부터 높은 이랑재배를 해야 예방할 수 있다. 참고로 딸기류에는 시듦병 · 뿌리 머리 암종병 · 잿빛곰팡이병 · 반점병 · 붉은 녹병 · 줄기마름병 · 줄기 역병 · 바이러스 병이 등이 발생한다.

TIP

번식 복분자딸기를 단기간 번식은 종자 · 삽목(꺾꽂이) · 끝순 번식으로 한다. 끝순 번식은 자연상태에서 스스로 번식하도록 방치한 후 그 생산된 묘목을 활용하는 것이고, 종자 및 삽목((꺾꽂이)는 일시에 대량 번식이 가능한 장점이 있으나 뿌리 내림 성공률이 40% 이하로 낮다.

: 간염 · 숙취 · 간 질환에 효능이 있는 :

벌나무 *Acertegonentpsum*

| **생약명** | 청해축(靑楷槭)—잎과 줄기를 말린 것. | **이명** | 산겨릅나무 · 산청목 · 동청목 | **분포** | 중부 이남 · 충남 계룡산 · 전남 구례와 광양 백운산 산기슭

🌿**형태** 벌나무는 단풍나뭇과의 낙엽활엽교목으로 높이는 10~15m 정도이고, 잎은 넓고 어린 줄기는 연한 녹색이고 줄기가 매우 연하여 잘 부러진다. 꽃은 5~7월에 연한 황록색으로 피고, 열매는 9~10월에 시과로 여문다.

● **약성** : 서늘하며, 쓰다. ● **약리 작용** : 지혈 작용, 해독 작용, 이뇨 작용
● **효능** : 간 질환에 효험, 간 질환 · 간염 · 황달 · 숙취 · 신체 허약 · 자양 강장 · 종기 화상

🌱**음용** : 가을에 잔가지를 채취하여 적당한 크기로 잘라 햇볕에 말려 물에 달여 차로 마신다.

"벌이 찾는 벌나무(산겨릅나무)"

🌿 벌나무의 꽃말은 맹신이다.

벌나무는 수피(樹皮)가 푸르다 하여 "산청목(山靑木)", 벌들이 많이 찾는다고 하여 "봉목(蜂木)"이라는 이름이 붙여졌다. 지역에 따라 "산겨릅나무", "청해목"이라는 이름도 있으나, 헛개나무와는 다르다. 벌나무는 중국 동북부, 동부 시베리아, 만주에 분포한다. 우리 땅에는 중부 이북의 해발 600m의 서늘하고 습기찬 골짜기나 계곡에 자생한다. 벌나무가 한때 간 질환에 좋다는 소문 때문에 수난을 당한 나무였다. 계룡산 일대에서 자생하는 것으로 알려져 있으나, 야생 벌나무를 만나기 어렵고, 수목원이나 식물원에서 볼 수 있다. 일설에 의하면 산에서 깨달음을 얻고자 입산한 기인(奇人)의 예찬에 의하면 벌나무는 청명한 밤하늘의 목성(木星)의 기운을 받아 유독 몸통이 푸르슴한 기운이 짙게 어려 있다고 표현하기도 했다. 故 김일훈이 쓴 〈신약(神藥)〉에서 "벌나무는 간에 쌓인 독소를 풀어준다"라고 썼다. 인터넷에서 〈벌나무 효능〉을 검색하면 어떤 질병에 특별한 효능이 있다고 하는데 어떤 물질이 들어 있고, 어떤 작용을 하는지는 전혀 연구된 바가 없는데, 온통 간에 좋은 것으로 나와 있으나 사실이 아니다. 경남 지역 방송인 "진주 MBC TV"에서 방영된 〈약초 전쟁〉에서 최근 경상대학교 건강과학원에서 4주간 암에 걸린 쥐에게 생리식염수만을 먹인 후 종양이 더 커진 것으로 확인되었기 때문이다. 마치 벌나무가 헛개나무처럼 간에 좋은 것으로 알려졌지만 실험 결과 그렇지 않았기 때문에 주의를 요한다.

벌나무의 자랑은 꽃, 잎, 줄기이나. 옛날에는 벌나무의 나무껍질에 섬유질이 발

달해서 새끼로 이용했고, 목재는 기구재로 썼다.

🍃 벌나무는 식용, 약용, 조경수, 관상용으로 가치가 높다!

벌나무 잎, 줄기를 쓴다. 봄에 막 나온 어린순을 따서 쓴맛을 제거한 후에 끓는 물에 살짝 데쳐서 나물로 무쳐 먹는다.

발효액을 만들 때는 봄에는 잎을 따서 용기에 넣고 재료의 양만큼 설탕을 붓고 100일 정도 발효시킨 후에 발효액 1에 찬물 3을 희석해서 음용한다. 벌나무 주를 만들 때는 가지와 줄기를 채취하여 적당한 크기로 잘라 용기에 넣고 19도의 소주를 부어 밀봉하여 3개월 후에 마신다. 약초를 만들 때는 연중 내내 가지와 줄기를 채취하여 적당한 크기로 잘라 햇볕에 말려 쓴다.

한방 잎과 줄기를 말린 것을 "청해축(靑楷械)"이라 부른다. 신체허약이나 부종에 다른 약재와 처방한다. 민간에서 간 질환에는 가지를 달인 물을 먹었다. 알레르기에는 잎을 짓찧어 환부에 붙인다. 몸이 냉한 사람은 탕에 우려낸 물로 목욕을 한다.

🍃 벌나무의 성분&배당체

벌나무의 가지에는 플라보노이드 · 칼슘 · 마그네슘 · 폴리페놀이 함유돼 있다.

🍃 벌나무를 위한 병해 처방!

벌나무는 꾸지뽕나무처럼 병충해가 거의 없는 편이다.

TIP

번식 벌나무는 삽목(꺾꽂이)은 지면에서 10cm 정도 위에서 전지한 후 화분과 꺾꽂이 판에 심는다.

: 근육통 · 타박상 · 골절상에 효능이 있는 :

딱총나무
Sambucus williamsii Hance var. aenoereeana Nakia

| 생약명 | 접골목(接骨木) – 줄기와 가지를 말린 것, 접골엽(接骨葉) – 잎을 말린 것, 접골목근(接骨木根) – 뿌리를 말린 것 | 이명 | 개똥나무 · 말오줌나무 · 오른재나무 · 지렁쿠나무 · 덧나무 | 분포 | 산골짜기

🌲 **형태** 딱총나무는 인동과의 갈잎떨기나무로 높이는 3~5m 정도이고, 잎은 마주나고 깃꼴겹잎이며 작은 잎은 양끝이 뾰족한 피침형이고 가장자리에 톱니가 있다. 꽃은 암수 딴 그루로 5월에 가지 끝에 연한 황색 또는 연녹색으로 피고, 열매는 9~10월에 둥근 핵과로 여문다.

● **약성** : 평온하며, 달고 쓰다. ● **약리 작용** : 진통 작용
● **효능** : 운동계 및 신경계 질환에 효험, 골절 · 근골동통 · 요통 · 관절염 · 신장염 · 각기 · 수종 · 타박상에 의한 종통 · 마비 · 근육통 · 사지동통

🍵 **음용** : 5월에 꽃을 따서 설탕에 재어 15일 정도 그늘진 곳에서 숙성시킨 후 찻잔에 한 스푼을 넣고 뜨거운 물을 부어 차로 마신다.

"줄기를 꺾으면 딱 하고 소리를 내는 딱총나무"

🌿 **딱총나무의 꽃말은 동정·열정이다.**

딱총나무는 인체의 뼈를 잘 붙여 준다고 하여 "접골목(接骨木)", 줄기를 꺾으면 딱하고 소리를 낸다고 하여 "딱총나무"라는 이름이 붙여졌다. 딱총나무는 중국, 일본, 중동 등지에 분포한다. 우리 땅에는 습한 골짜기에서 자생한다.

서양에서는 부활의 상징으로 여기고 술수(術數)를 부리는 마법사가 쓴다고 하여 "마법 지팡이"로 부르는데, 영화 〈해리 포터〉에서 죽음의 성물(聖物)로 등장하는 나무가 딱총나무였다.

조선시대 장례 전통에는 사람이 죽으면 나무로 만든 관(棺)을 썼다. 상주(喪主)가 짚은 지팡이는 무슨 나무를 사용하느냐는 그 나라의 장례 문화이다. 예로 아버지가 죽으면 대나무를, 어머니가 죽으면 버드나무 지팡이를 짚었다.

딱총나무는 생명력이 강하여 북독일에서는 죽은 자의 통치술 수를 재는 관습이 있었다. 서양에서는 죽은 자의 영구차를 운전하는 자는 채찍 대신 딱총나무 막대기를 사용했다는 게 흥미롭다. 리투아니아에서는 집 안에 누군가 심하게 아플 때 딱총나무 아래서 신(神)에게 회복할 수 있는 기원을 했다. 우리나라 노거목 당산나무에서 행복과 건강을 기원한 것과 다르지 않다.

딱총나무의 자랑은 잎, 줄기이다. 옛날에 염료가 귀할 때는 딱총나무의 잎과 줄기를 염료 재료로 사용했다. 필자도 어릴 적 장난감이 귀했을 때 딱총나무나 탱자나무로 딱총을 만들어 놀기도 했다.

🍃 딱총나무는 식용, 약용, 공업용으로 가치가 높다!

딱총나무 잎, 뿌리를 쓴다. 봄에 어린잎을 채취하여 끓는 물에 살짝 데쳐서 나물로 무쳐 먹는다. 봄에 어린잎을 그대로 기름에 튀겨 먹는다. 볶음·쌈·국거리로 먹는다. 발효액을 만들 때는 봄에 꽃이 피기 전에 잎을 따서 용기에 넣고 재료의 양만큼 설탕을 붓고 100일 정도 발효시킨 후에 발효액 1에 찬물 3을 희석해서 음용한다. 약술을 만들 때는 가을에 익은 흑홍색의 열매를 따서 용기에 넣고 소주(19도)를 부어 밀봉하여 3개월 후에 마신다. 약초를 만들 때는 연중 수시로 가지를 채취하여 껍질째 햇볕에 말려 쓴다.

한방에서 줄기와 가지를 말린 것을 "접골목(接骨木)", 잎을 말린 것을 "접골엽(接骨葉)", 뿌리를 말린 것을 "접골목근(接骨木根)"이라 부른다. 뼈 질환(골절, 근골 통증)에 다른 약재와 처방한다. 임산부는 복용을 금한다. 민간에서 골절·근골동통에는 말린 약재를 1회 4~6g씩 달여 복용한다. 타박상에 의한 종통에는 잎을 채취하여 짓찧어 환부에 붙인다.

🍃 딱총나무의 성분&배당체

딱총나무에는 알부틴·올레인산·타닌·캠페롤·베타-시토테롤이 함유돼 있다.

🍃 딱총나무를 위한 병해 처방!

딱총나무 병해에는 진딧물과 응애가 발생한다. 진딧물과 응애가 발생할 때는 수프라이사이드 용액을 희석하여 2~3회 살포한다.

TIP

번식 딱총나무는 7월에 채취한 종자의 과육을 제거한 후에 직파하거나 노천매장한 후 이듬해 봄에 파종한다. 6~7월에 녹지삽(풋나무 가지)으로 번식을 할 때는 해가림 시설을 해준다.

: 암 · 당뇨병 · 눈 질환에 효능이 있는 :

아로니아 *Aronia melanocarpa*

| **생약명** | Aronia berry 초크베리(Chokeberry). | **이명** | 초크베리, 블랙 초크베리, 레드 초크베리, 퍼플 초크베리, 킹스베리 | **분포** | 아메리카, 유럽, 폴란드, 우리나라(산기슭, 밭 경사지)

🌿**형태** 아로니아는 장미과 아로니아속 낙엽관목 초크베리로 높이는 2~5m 정도이고, 꽃은 4~5월에 가지 끝에 꽃잎이 5장 분홍색이 돋는 흰색으로 피고, 열매는 8월에 맺기 시작해 9월에 검은색 둥근 열매로 여문다.

●**약성** : 세 가지 맛(시며, 달고, 떫다). ●**약리 작용** : 항암 · 항염 작용, 혈당 · 혈압 강하 작용
●**효능** : 혈관 질환과 시력에 효험이 있고, 암, 당뇨병, 고혈압, 다이어트, 간 손상 예방, 염증, 눈 질환(시력 개선, 안구건조증, 백내장, 녹내장), 혈액 순환, 혈관 질환(동맥경화, 뇌졸중, 심장병, 고지혈증, 협심증), 여성 질환(생리통, 자궁근종, 생리불순), 치매(파킨슨, 알츠하이머), 건망증, 변비

🌱**음용** : 4~5월에 꽃이 피었을 때 채취하여 그늘에 말린 후 끓은 물에 5~7개를 넣고 우려낸 후 차로 마신다.

"세포의 변질과 손상을 예방하는 **아로니아**"

🌿 **아로니아의 꽃말은 불로장생 · 영원한 사랑이다.**

원산지는 북아메리카(미국, 캐나다 동북부)이다. 영하 40도 추위에도 잘 자란다. 18세기 유럽에 전해져 폴란드에서 전 세계의 생산량의 90%를 차지한다. 우리 땅에서도 한때 고(高)소득 작목으로 전국적으로 재배를 많이 했으나, 지자체에서 지원받아 대량으로 재배하여 가격이 폭락해 지금은 재배를 접은 농가가 대다수이다. 아로니아류인 블루베리, 크린베리, 엘더베리, 라즈베리 등은 안토시안 함량이 풍부하다. 미국 농무부가 베리별 안토시안 함량을 조사한 바에 의하면 블루베리는 100g당 386mg보다도 100g당 1480mg을 높은데, 베리보다는 4~5배가 높으므로 서양에서는 "중앙 인삼 또는 왕의 열매"라는 이름이 붙여졌다. 그래서 서양인들은 딸기류 중에서 아로니아를 "천연 비아그라 또는 수퍼 푸드"로 먹는다. 열매에는 안토시안이 시력에 영향을 미치는 "로드 옥신"의 재적응을 느껴 눈의 피로를 해소해 주고 눈을 보호해 준다. 항산화제를 함유하고 있어 면역력을 향상하게 시켜주고 피부의 콜라겐이 파괴되는 것을 방지하고 생성을 촉진해 노화의 진행을 늦추어 준다. 최근 약리실험에서 아로니아 생 열매는 췌장에서 인슐린의 분비를 촉진하는 것으로 밝혀졌다. 인체의 병의 원인이 되는 염증, 부전, 궤양, 종양(암)을 예방해 준다. 또한, 열매가 있는 나무 중에서 몸의 건강에 치명적인 유해산소인 활성산소를 제거하는 물질과 산성화되는 것을 방지해 주는 방지제로 가득 차 있다. 아로니아 열매에는 안토시아닌이 포도보다 80배, 복분자보다 20배가 많고, 아로니아에는 탄닌의 떫은맛은 혈관에 노폐물이 축적되는 것을 막아 콜레스테롤을 낮추고 혈류량을 촉진해 준다. 항암 작용이 있어 암의 예방 및 치료에 도움을 주고, 식이섬유가 풍부해 대장을 도와 변비에 좋은 것으로 알려져 있다.

🌿 **아로니아는 식용, 약용, 관상용으로 높다!**

열매를 요구르트나 우유를 믹서기에 갈아 마신다. 말린 열매를 분말로 만들어 음식이나 음료에 섞어 먹는다. 즙으로 먹거나 샐러드에 첨가해서 먹는다. 효소 또

는 청을 만들 때는 가을에 검게 익은 열매를 따서 용기에 넣고 설탕을 녹인 시럽을 열매양의 30%를 붓고 100일 이상 발효를 시킨 후에 찬물에 5배 희석해서 음용한다. 한방에서 익은 열매를 말린 것을 "초크베리"라 부른다. 아로니아가 건강에 좋다 하여 과도하게 섭취하면 복통, 설사, 구토 등 부작용이 있다. 또한, 심장에 부담을 주어 어지럼증을 느낄 수 있으므로 1회 사용량을 준수한다. 아스트링 탄닌 성분은 철분 흡수를 막기 때문에 빈혈이 있는 사람은 복용을 금한다. 민간에서 시력 개선에는 열매를 물에 달여 마신다. 당뇨병에는 열매를 갈아 즙을 내서 마신다.

🌿 아로니아 성분&배당체

아로니아 열매에는 안토시아닌 · 아스트랑 탄닌 · 칼륨 · 나트륨 · 폴리페놀 · 엽산 · 미네랄 · 비타민C가 함유돼 있다.

🌿 아로니아를 위한 병해 처방!

아로니아에는 점무늬낙엽병 · 백합 무름병 · 바질 균핵병 신종 병해충이 발생할 때는 아로니아 잎이 나기 전에 월동한 벌레를 잡기 위해 병충해 방제에는 "귀티 나는 유황성분 석회유황합제"를 물로 희석해 마치 이슬비가 내려 약물이 흘러내리도록 720ℓ를 살포한다.

TIP

번식 아로니아 번식은 종자, 삽목(꺾꽂이), 분주로 한다. 3월경 싹이 트기 전에 약 10cm 길이로 잘라 비스듬하게 심는다. 물을 충분히 주어야 한다. 삽목을 4년생은 2년 차부터 열매를 수확할 수 있다. 종자 번식은 기존 유럽이나 일본 등지에서 재배되는 종자를 채취하여 파종한다.

13

암에 효능이 있는 나무

: 면역 · 동맥 경화 · 암에 효능이 있는 :

겨우살이 *Viscum album*

| **생약명** | 기생목(寄生木) · 상기생(桑寄生) · 조산백(照山白)―잎과 뿌리줄기를 말린 것. | **이명** | 새나무 · 우목 · 저사리 · 동청 · 기생초 · 황금가지 · 기동 · 조라 | **분포** | 전국의 산 속의 참나무 · 자작나무 · 밤나무 · 배나무 · 신갈나무 · 오리나무에 기생

🌿 **형태** 겨우살이는 겨우살이과의 상록기생관목으로 참나무 · 자작나무 · 밤나무 · 배나무 · 신갈나무 · 오리나무 등에 기생한다. 가지가 새의 둥지같이 둥글게 자라 지름이 1m에 달하는 것도 있다. 잎은 마주 나고 댓잎피침형으로 짙은 녹색이고, 끝은 둥글고 가장자리에 톱니가 없다. 두껍고 다육질이며 잎자루는 없다. 꽃은 2~4월에 암수 딴 그루 종 모양으로 가지 끝에 노란색으로 피고, 열매는 10월에 둥글게 여문다.

● **약성** : 평온하며, 쓰고 달다. ● **약리 작용** : 항암 작용 · 혈압 강하 · 이뇨 작용 · 항균 작용
● **효능** : 부인과 질환 및 신경계의 통증에 효험, 암 · 고혈압 · 요슬산통 · 동맥 경화 · 월경 곤란 · 나력 · 심장병

🌿 **음용** : 겨우살이 10g을 탕기에 넣고 물 600㎖을 붓고 1 시간 정도 달인 후 꿀을 타서 차로 마신다.

"암세포를 억제하는 묘약 **겨우살이**"

🍃 **겨우살이의 꽃말은 강한 인내심이다.**

겨우살이는 다른 나무에 더부살이하면서 땅에 뿌리를 내리지 않는 기생 나무다. 겨울에도 녹색을 잃지 않고 살아 넘긴다고 하여 "동청(冬靑)", 말린 겨우살이를 오래 두면 황금빛으로 변한다고 하여 "황금가지"라는 이름이 붙여졌다. 참나무에 사는 겨우살이를 "곡기생(槲寄生)", 뽕나무에 사는 "상기생(桑寄生)", 그 외 "배나무", "자작나무", "팽나무", "밤나무", "동백나무", "오리나무", "버드나무"에 기생하면서 잎사귀에 엽록체를 듬뿍 담고 있어 스스로 광합성 작용을 한다. 유럽의 드루이드 교도들은 겨우살이를 "만병통치약"으로 쓴다. 1926년부터 유럽에서는 겨우살이에서 암 치료 물질을 추출하여 임상에 사용하고 있다. 독일에서만 한 해 300t 이상의 겨우살이를 가공하여 항암제 또는 고혈압, 관절염 치료약으로 쓰고 있다. 경상대학교 건강과학연구원에서 민간에서 항암효과 있다는 약초 60여 종을 6개월간 한국 생명공학연구소 자생식물이용기술사업단에 의뢰해서 4주간 생리식염수만을 먹인 뒤 약초를 투여 후 반응 결과 10종에서 항암효과를 보였다. 이중 겨우살이는 암세포를 80% 억제하는 것으로 밝혀졌다. 참고로 암에 효능이 있는 나무로는 꾸지뽕나무 70%, 하고초(꿀풀) 75%, 와송 50%, 느릅나무 80%, 상황버섯 70%, 부처손 50% 등이 탁월한 것으로 밝혀졌다. 겨우살이에는 항암 성분인 비스코톡신(viscotoxin)이 들어 있어 암세포를 예방하고 사멸시킨다. 최근 중국의 동물 실험에서 겨우살이 추출물을 흰쥐에게 투여하자 암세포가 77% 억제하였고, 흰 생쥐에게 이식한 암세포의 성장을 90% 이상 억제하는 것을 밝혀냈다. 그 외 동맥경화, 고혈

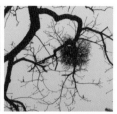

압을 치료하는데 탁월한 효과를 보인다. 우리나라에서 겨우살이를 약초로 쓸 때
는 반드시 참나무류인 갈참나무, 굴참나무, 신갈나무, 떡갈나무, 상수리나무, 가
시나무 등에서 자란 것만을 쓴다.

🌿 겨우살이는 식용보다는 약용으로 가치가 높다!

겨우살이의 자랑은 잎과 줄기이다. 겨우살이 주를 만들 때는 겨울과 봄에 잎과
줄기를 통째로 채취하여 적당한 크기로 잘라 용기에 넣고 소주(19도)를 부어 밀봉
하여 3개월 후에 먹는다. 약초를 만들 때는 연중 사계절 내내 가능하나 약효가 가
장 좋은 겨울에서 봄에 잎과 줄기를 통째로 채취하여 적당한 크기로 잘라 햇볕에
말려 황금색으로 변하면 쓴다. 한방에서 잎과 뿌리줄기를 말린 것을 "기생목(寄生
木) · 상기생(桑寄生) · 조산백(照山白)"이라 부른다. 각종 암에 다른 약재와 처방한다.
민간에서 각종 암에는 말린 약재를 1회 4~6g씩 달이거나 가루 내어 복용한다. 고
혈압 · 동맥 경화에는 생잎을 소주에 담가 두었다가 하루 2~3회 조금씩 마신다.

🌿 겨우살이 성분&배당체

겨우살이의 전목(全木 · 잎, 가지)에는 플라보노이드 · 루페올 · 케르세틴 · 알파−
아미린 · 메소−이노시톨 · 베타−시토스테놀 · 아그리콘이 함유돼 있다.

🌿 겨우살이를 위한 병해 처방!

겨우살이는 병충해에 강하다.

TIP

번식 겨우살이는 새가 열매를 먹고 소화 과정에서 과육이 제거된 상태에서 배설할 때 나무
에 달라붙어 기생하여 번식한다.

: 당뇨병 · 신장병 · 항암에 효능이 있는 :

주목 *Thuja orientalis*

| 생약명 | 자삼(紫杉) · 일위엽(一位葉) · 주목(朱木) · 적백송(赤柏松)—잎과 가지를 말린 것, 주목실(朱木實)—씨 | 이명 | 적목 · 경목 · 노가리나무 | 분포 | 전국 각지, 고산지대

🌲형태 주목은 주목과의 상록활엽교목으로 높이는 20m 정도이고, 잎은 선형이며 깃처럼 2줄로 배열한다. 꽃은 암수 한 그루로 4월에 잎겨드랑이에 1송이씩 피며, 수꽃은 갈색이고 비늘 조각에 싸이며, 암꽃은 달걀 모양의 1~2개씩 녹색으로 핀다. 열매는 9월에 달걀 모양의 핵과로 여문다.

●약성 : 서늘하며, 달고, 쓰다. ●약리 작용 : 항암 작용 · 혈당 강하 작용
●효능 : 항암 의약품, 비뇨기계 질환에 효험, 암(대장암 · 방광암 · 식도암 · 위암 · 유방암 · 자궁암 · 전립선암 · 폐암 · 피부암), 당뇨병 · 신장병 · 소변불리 · 부종 · 월경 불순 · 유종 · 이뇨 · 통경

🍃음용 : 9월에 익은 열매를 따서 햇볕에 말린 후 찻잔에 2~3개를 넣고 뜨거운 물로 우려낸 후 차로 마신다.

"암 치료의 명약 주목"

🌿 **주목의 꽃말은 고상함이다.**

　주목은 "살아서 천년, 죽어서 천년을 산다"라는 대표적인 장수목(長壽木)이다. 나무의 줄기가 붉은색을 띠어 붉을 "朱" 자에 나무 "木" 자를 써서 "주목(Taxus cuspidata)" 또는 "붉은색 나무"라는 이름이 붙여졌다. 전 세계적으로는 주목 수종이 많은데, "태평양 주목", "유럽 주목", "캐나다 주목", "히말라야 주목" 등이 있고 우리 땅 자생 주목으로는 "주목", "설악눈주목", "회솔나무" 등이 있다. 주목 유종 군락은 주로 향로봉, 설악산, 덕유산, 태백산, 함백산, 지리산, 한라산 등 산정 및 주능선을 중심으로 분포하고 있다. 주목의 자랑은 천연 항암이다. 암 환자에게 희망을 주는 나무이다. 1971년 미국 국립 암연구센터에서 주목 껍질에서 항암효과가 있는 파크리탁셀이란 물질을 발견했고, 21년 뒤 미국의 브리스톨 마이너스 스퀴브(BMS)는 미국 식품의 약국에서 이 성분이 항암제인 "탁솔"로 시판 승인을 받았다. 주목 목재는 재질이 치밀하고 탄력성이 있어 불교(佛敎)에서 나무의 모습이 고고하고 목재의 재질이 붉고 향기로우며 치밀하여 불상이나 염주를 만들었다. 주목의 속명은 "Taxus"는 그리스어 "Taxos(활:弓)"에서 비롯되는 것으로 주목은 가지가 탄성이 좋고 잘 부러지지 않아 예부터 활(弓)의 재료로 사용했다. 유럽에서 주목을 "몰약"을 만드는 데 썼고, 영국에서는 교회 묘지 등에 심었다. 관(棺)은 느티나무나 소나무를 쓴다. 향나무와 주목은 상류층의 귀중한 관재(棺材)로 선호한다. 옛날에 주목은 결이 곱고 아름다워 주로 건축재, 가구재, 조각의 재료나 바둑판, 문갑, 담뱃갑으로 썼고, 오늘날에도 재질이 치밀하여 연필 재료로 쓴다.

🍃 주목은 식용보다는 약용, 관상용으로 가치가 높다!

붉은색 가종피를 밥에 넣어 먹는다. 주목 주를 만들 때는 봄에 잎은 그대로, 가을에 가지를 채취해 적당한 크기로 잘라 용기에 넣고 소주(19도)를 부어 밀봉해 3개월 후에 마신다. 약초를 만들 때는 가을에 잎과 가지를 채취하여 햇볕에 말려 쓴다. 한방에서 잎과 가지를 말린 것을 "자삼(紫杉)·일위엽(一位葉)·주목(朱木)·적백송(赤柏松)"이라 부른다. 각종 암에 다른 약재와 처방한다. 잎과 씨앗에는 알칼로이드 계통의 탁신(taxin)이라는 유독 성분이 있어 혈압 강하, 심장을 정지시키는 부작용을 일으켜 함부로 상복하면 중독성의 위험이 있다. 민간에서 위암에는 햇순이나 덜 익은 열매를 채취해 1회 8~10g씩 달여 10일 이상 하루 2~3회 복용한다.

🍃 주목의 성분&배당체

주목의 잎에는 탁시닌·파나스테론 A·시아도피티신·에크디스테론, 가지에는 탁신, 심재에는 흐린 물 신이 함유돼 있다.

🍃 주목을 위한 병해 처방!

흑색 고약병이 발생할 때는 피해 부위의 곰팡이실 총을 칫솔 같은 것으로 제거한 후 알코올이나 석회유황합제를 바른다. 피해가 심한 가지는 제거하여 소각한다. 주목에 대마를 예방할 때는 식재지 토양을 입단 구조로 개량하고, 생육공간이 협소한 토양에서는 배수 관리에 신경을 쓰고, 기존 토양의 겉흙 면과 같게 심는다.

> **TIP**
>
> **번식** 주목은 가을에 채취한 종자를 노천매장한 후 이듬해 봄에 파종한다. 발아에 2년이 걸릴 수도 있다. 삽목(꺾꽂이)는 3~5월 또는 7~8월에 5~10cm 정도의 길이로 잘라서 심는다. 차광하고 심는다.

: 암 · 고혈압 · 당뇨에 효능이 있는 :

꾸지뽕나무 *Cudrania tricuspidattaricu*

| 생약명 | 자목(柘木) – 뿌리를 말린 것. | 이명 | 돌뽕나무 · 활뽕나무 · 가시뽕나무 · 상자 | 분포 | 산 기슭의 양지, 마을 부근

🌲 **형태** 꾸지뽕나무는 뽕나뭇과의 낙엽활목소교목으로 높이는 8m 정도이고, 잎은 3갈래로 갈라진 것은 끝이 둔하고 밑이 둥글다. 달걀꼴인 것은 밑이 둥글고 가장자리가 밋밋하다. 꽃은 암수 딴 그루로 5~6월에 두상 꽃차례를 이루며 연노란색으로 피고, 열매는 9~10월에 둥글게 적색의 수과로 여문다.

- **약성** : 평온하며, 달다.   ● **약리 작용** : 항암, 혈압 강하 작용, 혈당 강하 작용
- **효능** : 운동계 및 순환계 질환에 효험, 암 · 면역력 강화 · 당뇨병 · 고혈압 · 강장 보호 · 관절통 · 요통 · 타박상 · 진통 · 해열

🌿 **음용** : 늦가을 잎이 진 이후나 잔가지를 채취하여 적당한 크기로 잘라 햇볕에 말려 물에 달여 마신다.

🌱 **꾸지뽕나무 명인** : 진안 꾸지뽕나무 영농조합 : 안지인 010-8629-1533, 모악산 새만금 유기농 꾸지뽕 : 이정모 010-3454-8666, 지리산 산청 약초골 토종 꾸지뽕나무 : 장봉기 010-9464-9966, 엑기스, 농축액, 잎차, 분말, 환, 기름, 묘목을 판매하고 있다.

"만병을 낫게 하는 기적의 **꾸지뽕나무**"

🌿 꾸지뽕나무의 꽃말은 지혜이다.

꾸지뽕나무는 남부지방 양지바른 산기슭이나 밭둑, 마을 주변에서 자란다. 뽕나무와는 달리 꾸지뽕나무는 가지에 가시가 달려 있다. 산에서 자생하는 자연산인 토종 꾸지뽕나무가 전국 방송인 TV나 종편 등에서 암과 성인병에 좋다는 소문이나 멸종 위기를 맞고 있으나 접목을 통해 가시가 없는 품종이 개량되었다.

조선시대 허준이 쓴 〈동의보감〉에서 "꾸지뽕의 효능"이 기록돼 있고, 그 외 〈전통 의서〉, 〈식물본초〉, 〈생초약성비요〉, 〈본초구원〉 등에 효능이 언급되어 있다.

꾸지뽕나무의 배당체에는 자기방어 물질인 플라보노이드가 함유되어 있다. 가바(GABA) 성분이 혈액의 지방인 LDL 콜레스테롤과 중성지방을 줄여 준다. 면역력과 강력한 항균 및 항염효과가 있고, 췌장의 인슐린 작용을 도와주는 내당인자(Glucose Toierance Factor)와 미네랄(칼슘, 마그네슘)이 풍부하여 체내 포도당 이용률을 높이고 인슐린의 분비를 조절해 당뇨병에 좋다.

최근 약리실험에서 항암 작용, 혈당 강하 작용, 혈압 강하 작용이 있는 것으로 밝혀졌다. 동물 실험에서도 위암, 간암, 폐암, 피부암에 70% 항암에 효능이 있는 것으로 밝혀졌다. 꾸지뽕나무는 여성들의 질병의 성약(聖藥)이다. 자궁암, 자궁염, 냉증, 생리불순, 관절염, 신경통, 요실금, 어혈에 좋다.

🌿 꾸지뽕나무는 식용, 약용, 공업용으로 가치가 높다!

꾸지뽕나무의 자랑은 잎, 열매, 가지, 뿌리이다. 봄에 부드러운 잎을 따서 끓는 물에 살짝 데쳐서 나물로 무쳐 먹는다. 가을에 익은 열매를 생으로 먹거나 밥에 넣어 먹는다. 잎을 따서 갈아 즙을 내어 수제비 · 국수 · 부침개 등으로 먹는다.

꾸지뽕나무로 육수를 만들 때는 말린 꾸지뽕(잎, 열매, 가지, 뿌리)+당귀+음나무+두충+대추+오가피+황기 등을 넣고 하루 이상 달인다. 육수는 탕, 고기에 재어 먹는다.

봄에 부드러운 잎을 따서 깻잎처럼 양념에 재어 60일 후에 장아찌로 먹는다. 뿌

리는 수시로 캐서 껍질을 벗겨서 햇볕에 말려 물에 달여 차로 마신다. 꾸지뽕 육수를 탕이나 고기에 재어 먹는다. 발효액을 만들 때는 가을에 열매가 빨갛게 익었을 때 따서 용기에 넣고 재료의 양만큼 설탕을 붓고 100일 정도 발효시킨 후에 발효액 1에 찬물 3을 희석해서 음용한다. 꾸지뽕 주를 만들 때는 수시로 뿌리를 캐서 물로 씻고 물기를 뺀 다음 용기에 넣고 소주(19도)를 부어 밀봉하여 3개월 후에 먹는다. 재탕 · 삼탕 · 십 탕 이상까지 마신다. 약초를 만들 때는 봄에 부드러운 잎을 따서 그늘에 말려 쓴다. 가지나 뿌리를 수시로 채취하여 적당한 크기로 잘라서 햇볕에 말려 쓴다. 가을에 익은 열매를 따서 냉동 보관하여 쓴다.

한방에서 뿌리를 말린 것을 "자목(柘木)"이라 부른다. 각종 안에 다른 약재와 처방한다. 민간에서 고혈압, 당뇨병에는 잎 · 줄기 · 뿌리를 달여 복용한다. 위암 · 식도암에는 뿌리 속 껍질 40g을 식초에 담근 후에 하루에 3번 복용한다. 습진에는 잎을 채취하여 물에 달인 물을 환부에 바른다.

🍃 꾸지뽕나무 성분&배당체
꾸지뽕나무에는 루틴 · 아스파라긴산 · 모린 · 구르타민산이 함유돼 있다.

🍃 꾸지뽕나무를 위한 병해 처방!
꾸지뽕나무는 비교적 병충해에 강한 편이다.

TIP

번식 꾸지뽕나무는 가을에 익은 종자를 채취하여 노천매장한 후 이듬해 봄에 파종한다. 뿌리를 캐어 12~15cm 길이로 잘라 고랑을 파고 나란히 세우고 심는다. 삽목(꺾꽂이)에 의한 묘목 생산은 1년으로 짧아 생산할 수 있는 이점이 있다. 접붙여 번식할 때는 깍지 접을 하여 2~3년 키우면 열매를 수확할 수 있다.

: 근골동통 · 종기 · 암에 효능이 있는 :

느릅나무 *Ulmus davidinna var. japovnica*

| 생약명 | 유근피(榆根皮) · 유백피(榆白皮)—뿌리껍질을 말린 것, 낭유피, 낭유경엽 | 이명 | 뚝나무 · 춘유 · 추유피 · 분유 · 가유 | 분포 | 산기슭의 골짜기

🌱 **형태** 느릅나무는 느릅나뭇과의 낙엽활엽교목으로 높이는 20~30m 정도이고, 잎은 어긋나고 긴 타원형이며, 양면에 털이 있고 가장자리에 예리한 겹톱니가 있다. 꽃은 3~5월에 잎보다 먼저 다발을 이루며 가지 끝에서 녹색으로 피고, 열매는 4~6월에 타원형의 시과로 여문다.

- **약성** : 평온하며, 달다. **약리 작용** : 항암 작용, 진통 작용
- **효능** : 호흡기 및 순환계 질환에 효험, 뿌리껍질은 암 · 종기 · 종창 · 옹종 · 화상 · 요통 · 간염 · 근골 동통 · 인후염 · 장염 · 해수 · 천식 · 타박상 · 토혈, 열매는 회충 · 요충 · 촌충 · 기생충 · 피부소양증(가려움증)

🌿 **음용** : 말린 약재 유근피 20g을 물 600ml에 넣고 30분 정도 끈적끈적해질 때까지 달인 후 3번에 나누어 차로 마신다.

"신비의 종창약 느릅나무"

🍃 **느릅나무의 꽃말은 위엄이다.**

느릅나무는 옛날 사용했던 얇은 동전(英錢·놋쇠로 만든 돈)과 닮아 "유전(榆錢)", 또는 "유협전(榆莢錢)"이라는 이름이 붙여졌다. 쓰임새가 많아 "떡느릅나무", "뚝나무", "분유(粉榆)", "가유(家榆)" 등 다른 이름도 있다. 故 인산 김일훈이 쓴 〈신약(神藥)〉에서 일제 강점기에 왜경(倭警)을 피해 묘향산 깊은 산속에서 20여 년간 살았다. 그 마을 사람들이 유별나게 건강하고 병 없이 오래 사는 것을 보고 신기해 자세히 관찰한 결과 그들은 느릅나무 껍질과 그 뿌리인 유근피(榆根皮) 껍질을 벗겨 율무가루를 섞어 그것으로 떡도 만들고 옥수수 가루와 섞어서 국수로 눌러 먹고 있었다. 그들은 상처가 나도 일체 덧이 나거나 곪지 않았으며 난치병은 물론 잔병조차 앓은 일이 거의 없었다. 유근피의 자랑은 줄기 껍질과 뿌리껍질이다. 뿌리에는 강력한 진통제가 함유되어 있고, 살충 효과와 부작용과 중독성이 없어 장복해도 무방하다. 느릅나무만을 단방을 쓴다. 다른 약재와 배합해 한방 처방을 통해 쓸 수 있는 신비의 자연산 명약이다.

느릅나무 유근피는 종양이나 종창에 잘 듣는 약은 대부분 암 치료 약으로 쓴다. 암종(癌腫)의 영약으로 종창·등창에 효험이 있고 비위 질환인 위궤양, 십이지장궤양, 소장, 대장, 직장 궤양 등 제반 궤양증에 효험이 있다. 특히 장(腸)에 염증이 생기는 크론씨병에 효험이 탁월하다. 느릅나무는 동물 실험에서 위암, 폐암에 80%의 항암 효능이 있는 것으로 밝혀졌다. 유근피를 복용할 때는 위기(胃氣)를 돕기 위해 까스명수에 유근피 가루를 1순갈씩 복용한다.

🌿 느릅나무는 식용, 약용, 관상용으로 가치가 높다.

봄에 어린잎을 채취하여 끓는 물에 살짝 데쳐서 나물로 무쳐 먹는다. 봄에 어린 잎을 따서 된장국에 넣어 먹는다. 잎을 따서 밀가루나 콩가루에 버무려 옥수수와 섞어 수제비·국수를 만들어 먹는다. 열매를 따서 장을 담근다. 발효액을 만들 때 는 뿌리껍질을 캐어 물로 씻고 물기를 뺀 다음 겉껍질을 벗겨 내고 적당한 크기로 잘라 용기에 넣고 재료의 양만큼 설탕을 붓고 100일 정도 발효시킨 후에 발효액 1 에 찬물 3을 희석해서 음용한다. 유근피 주를 만들 때는 줄기껍질을 수시로 채취 하여 적당한 크기로 잘라 용기에 넣고 소주(19도)를 부어 밀봉하여 3개월 후에 마 신다. 약초를 만들 때는 봄부터 여름 사이에 뿌리를 캐서 물로 씻고 껍질을 벗겨서 겉껍질을 제거하고 햇볕에 말려 쓴다. 한방에서 뿌리껍질을 말린 것을 "유근피(榆 根皮)·유백피(榆白皮)"라 부른다. 각종 암과 종기에 다른 약재와 처방한다. 민간에 서 위암에는 느릅나무+오동나무 약재를 각각 20g씩에 달여서 복용한다. 종기·옹 종·화상에는 생뿌리껍질을 짓찧어 즙을 환부에 붙인다.

🌿 느릅나무의 성분&배당체

느릅나무 줄기 껍질과 뿌리에는 피토스테놀·베타-시토스테놀이 함유되어 있 어 소염 작용과 항균 작용이 있다.

🌿 느릅나무를 위한 병해 처방!

진딧물이 발생할 때는 수프라이사이드 용액을 희석하여 2~3회 살포한다.

TIP

번식 느릅나무는 6월에 채취한 종자를 파종하면 그해 겨울이 오기 전 어린 묘목으로 생장 한다. 삽목(꺾꽂이)를 할 때는 봄에 반숙지를 잘라 뿌리 내림 촉진제를 바른 뒤 심는다.

강장 보호 · 관절염 · 당뇨병에 효능이 있는 :

섬오가피 *Acanthopanax koreanukm*

| **생약명** | 오가피(五加皮) − 줄기와 뿌리를 말린 것. | **이명** | 남오가피 | **분포** | 남부 지방, 제주도, 남해 섬, 산과 들의 습지

🌿 **형태** 섬오가피는 두릅나뭇과의 낙엽활엽관목으로 높이는 2~5m 정도이고, 잎은 어긋나고 3~5개의 작은 잎으로 구성된 손바닥 모양의 겹잎이다. 작은 잎은 달걀형 또는 거꾸로 된 댓잎피침형이며 가장자리에 뾰족한 톱니가 있다. 꽃은 7~8월에 가지 끝에 산형 꽃차례로 녹색으로 피고, 열매는 10월에 검은색으로 편평한 장과가 여문다.

- ●**약성** : 따뜻하며, 맵다. ●**약리 작용** : 항암 작용, 혈당 강하 작용·진통 작용·혈압 강하 작용
- ●**효능** : 운동계 · 통증 질환에 효험, 각종 암 · 강장 보호 · 류머티즘 · 요통 · 진통 · 중풍 · 창종 · 관절염 · 타박상 · 고혈압 · 당뇨병

🍵 **음용** : 봄에 어린순을 따서 그늘에 말린 후 찻잔에 조금 넣고 뜨거운 물을 부어 1~2분 후에 꿀을 타서 차로 마신다.

🌿 **섬오가피 명인** : 상담 02−579−5505, 직통 011−9046−6480

368

"아스피린의 5배 소염 진통 섬오가피"

🌿 섬오가피의 꽃말은 만능이다.

　섬오가피는 하늘 오성(五星)의 정기(精氣)를 받고 자란다. 오갈피나무류를 모두 총칭하는 속명은 아칸토파낙스(Acanthopanax)이다. "가시"라는 뜻을 가진 "아칸토스(Acanthos)"와 "인삼"이라는 뜻의 "파낙스(panax)"의 합성어로 "만병을 치료하는 가시나무"라고 부른다. 우리 땅에는 "토종 오가피", "섬 오가피", "지리산 오가피", "당 오가피", "시베리아 오가피", "자연산 오가피", "왕 가시오가피", "민 가시오가피", "털오가피" 등 15종이 있다. 섬 오가피는 제주도나 바닷가에서 자생한다. 조선시대 허준이 쓴 〈동의보감〉에서 "오가피를 삼(蔘) 중의 으뜸이라 하여 천삼(天蔘)이라 하여 하늘의 선약(仙藥)", 중국 이시진이 쓴 〈본초강목〉에서 "한 줌의 오가피를 얻으니 한 수레 황금을 얻는 것보다 낫다", 신농(神農)이 쓴 〈신농본초경〉에서 "오가피를 오래 먹으면 장수한다"라고 기록돼 있다. 섬오가피에는 아스피린의 5배나 되는 소염 진통 효과가 있다. 논문으로 밝혀진 섬 오가피는 관절 주위의 염증성 병변과 관절염으로 인한 통증과 부종에 효능이 있다. 세포의 RNA 합성을 촉진해 백혈구의 수를 증가시켜 준다. 배당체 "리그산(Lysine)"은 면역력을 강화해 주고 질병을 예방하고 치료해 주는 명약이다. 섬오가피는 관절염과 허리통증으로 고생하는 어르신들과 질병으로 훼손된 몸을 이른 시일 안에 회복을 원하는 환자들에게 좋다. 섬오가피의 자랑은 꽃, 잎, 열매, 줄기, 뿌리이다. 봄에 꽃이 만발할 때는 벌이 찾아 양봉 농가에 도움을 준다, 잎 · 열매 · 줄기 · 뿌리는 식용이나 약용으로 쓴다. 겨우내 매달려 있는 열매는 새들의 먹잇감이다.

🌿 섬오가피는 식용, 약용, 관상용으로 가치가 높다.

봄에 어린싹을 따서 끓는 물에 살짝 데쳐서 나물로 무쳐 먹는다. 튀김·샐러드·된장찌개·쌈·장아찌로 먹는다. 발효액을 만들 때는 가을에 검게 익은 열매를 따서 적당한 크기로 잘라 용기에 넣고 재료의 양만큼 설탕을 붓고 100일 정도 발효시킨 후에 발효액 1에 찬물 3을 희석해서 음용한다. 섬오가피 주를 만들 때는 가을에 검게 익은 열매를 따서 적당한 크기로 잘라 용기에 넣고 19도의 소주를 부어 밀봉하여 3개월 후에 마신다. 약초를 만들 때는 연중 가지와 뿌리를 채취하여 햇볕에 말려 쓴다. 한방에서 줄기와 뿌리를 말린 것을 "오가피(五加皮)"라 부른다. 암과 염증 질환에 다른 약재와 처방한다. 민간에서 요통·류머티즘에는 줄기와 뿌리를 채취하여 물에 달여 복용한다. 타박상에는 잎을 따서 짓찧어 환부에 붙인다.

🌿 섬오가피의 성분&배당체

잎에는 정유·사포닌·쿠마린·세사민·카페인산, 열매에는 아칸토시드·사포닌·미네랄, 가지에는 아칸토시드·세사민·사포닌글루칸·쿠마린, 뿌리에는 아칸토시드리그산·시나노사이드·스테로이드세사민·쿠마린·지린산이 함유돼 있다.

🌿 섬오가피를 위한 병해 처방!

고온에서는 잎과 줄기가 타들어 가며 고사하는 일소병·탄저병이 발생한다. 진딧물이 발생할 때는 수프라이사이드 용액을 희석하여 2~3회 살포한다.

TIP

번식 섬오가피는 가을에 채취한 종자의 과육을 제거한 후에 약간 촉촉하게 건조한 후 모래와 섞어 노천매장한 후 이듬해 봄에 파종하는데 발아율이 낮은 편이다. 삽목(꺾꽂이)이나 분주를 할 때는 이른 봄 휴면기에 잎이 1~3개 달린 가지를 20cm 정도 길이로 잘라 물에 24시간 침전시킨 뒤 뿌리내림 촉진제를 발라 심는다.

14

우리가 몰랐던
나무 이야기

: 출혈(지혈) · 피부염 · 소화기 질환에 효능이 있는 :

참나무류 *Fagaceae*

| **생약명** | 상실(橡實)−도토리 열매의 겉껍질을 벗겨 낸 것 | **이명** | 도토리나무, 갈참나무, 굴참나무, 졸참나무, 상수리나무, 신갈나무, 떡갈나무, 가시나무, 종가시나무, 붉가시나무, 졸가시나무 | **분포** | 전국의 낮은 산이나 양지

🌲 **형태** 참나무류(갈참나무, 굴참나무, 졸참나무, 상수리나무, 신갈나무, 떡갈나무)는 참나뭇과의 낙엽활엽교목으로 높이는 20~25m 정도이고 잎의 모양은 다르다. 꽃은 5월에 암수 한 그루로 피고, 잎겨드랑이에서 꼬리 모양을 한 미상 꽃차례를 이루며 핀다. 열매는 10월에 갈참나무는 달걀꼴, 굴참나무는 둥근꼴, 졸참나무는 긴 타원형, 상수리나무는 둥근꼴, 신갈나무와 떡갈나무는 긴타원형 둥근 견과로 여문다.

- **약성** : 따뜻하며, 쓰고, 떫다.
- **약리 작용** : 진통 작용 · 향균 작용 · 혈관이나 장(腸)을 수축시키는 작용
- **효능** : 소화기계 질환에 효험, 강장 보호 · 소화 불량 · 아토피성 피부염 · 위염 · 암 예방 · 종독 · 지혈 · 출혈 · 탈항 · 화상 · 편도선염 · 피부 소양증 · 거담 · 진통

🌱 **음용** : 10월에 각 참나무류 도토리 열매를 따서 겉껍질을 벗겨 내고 햇볕에 말려 가루를 만들어 떫은맛을 내는 타닌 성분을 제거한 후에 묵을 만들어 먹는다.

"우리 생활에 쓰임새가 많은 **참나무?**"

🌱 참나무의 꽃말은 번영이다.

우리 식물도감에는 "참나무"가 나오지 않는다. 대신 참나뭇과에 속하는 여섯 종 (갈참나무, 굴참나무, 졸참나무, 신갈나무, 떡갈나무, 상수리나무)이 나온다. 예부터 쓰임새가 달라 "참나무"라 총칭했다. 세로로 깊은 골이 파여 "굴참나무"로 불렸고 그 껍질로 지붕을 인 게 굴피집(너와집)이다. 나무꾼이 짚신이 해어지면 그 잎으로 짚신 바닥에 깔아 신었다는 "신갈나무", 떡을 쌀 만큼 잎이 넓고 그 잎으로 싸놓으면 떡이 오래 간다는 "떡갈나무", 열매가 작은 나무란 뜻의 "졸참나무", 늦가을까지 잎이 달려 가을 참나무라고 "갈참나무"라 부른다. 모든 도토리나무는 참나무과에 속한다. 참나무 속은 학명이 "크에르쿠스(Querdus)"인데 이 라틴어 역시 진짜라는 뜻으로 부르기 때문에 나무의 으뜸으로 보았다. 먹을 것이 귀했을 때 도토리는 구황 식물로 배고픔을 덜어 주었다면, 오늘날에는 풍부한 전분과 유지방이 함유되어 있어 건강식으로 많이 먹는다. 참나무류 중에서 굴참나무는 나무껍질에 코르크가 발달하여 병뚜껑을 만들고, 떡갈나무 껍질은 "적룡피"라 하여 천연염료고 썼고, 상수리나무는 술의 향기와 맛에 영향을 미치는 성분이 높아 참나무통(오크통·oak)으로 쓴다. 간장을 담근 항아리에 잡균 번식을 막기 위해 참나무 껍질을 넣기도 했다. 능이나 표고 같은 자연산 버섯이 모두 참나무에서 난다. 참나무 자체에 항균 성분이 있어 잡균에는 일종의 제초제 같은 작용을 한다. 참숯은 탄소 함량이 높아 오랫동안 같은 온도로 탈 수 있다. 농기구의 재료, 수레바퀴, 갱목, 선박재로 썼고, 재질이 단단해 건축재, 가구재, 펄프 및 합판재, 고급 가구인 오크 가구를 만든다.

참나무는 식용, 약용으로 가치가 높다.

도토리를 식용으로 쓸 때는 떫은맛을 내는 탄닌 성분을 제거해야 한다. 바싹 말린 도토리를 절구로 빻아 껍질을 제거한 후 맷돌로 갈아 며칠을 물에 담가야 한다. 이 가루로 죽을 쑤면 도토리묵, 밀가루와 섞어 국수로 뽑으면 도토리 국수, 수제비, 부침개, 떡, 꿀에 재어 다식(茶食)으로 먹는다. 약초 만들 때는 10월에 도토리를 따서 겉껍질을 벗겨 내고 햇볕에 말려 가루를 쓴다. 한방에서 도토리 껍질을 제거한 후에 말린 것을 "상실(橡實)"이라 부른다. 소화기 질환에 다른 약재와 처방한다. 떫은맛을 제거하지 않으면 변비가 생긴다. 민간에서 무좀에는 참나무를 건류하여 진액을 만들어 환부에 자주 바른다. 치질에는 열매를 짓찧어 환부에 자주 바른다.

참나무류 성분&배당체

참나무류(갈참나무, 굴참나무, 졸참나무, 상수리나무, 신갈나무, 떡갈나무) 말린 열매에는 풍부한 전분과 떫은맛을 내는 타닌, 유지방과 쿠에르사이트린이 함유돼 있다.

참나무류를 위한 병해 처방!

참나무류 병해는 참나무 시듦병 외 흰가루병, 둥근무늬병(원성병), 백립엽고병, 가지마름병이 있다. 이중 가장 심각한 참나무 시듦병인데, 일명 참나무 에이즈는 매개충인 광릉긴나무좀의 피해를 받은 나무는 7월 말부터 빨갛게 시들면서 말라 죽기 시작하여 8~9월에 고사한다. 벌채하여 메탐소디움 액제를 골고루 살포하고 비닐로 밀봉하여 훈증처리를 하거나 소각한다. 안타깝게도 정확한 대응책은 없고, 그저 베어내 소각하거나 낙엽까지 태워 확산을 막는 게 고작이다.

번식 참나무류는 가을에 종자를 채취하여 노천매장한 후 이듬해 봄에 파종한다.

: 위장병 · 냉증 · 관절통에 효능이 있는 :

전나무 *Abies holophylla*

| 생약명 | 잎과 가지를 말린 것을 "종목(樅木)" | 이명 | 젓나무, 젖나무 | 분포 | 전국 각지, 북부 지방과 중부이남, 설악산, 오대산,

🌿형태 전나무는 소나무과의 늘푸른바늘잎나무로 높이는 30m 정도이고, 잎은 선형으로 끝이 매우 뽀쪽하다. 꽃은 4~5월에 수꽃은 원통형 황록색으로, 암꽃(솔방울 모양)은 긴 타원형으로 핀다. 열매는 10월에 원통 모양이고 돌기가 나오지 않는다.

- ●약성 : 평온하며, 따뜻하고, 달다. ●약리 작용 : 진통 작용
- ●효능 : 운동계 질환에 효험이 있고, 여성 질환(냉증, 대하증, 자궁출혈), 이질, 설사, 위장병, 류머티즘, 관절통, 요통, 타박상
- 🌱음용 : 봄에 새싹이 나올 때 채취하여 그늘에 말린 후 물에 달여 차로 마신다.

"크리스마스트리를 장식하는 전나무"

🍃 전나무의 꽃말은 고상함이다.

사계절 늘 푸른 잎을 가진 소나무, 잣나무, 사철나무를 비롯해 전나무가 돋보인다. 전나무에서 하얀 젖이 나온다고 하여 "젓나무", 줄기에 흰빛이 돈다고 하여 "백송" 또는 "회목(檜木)", 중국에서는 우산을 펴 듯 퍼지는 가지의 모양이 마치 바람을 타고 말이 질주하는 것과 같다 하여 "포마송(鋪馬松)"이라는 이름이 붙여졌다. 나무껍질 횡단면에는 수지구(樹脂溝)가 있다. 전나무는 중국, 러시아, 아시아에 분포하는데, 우리 땅에는 전국의 해발 1500m 이하의 숲속에서 자생한다. 처음에는 음수(陰樹)로 자라다가 나중에는 양지바른 곳에 자라는 양수(陽樹)가 된다. 공해에 약해 도심에는 잘 자라지 못한다. 나무 모양이 수려하여 크리스마스트리를 만들 때 사용되고, 독일에서는 귀한 손님을 맞을 때 집 앞 침엽수 양쪽에 촛불을 켜 두고 손님을 맞이하는 풍속이 있고, 유럽 켈트족은 전나무를 신성시하고 각종 장식을 달고 소원을 빌었고, 옛날 수행자들은 잎을 달여 복용했고, 기독교에서는 새로 태어난 아기 예수를 영접하는 뜻으로 전나무 촛불을 밝힌다. 경기도 광릉 국립수목원에서 전나무 군락을 볼 수 있고, 강원도 오대산 월정사 전나무 숲길, 경남 해인사 전나무 숲길, 전북 내소사 전나무 숲길은 가히 환상적이다. 일제 강점기 왜인이 이 나무를 다 베어낸다는 소문을 듣고 호남 지방의 사찰에 전나무를 베어낸다는 통발을 보냈는데 스님들이 달려와 이 나무를 베기 전에 나를 베라고 해서 살아남았다는 것은 내소사 주지 진헌 스님에게서 들었다. 옛날에는 전나무 가지가 그늘을 향해 뻗는다고 하여 "음수(陰樹)"로 부르고, 여성 보음에 약으로 썼다. 전나무

와 구상나무 구분할 때는 바늘잎 끝부분으로 한다. 전나무 잎은 바늘처럼 뾰쪽하고, 구상나무 잎은 둥글며 연하다. 옛날에 나무를 다듬는 가공 기계가 없던 시절에는 전나무 목재는 휘거나 마디가 많지 않아 궁궐과 사찰이나 양반집에 기둥으로 이용되었고, 각종 기구나 가구재로 다양하게 쓰였다. 전나무는 재질과 결이 아름다워 펄프재, 건축재, 상자재로 사용된다.

전나무는 공업용, 정원수, 풍치수로 가치가 높다!

전나무 잎, 가지, 송진을 쓴다. 전나무 잎을 9월 중순부터 이듬해 2월 사이에 채취하여 전통 가마솥에 가득 담고 당귀, 천궁, 생강을 배합하여 약한 불로 푹 고아 "고약(膏藥)"을 만든다. 한방에서 잎과 가지를 말린 것을 "종목(樅木)"이라 부른다. 관절통에 다른 약재와 처방한다. 민간에서 위장병과 냉증에는 잎과 가지를 물에 달여 먹었다. 피부병에는 전나무 나무껍질에서 하얀 진을 채취하여 상처 부위에 바른다. 감기에는 따뜻한 물에 전나무 잎을 욕탕에 넣고 목욕을 했다.

전나무 성분&배당체

전나무 잎에는 비타민C · 단백질, 열매에는 지방유가 함유돼 있다.

전나무를 위한 병해 처방!

전나무에 모잘록병은 종자 소독으로 예방할 수 있다. 잎떨림병에는 만코지 수화제, 빗자루병에는 옥시테트라사이클린 수화제를 살포한다.

TIP

번식 전나무의 번식은 실생으로 한다. 가을에 채취한 종자를 기건 저장한 뒤 이듬해 봄에 파종한다. 음수이기 때문에 햇빛을 반쯤 가려 준다.

: 출혈 · 화상 · 피부 소양증에 효능이 있는 :

상수리나무 *Quercus acutlssimaa*

| 생약명 | 상실(橡實)–도토리 열매의 껍질을 벗긴 것. | 이명 | 상실각 · 상목피 | 분포 | 전국의 낮은 산이나 양지

🌿 **형태** 상수리나무는 참나뭇과의 낙엽활엽교목으로 높이는 20~25m 정도이고, 잎은 어긋나고 긴 타원형으로서 양끝이 좁고 가장자리에 바늘 모양의 예리한 톱니가 있다. 표면은 녹색이고 광택이 있다. 꽃은 5월에 암수 한 그루로 피고, 잎겨드랑이에서 꼬리 모양을 한 미상 꽃차례를 이루며 핀다. 수꽃이삭은 어린 가지 밑에, 암꽃이삭은 1~3개가 핀다. 열매는 이듬해 10월에 둥근 견과로 여문다.

● **약성** : 따뜻하며, 쓰고, 떫다.
● **약리 작용** : 혈관이나 장(腸)을 수축시키는 작용 · 진통 작용 · 항균 작용
● **효능** : 소화기계 질환에 효험, 강장 보호 · 소화 불량 · 아토피성 피부염 · 위염 · 암 예방 · 종독 · 지혈 · 출혈 · 탈항 · 화상 · 편도선염 · 피부 소양증 · 거담 · 진통, 치질, 설사, 장출혈

🌿 **활용** : 10월에 도토리 열매를 따서 겉껍질을 벗겨 내고 햇볕에 말려 가루를 내어 묵을 만들어 먹는다.

"꿀밤 도토리 상수리나무"

🌿 상수리나무의 꽃말은 번영이다.

　조선시대 선조는 일본의 침략으로 궁궐을 떠나 의주로 피난갔을 때 도토리 열매를 갈아 만든 도토리묵을 먹게 되었다. 이후 의병과 명나라 도움으로 궁궐에 돌아와 피난 때 먹었던 도토리묵이 왕의 수라상에 올랐다 하여 "상수리나무"라는 이름이 붙여졌다. 상수리나무는 중국, 일본, 인도 등지에 분포한다. 한자로 "상목(橡木)", "상실(橡實)"이라고 부른다. 도토리의 옛말은 "돌애밤"으로 돼지를 뜻하는 "밤"이 붙어 돼지가 먹는 밤이라는 뜻이다. 조선시대 〈향약집성방〉에서 도토리를 "저의율(猪矢栗 · 돼지의 밥)"이라고 기록돼 있듯이 멧돼지의 주식이었다. 조선시대에 사또가 부임하면 먼저 도토리나무를 심고 부지런히 가꾼 덕에 지금은 흔한 나무가됐다. 먹거리가 부족했던 시절에는 도토리를 "꿀밤"이라 불릴 정도로 사랑을 받았다. 나무껍질은 옷감 또는 가죽이나 어망 염색에 쓴다. 도토리 삶은 물은 황갈색, 잿물을 매염제로 쓰면 검은색, 철로 처리한 뒤에 잿물을 더하면 검은 갈색이 된다. 사찰에서 스님들이 염주를 만들기도 한다. 상수리나무에서 숯을 만드는 과정에서 나오는 목초액은 피부병이나 습진에 쓴다. 상수리나무의 목재는 기구재, 차량재, 갱목, 땔나무로 썼으나 오늘날에는 전통 술통(oak), 표고버섯 골목으로 쓴다.

🌿 상수리나무는 식용, 약용, 공업용으로 가치가 높다!

　상수리나무는 열매를 쓴다. 도토리의 떫은맛을 내는 타닌 성분을 제거한 후에 먹는다. 떫은맛을 제거하지 않으면 변비가 생긴다. 도토리묵 만들 때는 도토리를

갈참나무

굴참나무

바싹 말린 다음 절구로 빻아서 껍질을 제거한 후에 맷돌로 간 다음 4~5일간 더운 물에 담가 떫은맛을 우려낸다. 가라앉은 앙금을 걷어 내어 말리면 도토리 가루가 된다. 가루로 죽을 쑤면 도토리 죽이 되고, 그 가루로 떡을 만들면 도토리 떡, 밀가 루와 섞으면 도토리 국수, 꿀에 재면 도토리 다식(茶食), 묵을 쑤면 도토리묵이 된 다. 약초 만들 때는 10월에 도토리 열매를 따서 겉껍질을 벗겨 내고 햇볕에 말려 가루를 쓴다. 묵무침·묵밥·수제비·국수·부침개·떡으로 먹는다.

한방에서 도토리 껍질을 제거한 후에 말린 것을 "상실(橡實)"이라 부른다. 소화기 계 질환에 다른 약재와 처방한다. 민간에서 무좀에는 참나무를 건류하여 진액을 만들어 환부에 자주 바른다. 치질에는 열매를 짓찧어 환부에 자주 바른다.

🍃 상수리나무 성분&배당체

상수리나무 말린 열매(도토리)에는 풍부한 전분과 떫은맛을 내는 타닌, 유지방과 쿠에르사이트린이 함유돼 있다.

🍃 상수리나무를 위한 병해 처방!

병해는 참나무 시듦병 외 흰가루병, 둥근무늬병(원성병), 백립엽고병, 가지마름병 이 있다. 이중 가장 심각한 참나무 시듦병인데, 일명 참나무 에이즈는 매개충(옮긴 벌레)인 광릉긴나무좀의 피해를 받은 나무는 7월 말부터 빨갛게 시들면서 말라 죽 기 시작하여 8~9월에 고사한다. 벌채하여 메탐소디움 액제를 골고루 살포하고 비 닐로 밀봉하여 훈증처리를 하거나 소각한다. 안타깝게도 정확한 대응책은 없고, 그저 베어내 소각하거나 낙엽까지 태워 확산을 막는 게 고작이다.

TIP

번식 참나무류는 가을에 종자를 채취하여 노천매장한 후 이듬해 봄에 파종한다.

: 암 · 고혈압 · 기관지염에 효능이 있는 :

참나무 겨우살이

Loranthusa Jchyoriki

| **생약명** | 조산백(照山白)─전초와 가지를 말린 것. | **이명** | 조맥두견 | **분포** | 참나무 종인 갈참나무, 굴참나무, 졸참나무, 상수리나무, 신갈나무, 떡갈나무가 많은 곳

🍃**형태** 참나무 겨우살이는 참나뭇과의 상록기생관목으로 높이는 40~60cm 정도 이고, 잎은 마주 나거나 어긋나고 넓은 달걀꼴이고 가죽질이다. 밑은 둥글고 끝은 뭉뚝하며 가장자리에 톱니가 없다. 꽃은 9~12월에 잎 겨드랑에서 나온 2~3개의 꽃자루의 끝에 1개씩 달려 피고, 열매는 겨울이 지나 타원형의 핵과로 여문다.

●**약성** : 차며, 쓰다. ●**약리 작용** : 항암 작용 · 진통 작용 · 혈압 강하 작용
●**효능** : 암 · 운동계 · 소화기 질환에 효험, 암 · 강정제 · 고혈압 · 경련 · 골절증 · 기관지염 · 통풍 · 요통 · 현훈증

🌿**음용** : 봄에 잎을 겨울에 줄기를 채취하여 햇볕에 말린 후 적당한 크기로 잘라 물에 달여 우려내어 차로 마신다.

"암종(癌腫)에 효능이 있는 참나무 겨우살이"

🍃 **참나무 겨우살이의 꽃말은 강한 인내심이다.**

겨우살이는 세계적으로 200여 종에서 900종 남짓한 종이 더부살이를 하면서 땅에 뿌리를 내리지 않고 다른 식물에 붙어서 사는 기생 나무이다. 참나무 겨우살이는 나무의 양분을 가로채는 숙주식물*이다. 겨우살이는 숙주 나뭇잎이 다 떨어질 때 온전하게 모습을 드러낸다. 그래서 "기생목(寄生木)" 한겨울에도 늘 푸르다 하여 "동청(凍靑)", 말린 겨우살이를 오래 두면 황금빛으로 변한다고 하여 "황금가지"라 부르기도 한다. 새들이 열매를 먹어도 종자를 둘러싼 과육을 소화되지 않고 그대로 배설물과 함께 밖으로 나와 끈적거림은 쉽게 다른 나뭇가지에 들러붙게 되는데, 이 상태로 겨울을 넘기고 봄볕을 받으면서 종자에서 싹이 나오는 것이 겨우살이다. 참나무에 사는 겨우살이를 "곡기생(槲寄生)", 뽕나무에 사는 "상기생(桑寄生)", 그 외 "배나무", "자작나무", "팽나무", "밤나무", "동백나무", "오리나무", "버드나무"에 기생하면서 잎사귀에 엽록체를 듬뿍 담고 있어 스스로 광합성 작용을 한다.

우리나라에서 겨우살이를 약초로 쓸 때는 반드시 참나무류인 갈참나무, 굴참나무, 신갈나무, 떡갈나무, 상수리나무, 가시나무 등에서 자란 것만을 쓰는 것으로 알고 있는데 꼭 그렇지 않다.

서양에서는 겨우살이를 좋은 상징으로 여긴다. 마법의 힘이 있다고 믿어 고대 제사장들이 제물로 썼고, 성탄절 축하를 할 때 겨우살이를 달아 두고 손님들이 그 아래를 지나면 좋은 일이 생긴다는 믿음이 있고, 유럽의 드루이드 교도들은 겨우살이를 숭상하고 "만병통치약"으로 쓴다. 1926년부터 유럽에서는 겨우살이에서 암 치료 물질을 추출하여 임상에 사용하고 있다. 독일에서만 한 해 300t 이상의 겨우살이를 가공하여 항암제 또는 고혈압, 관절염 치료약으로 쓰고 있다.

참나무 겨우살이의 자랑은 잎, 가지이다. 경상대학교 건강과학연구원에서 민간에서 항암효과 있다는 약초 60여 종을 6개월간 한국 생명공학연구소 자생식물이용기술사업단에 의뢰해서 4주간 생리식염수만을 먹인 뒤 약초를 투여 후 반응 결

---

* 기생 식물이 달라붙어 양분을 빼앗기는 식물.

과 10종에서 항암효과를 보였는데, 겨우살이는 암세포를 80% 억제하는 것으로 밝혀졌다.

🍃 참나무 겨우살이는 식용, 약용, 관상용으로 가치가 높다.

봄에 갓 나온 어린순을 채취하여 하룻밤 찬물에 담근 후 쓴맛을 제거하고 끓는 물에 살짝 데쳐서 나물로 무쳐 먹는다. 겨우살이 주를 만들 때는 겨울과 봄에 잎과 줄기를 채취하여 용기에 넣고 19도의 소주를 부어 밀봉하여 3개월 후에 마신다. 약초 만들 때는 겨울과 봄에 잎과 줄기를 채취하여 햇볕에 말려 쓴다.

한방에서 전초와 가지를 말린 것을 "조산백(照山白)"이라 부른다. 각종 암에 다른 약재와 처방한다. 미량의 독성이 있어 복용할 때 반드시 기준량을 지킨다. 각종 암에는 잎과 가지를 햇볕에 말린 후 2~3g을 물에 달여 복용한다. 고혈압에는 잎을 물에 달여 복용한다.

🍃 참나무 겨우살이 성분&배당체

참나무 겨우살이의 전목(全木 · 잎, 가지)에는 플라보노이드 · 루페올 · 케르세틴 · 알파—아미린 · 메소—이노시톨 · 베타—시토스테놀 · 아그리콘이 함유돼 있다.

🍃 참나무 겨우살이를 위한 병해 처방!

참나무 겨우살이에서 병충해가 발생하지 않는다.

TIP

번식 겨우살이는 새가 열매를 먹고 소화 과정에서 과육이 제거된 상태에서 배설할 때 나무에 달라붙어 기생하여 번식한다.

: 피부소양증 · 대하증 · 당뇨병에 효능이 있는 :

벚나무 *Prunus serrulata var. spontanea*

| **생약명** | (丁公皮)―줄기를 말린 것 · 천산화추(天山花楸)―씨를 말린 것. | **이명** | 개벚나무 · 왕벚나무 · 산앵도, 뻔나무 | **분포** | 전국 각지, 가로수, 산지 · 마을 부근 · 길가에 식재

🌿**형태** 벚나무는 장밋과의 낙엽활엽교목으로 높이는 6~20m 정도이고, 잎은 어긋나고 달걀꼴로서 끝이 급하게 뾰족해지고 가장자리에 잔 톱니가 있다. 꽃은 4~5월에 잎보다 먼저 잎겨드랑이에 달려 총상 꽃차례를 이루며 분홍색 또는 흰색으로 피고, 열매는 6~7월에 둥글게 흑색으로 여문다.

- ●**약성** : 차며, 쓰다. ●**약리 작용** : 혈당 강하 작용
- ●**효능** : 피부과 · 호흡기 질환에 효험, 열매(당뇨병 · 복수 · 생진), 속씨(해수 · 타박상 · 변비), 대하증 · 무좀 · 부종 · 식체(과일 · 어류) · 심장병 · 어혈 · 중독(과일 중독) · 진통 · 치은염 · 치통 · 피부소양증

🌱**음용** : 4~5월에 꽃을 따서 그늘에 말린 후 찻잔에 조금 넣고 뜨거운 물을 부어 1~2분 후에 꿀을 타서 차로 마신다.

"봄에 꽃으로 즐거움을 주는 벚나무"

벚나무의 꽃말은 정신의 아름다움이다.

벚나무는 봄이면 온천지를 화사하게 장식해 준다. 산벚나무, 왕벚나무, 올벚나무, 섬벚나무, 겹벚나무, 수양벚나무, 개벚나무 등 종류가 많은데, 통틀어 벚나무라 부른다. 벚나무는 6월에 열매가 익지만, 왕벚나무는 10월에 여문다. 일본에서 관상용으로 개량된 겹벚나무는 5월 초에 분홍색 겹꽃이 잎이 나오기 전에 핀다. 일본 왕벚나무는 일본어로 "사쿠라(ちくら)" 또는 "동경앵화(東京櫻花)"라 불린다. 벚꽃은 우리를 강점했던 일본 국화라는 것을 알아야 한다. 조선시대 〈세종실록〉에서 "벚나무 껍질은 활을 만드는 데 쓴다", 이순신 쓴 〈난중일기〉에도 "벚나무 화피 이야기"가 기록돼 있다. 효종이 병자호란 때 중국에 볼모로 잡혀갔을 때 수양벚나무 목재로 활을 만들고 껍질은 활을 감기 위해 들여왔다고 전한다. 산벚나무는 꽃이 필 때 잎이 나온다. 올벚나무는 벚나무 중 꽃을 가장 피우고, 울릉도에서만 자라는 섬벚나무는 꽃 색이 연해 흰색이 가깝다. 매화와 벚꽃을 구분할 때는 긴 꽃자루에 있으면 벚꽃, 가지에 붙어 있으면 매화이다. 벚꽃이 떨어지면 그 자리에 버찌(열매)가 열린다. 창경궁을 일제 강점기에 격하시키기 위해 일반인을 위한 동물원과 식물원으로 만들 때 일제 강점기에 심었던 벚나무를 모두 베어 버렸고, 1980년대 동물원이 경기 과천으로 이전하고 창경궁이 본래의 모습을 찾게 되었다. 고려 때 만든 해인사의 팔만대장경판*의 60% 정도가 산벚나무로 만들었다. 목재는 탄력이 있고 치밀해 건축 내장재, 가구재 또는 장판, 경판에 적합하다.

벚나무는 식용, 약용, 관상용으로 가치가 높다!

벚나무는 꽃, 열매, 나무껍질을 쓴다. 발효액을 만들 때는 6~7월에 검게 익은 열매를 따서 용기에 넣고 재료의 양만큼 설탕을 붓고 100일 정도 발효시킨 후에 발효액 1에 찬물 3을 희석해서 음용한다. 열매(버찌) 주를 만들 때는 6~7월에 검게 익은 열매를 따서 용기에 넣고 19도의 소주를 부어 밀봉하여 3개월 후에 마신

* 부처의 가름을 담긴 불경을 모아 목판 8만여 개에 새긴 경판.

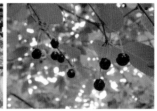

다. 약초를 만들 때는 6~7월에 검게 익은 열매를 따서 과육과 핵각(核殼)을 제거하고 속 씨를 취하여 햇볕에 말려 쓴다. 봄부터 가을 사이에 가지를 잘라 껍질을 벗겨 내고 햇볕에 말려 쓴다. 한방에서 가지의 껍질을 말린 것을 "화피(樺皮)"라 부른다. 호흡기 질환에 다른 약재와 처방한다. 민간에서 변비에는 속 씨 4~8g을 달여서 먹는다. 피부소양증에는 약재를 달인 물로 환부를 여러 번 닦아 낸다.

🍃 벚나무 성분&배당체

벚나무 꽃에는 해독하고 피부 활성화해 주는 티로시나아제, 잎에는 쿠마라린, 열매에는 포도당 · 과당 · 구연산 · 호박산 · 당질 · 칼륨 · 철분 · 미네랄 · 섬유질 · 카로틴 · 비타민C · 플라보노이드, 나무껍질(껍질)에는 사쿠라닌이 함유돼 있다. 왕벚나무 껍질에서 의약품 기침약을 "사쿠라닌" 물질을 뽑아내 만든 게 "프로틴(단백질)"이다.

🍃 벚나무를 위한 병해 처방!

벚나무는 다른 나무에 비해 병해가 많은 편이다. 주로 갈색 무늬구멍병(천공성갈반병), 세균성천공병, 빗자루병, 균핵병, 점무늬병, 위조병, 줄기마름병(동고병), 더미아가름병, 가칭(포몹시스지고병)이 있다. 갈색무늬구멍병(천공성갈반병)은 4월 하순~5월 초순에 만코제브 수화제 500배 희석액을 7~10일 간격으로 2~3회 살포한다. 깍지벌레는 스미치온 1000배액을 살포한다. 병든 낙엽은 소각한다.

> **TIP**
>
> **번식** 벚나무의 꽃을 보기 위해 접목을 하고, 6월에 익은 열매를 채취하여 과육을 제거한 후 건사 저장했다가 12월에 노천매장한 후 이듬해 파종한다. 특별히 원하는 품종 증식을 위해서는 무성 번식을 한다.

: 암 · 종양 · 인후 질환에 효능이 있는 :

메타세쿼이아 *Metasequoia glyptostroboides*

| 생약명 | 나무 줄기껍질을 말린 것을 "낙우삼(落羽杉)" | 이명 | 삼나무, 낙우송, 수향목 | 분포 | 전국 식재, 가로수

🌿 **형태** 메타세쿼이아는 낙우송과의 낙엽침엽교목으로 높이는 35m 이상이고, 수피는 적갈색이며 얇고 세로로 갈라지고 길게 벗겨진다. 잎은 선형으로 마주나며, 밑 부분은 둥글며 끝이 뾰족하고 날개 모양으로 두 줄로 배열된다. 꽃은 4~5월에 양성화로 수꽃은 작은 가지 끝에 이삭처럼 달리고, 암꽃은 작은 가지에 1개씩 달린다. 열매는 10~11월에 도란형 날개가 있는 구형으로 여문다.

- **약성** : 평온하다. **약리 작용** : 항염 작용, 진통 작용
- **효능** : 종양에 효험이 있고, 암, 종기, 옹종, 진통, 인후 질환(식도암), 풍한으로 인한 독창, 각기, 경련, 화상

🌱 **음용** : 10~11월에 채취하여 어린 열매를 물에 달여 차로 마신다.

"공해(미세먼지)를 흡수하는 메타세쿼이아"

🌿 **메타세쿼이아의 꽃말은 영원한 친구이다.**

  메타세쿼이아는 삼나무를 뜻하는 "세쿼이아" 앞에 변화라는 뜻을 가진 접두어 "메타"를 붙인 이름이다. 그래서 삼나무가 변화한 "나무"라는 의미가 있다. 우리말로는 물을 좋아하는 삼나무라 하여 "수삼나무"라고 부르기도 한다. 메타세쿼이아의 사촌인 낙우송의 잎이 마치 새의 깃털 같아 "낙우송(落羽松)", 일본에서는 물을 좋아하고 삼나무를 닮았다 하여 "소삼(沼杉)", 서양에서는 땅을 뚫고 올라온 뿌리가 무릎과 닮았다 하여 "무릎 뿌리"라는 이름이 붙여졌다. 그 외 "황금 백합나무", "황금 삼나무"라는 이름도 있다. 메타세쿼이아는 현재까지 살아 있는 화석(化石) 식물로 알려져 있다. 한때 식물학자들에게 멸종한 것으로 알려져 있었는데, 중국 후베이성(城)에서 1940년대에 발견되어 신종으로 발표되었다. 우리나라에서 자라는 메타세쿼이아는 중국에서 발견된 나무를 복제한 클론(clone · 유전적으로 같은 개체)이다. 중국에서는 "수삼목(水杉木)", 메타세쿼이아(Meta sequoia)에서 미터(meta)는 뒤를 이을 나무라 하여 "다음"이라는 뜻인데, 미국의 아놀드 수목원에는 1000여 그루가 자생하고 있다. 중국에서는 만리나 되는 길에 이 나무를 심고 "녹색의 만리장성(Green Great Wall)"이라고 부른다. 우리 땅에는 1956년에 육종가인 현신규 박사가 수입한 뒤 산림청이 10여 년간 번식시켜 1970년대부터 가로수로 보급했다. 메타세쿼이아는 비옥한 양토에서 생장 속도가 매우 빨라 30년이면 30m 이상까지 자란다. 메타세쿼이아와 낙우송을 구분할 때는 메타세쿼이아는 깃털 같은 잎이 두 개씩 서로 마주 보고 달리는 반면 낙우송은 어긋나게 달린다. 메타세쿼이아의 자

랑은 큰 높이의 수형과 판근(板根)*과 부드러운 잎이다. 여름에 짙은 푸른 잎이 아름답고, 가을에는 단풍으로 매력을 준다. 영화나 드라마에서 배경으로 자주 등장하는 나무이다. 메타세쿼이아는 중국이 원산지다. 우리 땅에서는 가로수로 많이 심지만 공해에는 약하다. 전남 담양의 메타세쿼이아 가로수 길 8.5km는 환상적인데 2006년 건설교통부에서 "한국의 아름다운 길 100선"에서 최우수상을 받았다. 전남 담양, 경남 창원, 진주 수목원이 유명하다. 메타세쿼이아 목재는 재질이 연하고 부드러워 건축 내장재, 펄프용, 목섬유 원료용으로 쓴다.

🌿 **메타세쿼이아는 식용과 약용보다는 공원수, 기념수, 가로수용으로 가치가 높다.**
메타세쿼이아 줄기껍질을 쓴다. 한방에서 나무 줄기껍질을 말린 것을 "낙우삼(落羽杉)"이라 부른다. 종양에 다른 약재와 처방한다. 민간에서 피부소양증(가려움증)에 줄기껍질을 물에 달여 먹었다. 화상에는 어린 열매를 짓찧어 환부에 붙였다.

🌿 **메타세쿼이아의 성분&배당체**
메타세쿼이아 열매에는 플라보노이드가 함유돼 있다.

🌿 **메타세쿼이아를 위한 병해 처방!**
8~9월에 메타세쿼이아 페스탈로치아엽고병이 발생할 때는 옥신 토퍼 수화제 1000배, 만코제브 수화제 500배 희석액을 10일 간격으로 2~3회 살포한다.

＊메타세쿼이아는 빨리 자라는 속성수여서 높이 자라면 균형을 잡기 위해 나무 밑동에 점차 깊은 골이 생기는 것.

TIP
번식 메타세쿼이아 번식은 실생, 꺾꽂이로 한다.

: 골절상 · 관절염에 효능이 있는 :

단풍나무 *Acer palmatum Thunb.*

| **생약명** | 계조축(鷄爪槭) | **이명** | 당단풍, 홍단풍, 청단풍, 수양단풍, 공작단풍, 복자기 | **분포** | 전국 각지의 산기슭, 백양산, 제주도, 대둔산

🌿 **형태** 단풍나무는 단풍나무과의 낙엽 활엽 소교목 또는 교목으로 높이는 10m 정도이고, 잎은 마주나며 5~7개로 깊게 갈라지고 가장자리는 곁톱니가 있다. 꽃은 5월에 잡성화 또는 암수한그루로 산방화서에 달려 피고, 열매는 9~10월에 담황색 시과로 여문다.

● **약성** : 평온하며, 달다.　● **약리 작용** : 소염 작용, 진통 작용, 해독 작용
● **효능** : 관절통, 골절상, 풍습성으로 인한 사지마비동통, 무릎 관절염.

🌿 **음용** : 단풍나무에서 나오는 수액을 고로쇠 수액으로 착각하여 음용하는 사람도 있는데, 맛은 달지만 약간 독성이 있기 때문에 주의를 요한다.

"가을을 물들이는 **단풍나무**"

🍃 **단풍나무의 꽃말은 사양이다.**

　여름이 지나면 광합성의 양분을 만드는 잎의 엽록소가 더 이상 만들어지지 않고 파괴되어 가는 중에 여러 색소에 따라 물드는 것이다. 가을이면 온 산이 울긋불긋 단풍(丹楓)이 물드는데, 이 중에서 단연 돋보이는 게 단풍나무이다. 한자로 "단풍 (丹楓)"은 단(丹)은 붉게 물든 아름다운 잎을, 풍(楓)은 바람에 날려가는 열매를 강조 한다. 단풍나무의 물든 모습을 "풍금(楓錦)"이라 하여 "단풍잎의 비단"이라는 이름 이 붙여졌다. 그래서 중국의 왕들은 단풍나무를 좋아해 한나라 때는 왕이 거처하 는 곳에 나무를 심고, 왕이 사는 곳을 "풍신(楓宸)", 궁전의 섬돌에 심고, 궁궐을 "풍 폐(楓陛)"라 불렀다. 먀오족은 우주목(宇宙木)으로 생각하고 집을 지을 때 가운데 기 둥을 단풍나무를 사용했다. 우리 땅에는 해발 100~1600m 사이의 계곡과 산기슭 에 자생한다. "산단풍나무", "내장 단풍", "붉은 단풍나무", "색단풍나무", "공작 단 풍", "몸이자 단풍", "고로쇠나무", "산겨릅나무", "청시닥나무", "신무" 등 30종류 에 달한다. 일 년 내내 잎이 빨간 "홍단풍", 잎이 오리발처럼 생긴 "중국단풍", 잎 이 아홉 갈래로 갈라진 "당단풍", 가장 아름답다는 "복자기", 내장산의 단풍은 "애 기단풍"이다. 설악산, 북한산, 내장산, 대둔산, 백양산 등이 유명하다. 단풍나무는 유럽, 아프리카 북부, 아시아, 미국 중북부 지역, 캐나다 등지에 분포한다. 캐나다 의 국기에 그려져 있는 단풍나무 잎은 "설탕단풍(Acer saccharum)"인데, 수액에 당분 이 많아 시럽(maple syrup)을 만든다. 먹을 것이 귀했을 때 단풍나무의 어린잎을 삶 아서 우려낸 후 나물로 무쳐 먹었고, 영국에서는 사원의 단풍나무로 만든 맥주컵

(Mazer cup)은 집안에 가보로 전수하고, 인디언들은 단풍나무로 카누의 노를 만들었다. 결이 아름다워 건축재, 악기재(바이올린 뒤판), 조각재, 기구재, 소반, 테니스채, 야구 방망이, 볼링핀, 볼링장 바닥에 쓴다. 단풍나무에서 수액이 맛은 달지만, 약간 독성이 있으므로 주의를 요한다.

🍃 단풍나무는 식용과 약용보다는 관상용으로 가치가 높다.

단풍나무는 잎, 나무껍질을 쓴다. 봄에 단풍나무의 어린잎을 삶아서 우려낸 후 나물로 무쳐 먹었다. 은어와 함께 녹말을 씌워 기름에 튀겨 먹는다. 한방에서 단풍나무를 말린 것을 "계조축(鷄爪槭)"이라 부른다. 관절통이나 골절상에 다른 약재와 처방한다. 민간에서는 간염에는 뿌리를 물에 달여 먹었다. 눈병에는 어린잎을 물에 달여 세수했다.

🍃 단풍나무 성분&배당체

단풍나무 수액의 주성분은 포도당 · 자당 · 과당, 미네랄 · 황 · 칼슘 · 마그네슘 · 망간 · 염소 · 아연 · 구리가 함유돼 있다.

🍃 단풍나무를 위한 병해 처방!

단풍나무는 병충해에 비교적 강한 편이나, 진딧물이 발생할 때는 수프라이사이드 용액을 희석하여 2~3회 살포한다.

TIP

번식 단풍나무 번식은 실생, 꺾꽂이로 한다. 가을에 열매가 갈색으로 되었을 때 채취하여 모래와 1:2로 섞어 노천매장한 뒤 이듬해 봄에 파종한다. 발아율은 30% 정도 된다. 2년생 묘목을 산에 심는다.

: 야뇨증 · 월경 불순 · 당뇨병에 효능이 있는 :

비자나무 *Torreya nucifera*

| 생약명 | 비파엽(榧杷葉) – 잎을 말린 것, 비자(榧子) – 익은 씨를 말린 것 | 이명 | 비화 · 적과 · 옥산 과 | 분포 | 전북 내장산 이남

🌱**형태** 비자나무는 주목과의 상록침엽교목으로 높이는 20m 정도이고, 잎은 마주 나고 가죽질로 끝이 뾰쪽하여 가시 같으며 깃 모양으로 2줄로 배열하여 달린다. 꽃은 4월에 암수 딴 그루로 수꽃은 잎겨드랑이에 암꽃은 가지 끝에 흰색으로 피 고, 열매는 다음해 9~10월에 타원형의 이과로 여문다.

● **약성** : 평온하며, 달고, 떫다. ● **약리 작용** : 항암 작용 · 혈당 강하 억제 작용
● **효능** : 소화기 질환에 효험, 잎(항암 · 당뇨병 · 거담 · 진해), 씨앗(촌충 제거 · 기생충에 의한 복통 · 살충), 뿌리(류머티즘에 의한 종통), 꽃(수종 · 치질), 구충(촌충 · 십이지장충), 변비 · 야뇨증 · 월경 불순 · 야뇨 증 · 치질 · 탈모

🌿**음용** : 4월에 꽃을 따서 그늘에 말린 후 찻잔에 조금 넣고 뜨거운 물을 부어 1~2분 후에 꿀을 타서 차로 마신다.

"최고의 바둑판을 만드는 비자나무"

🌿 비자나무의 꽃말은 소중 · 사랑스러운 미소이다.

　바늘잎이 줄처럼 달린 모양이 한자의 아닐 "비(非)" 자를 닮았다 하여 "비자(榧子)"라는 이름이 붙여졌는데 사실 종자만 비자라 부른다. 산에서 나는 삼나무라 하여 "야삼(野杉)", 무늬가 아름다워 "문목(文木)"이라는 이름도 있다. 조선시대 〈조선왕조실록〉이나 〈동국여지승람〉에 "원나라에서는 궁궐을 축조하는 재목으로 사용하기 위해 공출해 갔다"라고 기록돼 있다. 비자나무가 부드럽고 습기에도 강해 선박용 목재로 사용했다. 비자나무의 한계선은 전라도 백양산과 내장산이다. 제주도 구좌읍 평대리 비자림은 약 14만 평이나 되는 넓은 평원에 수령이 500~800년이나 되는 비자나무가 3000여 그루가 자생하고 있는데, 천연기념물 제182호로 지정하여 보호하고 있다. 제주도에는 역사의 소용돌이 속에서도 비자 숲이 남은 것도 민족의 문화유산이 아닐까? 학술적으로 가치가 있는 백양산 내장산 비자림은 제153호로 지정되어 보호를 받고 있다. 지금까지 남아 있는 비자나무의 노거수들은 대부분 신성시되었거나 그 열매를 약용으로 쓰기 위해 보호한 덕분이다. 비자나무의 자랑은 열매, 목재이다. 비자나무는 나이테가 촘촘해 바둑판을 만든다. 약간 떫고 고소한 맛이 있어 열매를 짜서 식용유나 머릿기름으로 썼고, 구충약(회충, 촌충)과 모기약이 없을 때 구충약, 잎이나 가지를 태워 모기를 쫓는 데 사용했다. 반면 서양에서는 비자나무 열매껍질이 벌어지는 소리를 들으면 행운이 찾아온다고 믿어 불 속에 던지는 풍속이 있었고, 달밤에 연인들이 비자나무 아래서 만나기도 했다. 비자나무 결이 아름답고 가공이 쉬워 가구재, 바둑판, 장식재, 조각용으로 쓴다.

사진 : 이원희

사진 : 이원희

🌿 **비자나무는 식용, 약용, 관상용, 공업용, 등화용으로 가치가 높다.**

비자나무는 잎, 열매, 종자를 쓴다. 봄에 막 나온 새싹을 따서 손으로 비벼서 그늘에 말린 후 차로 마신다. 가을에 익은 열매를 따서 기름을 짜서 먹는다. 발효액을 만들 때는 가을에 익은 열매를 따서 이 등분 하여 용기에 넣고 재료의 양만큼 설탕을 붓고 100일 정도 발효시킨 후에 발효액 1에 찬물 3을 희석해서 음용한다. 비자 열매 주를 만들 때는 가을에 익은 열매를 따서 용기에 넣고 19도의 소주를 부어 밀봉하여 3개월 후에 마신다. 약초 만들 때는 꽃은 4월에 · 가을에 익은 열매를, 뿌리껍질은 수시로 채취하여 햇볕에 말려 쓴다. 한방에서 잎을 말린 것을 "비파엽(榧杷葉)", 익은 씨를 말린 것을 "비자(榧子)"라 부른다. 소화기 질환에 다른 약재와 처방한다. 열매에는 독성이 있다. 민간에서 기생충에 의한 복통에는 열매 10g을 달여서 먹는다. 탈모 방지에는 비자 세 알+호두 두 알+측백나무 잎을 배합해 찧어 눈 녹은 물에 담그고 이 물로 머리를 빗는다. 야뇨증에는 잎을 물에 먹는다.

🌿 **비자나무의 성분&배당체**

비자나무의 종인(씨)에는 지방유가 함유되어 있는데, 그 속에 포도당 · 다당류 · 타닌 · 팔미틱산 · 올레익산 · 리놀레산이 함유돼 있다.

🌿 **나무를 위한 병해 처방!**

비자나무에 갈반병이 발생할 때는 발병 초기에 만코제브 수화제 500배, 클로로탈로닐 수화제 1000배 희석액을 2~3회 살포한다.

TIP

번식 비자나무는 10월에 채취한 종자의 과육을 제거한 뒤 냉상에 직파하거나, 노천매장한 후 이듬해 봄에 파종한다.

만병초 *Rhododendron brachycarpum*

| **생약명** | 석남엽(石南葉) – 잎을 말린 것. | **이명** | 수엽 · 풍약 · 떡갈나무 · 들쭉나무 | **분포** | 북부 지방 · 강원도 · 지리산 · 울릉도 · 고산 지대

🌿 **형태** 만병초는 진달랫과의 상록 활엽관목으로 높이는 4m 정도이고, 잎은 어긋 나고 가지 끝에서는 5~7개가 모여 나고 타원형 또는 피침형이며 가장자리는 밋밋 하다. 꽃은 7월에 가지 끝에 10~20개가 달리고 7~8월에 흰색 · 붉은색 · 노란색 으로 피고, 열매는 9~10월에 삭과로 여문다.

● **약성 :** 평온하며 맵고 쓰다. ● **약리 작용 :** 혈압 강하 작용 · 항염 작용
● **효능 :** 허약체질 · 순환계 · 호흡기 질환에 효험, 신경통 · 고혈압 · 생리통 · 월경 불순 · 관 절염 · 관절통 · 요배 산통 · 불임증 · 월경 불순 · 이뇨 · 진통 · 양기 부족

🌿 **음용 :** 7~8월에 꽃을 채취하여 햇볕에 말린 후 뜨거운 물에 넣고 우려낸 후 꿀을 타서 차 로 마신다.

"만 가지 병을 치유?한다는 **만병초**"

🌿 만병초의 꽃말은 위엄·존엄이다.

만 가지 병을 고친다고 하여 "만병초(萬病草)", 꽃향기가 칠리(七里)를 간다고 하여 "칠리향(七里香)", 향이 난다고 하여 "향수(香樹)"라는 이름이 붙여졌다. "흰 만병초", "붉은 만병초", "홍만병초", "천상초", "뚜깔나무", "홍뚜깔나무"라는 이름도 있다. 중국에서는 "석남화(石南花)"라는 이름도 있다. 만병초는 진달래과에 속하는 상록성 나무로 잎은 고무나무와 닮았고 꽃은 철쭉과 비슷하다. 생명력이 매우 강해 영하 30~40도의 추위에도 푸른 잎을 떨어뜨리지 않는다. 히말라야산맥에서 수련하는 도인들이 영적 각성을 위해 은밀히 약용으로 먹었고, 중국 의학서 〈중의 대사전〉에서 "만병초의 효능"이 기록돼 있다. 울릉도에 자생하는 홍만병초는 멸종 위기에 있어 희귀 수종으로 보호를 하고 있다. 지리산, 울릉도, 강원도 북부지방 해발 700~2200m 사이의 고산지대에 자생한다. 사계절 녹색을 유지하고 겨울에는 잎을 둥글게 말아 자신을 보호한다. 잎을 쓸 때는 차로, 뿌리는 술로 담가 마실 수 있으나, 한의사의 처방을 받고 잘 쓰면 명약이고, 효과가 좋다 하여 남용하면 독초가 되기 때문에 주의를 요한다. 워낙 독성이 강해 민간에서는 식용하지 않고 달인 물로 가축(소, 돼지)을 목욕시켜 벼룩·진드기 등을 죽이거나 농작물 해충을 없애는 천연 농약으로 사용했고, 무좀이나 습진약으로 사용했다. 옛날에는 노인들은 만병초로 만든 지팡이를 짚고 다니면 중풍을 예방해 준다고 하여 사용했다. 야누이족은 만병초 잎을 말아 담배 대신 피웠다. 만병초 같은 무리를 구분할 때는 노랑만병초는 북부지방에서 자생하고, 홍만병초는 짙은 홍색의 꽃이 핀다.

🌿 만병초는 식용, 약용, 관상용으로 가치가 높다.

발효액은 잎을 따서 용기에 넣고 재료의 양만큼 설탕을 붓고 100일 정도 발효시킨 후 발효액 1에 찬물 3을 희석해서 음용한다. 부부화합주는 연중 잎을 따서 마르기 전에 용기에 넣고 소주(19도)를 부어 밀봉하여 3개월 후에 마신다. 약초 만들 때는 연중 잎을 따서 햇볕에 말려 쓴다. 한방에서 잎을 말린 것을 "석남엽(石南葉)" 또는 "풍엽(楓葉)"이라 부른다. 순환계 질환(고혈압)에 다른 약재와 처방한다. 잎에는 안드로메도톡신 성분은 독성이 강해 한꺼번에 과량 섭취하면 치명적이지만, 소량을 복용하면 혈압을 낮춰 준다. 민간에서 고혈압에는 말린 약재를 1회 2~4g씩 달여 식후에 복용한다. 관절통·요배 산통에는 잎을 달인 물로 목욕을 한다.

🌿 만병초의 성분&배당체

만병초 잎에는 플라보노이드·알파-아미린·베타-아미린·우르소릭산·올레아놀릭산·베타-시토스테롤·케르세틴이 함유돼 있다.

🌿 만병초를 위한 병해 처방!

만병초에 갈반병이 발생할 때는 발병초기에 만코제브 수화제 500배, 클로로탈로닐 수화제 1000배 희석액을 2~3회 살포한다. 탄저병이 발생할 때는 6월에 클로로탈로닐 수화제 1000배 희석액을 살포한다. 녹병이 발생할 때는 발생 초기에 트리아디메폰 수화제 800배, 페나리몰 3000배, 만코제브 수화제 500배 희석액을 7~10일 간격으로 3~4회 살포한다.

> **TIP**
>
> **번식** 만병초는 가을에 채취한 종자의 과육을 제거한 후 이끼 위에 직파하거나 기건 저장한 뒤 이듬해 2~3월에 파종한다. 삽목(꺾꽂이)는 9월에 잘 된다.

: 혈변 · 어혈 · 신장 질환에 효능이 있는 :

작살나무 *Callicarpa japonica*

| **생약명** | 잎 · 줄기 · 뿌리를 말린 것을 "자주(紫珠)" | **이명** | 민작살, 흰작살, 좀작살나무, 왕작살나무, 송금나무 | **분포** | 전국 산지

🌿 **형태** 작살나무는 마편초과 낙엽활엽관목으로 높이는 2~4m 정도이고, 어린 가지와 새 잎에는 별 모양의 털이 있다. 잎은 마주나며 긴 타원형이고 가장자리에는 잔톱니가 있다. 꽃은 7~8월에 나무줄기에 취산꽃차례 연한 자주색으로 피고, 열매는 9~10월에 자주색으로 둥글게 여문다.

● **약성** : 평온하며, 달다.　● **약리 작용** : 항균 작용
● **효능** : 신장 질환에 효험이 있고, 신장염, 여성 질환(자궁 출혈, 산후 오한), 혈변, 지혈, 호흡기 감염증, 편도선염, 어혈, 장출혈

🌱 **음용** : 봄에 줄기를 채취하여 햇볕에 말린 후 물에 넣고 끓여 차로 마신다.

"열매가 진주처럼 영롱한 작살나무"

🍃 작살나무의 꽃말은 총명이다.

작살나무 가지 줄기는 물고기를 잡는 작살처럼 가지가 삼지창 모양으로 하고 있다. 나뭇가지가 원줄기를 가운데 두고 양쪽으로 60~70도 정도 기울기로 뻗어 있어 마치 작살과 같다 하여 "작살나무"라는 이름이 붙여졌다. 한자는 자주색 구슬이라 하여 "자주(紫珠)"이다. 그래서 유럽에서 그리스어로 아름답다는 뜻의 "callos"와 열매를 뜻하는 "carposdml" 합성어로 "아름다운 열매"라 는 애칭이 있다.

작살나무는 중국, 일본, 대만, 아시아 등지에 분포한다. 우리 땅에는 전국의 산에서 산기슭에 자생한다. 좀작살나무는 잎의 가장자리에 위쪽에만 톱니가 있고, 왕작살나무는 잎의 길이가 10~20cm로 크고 윤체가 있다.

작살나무의 자랑은 아름다운 열매이다. 조경수로 심으면 새들이 찾고, 열매가 달린 가지는 꽃꽂이 소재로 쓰고, 이 나무로 단단한 목탄(흑탄)을 만든다.

작살나무 유사종으로는 민 작살은 존체 털이 없고, 흰 작살은 열매가 백색이고, 왕 작살은 꽃 차례가 크고 가지가 굵으며 해안 성이고, 송금 나무는 잎의 길이가 3cm 내외이다.

🍃 작살나무는 식용, 약용, 관상용, 공원용으로 가치가 높다.

작살나무는 줄기, 열매, 뿌리를 쓴다. 발효액을 만들 때는 여름에 잎을 따서 용기에 넣고 재료의 양의 30%만 설탕을 녹인 시럽을 붓고 100일 정도 발효시킨 후에 발효액 1에 찬물 3을

희석해서 음용한다. 약술을 만들 때는 가을에 열매를 따서 용기에 넣고 소주 19도를 부어 밀봉한 후 3개월 후에 마신다.

한방에서 잎·줄기·뿌리를 말린 것을 "자주(紫珠)"라 부른다. 신장 질환(신장염)에 다른 약재와 처방한다. 민간에서 여성의 산후 오한에는 말린 줄기와 잎을 물에 달여 먹었다. 출혈에는 잎을 짓찧어 환부에 붙였다.

🌿 작살나무의 성분&배당체

작살나무 열매에는 플라보노이드, 잎·줄기·뿌리에는 비타민C·안토시아닌이 함유돼 있다.

🌿 작살나무를 위한 병해 처방!

작살나무 잎의 뒷면에 스파이다가 발생할 때는 B·H·C 분말을 뿌리에 살포한다. 응애가 발생할 때는 통풍이 잘될 수 있도록 하고, 환경을 오염시키지 않는 친환경 살충제를 살포한다.

> **TIP**
>
> **번식** 작살나무는 전정, 포기나누기로 번식한다. 11월경 성숙한 열매를 채취하여 진흙과 부식토를 반반씩 섞어서 파종한다.

: 근골 동통 · 근육 마비 · 소변 불통에 효능이 있는 :

후박나무 *Machilus thunbergii*

| 생약명 | 토후박(土厚朴)—줄기 또는 뿌리의 껍질을 벗겨 말린 것 | 이명 | 적박 · 천박 · 중피 | 분포 |
남부 지방, 부안 변산, 울릉도

🌿 **형태** 후박나무는 녹나뭇과의 상록활엽교목으로 높이는 20m 정도이고, 잎은 어긋나고 가지 끝에서는 모여 난 것처럼 보이며 타원형이고 가장자리는 밋밋하다. 꽃은 5~6월에 새잎이 나올 때 잎겨드랑이와 가지 끝에서 원추 꽃차례를 이루며 황록색으로 피고, 열매는 8~9월에 둥근 장과로 여문다.

- **약성** : 따뜻하며, 떫고, 쓰다.   ● **약리 작용** : 이뇨 작용 · 진통 작용
- **효능** : 소화기 질환에 효험, 자양 강장 · 강장 보호 · 거담 · 골절 번통 · 근골 동통 · 근육 마비 · 소변 불통 · 이뇨 · 양기 부족 · 중풍

🍵 **음용** : 5~6월에 꽃을 따서 그늘에 말린 후 찻잔에 조금 넣고 뜨거운 물을 부어 1~2분 후에 꿀을 타서 차로 마신다.

"뱃사람들의 당산목 후박나무"

🌿 **후박나무의 꽃말은 모정이다.**

후박나무는 세계적으로 희귀에 속한다. 중국, 일본, 타이완 등지에 분포한다. 우리 땅에는 울릉도, 제주도, 전라도, 경상도, 남쪽 섬의 해발 700m 이하에 자생한다. 후박나무는 껍질이 유난히 두꺼워 한자로 "후박(厚朴)"이라고 하는데 유래한다. 일본목련과는 전혀 다른 나무이다.

후박나무는 남부지방 섬에서 주로 볼 수 있다. 거대한 크기의 상록교목이다. 바닷가에서 잘 견디어 방풍림, 풍치수로 아주 적합한데, 마을의 당산목으로 뱃사람들의 사랑을 받는 나무이다. 옛날부터 해변가 어촌 마을에는 후박나무를 심고 노거수 아래에 제당(祭堂)을 짓고 풍어와 어민들의 무사 안녕을 비는 곳이 많았다.

후박나무 숲은 장관이다. 울산의 묵도 상록수림은 섬 전체가 후박나무 숲으로 된 섬인데 천연기념물 제65호, 진도의 관매리 서낭당 숲을 이룬 후박나무는 천연기념물 제212호, 남해 청선면의 왕후박나무는 천연기념물 제299호, 전북 부안 변산면 격포리의 후박나무 군락은 천연기념물 제123호, 경남 통영시와 우도와 추도의 후박나무는 천연기념물 제344~5호로 지정되어 보호를 받고 있다. 울릉도 사동의 후박나무 숲도 유명하다.

후박나무의 자랑은 목재이다. 잎에는 독이 있어 곤충이 모여들지 않는다. 나무 껍질은 약재로 쓴다. 나뭇가루로 향료를 만들 때 점착성 있는 연결재로 이용한다.

옛날부터 후박나무 목재는 건축재, 각종 기구재, 악기재, 조각재, 침목 등의 용도로 쓴다.

🌿 **후박나무는 식용, 약용, 관상용으로 가치가 높다.**

후박나무는 꽃, 줄기, 뿌리를 쓴다. 발효액을 만들 때는 봄에 잎을 채취하여 용기에 넣고 재료의 양만큼 설탕을 붓고 100일 정도 발효시킨 후에 발효액 1에 찬물 3을 희석해서 음용한다. 약술 만들 때는 8~10월에 익은 열매를 따서 용기에 넣고 19도의 소주를 부어 밀봉하여 3개월 후에 마신다. 약초 만들 때는 5~6월에 꽃을

따서 그늘에, 8~10월에 익은 열매와 나무껍질을 채취하여 햇볕에 말려 쓴다.

한방에서 줄기 또는 뿌리의 껍질을 벗겨 말린 것을 "토후박(土厚朴)", 나무껍질을 벗긴 것을 "후박피(厚朴皮)"라 부른다. 소화기 질환(소화불량, 헛배)에 다른 약재와 처방한다. 민간에서 자양 강장에는 열매를 물에 달여 복용한다. 근육 마비에는 나무껍질을 달인 물로 목욕을 한다.

🍃 후박나무의 성분&배당체

후박나무의 나무껍질과 뿌리에는 타닌 · 수지 · 다량의 점액질 · 리그산 · 아쿠미나틴 · 세사민 · 플라보노이드 · 케르시틴 · 알칼로이드가 함유돼 있다.

🍃 후박나무를 위한 병해 처방!

7~8월에 후박나무에 페스탈로치아병이 발생할 때는 만코제브 수화제 500배, 티오타네이트메틸 수화제 1000배 희석액을 여러 차례 살포한다. 탄저병에는 마이겐 수화제 500배액을 살포한다.

TIP

번식 후박나무는 8월에 채취한 종자의 과육을 제거한 뒤 바로 직파를 하면 1주일 후에 발아된다. 어린 묘목은 이식이 가능하다.

: 당뇨병 · 진통 · 순환기 질환에 효능이 있는 :

황칠나무 *Dendropanax morbifera*

| **생약명** | 풍하이(楓荷梨) – 뿌리줄기를 말린 것 또는 줄기에 상처를 내서 나온 옻(수액)을 "황칠(黃漆)"
| **이명** | 황제목 · 수삼 · 압각목 · 노란옻나무 · 황칠목 · 금계자 | **분포** | 제주도 · 남부 지방 경남 · 전남 등지의 섬지방 산기슭

🍃 **형태** 황칠나무는 두릅나뭇과의 상록활엽교목으로 높이는 15m 정도이고, 잎은 어긋나고 난형 또는 타원형이며 가장자리는 밋밋하다. 꽃은 6월에 가지 끝에 1개씩 녹황색으로 피고, 열매는 10월에 타원형의 핵과로 여문다.

● **약성** : 따뜻하며, 맵고 쓰다. ● **약리 작용** : 혈압 강하 작용 · 혈당 강하 작용
● **효능** : 간경 · 소화기 · 순환계 질환에 효험, 자양 강장 · 당뇨병 · 고혈압 · 신경통 · 편두통 · 월경 불순 · 면역증강 · 변비 · 우울증

🌿 **음용** : 봄에 어린순을 따서 그늘에 말린 후 물에 우려내어 차로 마신다.

405

"황금색 옷(수액) 황칠나무"

🍃 **황칠나무의 꽃말은 효자이다.**

줄기에 상처를 내면 누런 칠액이 나온다 해서 "황칠(黃漆)"이라는 이름이 붙여졌다. 고려 때는 옻칠보다 황칠이 우수해 불상·나전칠기에 사용했고, 중국 진시황은 불로초라 라여 '옻칠 천 년·황칠 만 년'이라 했다. 삼국유사 〈진한조〉에는 "신라 경주에 18만여 명이 거주했는데, 39채의 금입택(金入宅)*이 있다"라고 기록돼 있다. 2006년 국립경주문화연구소가 통일신라의 유적지를 조사하다 땅속의 악한 기운을 누르려고 묻은 지진구(地鎭具) 합(盒)을 수습했는데, 그 안에는 딱딱하게 굳은 황색 덩어리가 들어 있었다. 바로 신비의 도료(塗料)라는 황칠 덩어리였다. 신라 귀족들이 황금빛을 띠면서 벽사 기능까지 있다고 여겨 황칠나무 진을 자기 집에 칠했던 것이다. 황칠의 자랑은 황금색 옷이다. 나무줄기에 칼로 금을 그어 채취한다. 처음 노란색을 띠다가 공기 중에 산화되면서 황금빛으로 변한다. 한 그루에서 한 잔 또는 1g 정도 밖에 나오지 않은 매우 귀하다. 신(神)이나 황제의 옷인 곤룡포, 용상 등 헌정품으로 사용했다. 중국의 〈책부원구(册府元龜)〉에서 "당 태종이 백제에 사신을 보내 산문갑(갑옷)에 입힌 금칠(황칠)을 요구했다"라는 기록이 있다. 신라 때 황칠은 6월에 채취한 수액이 중국의 주요 조공품 중 하나였다. 고려 때 〈고려사〉에는 "조정의 사정이 여의치 못해 몽고에 조공을 바칠 때 다른 물품은 보내지 못해도 가장 귀한 금칠(황칠)만은 몇 항아리를 보냈다", 조선시대에는 조정에서 특별히 관리하는 귀한 품종으로 이어졌다. 물에 희석되지 않아서 물에 넣어 황칠을 보관

*금입택은 귀족 등 유력 집 인의 소유였다.

했다. 황칠이 신경을 안정시켜 주는 안식향을 갖고 있기 때문에 옛날부터 약재로 썼다면, 오늘날에는 목재, 금속, 유리 등에 광범위하게 쓰인다. 황칠은 우리나라 특산종으로 남부 해안선을 따라 완도 보길도, 서남해안 지역, 제주도 한라산에 자생하는 난대성 활엽수이다.

🍃 **황칠나무는 식용, 약용, 관상용, 공업용으로 가치가 높다.**

봄에 어린순을 채취하여 끓는 물에 살짝 데쳐서 나물로 무쳐 먹는다. 어린순을 따서 밀가루에 버무려 튀김·부침개로 먹는다. 발효액을 만들 때는 가을에 익은 열매를 따서 용기에 넣고 재료의 양만큼 설탕을 붓고 100일 정도 발효시킨 후에 발효액 1에 찬물 3을 희석해서 음용한다. 약초로 쓸 때는 줄기와 뿌리를 캐서 햇볕에 말린다. 한방에서 뿌리줄기를 말린 것을 "풍하이(楓荷梨)"라 부른다. 고혈압에 다른 약재와 처방한다. 임산부는 복용을 금한다. 민간에서 간 질환·염증에는 뿌리 30g을 달여 식후 2~3회 복용한다. 변비에는 잎을 달여 복용한다.

🍃 **황칠나무의 성분&배당체**

잎·뿌리줄기·수지에 다량 함유된 정유에는 베타-엘레멘·베타-셀리넨·게르마크렌·아미노산·단백질·비타민C·타닌·지방산이 함유돼 있다.

🍃 **황칠나무를 위한 병해 처방!**

황칠나무에 진딧물이 발생할 때는 스미치온 1000액을 희석해 2~3회 살포한다.

> **TIP**
>
> **번식** 황칠나무는 가을에 채취한 종자의 과육을 제거한 후 노천매장했다가 이듬해 봄에 파종한다.

: 관절염 · 담 · 류머티즘에 효능이 있는 :

팔손이 *Fatsia japonica*

| 생약명 | 팔각금반(八角金盤)−뿌리껍질을 말린 것. | 이명 | 팔손이나무, 팔손이 | 분포 | 거제도 · 남해안 · 남부 섬 지방

🌿 **형태** 팔손이는 두릅나뭇과의 상록활엽관목으로 높이는 2~3m 정도이고, 잎은 어긋나고 큰 잎이 긴 잎자루에 붙어 가지 끝에 모여 달린다. 잎몸은 7~9개씩 손바닥 모양으로 깊게 갈라져 단풍잎 모양으로 되고 끝이 날카로우며 가장자리에 톱니가 있다. 꽃은 10~11월에 가지 끝에 자잘한 꽃이 산형 꽃차례를 이루며 흰색으로 피고, 열매는 이듬해 5월에 둥근 장과로 여문다.

●**약성** : 서늘하며, 쓰다. ●**약리 작용** : 항염 작용, 진통 작용.
●**효능** : 신경기계 · 부인과 질환에 효험, 관절염 · 거담 · 진해 · 류머티즘 · 해수 · 천식 · 척추 질환 · 소염제

🍵**음용** : 5월에 열매를 따서 햇볕에 말린 후 찻잔에 조금 넣고 뜨거운 물을 부어 1~2분 후에 꿀을 타서 차로 마신다.

"잎이 손바닥 모양인 **팔손이**"

🌿 **팔손이의 꽃말은 비밀 · 기만 · 교활 · 분별이다.**

팔손이는 무성하게 자라는 모습이 초본 같고 목본 같기도 하여 혼동하기 쉬우나 엄연히 상록수이다. 팔손이는 겨울의 문턱에 설 즈음 꽃을 피워 내는 우리 나무로 한자명은 "팔각금반(八角金盤)"이다. 손바닥처럼 생긴 잎이 여덟 가닥으로 갈라졌다 하여 "팔손이 또는 팔손이나무"라는 이름이 붙여졌다.

팔손이는 동아시아, 일본 혼슈 · 시코쿠 · 규슈 등에서 자라는데, 우리 땅에는 남부지방에서 자생한다.

경남 충무에서 배를 타고 2시간쯤 가면 섬 "비진도"가 있는데, 4m 정도 되는 팔손이는 1962년 천연기념물 제63호로 지정되어 보호를 받고 있다. 비진도에서는 이 팔손이를 두고 "총각 나무"라 부르는 것은 마음속 비밀을 간직한 채 잎사귀처럼 환하게 웃은 모습이 마치 투박한 섬 총각으로 보았다.

팔손이의 자랑은 잎이다. 잎은 공해를 정화해 주고 음이온을 배출해 공기를 정화해 주기 때문에 도심 사무실이나 아파트 실내에서 키우면 좋다.

🌱 **팔손이는 식용과 약용보다는 정화용, 관상용으로 가치가 높다.**

팔손이 열매, 뿌리껍질을 쓴다. 발효액을 만들 때는 봄에 잎을 채취하여 용기에 넣고 재료의 양만큼 설탕을 붓고 100일 정도 발효시킨 후에 발효액 1에 찬물 3을 희석해서 음용한다. 약술을 만들 때는 5월에 열매를 따서 용기에 넣고 19도의 소주를 부어 밀봉하여 3개월 후에 마신다. 약초 만들 때는 연중 뿌리껍질을 캐어 햇

볕에 말려 쓴다.

　한방에서 뿌리껍질을 말린 것을 "팔각금반(八角金盤)"이라 부른다. 다른 약재와 처방한다. 파트시아 사포톡신과 타트신라는 독성분이 있어 주의를 요한다. 민간에서 류머티즘에는 말린 잎을 물에 달여 목욕한다. 타박상에는 잎을 짓찧어 환부에 붙인다.

🌿 팔손이의 성분&배당체

　팔손이 잎에는 5종의 트리테르페노이드 사포닌 · 올레아놀릭산이 함유돼 있다.

🌿 팔손이를 위한 병해 처방!

　팔손이에는 진딧물, 응애, 깍지벌레, 뿌리썩음병, 잎마름병이 발생한다. 진딧물이 발생할 때는 스미치온 1000액을 희석해 2~3회 살포한다. 응애가 발생할 때는 통풍이 잘될 수 있도록 하고, 환경을 오염시키지 않는 친환경 살충제를 살포한다.

> **TIP**
> **번식** 팔손이는 가을에 꽃이 핀 후 이듬해 봄에 열매를 맺는다. 5월경에 흙빛으로 익은 열매를 채취하여 직파한다. 녹지삽(풋가지꽂이), 숙지삽(굳가지꽂이), 분주 번식도 가능하다.

: 이뇨 · 류머티즘 · 허약 체질에 효능이 있는 :

닥나무 *Broussonetia Kazinoki*

| **생약명** | 저실자(楮實子)—열매를 말린 것, 저엽(楮葉)—잎을 말린 것, 저백피(楮白皮)—줄기를 말린 것, 저경(楮莖)—가지를 말린 것. | **이명** | 딱나무 · 구피마 · 곡실 · 곡조 · 저상 | **분포** | 전국의 각지, 양지바른 산기슭

🌿**형태** 닥나무는 뽕나뭇과의 낙엽활엽관목으로 높이는 2~5m 정도이고, 잎은 어긋나는데 간혹 마주나기도 한다. 길쭉한 달걀꼴로 끝은 뾰족하고 밑은 둥글고 가장자리에 날카로운 톱니가 있다. 꽃은 암수 한 그루로 5월에 둥근 꽃차례를 이루며 위쪽에 잎겨드랑이에서 암꽃은 2~4 잎과 같이, 수꽃은 어린 가지에 피고, 열매는 9~10월에 붉은빛 둥근 핵과로 여문다.

● **약성** : 차며, 달다. ● **약리 작용** : 이뇨 작용
● **효능** : 소화기 질환에 효험, 잎(이뇨), 열매(중풍), 뿌리껍질(거풍 · 이뇨 · 활혈 · 류머티즘 · 타박상 · 부종 · 피부염), 강장보호 · 강정제 · 안질 · 허약 체질

🌱**음용** : 봄에 어린잎을 채취하여 말린 후 찻잔에 조금 넣고 뜨거운 물을 부어 1~2분 후에 꿀을 타서 차로 마신다.

"한지(韓紙)의 재료 닥나무"

🌿 닥나무의 꽃말은 당신에게 부(富)를 준다.

닥나무는 중국, 일본, 타이완 등지에 분포한다. 우리 땅에는 전국의 높지 않은 곳에서 자생한다. 한자명은 "저상(楮桑)" 또는 간단히 "저(楮)"라고 쓴 것은 "써 넣는다"는 뜻이 있다. 닥나무 가지를 꺾으면 딱 소리를 내기 때문에 "닥나무"라 부른다. 닥나무의 자랑은 꽃, 나무껍질이다. 닥나무 껍질이 종이의 소중한 원료이자 보존력이 우수하다. 5~6월에 암꽃과 수꽃이 따로 피고, 껍질에서 종이를 만든다. 고구려 때 "담징"이 일본에 종이 만드는 기술을 전했다는 기록이 있다. 조선시대에는 "저목(楮木)"이라 불렀고, 종이로 만든 화폐를 "저화(楮貨)"라고 했다. 조선시대 때 종이문화가 발달해 관청에 〈조지서〉라는 곳에서 닥나무 생산을 제한하고, 대나무 잎, 버드나무 잎을 섞어 "잡초지"를 만들기도 했다. 닥나무로 만든 한지(韓紙)도 종류가 있는데, 전북 순창 부근에서 나는 질기고 광택이 있는 종이를 "상화지", 북한 강원도 평강에서 나는 종이는 "설화지", 가장 일반적으로 쓰이는 창호지는 "대호지"라 부른다. 우리 민족은 한지(韓紙)로 "책", "합죽선", "장판", "창호지", 표구할 때 쓰는 "화선지"로 이용했고, 사람이 죽으면 염을 할 때 삼베 대신 쓰기도 했다. 오늘날 한지의 전성기는 지나갔으나 그 명맥을 유지하는 장인(匠人)이 많다. 경기 용인 민속촌, 전북 전주 한옥마을에도, 서울 종로구 인사동에서도 한지를 파는 곳이 많이 있기 때문이다.

🌿 닥나무는 식용, 약용, 관상용으로 가치가 높다.

닥나무 잎, 뿌리를 쓴다. 봄에 어린잎을 채취하여 끓은 물에 살짝 데쳐서 나물로 무쳐 먹는다. 쌀과 섞어 밥을 짓기도 한다. 봄에 막 나온 새싹을 따서 볶음·쌈·샐러드·국거리로 먹는다. 익은 열매를 말려 두었다가 먹거나, 반쯤 익었을 때 꿀에 절여 두었다가 먹는다. 발효액 만들 때는 봄에 어린잎을 채취하여 용기에 넣고 재료의 양만큼 설탕을 붓고 100일 정도 발효시킨 후에 발효액 1에 찬물 3을 희석해서 음용한다. 약술 만들 때는 가을에 익은 열매를 따서 용기에 넣고 19도의 소주

를 부어 밀봉하여 3개월 후에 마신다.

닥나무로 한지 만들 때는 닥나무 줄기를 잘라 솥에 넣고 껍질이 흐물거리며 벗겨질 때까지 푹 삶은 다음 껍질을 벗겨 햇볕에 말린다. 이를 다시 물에 불리고 밟아 하얀 내피를 가려내고 양잿물에 섞어 담가 둔 후 물기를 짜내면 뭉친 종이 덩어리를 닥풀 뿌리에 으깨어 나온 끈적끈적한 물에 넣어 풀리도록 잘 섞고 발(나무, 대나무)을 걸어 떠서 말린다.

약초를 만들 때는 가을에 열매를 채취하여 햇볕에 말려 쓴다. 연중 수시로 가지와 줄기·뿌리껍질을 수시로 채취하여 햇볕에 말려 쓴다.

한방에서 열매를 말린 것을 "저실자(楮實子)", 잎을 말린 것을 "저엽(楮葉)", 줄기를 말린 것을 "저백피(楮白皮)", 가지를 말린 것을 "저경(楮莖)"이라 부른다. 소화기 질환에 다른 약재와 처방한다. 민간에서 신체허약에는 열매를 물에 달여 먹는다. 불면증에는 꽃을 차로 달여 마신다.

🌿 닥나무의 성분&배당체

닥나무의 열매에는 플라보노이드·알칼로이드, 나무껍질에는 종이를 만드는 원료가 함유돼 있다.

🌿 닥나무를 위한 병해 처방!

닥나무는 병충해에 비교적 강한 편이다.

TIP

번식 닥나무는 가을에 채취한 종자의 과육을 제거한 뒤 바로 직파한다. 삽목(꺾꽂이)을 할 때는 가지를 12~15cm 길이로 잘라 심는다.

413

: 비염, 고혈압, 인후 질환에 효능이 있는 :

태산목 *Magnolia grandiflora L.*

| **생약명** | 꽃봉오리를 말린 것을 "대화목란(大花木蘭)" | **이명** | 대산목, 큰꽃 목련 | **분포** | 중부 이남

🌿 **형태** 태산목는 목련과의 상록활엽교목으로 높이는 20m 이상이고, 잎은 두꺼운 혁질로 장원상의 타원형이며 표면은 녹색으로 광택이 나고 뒷면에는 회갈색 털이 밀생하고 가장자리는 밋밋하다. 꽃은 5~6월에 가지 끝에서 흰색으로 피고, 열매는 9~10월에 붉은색 골돌과 난형으로 여문다.

● **약성** : 서늘하며, 맵다. ● **약리 작용** : 항염 작용, 혈압 강하 작용
● **효능** : 인후 질환에 효험이 있고, 비염, 코막힘, 축농증, 고혈압, 염증, 치통, 두통

🌱 **음용** : 5~6월에 꽃봉오리를 따서 말려 뜨거운 물에 넣고 우려낸 후 차로 마신다.

414

"나무와 꽃이 목련보다 큰 **태산목**"

🌿 **태산목의 꽃말은 자연의 애정·위엄이다.**

잎과 꽃이 워낙 크다 하여 "태산목(泰山木)" 또는 "큰 꽃 목련"이라는 이름이 붙여
졌다. 그 외 "하화옥란(荷花玉蘭)", "양옥란(洋玉蘭)"이라는 이름도 있다. 우리나라는
중국이 원산지인 유백색의 백목련과 자주색인 자목련이 주중을 이루고, 산 목련
이라고 부르는 함박꽃나무와 태산목과 일본목련 등이 있다. 태산목은 북아메리카
원산이다. 일본에서 1920년대에 들어왔을 때는 "대산목"으로 부르다가 후에 "태산
목"으로 부르게 되었다. 난대성 수종으로 땅이 깊고 비옥한 양토에서 잘 자라 순
천, 광주, 부산 등지에 심어졌다. 봄에 순백색의 꽃을 피워 삭막했던 겨울 분위기
를 환하게 바꿔준다. 태산목은 목련처럼 꽃의 향기가 좋고, 키가 30m까지 자라며
수관이 웅장하여 관상적 가지가 매우 높다. 미국에서는 잎을 크리스마스 장식용
으로 사용한다. 옛날에는 태산목의 꽃의 향기가 병마(病魔)를 물리친다고 하여 벽
사(辟邪) 신앙으로 집마다 장마 전에 장작으로 준비하였고, 실질적으로 장마철에는
태산목을 장작으로 불을 때 나쁜 냄새나 습기를 없애기도 하였다. 태산목의 꽃에
는 방향(芳香) 성분이 있어 향수 원료로 쓰고, 가지에는 방향성의 정유가 함유되어
있다. 나무의 수형이 크고 재질이 고아 고급 목재로 이용한다.

🌿 **태산목은 식용, 약용, 관상용, 공업용으로 가치가 높다.**

봄에 꽃을 따서 밀가루에 버무려 튀김·부침개로 먹거나 따뜻한 물에 넣고 우려
낸 후 차로 마신다. 4월에 꽃봉오리를 따서 소금물에 겉을 살짝 담갔다가 물기를

닦고 말려 찻잔에 꽃잎 1~2장을 넣고 끓는 물을 부어 우려낸 후 마신다. 발효액을 만들 때는 봄에 활짝 핀 꽃을 따서 용기에 넣고 재료의 양만큼 설탕을 붓고 100일 정도 발효시킨 후에 발효액 1에 찬물 3을 희석해서 음용한다. 약술을 만들 때는 봄에 꽃이 피지 않는 꽃봉오리를 따서 용기에 넣고 소주(19도)를 부어 밀봉하여 3개월 후에 마신다. 환을 만들 때는 봄에 꽃이 피지 않는 꽃봉오리를 따서 햇볕에 말린 후에 가루를 내어 찹쌀과 배합하여 만든다. 약초를 만들 때는 겨울이나 이른 봄에 개화 직전의 꽃봉오리를 따서 햇볕에 말려 쓴다. 꽃이 활짝 피었을 때 채취하여 그늘에 말려 쓴다. 한방에서 꽃봉오리를 말린 것을 "대화목란(大花木蘭)"이라 부른다. 호흡기 질환(비염, 인후염)에 다른 약재와 처방한다. 나무껍질과 나무껍질 속에는 사리시보린의 유독이 있다. 민간에서 축농증에는 말린 꽃봉오리를 가루 내어 코에 집어넣는다. 고혈압에는 꽃봉오리를 물에 달여 복용한다.

🌿 태산목의 성분&배당체

태산목 꽃봉오리에는 정유 · 시네올 · 시트랄 · 오이게놀, 꽃에는 마그노롤 · 호노키올, 잎과 열매에는 페오디딘, 뿌리에는 마그노폴로린이 함유돼 있다.

🌿 태산목을 위한 병해 처방!

태산목에 만점병이 발생할 때는 만코지 500배 액, 깍지벌레에는 메프유제 1000배 액, 응애에는 아조사이클로틴 수화제 700배 액을 발생 초기에 살포한다.

TIP

번식 태산목은 가을에 채취한 종자를 바로 직파하거나 노천매장한 후 이듬해 봄에 파종한다. 이식할 때는 뿌리를 잘 내리도록 밑거름을 주어야 한다. 태산목은 목련을 대목으로 하여 번식한다.

산딸기 *Rubus crateagifolius Bunge*

| **생약명** | 덜 익은 열매를 "현구자(懸鉤子)" | **이명** | 야생 산딸기 | **분포** | 중부 이남, 화전지대(火田) 지대, 고창

🌿**형태** 산딸기는 장미과의 낙엽활엽관목으로 높이는 2m 정도이고, 줄기는 적갈색이며 뿌리에서 싹이 나와 군집을 형성한다. 잎은 난형 또는 타원형으로 3~5개로 갈라져 있으며 표면에는 털이 없으나 뒷면의 맥 위에는 털이 있다. 잎자루에는 갈퀴 같은 가시가 나 있다. 꽃은 5월에 가지 끝에 복산방화서를 이루며 2~3개가 흰색으로 피고, 열매는 6~7월에 황색의 구형으로 여문다.

- **약성** : 평온하며, 달고 시다. **약리 작용** : 이뇨 작용
- **효능** : 신장 질환에 효험이 있고, 보간신(補肝腎), 정력감퇴, 유정, 빈뇨, 시력, 숙취해소, 갱년기 장애, 자양 강장

🌱**음용** : 6~7월에 빨갛게 익은 열매를 따서 생으로 먹는다.

417

"열매를 생으로 먹는 산딸기"

🍃 산딸기의 꽃말은 애정 · 질투이다.

산딸기류는 꽃 모양과 잎 모양이 제각기 다르나 열매만은 모두 같아서 산에서 구분하지 않는다. 우리가 사계절 흔히 먹는 딸기는 초본(草本)으로 아메리카 대륙이 고향인 식물로 개량 재배된 것이다. 산행 중에 만나는 산딸기는 나무에 달린 열매라 하여 "산딸기"라는 이름이 붙여졌다. 쓰임새가 많아 "흰딸", "참딸", "줄딸기", "멍석딸기", "복분자딸기", "장딸기", "겨울딸기", "곰딸기", "거문딸기" 외 20여 종이나 된다. 산딸기는 중국, 일본, 우수리강에 분포한다. 우리 땅에는 산기슭의 양지에서 자란다. 장딸기는 제주도, 완도 같은 남쪽 따뜻한 섬 지방에서 흔히 볼 수 있다. 겨울에도 열매가 익는 "겨울딸기", 줄기에 붉은 가시가 무성한 "곰딸기", 거문도에만 자라는 "거문딸기", 내륙에서는 고창 지방이 유명한 "복분자딸기"가 있다. 산딸기의 자랑은 열매이다. 자연산 산딸기는 줄기에 가시가 있고, 붉은빛이 도는 열매를 먹는다. "줄딸기"와 "멍석딸기"를 구분할 때는 줄딸기는 다섯 또는 아홉 장의 작은 잎들이 나란히 달린 겹잎을 가지며 봄에 진분홍빛 꽃을 피운다. 멍석딸기는 잎이 세 장씩 달리고 뒷면에 흰 털이 하얗게 보인다.

한방에서는 산딸기나 복분자딸기를 구분하지 않고 생약명으로 쓴다. 멍석딸기는 한방애서 용도가 달라 "산매(山莓)" 또는 "홍매(紅莓)"라 한다.

🍃 산딸기는 식용, 약용, 관상용으로 가치가 높다.

산딸기 꽃, 열매를 쓴다. 열매를 바로 생으로 먹는다. 산딸기를 으깨어 멥쌀가루

와 섞어 떡을 해 먹는다. 화채, 셀러드, 잼, 파이로 먹는다. 청이나 발효액을 만들 때는 6~7월에 빨갛게 익은 열매를 따서 용기에 넣고 열매의 양만큼 설탕을 부어 청은 10일 이후 먹을 수 있고, 효소는 100일 이상 발효를 시킨 후에 찬물에 희석에 음용한다. 산딸기 주는 만들 때는 6~7월에 빨갛게 익은 열매를 따서 용기에 넣고 19도의 소주를 부어 밀봉하여 3개월 후에 마신다. 약초를 만들 때는 열매는 그늘에 줄기와 뿌리는 햇볕에 말려 쓴다.

한방에서 덜 익은 열매를 "현구자(懸鉤子)"라 부른다. 보간신(補肝腎)에 다른 약재와 처방한다. 민간에서 숙취에는 산딸기를 생으로 먹는다. 소변불리에는 덜 익은 열매를 따서 물에 달여 마신다.

🌿 산딸기 성분&배당체

산딸기의 꽃 · 잎 · 줄기에는 플라보노이드, 열매에는 필수아미노산 · 주석산 · 구연산 · 비타민C · 칼본산 · 유기산이 함유돼 있다.

🌿 산딸기를 위한 병해 처방!

산딸기의 뿌리썩음병이 발생할 때는 충분한 유기물 사용과 석회, 황산칼슘을 살포한다. 처음부터 높은 이랑재배를 해야 예방할 수 있다. 참고로 딸기류에는 시듦병, 뿌리 머리 암종병, 잿빛곰팡이병, 반점병, 붉은 녹병, 줄기마름병, 줄기 역병, 바이러스 병이 등이 발생한다.

TIP

번식 산딸기는 실생, 삽목(꺾꽂이), 포기 나누기로 번식한다. 산딸기를 단기간 번식은 종자, 삽목(꺾꽂이), 끝순 번식이 있는데, 끝순 번식은 자연상태에서 스스로 번식하도록 내버려 둔 후 그 생산된 묘목을 활용하는 것이고, 종자 및 삽목(꺾꽂이)는 일시에 대량 번식이 가능한 장점이 있으나 뿌리를 내릴 수 있는 성공률이 40% 이하로 낮다.

개머루 *Ampelopsis brevipendunculaya*

| 생약명 | 사포도(蛇葡萄) – 열매를 말린 것, 사포도근(蛇葡萄根) – 뿌리를 말린 것 | 이명 | 개포도, 개머루덩굴, 산고등, 까마귀머루 | 분포 | 전국의 산골짜기

🌿 **형태** 개머루는 포도과의 갈잎덩굴나무로 숲 가장자리에서 3m 정도이고, 잎은 어긋나며 손바닥 모양으로 3~5 갈래로 갈라진 가장자리에 둔한 톱니가 있다. 꽃은 6~7월에 양성화 취산화 꽃차례 녹색으로 피고, 열매는 9~10월에 둥근 남색의 장과로 여문다.

● **약성** : 따뜻하며, 맵다. ● **약리 작용** : 항염 작용, 해독 작용, 이뇨 작용
● **효능** : 간경화 · 호흡기 질환에 효험, 간염 · 이뇨 · 소염 · 지혈 · 폐농양 · 류머티즘 · 화상 · 만성 신장염 · 창독 · 관절통 · 붉은 소변, 소변불통

🌿 **음용** : 년중 뿌리를 캐서 물로 씻고 햇볕에 말린 후 물에 달여 차로 마신다.

"수액을 약용으로 쓰는 개머루"

🍃 개머루의 꽃말은 희망이다.

머루는 생으로 먹을 수 있다. 개머루는 머루보다 변변치 못 하다 하여 붙여진 이름이다. 개머루의 자랑은 열매, 수액, 뿌리로 식용과 약용으로 쓴다.

개머루는 중국, 일본, 타이완, 쿠릴 열도, 우수리 등지에 분포한다. 우리 땅에는 전국 해발 100~1200m 사이의 산기슭이나 계곡에 자생한다. 덩굴성 목본으로 습기가 있는 땅을 좋아하고 추위에 강하고, 양지와 음지를 가리지 않고 잘 자란다.

우리 절기 중 경칩을 전후해 개머루 줄기에 구멍을 내고 호스를 꼽아 수액을 받는다.

약초 전문가 최진규에 의하면 개머루덩굴은 간 질환의 신약(神藥)이라 하여 수액만을 열심히 마시고 "간장 질환(간암, 간경화, 간 복수)"과 "신장 질환(신장염, 방광염, 부종)"에 효험이 있다고 주장한다.

🍃 개머루는 식용, 약용, 관상용, 사료용으로 가치가 높다.

개머루 새순, 열매, 뿌리를 쓴다. 봄에 갓 나온 어린순을 채취하여 끓는 물에 살짝 데쳐서 나물로 무쳐 먹는다.

식초를 만들 때는 개머루 80%+설탕 20%+이스트 2%를 용기에 넣고 한 달 후에 식초를 만들어 요리에 넣거나 찬물 3을 희석해서 음용한다. 발효액을 만들 때는 가을에 잘 익은 열매를 따서 용기에 넣고 재료의 양만큼 설탕을 붓고 100일 정도 발효시킨 후에 발효액 1에 찬물 3을 희석해서 음용한다. 가을에 보라색으로 익는 열매를 따서 용기에 넣고 19도의 소주를 부어 밀봉하여 3개월 후에 마신다. 약초를 만들 때는 여름에 잎, 가을에 줄기와 열매를 채취하여 그늘에 말려 쓴다. 가을에 뿌리를 캐서 햇볕에 말려 쓴다.

한방에서 열매를 말린 것을 "사포도(蛇葡萄)", 뿌리를 말린 것을 "사포도근(蛇葡萄根)"이라 부른다. 호흡기 질환에 다른 약재와 처방한다. 민간에서 류머티즘에는 줄기와 잎을 말린 것을 30g을 달여서 먹는다. 이뇨에는 잎 5g을 달여서 먹는다.

🌿 개머루 성분&배당체

개머루 새싹에는 카로틴, 잎에는 유기산 · 포도산 · 레몬산, 열매에는 아스코르부산, 씨에는 알칼로이드, 줄기와 뿌리에는 플라보노이드가 함유돼 있다.

🌿 개머루를 위한 병해 처방!

개머루는 병충해에 강하지만 해충이 활동할 때 무농약 인증받은 친환경 약제를 뿌려 예방한다.

TIP

번식 개머루는 실생, 1년생 가지로 삽목(꺾꽂이), 휘묻이로 번식한다.

돌복숭아 *Prunus persica*

| **생약명** | 도인(桃仁) − 씨알를 말린 것 · 도화(桃花) − 꽃을 말린 것 | **이명** | 개복숭아 · 산복숭아 · 복사나무 | **분포** | 산이나 들

🌿**형태** 돌복숭아는 장밋과의 갈잎중키나무로 높이는 3~5m 정도이고, 잎은 어긋나고 피침형이며 가장자리에 톱니가 있다. 꽃은 잎이 나기 전인 4~5월에 잎겨드랑이에 1~2송이씩 달리며 홍색 또는 흰색으로 피고, 열매는 7~8월에 핵과로 여문다.

● **약성** : 따뜻하며, 약간 달다.　● **약리 작용** : 항염 작용
● **효능** : 통증, 피부과 질환과 호흡기 질환에 효험, 기침 · 천식 · 기관지염, 꽃(냉증), 진(위하수 · 오장육부 · 부종 · 신장병 · 소변 불통)

🌱**음용** : 4~5월에 꽃을 따서 그늘에 말려 3~5송이를 찻잔에 넣고 뜨거운 물을 부어 2~3분에 향이 우러나면 차로 마신다.

"호흡기 질환에 효능이 있는 돌복숭아"

🍃 돌복숭아의 꽃말은 사랑의 노예이다.

도교(道敎)에서 복숭아는 선계(仙界)의 무릉도원(武陵桃源), 신선(神仙) 세계와 장생불사(長生不死)와 이상향을 상징한다. 그래서 우리 선조(先祖)들도 복숭아를 선과(仙果)로 여겼다. 돌복숭아나무는 흔히 "개복숭아"라고 불리는데 정식 이름은 "복사나무"이다. 조선 시대 허준이 쓴 〈동의보감〉에서 "복숭아씨와 꽃, 복숭아나무 진의 약성이 어혈과 막힌 혈액순환을 뚫어준다", 〈향약집성방〉의 〈신선방〉에서 "복숭아나무 진을 오래 먹으면 신선처럼 된다"라고 기록돼 있다. 옛날 구전심수(口傳心授)에 의하면 "진을 백일 동안 먹으면 온갖 병이 다 낫고, 1년 동안 먹으면 밥을 먹지 않아도 기운이 왕성하고, 300일을 먹으면 밤에도 눈이 밝아져 사물을 볼 수 있고 몸에서 윤기가 나고, 500일을 먹으면 몸속의 세 가지 벌레가 없어지고, 장수한다"라고 전한다. 토종 돌복숭아는 바로 생으로 먹을 수 있으나 과육이 단단하고 신맛이 나는데 맛이 없다. 그래서 효소나 술에 담가 먹는다. 야생 돌복숭아 진은 폐질환(기침, 천식, 기관지염)과 오장육부(五臟六腑)에 좋은 것으로 알려져 있다. 돌복숭아나무의 자랑은 꽃, 열매이다. 봄에 꽃으로 화장수 만들 때는 돌복숭아 꽃을 용기에 넣고 소주 19도를 부어 밀봉하여 2달 후에 물에 타서 2~3개월 꾸준히 세수하면 기미·주근깨·여드름 같은 것이 개선되고 피부 살결에 윤이 난다.

🍃 돌복숭아는 식용, 약용, 관상용으로 가치가 높다!

과육만을 설탕에 버무려 두어 추출물이 빠져나오면 쪼글쪼글해질 때 건져내 고

추장에 버무려 100일 이상 숙성시켜 장아찌로 먹는다. 속씨를 노랗게 볶아 죽을 끓여 먹는다. 발효액을 만들 때는 여름에 잘 익은 열매를 따서 용기에 넣고 재료의 양만큼 설탕을 붓고 100일 정도 발효시킨 후 발효액 1에 찬물 3을 희석해서 음용한다. 돌복숭아주를 만들 때는 여름에 잘 익은 열매를 따서 소주(19도)를 붓고 밀봉해 3개월 후에 마신다. 약초 만들 때는 여름에 잘 익은 열매를 따서 과육을 제거한 후 씨를 분리해 햇볕에 말린다. 한방에서 씨를 말린 것을 "도인(桃仁)", 꽃을 말린 것을 "도화(桃花)"라 부른다. 피부과 질환에 효험이 있고, 호흡기 질환(기침, 천식, 기관지염)에 다른 약재와 처방한다. 민간에서 위하수에는 진을 가루 내어 복용한다. 잦은 기침·천식에는 속씨를 술에 담가 잠들기 전에 소주잔으로 한두 잔 마신다.

🍃 돌복숭아의 성분&배당체

돌복숭아의 씨앗에는 아미그달린 · 종유 · 지방유(올레인산, 글리세린, 리놀, 글리세린 애물신), 잎에는 탄닌 · 퀴닉산, 뿌리에는 카테콜이 함유돼 있다.

🍃 돌복숭아를 위한 병해 처방!

돌복숭아나무는 정원수를 제외하고 대체로 응애, 깍지벌레, 진딧물, 민달팽이, 탄저병, 갈반병, 흰가루병이 발생할 수 있다. 복숭아나무 축엽병(오갈병)은 2월 하순~3월 하순에 만코제브 수화제 500배, 클로로탈로닐 수화제 1000배, 결정석회황 합제 500배 희석액을 눈과 가지에 1회 충분히 뿌린다. 피해가 심한 잎은 채취 후 소각하거나 땅에 묻는다.

TIP

번식 돌복숭아의 번식은 좋은 품종의 과일을 생산하려면 접목을 해야 하고, 꽃을 보거나 약재로 쓰려면 재래종이 좋다.

: 어혈 · 신경쇠약 · 반신불수에 효능이 있는 :

박쥐나무 *Alangium platanifolium*

| **생약명** | 뿌리를 말린 것을 "팔각풍근(八角楓根)" | **이명** | 누른 대나무, 털 박쥐나무 | **분포** | 전국 각지, 숲 속 돌이 많은 곳.

🌿 **형태** 박쥐나무는 박쥐나무과 낙엽활엽관목으로 높이는 3~4m 정도이고, 줄기는 밑에서 여러 개가 올라와 나무 모양을 만든다. 잎은 어긋나며 손바닥 모양으로 얕게 갈라진다. 꽃은 5~7월에 잎겨드랑이에서 1~4개 취산꽃차례에 노란색 또는 황록색으로 피는데 양성화이다. 열매는 9월에 달걀 모양 핵과로 여문다.

- **약성** : 따뜻하며, 맵다.
- **약리 작용** : 진통 작용, 쥐에게 뿌리의 에탄올 엑스를 투여하면 피임 방지 효과
- **효능** : 류머티스성 동통에 효험이 있고, 사지마비, 반신불수, 어혈, 통증, 요통, 타박상, 신경쇠약 지통, 거풍, 산어

🌿 **음용** : 5~7월에 꽃을 채취하여 햇볕에 말린 후 뜨거운 물에 넣고 우려낸 후 차로 마신다.

426

"박쥐의 날개를 닮은 **박쥐나무**"

🍃 박쥐나무의 꽃말은 부귀이다.

박쥐나무의 잎과 박쥐의 날개를 비교해 보면 비슷한데, 박쥐의 생태와는 아무 상관이 없고, 박쥐가 날 때 날개 모습이 닮아 "박쥐나무", 작은 꽃자루에 고리마디가 있는데 선 모양으로 길쭉한 꽃잎이 8개가 서로 붙고 꽃이 피면 뒤로 말린다고 하여 "팔각풍(八角楓)"이라는 이름이 붙여졌다.

경상도에서는 셔츠의 깃과 비슷하다 하여 "남방잎"이라 부르고, 쓰임새가 많이 "노른 대나무", "털 박쥐나무", "과목(瓜木)"이라는 이름도 있다.

박쥐나무는 중국, 일본 홋카이도, 만주에 등지에 분포한다. 우리 땅에는 해발 1200m 이하의 산야의 계곡가 키 큰 나무 밑에서 자생하는데, 습기가 좋은 땅을 좋아하고 주로 숲의 돌 지대에 야생으로 자란다.

박쥐나무의 자랑은 꽃, 잎이다. 봄에는 꽃으로, 가을에는 단풍으로 즐거움을 준다. 그래서 옛날 선비들이 유배를 갔을 때 주변에 심었다 하여 "소외와 은둔"이라는 애칭이 있다.

옛날에 물건을 묶는 끈이 귀할 때 박쥐나무 껍질로 새끼줄로 대신 썼다.

🍃 박쥐나무는 식용, 약용, 원예용, 조경용, 관상용으로 가치가 높다!

박쥐나무 꽃, 잎을 쓴다. 봄에 어린잎을 채취하여 끓은 물에 살짝 데쳐서 나물로 먹는다. 장아찌를 담글 때는 부드러운 잎을 따서 간장에 한 달 이상 잰 후 먹는다.

한방에서 뿌리를 말린 것을 "팔각풍근(八角楓根)"이라 부른다. 중풍(마비, 구안와사)에 다른 약재와 처방한다. 소량의 독이 있다. 민간에서 타박상에는 잎을 짓찧어 환부에 붙인다. 중풍에는 말린 잎을 물에 달여 차로 마신다.

🍃 박쥐나무의 성분&배당체

박쥐나무 수염뿌리와 뿌리껍질에는 알칼로이드(alkaloid)인 아나바신(anabashine) · 페놀 · 아미노산 · 유기산 · 수지 · 강심배당체가 함유돼 있다.

🍃 박쥐나무를 위한 병해 처방!

박쥐나무에 녹병이 발생할 때는 만코제브 수화제 500배 희석액을 7~10일 간격
으로 3~4회 살포한다.

TIP

번식 박쥐나무는 가을에 채취한 종자의 과육을 제거한 후에 건조해 모래와 섞어 노천매장
한 후 이듬해 봄에 파종한다.

: 이뇨 · 관절통 · 소화기 질환에 효능이 있는 :

비목 *Lindera erythrocarpa Makino*

| 생약명 | 잎과 가지를 말린 것을 "첨당과(詹糖果)" | 이명 | 보안목, 윤여리나무 | 분포 | 중부 이남의 산지, 서해안 양지 바른 곳.

🌱형태 비목은 녹나무과 낙엽활목교목으로 높이는 15m 정도이고, 수피는 황백색이며 노목의 수피는 작은 조각으로 떨어진다. 잎은 어긋나며 도피침형 및 도란상의 피침형이다. 잎의 밑 부분이 쐐기 모양으로 좁아져 뾰족하다. 꽃은 4~5월에 암수딴그루로 산형화서 노란색으로 핀다. 열매는 9~10월에 붉은색 구형으로 여문다.

● 약성 : 평온하며, 달다. ● 약리 작용 : 이뇨 작용, 항염 작용, 진통 작용, 해독 작용
● 효능 : 소화기 질환에 효험이 있고, 소화불량, 염증, 근육통, 관절통, 산후통, 중풍, 타박상, 지혈, 해열, 혈액순환, 이뇨, 부종

🌿음용 : 4~5월에 꽃을 따서 햇볕에 말린 후 뜨거운 물에 넣고 우려낸 후 차로 마신다.

"가곡(歌曲)을 연상케 하는 비목"

🍃 **비목나무의 꽃말은 아픈 기억이다.**

비목은 추억의 가곡(歌曲)을 연상케 한다. 비목의 줄기가 뽀얗다 하여 "백목(白木)" 또는 "뽀얀 나무", 비석을 대신할 만큼 단단한 나무라 하여 "비목나무"라는 이름이 붙여졌다. "홍과산호초(紅果山胡椒)", "홍과조장(紅果釣樟)"이라 부르기도 한다.

비목은 중국, 일본, 타이완 등지에 분포한다. 우리 땅에는 전국 해발 150~1200m의 양지바른 산기슭에 자생한다. 추위와 공해에 약하고 건조한 땅에 서는 잘 자라지 못한다. 비목나무는 나무껍질이 비늘처럼 벗겨진다. 유사 종으로는 감태나무가 있다.

비목의 자랑은 잎, 꽃, 줄기이다. 봄에는 꽃을 차로 마시고, 잎은 나물로 먹고, 가을에는 단풍잎으로 즐거움을 주고, 붉은색 구슬 같은 열매는 탐스럽다. 줄기는 약용으로 쓴다. 잎을 비비면 오렌지 향이 난다. 미백 효과가 뛰어나 화장품에 사용된다.

비목의 가지를 꺾으면 방향성의 한약 같은 냄새가 나는데, 최근 한라산 비목나무의 껍질에서 분리한 성분이 항암효과가 있는 것으로 밝혀졌다.

비목의 목재는 재질이 단단하고 치밀하여 갈라지지 않아 기구재, 나무 못, 가구재 등에 사용된다.

✎ 비목나무는 식용, 약용, 정원수, 관상용으로 가치가 높다.

비목은 어린잎, 가지를 쓴다. 봄에 막 나온 새싹을 채취하여 떫은맛을 제거한 후에 끓은 물에 살짝 데쳐서 나물로 먹는다.

한방에서 잎과 가지를 말린 것을 "첨당과(詹糖果)"로 부른다. 관절통에 다른 약재와 처방한다. 민간에서 감기에는 말린 잎을 물에 달여 복용한다. 혈액순환에는 말린 줄기를 물에 달여 차로 마신다.

✎ 비목의 성분&배당체

비목나무의 가지에는 방향성이 함유돼 있다.

✎ 비목나무를 위한 병해 처방!

비목나무는 알려진 병충해가 없다.

TIP

번식 비목은 가을에 채취한 종자의 과육을 제거한 후 모래와 섞어 노천매장 후 2년 뒤 봄에 파종한다. 풋가지꽂이(풋가지꽂이)는 7~8월에 삽근을 하면 뿌리 내림이 잘된다.

431

: 관절통 · 요슬산통 · 암 예방에 효능이 있는 :

참빗살나무 *Euonymus sieboldianus Blume*

| 생약명 | 줄기껍질 및 열매를 말린 것을 "사면목(絲綿木)" 또는 "사면피(絲綿皮)" | 이명 | 물뿌리나무, 석씨위모, 도엽위모 | 분포 | 전국 산 기슭 이하의 냇가 근처

🌿 **형태** 참빗살나무는 노박덩굴과의 갈잎떨기나무로 꽃은 5~6월에 녹백색으로 피고, 잎은 마주나며 댓잎피침형을 닮은 긴 타원형 모양이고 끝이 뾰쪽하고 밑이 둥글다. 가장자리는 고르지 않고 둔한 톱니가 있다. 열매는 10월에 지난해 나온 가지의 잎겨드랑이에 취산 꽃차례 이루며 적색으로 핀다. 암수딴그루 단성화이다. 열매는 10월에 삭과로 여문다. 종자에는 황적색 종자 껍질에 싸여 있다.

● **약성** : 차며, 쓰다 ● **약리 작용** : 진통 작용, 소염 작용
● **효능** : 운동계의 통증과 마비 증세에 효험이 있고, 관절염, 요슬산통, 근골 동통, 요통, 치창, 지통, 암 예방, 혈전증, 혈액순환, 동맥경화, 치질

🌿 **음용** : 10월에 빨간 열매를 따서 햇볕에 말린 후 물에 달여 차로 마신다.

"머리를 빗는 참빗을 만드는 **참빗살나무**"

🌿 참빗살나무의 꽃말은 위험한 장난이다.

참빗살나무는 옛날에 머리를 빗는 참빗을 만드는 나무라 하여 "참빗나무"라는 이름이 붙여졌다. 한자명은 "도엽위모(挑葉衛矛)" 또는 "금은유(金銀柳)", 쓰임새가 많아 전북 군산시 옥도면 있는 섬 어청도에서는 화살나무를 "참빗살나무", "화살촉나무", "화살나무", 일본에서는 이 나무로 활을 만들었다 하여 "진궁(眞弓)"이라는 이름도 있다.

참빗살나무는 중국 만주, 일본, 사할린 등지에 분포한다. 참빗살나무는 우리나라가 원산지이다. 전국의 1300m 이하의 산기슭 및 계곡에 자생한다. 습기가 있는 곳을 좋아하고 양지와 음지에서도 잘 자란다. 추위와 내염에 강하고 바닷가에서도 잘 자란다.

참빗살나무의 자랑은 잎, 열매, 잔가지이다. 봄에는 어린잎은 나물로, 가을에 빨간 사각산 열매는 차와 약용으로, 잔가지는 생활기구(바구니, 도장, 지팡이)로 이용한다.

옛날에 참빗살나무로 잔가지는 생활기구인 바구니, 도장, 지팡이로 이용했다.

🌿 참빗살나무는 식용, 약용, 조경수용, 관상용으로 가치가 높다.

참빗살나무 잎, 열매, 줄기를 쓴다. 봄에 어린 순을 채취하여 끓은 물에 살짝 데쳐서 나물로 무쳐 먹는다.

한방에서 줄기 껍질 및 열매를 말린 것을 "사면목(絲綿木)" 또는 "사면피(絲綿皮)"라

부른다. 운동계의 통증과 마비 증세에 효험이 있고, 관절염과 요슬산통에 다른 약재와 처방한다. 소량의 독성이 있다. 민간에서 암에는 말린 나무껍질을 물에 달여 차로 마신다. 수치질에는 빨간 열매를 짓찧어 환부에 붙였다.

🌿 **참빗살나무의 성분&배당체**

참빗살나무 줄기에는 dulcitol이 함유돼 있다.

🌿 **참빗살나무를 위한 병해 처방!**

참빗살나무에 진딧물이 발생할 때 스미치온 1000액을 희석해 2~3회 살포한다.

TIP

번식 참빗살나무는 가을에 채취한 종자의 과육을 제거한 후 노천매장한 후 이듬해 봄에 파종한다. 2~4월에 숙지삽(굳가지꽂이)를 할 때는 전년도 가지를 10~20cm 길이로 잘라 뿌리내림 촉진제에 침전시킨 뒤 심는다.

: 월경 불순 · 치질 · 통풍에 효능이 있는 :

영춘화 *Jasminum nudiflorum Lindl.*

| 생약명 | 꽃을 말린 것을 "영춘화(迎春化)", 잎을 말린 것을 "영춘화엽(迎春化葉)" | 이명 | 중국개나리 · 황춘단 · 황금조 | 분포 | 전국의 양지바른 산기슭

🌿 **형태** 영춘화는 물푸레나무과 낙엽활목관목으로 높이는 1~2m 정도이고, 잎은 마주나며 홀수겹잎이고 작은 잎은 3장이고 타원형 모양이고 앞면은 짙은 녹색이고 뒷면은 황록색이다. 꽃은 3월에 묵은 가지의 잎겨드랑이에서 1송이씩 노란색으로 잎보다 먼저 핀다. 수술은 2개로 꽃통 안에 붙고, 자방도 2개이다. 꽃잎은 끝이 6갈래로 깊게 갈라진다. 열매는 7월에 익는데 잘 맺지 못한다.

●**약성** : 서늘하며, 쓰다.   ●**약리 작용** : 이뇨 작용, 해열 작용, 항균 작용, 항염증 작용
●**효능** : 꽃(발열, 두통, 소변열통), 잎(악창, 타박상, 창상 출혈)

🌱 **음용** : 봄에 꽃을 따서 찻잔에 넣고 뜨거운 물을 부어 1~2분 후에 꿀을 타서 차로 마신다.

"봄맞이 전령사 영춘화"

🌿 **영춘화의 꽃말은 희망이다.**

봄소식은 샛노란 개나리꽃과 함께 영춘화가 돋보인다. 조선시대 사대부 선비들은 봄에 노란 꽃을 피우는 영춘화를 보고 "영춘일화인래백화개(迎春一花引來百花開)"라 했는데, 즉 모든 꽃으로 하여금 "이제 꽃을 피워도 괜찮다"고 할 정도로 봄의 전령사 또는 봄맞이꽃으로 보았다. 그래서 과거에 장원급제한 사람에게 "어사화(御史花)"로 썼다. 영춘화 원산지는 중국이다. 우리 땅에는 전역에 흔히 심는데, 봄을 맞이한다고 하여 "봄맞이꽃"이라는 애칭이 있다. 일본에서는 꽃이 노란 매화와 비슷하다 하여 "황매(黃梅)"라 부른다. 식물 중에는 비슷한 게 많다. 알쏭달쏭한 비슷한 식물을 아는 만큼 "식물 문화"가 아닐까? 주장하고 싶다. 봄의 전령사 영춘화와 개나리는 조경용, 관상용으로 심어 기른다. 영춘화가 개나리와 닮은 것은 꽃의 색깔과 모양, 늘어지는 긴 줄기를 따라 꽃이 피는 것이 흡사하다. 그러나 개나리는 꽃잎이 4장이지만, 영춘화는 꽃잎이 5~6장으로 갈라지고, 줄기에서 나온 가지가 아래로 처지며 땅에 닿으면 뿌리를 내리는 게 다르다. 개나리의 사촌? 에는 영춘화, 만리화, 산개나리가 있는데, 개나리와 만리화는 개나리 속이고, 영춘화는 쥐똥나무 속이고, 산개나리는 물푸레나무 속이다. 산에서 야생 산개나리를 보았다면 만리화일 가능성이 크다. 개나리와 만리화의 잎은 하나씩 달리는 홑 잎이고 열매는 9월에 삭과로 여물지만, 영춘화는 잎이 3장으로 된 홀수깃꼴겹잎이고 7월에 장과로 여문다. 가지는 네모지고 밑으로 늘어지고 새 가지는 녹색을 띤다.

영춘화의 자랑은 꽃, 처진 가지이다. 꽃은 봄을 맞이해 희망을 주고, 처진 가지

가 땅에 닿으면 뿌리를 내려 강한 생명력을 보여 주고, 열매로 자스민 유를 만들어 결막염 치료제로 쓴다.

필자가 사는 서울시 서초구 양재천 산책길에는 개나리를, 영동2교를 내려가는 길옆 경사면 돌담에는 영춘화가 담쟁이덩굴을 많이 심어 발길을 멈추게 한다.

🌿 **영춘화는 식용, 약용, 관상용(산울타리, 암석정원, 담장 위, 경사면)으로 가치가 높다.**

영춘화는 꽃, 열매, 줄기를 쓴다. 봄에 꽃을 따서 차로 마시고, 밀가루에 버무려 튀김 · 부침개 · 화채로 먹는다. 약초를 만들 때는 줄기를 수시로, 초여름에 열매를 따서 그늘에 말려 쓴다.

한방에서 꽃을 말린 것을 "영춘화(迎春化)", 잎을 말린 것을 "영춘화엽(迎春化葉)"이라 부른다. 각종 종양(종기, 악창)에 다른 약재와 처방한다. 민간에서 옹창 · 종독 · 나력에는 열매 또는 줄기와 잎을 15g을 달여서 먹는다. 타박상과 피부염에는 잎을 짓찧어 즙을 내어 환부에 바른다.

🌿 **영춘화의 성분&배당체**

영춘화의 잎과 가지에는 syringin, jasmiflorin, jasmipicrin, rutin이 함유돼 있다.

🌿 **영춘화를 위한 병해 처방!**

영춘화에 진딧물이 발생할 때 스미치온 1000액을 희석해 2~3회 살포한다.

TIP

번식 영춘화를 번식할 때 봄에는 숙지삽(굳가지꽂이), 여름에는 녹지삽(풋가지 꽂이)으로 한다. 줄기가 땅에 닿아 자연적으로 뿌리를 내린다.

: 관절염 · 진통 · 순환계 질환에 효능이 있는 :

백당나무 *Viburnum darentii*

| 생약명 | 꽃을 말린 것을 "불두수(佛頭樹)" | 이명 | 접시꽃나무 | 분포 | 전국 각지, 산기슭, 골짜기, 습지, 계곡

🌿 **형태** 백당나무는 인동과의 갈잎떨기나무로 높이는 3m 정도이고, 잎은 마주나며 넓은 달걀꼴 모양이고 가장자리에 굵은 톱니가 있고 뒷면에 털이 있다. 꽃은 5~6월 가지 끝에서 나오는 젖혀진 우산 모양의 꽃차례에 흰색으로 피고, 열매는 9월에 붉은색으로 콩알만 하게 여문다.

● **약성** : 평온하며 달고 쓰다.　● **약리 작용** : 항염 작용
● **효능** : 운동계 및 순환계 질환에 효험이 있고, 관절염, 관절통, 종독, 진통, 타박상, 통경

🌿 **음용** : 5~6월에 꽃을 채취하여 햇볕에 말린 후 물에 넣고 우려낸 후 차로 마신다.

"가짜 꽃으로 곤충을 유인하는 백당나무"

🌿 **백당나무의 꽃말은 마음이다.**

지구상의 생명체는 동물이든, 식물이든 번식이 없다면 더 이상 존재의미가 없다고 본다. 나무에 피는 꽃은 자신을 알리는 데 탁월한 역량을 발휘하는데, 종자를 생산하여 종족을 지키는 데 목적이 있다.

식물들은 종자 번식을 위해 수분의 성공을 위해 많은 방법을 발전시켜 왔다. 눈에 잘 띄는 꽃잎들은 풍부한 먹을거리가 있다는 신호이며, 수많은 곤충이 편히 내려앉을 수 있는 발판도 되고, 특색이 있는 선과 점은 곤충을 꿀이나 꽃가루가 저장된 곳으로 인도한다. 꽃송이가 작은 꽃들은 군락을 이루어 유인하고, 바람에 의한 향기로 유인하기도 한다. 수분의 중요한 매개체는 꽃벌, 곤충, 새, 나비 등 수없이 많지만, 산수국처럼 가짜 꽃을 만들어 유인하는 게 백당나무 꽃이다. 꽃이라 해야 좁쌀만 하기 때문에 주변에 크고 예쁜 꽃을 붙여서 곤충을 유인한다.

백당나무는 중국 헤이룽간, 일본 사할린, 우수리강 등지에 자생한다. 우리 땅에는 산지의 습한 곳에서 자생한다.

백당나무를 불두화(佛頭花)로 착각할 정도로 꽃을 제외한 모든 부분이 닮았다. 꽃차례가 편평한 접시 모양이어서 "접시꽃나무"라는 이름이 붙여졌는데, 씨를 맺지 못하는 무성화(중성화)여서 출가를 한 사찰에서는 "불두화(佛頭花)와 백당나무"를 심지 않는다.

백당나무 유사 종으로는 백당나무와 닮았으나 어린 가지와 잎 뒷면에 털이 많은 "털 백당나무", 잎은 백당나무와 같으나 꽃 모양이 장식 꽃으로 되어 있는 "불두

화", 도입종인 "설구화"가 있다.

백당나무 자랑은 꽃, 열매이다. 봄에 핀 하얀 꽃은 즐거움을 주고, 가을에 빨간 열매의 씨에는 20% 이상의 기름 성분이 있고, 한겨울 새들의 먹이가 된다.

옛날에는 백당나무의 줄기의 속심이 흰색으로 빽빽이 차 있어 이쑤시개로 만들어 썼다.

🍃 백당나무는 식용, 약용, 밀원용, 관상용으로 가치가 높다.

나무 꽃, 열매를 쓴다. 열매의 맛은 쓰기 때문에 먹을 수 없다.

한방에서 꽃을 말린 것을 "불두수(佛頭樹)"라 부른다, 관절염에 다른 약재와 처방한다. 민간에서 관절염에는 말린 꽃을 뜨거운 물에 넣고 우려낸 후 마신다. 타박상에는 잎을 따서 그대로 짓찧어 환부에 붙였다.

🍃 백당나무 성분&배당체

백당나무 꽃잎에는 미네랄 · 비타민C · 당분, 씨에는 정유(20% 이상)가 함유돼 있다.

🍃 백당나무를 위한 병해 처방!

백당나무에 진딧물과 잎벌레류가 발생할 때는 수프라이사이드 용액을 희석하여 2~3회 살포한다.

TIP

번식 백당나무는 가을에 채취한 종자의 과육을 제거한 후 통풍이 잘되는 곳에서 건조한 뒤 노천매장한 후 이듬해 봄에 파종하면 2년 뒤에 발아한다.

: 고혈압 · 동맥경화 · 순환기계 질환에 효능이 있는 :

금송 *Sciadopitis vertiellata*

| **생약명** | 정제를 하지 않은 송진을 "생송지(生松脂)", 잎을 말린 것을 "송엽(松葉)", 가지와 줄기를 말린 것을 "송절(松節)" | **이명** | 금송소나무 | **분포** | 전국 각지 식재, 중부이남

🌿**형태** 금송은 낙우송과 상록침엽교목으로 높이는 15~30m 정도이고, 잎은 바늘 모양이며 3개가 합쳐져서 두꺼우며 가지 끝에 15~40개가 돌려난다. 꽃은 3월에 암수한그루로 수꽃은 가지 끝에, 암꽃은 타원 모양으로 1~2개가 달린다. 솔방울 모양은 타원 모양이다. 익으면 날개 달린 씨를 드러낸다.

● **약성** : 따뜻하며, 쓰다. ● **약리 작용** : 혈압 강하 작용
● **효능** : 신진 대사 · 소화기계 · 순환기계 질환에 효험, 고혈압 · 골절 · 관절염 · 동맥경화 · 중풍 · 구완와사 · 불면증 · 원기 부족 · 좌섬요통 · 타박상 · 신경통 · 설사

🌱 **음용** : 봄에 새로 나온 잎을 채취하여 3~4cm로 잘라 햇볕에 말린 후 따뜻한 물에 넣고 우려낸 후 차로 마신다.

"세계 3대 정원수 금송"

🌿 **금송의 꽃말은 보호이다.**

　금송(金松)은 황금 소나무를 뜻하지만 낙우송과(삼나무, 메타세쿼이아, 낙우송 금송)에 속한다. 도쿄에 있는 메이지 "신궁(神宮)"에는 500년이 넘는 금송이 곳곳에 심겨 있다. 금송의 원산지는 일본, 아시아이다. 백제 무령왕릉 관(棺) 재료로 사용된 것은 일본과의 교류에 의해 들여온 것으로 추정한다. 금송은 일제 강점기에 들어와 지금은 주로 조경수, 기념수, 사찰, 공원, 정원수로 심는다. 금송은 처음에는 백송처럼 생장 속도가 매우 느린 편이나 식재 후 10년 후부터 빨리 자라고 수령은 50~100년 정도 사는 것으로 알려져 있다. 금송은 토양을 구별하지 않고 잘 자라지만 촉촉한 토양을 좋아한다. 우리나라에 심어진 금송은 하나같이 시련을 겪은 사례가 있는데, 경북 안동시 도산서원의 마당에는 1970년 12월 청와대 집무실 앞에 심겨 있던 금송(金松)을 박정희 대통령이 옮겨 심었는데, 2년 만에 관리 부실로 말라 죽자 당시 안동시가 같은 수종을 구해 박정희 대통령의 정신을 계승하는 차원에서 "박정희 금송"이라고 부르며 2007년 이전 발행한 1000원권 지폐 뒷면에 등장했던 나무였는데, 박정희 대통령이 심지 않은 가짜 나무라 하여 역사를 바로잡아야 한다고 하여 2018년 9월에 도산서원 밖으로 쫓겨나는 나무가 되었다. 충남 아산 현충사 본전 앞 1970년 박정희 대통령이 기념수로 심은 금송 두 그루가 있는데 이 나무도 친일 과거 청산을 내세운다면 미래를 알 수 없다고 본다. 금송의 자랑은 잎과 목재이다. 잎은 사계절 푸르고, 목재는 수형이 좋아 건축재, 기구재로 쓰고, 물에 잘 썩지 않아 수로(水路)나 나무목욕탕을 만든다.

🌿 금송은 식용, 약용, 기념수용, 관상용으로 가치가 높다.

금송으로 차를 만들 때는 5월에 솔잎 새순을 채취해 3~4cm로 잘라 설탕을 녹인 시럽을 넣고 끓인 후 잎이 물에 잠기게 하여 3개월 숙성시킨 후 찻잔에 솔잎 10~15개를 넣고 뜨거운 물을 부어 우려내어 차로 마신다. 발효액을 만들 때는 4~5월에 솔잎 새순을 채취해 마르기 전 용기에 넣고 재료의 양만큼 설탕을 붓고 100일 정도 발효시킨 후에 발효액 1에 찬물 3을 희석해서 음용한다. 약초를 만들 때는 연중 소나무 가지의 관솔 부위나 줄기에서 흘러나온 수지를 채취하여 햇볕에 말려 쓴다. 금송 주 만들 때는 4~5월에 방울이 벌어지지 않을 때 채취하여 물로 씻고 물기를 뺀 다음 용기에 넣고 19도의 소주를 부어 밀봉하여 3개월 후에 마신다. 한방에서 정제하지 않은 송진을 "생송지(生松脂)", 잎을 말린 것을 "송엽(松葉)", 가지와 줄기를 말린 것을 "송절(松節)"이라 부른다. 순환계 질환(고혈압, 동맥경화)에 다른 약재와 처방한다. 민간에서 관절염·요통에는 잎 10g을 물에 달여서 복용한다. 치주염·치은염에는 어린 솔방울을 달인 물로 입안을 수시로 입을 헹군다.

🌿 금송의 성분&배당체

금송의 잎에는 정유·플라보노이드·탄닌이 함유돼 있다.

🌿 금송을 위한 병해 처방!

금송에 금송 잎마름병이 발생할 때는 6~7월에 코퍼하이드록사이드 수화제, 옥신코퍼 수화제, 클로로탈로닐 수화제 1000배 희석액을 여러 차례 살포한다.

> **TIP**
>
> **번식** 금송은 가을에 채취한 종자를 노천매장한 후 이듬해 봄에 파종하면 가을에 발아한 후 3년 뒤 30cm 정도로 자란다.

: 혈전 용해 · 동맥 경화 · 중금속 해독에 효능이 있는 :

백송 *Pinus bungeana*

| 생약명 | 송홧가루를 말린 것을 "송화분(松花粉)", 솔잎을 말린 것을 "송엽(松葉)", 가지와 줄기를 말린 것을 "송절(松節)" | 이명 | 흰소나무, 백골송 | 분포 | 전국 각지

🌲형태 백송은 소나무과 늘푸른바늘잎나무로 높이는 15m 정도이고, 꽃은 암수 한 그루로 세 가지 아래쪽에 여러 개의 수꽃이 달리고, 위쪽에 자주색의 암꽃이 달린 다. 솔방울은 달걀 모양이고 갈색으로 익으면 벌어지면서 날개 달린 씨를 드러낸 다.

●약성 : 따뜻하며, 쓰다. ●약리 작용 : 혈압 강하 작용
●효능 : 신진 대사 · 소화기계 · 순환기계 질환에 효험, 고혈압 · 골절 · 관절염 · 동맥경화 · 중풍 · 구완와사 · 불면증 · 원기 부족 · 좌섬요통 · 타박상 · 신경통 · 설사

🌱음용 : 4~5월에 새로 나온 솔잎을 채취하여 물에 달여 차로 마신다.

"나무껍질이 하얀 **백송**"

🌿 **백송의 꽃말은 백년해로(百年偕老)이다.**

　소나무류 중 껍질이 하얗다 하여 "백송(白松)" 또는 "백골송(白骨松)"이라는 이름이 붙여졌다. 조선시대 정조 때 중국에서 종자를 얻어와 심었다 하여 "당송(唐松)"이라는 애칭도 있다. 다른 이름으로 "흰 껍질 송", "백과 송"이라는 이름도 있다. 백송 껍질은 성장하면서 색깔이 변한다. 처음에는 푸른색을 띠지만, 자라면서 회백색으로 변한 후 나무껍질이 얇게 비늘처럼 벗겨지면서 점점 거의 백색에 가깝게 된다. 소나무 술 구분이다. 햇순은 "송절주(松筍酒)", 잎은 "송엽주(松葉酒)", 솔방울은 "송절주(松實酒)", 뿌리는 "송하주(松下酒)", 마디는 "송절주(訟節酒)"이다. 원산지는 중국이다. 우리 땅은 이식도 어렵고, 묘목을 심어도 성장 속도가 느리고, 공해에도 약해 드물다. 100년 이상만 되어도 천연기념물로 지정된다. 서울 재동 백송은 천연기념물 제8호로 수령 600년 정도로 추정하는데 높이가 15m, 지름 2.1m나 된다. 가지가 사방으로 퍼져 있다. 서울 조계사 백송은 천연기념물 제9호로 지정되어 보호를 받고 있다. 충북 보은 백송은 천연기념물 제104호로 지정되어 보호를 받고 있다. 서울 원효로 백송은 천연기념물 제6호인데 고사(枯死)했다. 필자는 식물 사진을 찍는 게 취미이다. 소나무의 가지가 함박눈에 견디지 못해 부러진다는 것을 알고 서울 종로구 재동의 사진을 찍고 부러진 가지와 솔방울을 주운 적이 있다.

🌿 **백송은 식용, 약용, 관상용으로 가치가 높다.**

　백송은 잎, 솔방울, 송진을 쓴다. 백송으로 잎 차를 만들 때는 5월에 솔잎 새순

을 채취하여 3~4cm로 잘라서 설탕을 녹인 시럽을 넣고 끓인 후 솔잎이 물에 잠기게 하여 3개월 숙성시킨 후 찻잔에 솔잎 10~15개를 넣고 뜨거운 물을 부어 우려낸 물을 마신다. 발효액을 만들 때는 4~5월에 솔잎 새순을 채취하여 마르기 전에 용기에 넣고 재료의 양만큼 설탕을 붓고 100일 정도 발효시킨 후에 발효액 1에 찬물 3을 희석해서 음용한다. 5월에 송홧가루를 채취하여 그늘에서 말려 쓴다. 백송 솔잎 주를 만들 때는 4~5월에 솔잎 새순을, 벌어지지 않은 솔방울을 채취하여 물로 씻고 물기를 뺀 다음 용기에 넣고 19도의 소주를 부어 밀봉하여 3개월 후에 마신다. 한방에서 송홧가루를 말린 것을 "송화분(松花粉)", 솔잎을 말린 것을 "송엽(松葉)", 가지와 줄기를 말린 것을 "송절(松節)"이라 부른다. 순환기계 질환(고혈압, 동맥경화)에 다른 약재와 처방한다. 민간에서 혈전에는 솔잎을 효소로 만들어 찬물에 희석해 음용한다. 잇몸 질환(풍치, 염증)에는 벌어지지 않은 솔방울 푹 고운 물을 입안에서 입가심을 한다.

🌿 백송의 성분&배당체
백송의 잎에는 정유 · 플라보노이드 · 타닌이 함유돼 있다.

🌿 백송을 위한 병해 처방!
백송가지끝마름병은 4~6월에 클로로탈로닐 수화제, 코퍼하드록사이드 수화제, 옥신코퍼 수화제 1000배 희석액을 7~10일 간격으로 2~3회 살포한다. 백송발사가지마름병은 옥신코퍼 수화제 1000배 희석액을 7~10일 간격으로 2~3회 살포한다.

TIP

번식 백송은 가을에 채취한 종자를 냉상에 바로 직파한다. 또는 저온 저장했다가 파종 한 달 전에 노천매장한 뒤 파종한다.

: 상처에 반창고용으로 이용했던 :

꽝꽝나무 *LLex crenata Thunb.*

| 생약명 | 잎과 줄기를 말린 것을 "파연동청(波緣冬青)" | 이명 | 개회양나무, 개동청 | 분포 | 중부이남

🌿**형태** 꽝꽝나무는 감탕나무과 상록활엽교목으로 높이 3m 정도이고, 수피는 회갈색이며 작은 가지에 짧은 털이 밀생한다. 잎은 어긋나며 혁질로 촘촘히 달리고 타원형 모양이고 가장자리에 둔한 톱니가 있다. 꽃은 5~6월에 암수딴그루로 수꽃은 3~7개 모여 총상화서에, 암꽃은 1개 또는 2~3개가 잎겨드랑이에 흰색으로 핀다. 열매는 10월에 검은색 둥근 구과로 여문다.

● **약성** : 향기가 나며 쓰다. ● **약리 작용** : 알려진 게 없다.
● **효능** : 농경사회 때 반창고용 외는 알려진 게 없다.

🌿 **음용** : 5~6월에 눈에 잘 띠지 않은 꽃을 채취하여 뜨거운 물에 우려낸 후 쓴맛이 있기 때문에 꿀을 타서 차로 마신다.

447

"화재를 방지하는 방화수(防火水) 꽝꽝나무"

🌿 **꽝꽝나무의 꽃말은 참고 견녀 낸다.**

꽝꽝나무는 불을 지필 때 꽝꽝하는 소리를 낸다고 하여 제주도 방언으로 "꽝꽝나무"라는 이름이 붙여졌다.

공자가 쓴 〈논어〉 15편 위령공 첫 번째 문장에서 "군자는 곤궁을 견딜 수 있지만, 소인은 곤궁해지면 마구 행동을 한다"는 뜻이다. 꽝꽝나무의 꽃말처럼 사는 동안 시련이 있어도 참고 인내하고 견디어 낼 줄 알아야 한다는 경종이 아닐까?

꽝꽝나무는 중국, 일본에 분포한다. 우리 땅에는 전북 부안 변산반도, 경남 거제도, 전남 보길도, 제주도 등 주로 바닷가의 산기슭에 자생한다. 습기가 많고 비옥한 토양을 좋아하고 반그늘에서 잘 자라는데 생장 속도는 느리다.

전북 부안 중계리의 꽝꽝나무 군락지는 자생할 수 있는 북방한계선으로 천연기념물 제124호로 지정되어 보호하고 있다.

꽝꽝나무는 한옥이나 아파트 단지의 화단, 도로변이나 공원의 진입로에 열식, 산울타리로 심는다. 가지가 치밀하고 회양목과 비슷해 남부 지방에서는 산울타리용으로 심는다. 유사종으로는 좀꽝꽝나무가 있는데, 열매의 색깔이 노란색과 분홍색이 있다.

꽝꽝나무와 회양목을 구분할 때는 잎으로 한다. 꽝꽝나무 잎은 가지에서 어긋나지만, 회양목의 잎은 가지에서 서로 마주난다. 회양목보다 잎이 두껍다.

꽝꽝나무의 자랑은 잎, 열매, 나무껍질이다. 사계절 푸른 잎이 돋보이고, 가을에 검은 열매, 그리고 나무껍질의 점액질이다.

옛날 농경사회에서 모기를 쫓을 때 쑥, 초피나무를 태웠는데, 꽝꽝나무 껍질에는 점액이 있어 모기를 잡거나 반창고(絆瘡膏)용으로 이용했고 화재를 방지하는 방화수(防火水)로 심었다.

꽝꽝나무의 자랑은 수형이다. 꽃에서는 향기가 나지만 열매는 써서 먹을 수 없다. 목재는 기구재로 쓴다.

🌿 꽝꽝나무는 식용과 약용보다는 정원수, 관상용으로 가치가 높다.

꽝꽝나무 잎, 열매를 쓴다. 한방에서 잎과 줄기를 말린 것을 "파연동청(波緣冬靑)"이라 한다. 약용으로 썼다는 기록이 없으나 민간에서 껍질에서 나오는 점액질을 이용하여 반창고를 만들어 상처에 붙였다.

🌿 꽝꽝나무의 성분&배당체

꽝꽝나무의 껍질에는 점액질의 성분이 있다.

🌿 꽝꽝나무를 위한 병해 처방!

꽝꽝나무에는 잎말이벌레, 선충이 발생할 때 5~10월에 디프테렉스나 스미치온을 2~3회 살포한다. 다른 나무에 비하여 비교적 병충해에 강한 편이다.

TIP

번식 꽝꽝나무는 가을에 채취한 종자의 과육을 벗긴 후 노천매장한 후 이듬해 봄에 파종하면 5~6월에 발아한다. 6월 말에서 7월 초에는 녹지삽(풋가지 꽃이)으로 번식한다.

: 통증 · 심장병 · 호흡기 질환에 효능이 있는 :

회양목 *Buxus microphylla var. koreana*

| 생약명 | 줄기를 말린 것을 "황양목(黃楊木)" 또는 "회양목(淮楊木)" | 이명 | 도장나무, 고향나무, 회양 나무 | 분포 | 전국의 각지, 산지의 석회암 지대

🌱 **형태** 회양목은 화양목과 늘푸른떨기나무로 높이는 5~7m 정도이고, 잎은 마주 나며 두꺼운 가죽질이다. 끝이 둥글거나 오목하고 가장자리가 밋밋하고 뒤로 젖혀 진다. 꽃은 4~5월에 잎겨드랑이 또는 가지 끝에 암수 꽃이 몇 개씩 모여 황백색으로 피고, 열매는 6~7월에 갈색의 달걀 모양 삭과로 여문다.

- **약성** : 평온하며, 쓰다. ●**약리 작용** : 진통 작용, 강심 작용, 항부정맥 작용
- **효능** : 호흡기 질환에 효험이 있고, 주로 치통, 산통, 류머티즘 동통, 지통, 두통, 적백리, 타박상, 백일해, 심장병

🌿 **음용** : 연중 가지를 채취하여 햇볕에 말린 후 물에 달여 차로 마신다.

450

"도장의 재료 **회양목**"

🌿 **회양목의 꽃말은 인내이다.**

금강산 북서쪽 강원도 회양군 석회암 지대에서 잘 자란다고 하여 "회양목"이라는 이름을 붙였다. 회양목이 쓰임새가 많아 조선시대에는 이 나무를 다른 용도로 사용하지 못하도록 하는 규정이 있었다. 회양목은 선비의 절개와 고고한 기상을 상징한다. 궁궐이나 묘지 주변과 사대부 정원에 심었다. 양반이 지니고 다녔던 호패(號牌 · 명찰)나 낙관(樂觀 · 도장류)에 사용했다. 오늘날에도 도장을 만드는 재료로 쓴다고 하여 "도장 나무"라 부른다. 회양목은 우리나라 특산종으로 중국, 일본 등지에 분포한다. 양지(陽地)와 음지(陰地)를 가리지 않고 잘 자라며 추위와 공해에도 강해 생육이 쉽다. 도심 속에서 정원을 지켜주는 "울타리 나무"로 심는다. 유사종으로는 잎이 좁은 댓잎 피침형인 긴잎회양목, 잎자루에 털이 없는 섬회양목이 있다. 조선시대 영조가 직접 심었다는 수령이 300년 정도인 회양목은 천연기념물 제459호도 경기도 여주 영릉(효종 왕릉) 재실 앞에 있다. 봄에 꽃이 피면 벌이 찾는다. 회양목을 심은 후 몇 년 동안 수형에 신경을 써야 한다. 부안 변산의 십승지(十勝地)는 백두산 천지(天池)나 한라산 백록담 분지(分地)처럼 사방이 바위산으로 쌓여 있는 곳으로 6만여 평이나 된다. 이곳에 한 가구만 산다. 故 조병문, 김청자 부부 도인(道人)이 사는 마당에 수령이 약 200년 이상 되는 회양목이 있다. 한겨울에 함박눈이 올 때는 이 나무를 보존하기 위해 빗자루로 눈을 쓸어내려 지켜왔다고 한다. 재질이 단단하고 치밀하여 장기알, 측량 도구, 인쇄 활자를 만들었다.

소나무와 회양목

🌿 회양목은 식용보다는 약용, 정원수, 조경수, 경계석, 관상용으로 가치가 높다.

회양목 잎, 줄기를 쓴다. 약초를 만들 때는 연중 잎이나 가지를 채취하여 햇볕에 말려 쓴다. 한방에서 줄기를 말린 것을 "황양목(黃楊木)" 또는 "회양목(淮楊木)"이라 부른다. 호흡기 질환에 다른 약재와 처방한다. 독성은 없다. 민간에서 진통(치통, 산후통, 동통)에는 말린 가지를 물에 달여 복용했다. 타박상에는 잎을 따서 짓찧어 환부에 붙였다.

🌿 회양목의 성분&배당체

회양목 줄기와 잎에는 알칼로이드가 함유되어 있고, 심장병 치료의 성분인 싸이크로비로북신(cyclovirobuxine C,D), 싸이크로프로토복신(crcloprotobuxine A, C) 싸이크로코레아닌(cyclokoreanine B)가 함유돼 있다.

🌿 회양목을 위한 병해 처방!

회양목의 잎이 청동색으로 변하면 석회질 비료를 뿌려 준다. 잎말이벌레와 깍지벌레가 발생할 때는 초기에 살충제인 디프테렉스를 뿌려준다.

TIP

번식 회양목은 6~7월에 열매가 갈색으로 익었을 때 껍데기를 껍질을 벗긴 뒤 바로 파종하거나 노천매장한 후 이듬해 봄에 파종하면 2년 뒤 발아된다.

: 종기 · 치통(어금니) · 후두염에 효능이 있는 :
쪽동백나무 *Styrax obassia*

| 생약명 | 꽃을 말린 것을 "매마등(買麻藤)", 열매를 말린 것을 "옥령화(玉鈴花)" | 이명 | 쪽동백, 개동백나무, 묵박달나무, 산아주까리나무, 정나무, 넘죽이나무 | 분포 | 전국 각지, 산지의 숲속, 산기슭의 반그늘

🌿 형태 쪽동백나무는 때죽나무과 낙엽활목 소교목 또는 교목으로 높이는 6~15m 정도이고, 잎은 어긋나며 달걀 모양이고 끝이 뾰쪽하고 밑은 둥글며 위쪽 가장자리에 잔 톱니가 있다. 꽃은 5~6월에 흰 통꽃이 통상꽃차례를 이루며 20송이 정도 밑을 향해 핀다. 수술대와 암술대에는 털이 없다. 열매는 9월에 달걀꼴 또는 타원형 방울 모양 핵과로 여문다.

● 약성 : 향기가 난다.   ● 약리 작용 : 진통 작용, 살충 작용
● 효능 : 거습제습과 호흡기 질환에 효험이 있고, 후통(喉痛 · 목구멍, 후두염), 아통(牙痛 · 어금니 통증), 관절염, 사지통, 거담, 구충, 담, 살충제, 종기의 염증

🌿 음용 : 5~6월에 흰 통꽃의 꽃차례를 채취하여 용기에 넣고 설탕에 재어 15일 후에 한 두 스푼을 컵에 넣고 뜨거운 물을 붓고 우려낸 후 꿀을 타서 차로 마신다.

"종자로 머릿기름을 짜는 쭉동백나무"

🌿 쭉동백나무의 꽃말은 잃어버린 시간을 찾다.

쭉동백나무는 잎 가장자리에 잔 톱니가 있다는 뜻의 "쪽"과 종자에서 기름을 짜 동백기름처럼 쓴다고 하여, 나뭇잎이 쭉 처진 머리 모양을 하고 있어 "쭉동백나무", 머리 기름이 나온다 하여 "산아주까리나무", 잎이 커서 "넙죽나무"라는 이름이 붙여졌다. 쓰임새가 많아 지방에 따라 "때쪽나무", "왕때죽나무", "정나무", "물박달", "물박달나무", "산아주까리나무", "개동백나무"라는 이름도 있다.

쭉동백나무는 중국, 만주, 일본에 분포한다. 우리 땅에는 전국 해발 100~1800m에 자생한다. 추위와 공해에 강해 도심지의 공원수로 심는다. 유사종으로는 쭉동백보다 잎이 약간 작고 잎의 위쪽 가장자리에 불규칙한 톱니가 있는 것을 "좀쭉동백나무", 잎의 뒷면에 하얀 털이 많은 것을 "흰좀쭉동백나무"가 있다.

쭉동백나무와 꽃과 열매가 흡사한데 구분할 때는 꽃을 보고 알 수가 있다. 쭉동맥나무의 꽃은 0.8~1cm 정도의 꽃자루가 20개 정도 꽃이 달리고, 때죽나무는 1~3cm 정도의 꽃자루에 2~5개의 꽃이 달린다.

쭉동백나무의 자랑은 꽃, 열매, 씨이다. 꽃이 만발할 때는 양봉 농가에 도움을 준다. 씨에서 기름을 짜서 향수, 양초, 비누의 원료로 쓴다. 목재는 나이테가 보이지 않을 정도로 결이 곱고 아름다워 그림이나 글씨를 써넣을 수 있는 미용용 화구, 목걸이, 핸드폰 고리, 각종 조각이나 가구에 이용된다.

옛날 위생 상태가 안 좋을 때 이(충)와 머릿니를 없애는 데 사용하기도 했다.

🍃 쭉동백나무는 식용보다는 약용, 공업용, 관상용으로 가치가 높다.

쭉동백나무 꽃, 열매를 쓴다. 가을에 열매를 따서 효소나 술을 담가 먹는다. 발효액을 만들 때는 열매를 따서 용기에 넣고 설탕을 녹인 시럽을 열매양의 30%를 붓고 100일 이상 발효를 시킨 후에 찬물에 희석하여 음용한다. 열매 약술을 만들 때는 열매를 용기에 넣고 소주(19도)를 붓고 밀봉하여 3개월 후에 마신다.

한방에서 꽃을 말린 것을 "매마등(買麻藤)", 열매를 말린 것을 "옥령화(玉鈴花)"라 부른다. 치통과 염증에 다른 약재와 처방한다. 소량의 독성이 있다. 민간에서 요충 제거에는 선학초(仙鶴草)와 같이 짓찧어 복용한다.

🍃 쭉동백나무의 성분&배당체

쭉동백나무 종자에는 단백질·지방유, 열매에는 jeosaponin, barringlogenol C, D가 함유돼 있다. 꽃에는 방향제, 열매껍질에는 독성이 함유돼 있다.

🍃 쭉동백나무를 위한 병해 처방!

쭉동백나무에 녹병이 발생할 때는 4월 중순에 5% 석회유황합제를 나무 몸통에 살포한다.

TIP

번식 쭉동백나무는 가을에 채취한 종자의 과육을 제거한 후에 모래와 섞어 노천매장한 뒤 2년 후 봄 무렵에 파종한다. 삽목(꺾꽂이)는 7월에 새 가지를 고농도 뿌리 내림 촉진제에 10초 정도 당근 뒤 심는다.

: 이질 · 설사 · 옻 피부 접촉에 의한 피부염에 효능이 있는 :

흰말채나무 *Cornus walteri*

| 생약명 | 잎을 말린 것을 "모래지엽" | 이명 | 말채나무, 노랑말채나무 | 분포 | 전국 각지, 산골짜기, 숲 속

🌿 **형태** 흰말채나무는 층층나무과 갈잎큰키나무로 높이는 5~10m 정도이고, 나무 껍질은 회갈색 또는 흑갈색이고 비늘처럼 조각조각 갈라진다. 잎은 마주나며 넓은 달걀 또는 타원 모양이며 끝이 길며 뾰쪽하고 가장자리는 밋밋하다. 꽃은 5~6월에 가지 끝에 우산 모양의 꽃차례에 자잘한 흰색으로 피고, 열매는 9~10월에 검은 색으로 둥글게 여문다.

● **약성** : 쓴맛이 강하다.　● **약리 작용** : 이뇨 작용, 해독 작용
● **효능** : 장(腸) 질환에 효험이 있고, 피부염, 이질, 설사, 신장염, 흉막염, 각혈, 지사제

🌱 **음용** : 5~6월에 꽃을 채취하여 그늘에 말린 후 뜨거운 물에 넣어 우려낸 후 꿀을 타서 차로 마신다.

"옛날에 가지를 말채찍으로 썼던 **흰말채나무**"

🍃 **흰말채나무의 꽃말은 당신을 보호해 준다.**

흰말채나무의 열매가 흰색으로 익는다고 하여 "흰말채나무", 가지가 낭창낭창하여 말채찍으로 사용된다고 하여 붙여진 이름이다. 쓰임새가 많아 지방에 따라 "말채목", "빼빼목", "피골목", "홀쭉이 나무", "뫼조나무", "설매목"이라는 이름도 있다. 유사종으로는 층층나무와 달리 측맥이 다른 곰의말채, 원예종인 노랑 말채나무, 줄기와 가지가 선홍색인 아라사말채, 잎에 무늬가 들어 있는 무늬말채가 있다.

말채나무는 중국에 분포한다. 우리 땅에는 전국의 해발 100~1200m의 산야와 계곡에 자생한다. 햇빛을 좋아하지만, 그늘에서도 잘 자란다. 추위에 강하나 생장은 느린 편이다.

옛날 일설에 의하면 용감한 장수가 장렬하게 전사했는데, 그가 쓰던 말채찍을 땅에 꽂아 놓았는데 자라났다 하여 "말채나무"라고 불렀다고 전한다. 그래서 그런지 말채나무를 궁궐 정원이나 왕릉 주변에 많이 심어왔다. 오늘날에도 공원, 학교, 아파트 단지 내, 펜션 등에 관상수로 심는다.

흰말채나무의 자랑은 꽃, 잎, 열매, 가지이다. 봄에는 꽃으로, 여름에는 수형으로, 가을에는 열매로 도심에 찌들었던 심신(心身)을 달래 준다.

🍃 **흰말채나무는 식용, 약용, 관상용으로 가치가 높다!**

흰말채나무 꽃, 잎, 열매를 쓴다. 봄에 새순을 채취하여 끓은 물에 살짝 데쳐서 나물로 무쳐 먹는다. 발효액을 만들 때는 6월에 열매를 따서 용기에 넣고 설탕을

녹인 시럽을 열매 양의 30%를 붓고 100일 이상 발효를 시킨 후에 찬물에 희석해서 음용한다. 약초를 만들 때는 잎을 채취하여 그늘에 말려 쓴다.

　한방에서 잎을 말린 것을 "모래지엽"이라 부른다. 장(腸) 질환(이질, 설사)에 다른 약재와 처방한다. 민간에서 설사에는 잎을 물에 달여 마신다. 옻나무에 접촉하여 피부염을 일으켰을 때 물에 잎이나 가지를 넣고 달여 환부를 씻는다. 열매를 물에 달여 차로 마시며 다이어트에 사용했다.

🌿 흰말채나무의 성분&배당체
　흰말채나무 잎에는 탄닌, 종자에는 지방유가 35.7% 함유돼 있다.

🌿 흰말채나무를 위한 병해 처방!
　흰말채나무는 갈반병·반점병·흰불나방이 발생한다. 반점병에는 피해 발생 초기에 만코제브 수화제 500배, 옥신코퍼 수화제 1000배 희석액을 7~10일 간격으로 2~3회 살포한다. 갈반병에는 5~9월에 옥신코퍼 수화제, 클로로탈로닐 수화제 1000배, 만코제브 수화제 500배 희석액을 강우 때 집중적으로 월 2회 살포한다.

TIP

번식 흰말채나무는 가을에 채취한 종자의 과육을 제거한 후 바로 직파를 하거나 1:2 비율로 종자와 축축한 모래를 섞어 노천매장한 후 이듬해 봄에 파종한다. 3~4월에는 숙지삽(굳가지 꽂이), 6~7월과 9월에는 녹지삽(풋가지 꽂이)으로 번식한다.

: 요통, 관절통, 척추 질환에 효능이 있는 :

귀룽나무 *Prunus padus L.*

| **생약명** | 열매를 말린 것을 "앵액(櫻額)", 가지를 말린 것을 "구룡목(九龍木)" | **이명** | 귀롱목, 귀중목, 구름나무 | **분포** | 지리산 이북의 깊은 산골짜기, 사찰, 도시공원, 산책로

🌿 **형태** 귀룽나무는 장미과 낙엽활엽교목으로 높이는 10~15m 정도이고, 잎은 어긋나며 타원형 또는 거꿀달걀꼴서 끝이 뾰쪽하고 밑은 둥글고 가장자리에 잔 톱니가 불규칙하다. 꽃은 5월에 새가지 끝에 흰색으로 피고, 열매는 6~7월에 흑색 둥근 핵과로 여문다.

● **약성** : 차며, 맵고 쓰다. ● **약리 작용** : 진통 작용
● **효능** : 신경계와 운동계에 효험이 있고, 비(脾)를 보함, 진통, 지사, 설사, 풍습 동통, 요통, 척추 질환, 관절염, 관절통, 척추질환

🌿 **음용** : 5월에 꽃을 채취하여 뜨거운 물에 넣고 우려낸 후 차로 마신다.

"구룡(九龍)과 무관치 않은 귀룽나무"

🍃 **귀룽나무의 꽃말은 사색 · 상념이다.**

귀룽나무 한자명은 "구룡목(九龍木)"에서 유래되었다. 옛날에 귀룽나무가 마치 아홉 마리 용이 춤추는 듯하다 하여 "구룡나무"로 부르다가 후에 "귀룽나무"라 부르게 되었다. 줄기 껍질이 거북이 등 같고 가지가 마치 용트림을 하는 것 같다 하여 "귀룽", 꽃이 핀 모습이 하얀 구름 같다 하여 "구름 나무"라는 이름이 붙여졌다. 귀룽나무가 오얏나무(자두나무)를 닮고 어린 가지를 꺾으면 방향성이 있어 냄새가 난다고 하여 "취이자(臭李子)"라는 애칭도 있다. 조선시대 〈조선왕조실록〉에서 "평북 의주의 압록강 변에 구룡연(九龍淵)이 있었고, 세종 때 구룡 봉화대가 있다"라고 기록돼 있다. 우리나라 지명에 "구룡"이 들어가는 산과 연못 또는 저수지가 많은 것과 무관치 않다. 사찰에서는 4월 초파일에는 불상에 감차(甘茶)를 뿌리며 공양하는 관불회라는 행사를 할 때는 향수로 불상을 씻고, 연꽃이 솟아 떠받치는 의식(儀式)이 있는데 구룡이라는 지명이 생겼다. 귀룽나무는 중국, 몽고, 일본 사할린에 분포한다. 우리 땅에는 전국 해발 1800m 이하의 산골짜기 습기가 있는 곳에서 잘 자라고, 추위와 공해에 강해 가로수, 공원수로 심는다. 생장 속도는 빠르다. 귀룽나무와 비슷한 유사종으로는 잔가지와 작은 꽃자루에 털이 나고 잎 뒷면에 갈색 털이 빽빽이 나 있는 "흰털 귀룽", 작은 꽃자루의 길이가 5~20mm인 것을 "서울 귀룽", 작은 꽃자루에 털이 없는 것을 "털 귀룽", 잎 뒷면에 갈색의 털이 있는 것을 "녹털 귀룽" 또는 "차빛 귀룽"이 있다. 귀룽나무의 자랑은 꽃, 잎, 열매, 나무껍질이다. 봄에는 꽃과 잎으로, 초여름에는 검은 열매로, 나무껍질은 약용으로 쓴다. 4~5월

에 꽃이 만발할 때는 양봉 농가에 도움을 준다.

옛날에는 귀룽나무의 새잎이 3월 하순에 나올 때 농사일을 시작했고, 파리를 쫓을 때 귀룽나무의 고약한 냄새가 나는 가지를 이용했고, 재래식 화장실에 가지를 꺾어 넣었고, 땔감으로 썼다.

귀룽나무의 목재를 가구재, 기구재, 조각, 공예품에 사용된다.

🌿 귀룽나무는 식용, 약용, 정원수, 관상용으로 가치가 높다!

귀룽나무 잎, 열매를 쓴다. 봄에 어린잎을 채취하여 하루 정도 물속에 담가 두었다가 끓은 물에 살짝 데쳐서 나물로 냄새를 제거하는 양념을 넣고 무쳐 먹는다. 열매는 생식으로 먹는다. 튀김, 무침, 생식, 볶음으로 먹는다. 약술을 담을 때는 6~7월에 열매를 따서 용기 넣고 소주(19도)를 붓고 밀봉하여 3개월 후에 마신다.

한방에서 열매를 말린 것을 "앵액(櫻額)", 가지를 말린 것을 "구룡목(九龍木)"이라 부른다. 척추질환(요통. 관절통)에 다른 약재와 처방한다. 민간에서 다리의 부스럼과 습진에는 잎을 짓찧어 생즙을 환부에 붙이거나 바른다.

🌿 귀룽나무의 성분&배당체

귀룽나무의 가지에는 고약한 냄새가 나는 성분이 있다.

🌿 귀룽나무를 위한 병해 처방!

귀룽나무에 진딧물이 발생할 때 스미치온 1000액을 희석해 2~3회 살포한다.

TIP

번식 귀룽나무는 종자를 채취하여 과육을 제거한 후 모래와 섞어 음지에서 저장한 뒤 이듬해 봄에 파종한다. 8월에 녹지삽(풋가지꽂이)을 한다. 벚나무를 대목으로 쓴다.

: 기침 · 천식 · 당뇨병에 효능이 있는 :

아그배나무 *Malus sieboldii*

| 생약명 | 열매를 말린 것을 "해홍(海紅)" | 이명 | 꽃아그배나무, 꽃사과, 얘기사과 | 분포 | 전국 각지

🌿 **형태** 아그배나무는 장미과 갈잎떨기나무로 높이는 5~10m 정도이고, 나무껍질은 화갈색이고 벗겨진다. 잎은 어긋나며 타원 또는 달걀 모양으로 끝이 뾰족하고 가장자리에 날카로운 톱니가 있다. 꽃은 5월에 가지 끝에서 우산 모양의 꽃차례 흰색으로 피고, 열매는 9~11월에 작고 둥글게 붉은색 또는 등황색으로 여문다.

● **약성** : 평온하며, 달다. ● **약리 작용** : 혈당 강하 작용, 해열 작용
● **효능** : 당뇨병, 갈증 해소, 기침, 천식, 담열에 의한 경련발작, 고열, 열병으로 인한 번조(煩燥)

🌿 **음용** : 5월에 꽃을 채취하여 뜨거운 물에 넣어 우려낸 후 차로 마신다.

462

"꽃사과의 사촌? 아그배나무"

🍃 아그배나무의 꽃말은 온화이다.

전라도 지방 언어 중에 사투리 "아그란"은 "아기"라는 말인데 "작은 배"를 뜻한다. 아그배나무의 열매가 작은 배처럼 생겼다 하여 붙여진 이름이다.

아그배나무는 야생 사과종에 가깝다. 마치 작은 배처럼 생각할 수 있으나 꽃사과나무의 재배종으로 "배"가 들어가 "당이(堂梨)", "야황자(野黃子)", "삼엽해당(三葉海棠)"이라 부른다.

아그배나무는 중국, 일본에 분포한다. 우리 땅에는 척박한 땅에서도 어느 곳에서도 잘 자란다. 유사종으로는 꽃이 분홍색인 "꽃 아그배나무"와 백색인 "흰 아그배나무"가 있다.

1992년 리우데자네이루에서 열린 자구 환경회의에서 지구를 살리는 생명의 나무를 해마다 정하는데 우리나라에서 "아그배나무"를 선택했다.

아그배나무의 자랑은 꽃, 열매이다. 꽃이 만발할 때는 양봉 농가에 도움을 주고, 열매가 앙증스러워 분재의 소재로 쓴다.

옛날에 아그배나무 목재가 무겁고 단단하여 장롱, 농기구 자루, 땔감, 숯의 재료 황색의 염료로 이용했다.

🍃 아그배나무는 식용, 약용, 공원수, 관상용으로 가치가 높다.

아그배나무 꽃, 열매를 쓴다. 꽃을 따서 물에 우려낸 후 차로 마신다. 열매는 꽃사과 열매보다 작고 씨가 많이 들어 있어 바로 먹지를 않고 효소, 술, 잼을 만들어 먹는다.

463

발효액을 만들 때는 가을에 열매를 따서 용기에 넣고 설탕을 녹인 시럽을 열매 양의 30%를 붓고 100일 이상 발효를 시킨 후 찬물에 희석해 음용한다. 약술을 만들 때는 가을에 열매를 따서 용기에 넣고 소주(19도)를 붓고 밀봉하여 3개월 후에 마신다.

한방에서 열매를 말린 것을 "해홍(海紅)"이라 한다. 호흡기 질환(기침, 천식)에 다른 약재와 처방한다. 민간에서 당뇨병에는 생 열매를 물에 달여 복용한다. 어린잎에는 소량의 독이 있으므로 주의를 요한다.

🌿 아그배나무의 성분&배당체
아그배나무 열매에는 포도당이 함유돼 있다.

🌿 아그배나무를 위한 병해 처방!
아그배나무에 진딧물이 발생할 때 스미치온 1000액을 희석해 2~3회 살포한다. 붉은별무늬병에는 발생 초기에 보르도액 등의 살균제를 2~3회 살포한다.

> **TIP**
>
> **번식** 아그배나무는 가을에 채취한 종자의 과육을 제거한 후 바로 파종하거나 노천매장한 후 이듬해 봄에 파종한다. 접목도 가능하다.

: 간염 · 지혈 · 신장 질환에 효능이 있는 :

감탕나무 *Llex integra*

| 생약명 | 나무껍질에서 나온 점액질을 "감탕(甘湯)" | 이명 | 중용수, 감태나무 | 분포 | 제주도, 울릉도, 남부지방 도서 섬

🌿**형태** 감탕나무는 감탕나무과 상록 활엽 소교목으로 높이는 10m 정도이고, 나무껍질은 회색 또는 회백색이다. 잎은 어긋나며 타원 모양으로 가장자리는 밋밋하다. 꽃은 암수딴그루로 4~5월에 암꽃은 1~4개가, 수꽃은 2~15개가 모여 핀다. 열매는 8~12월에 콩알보다 크게 둥글게 초록색에서 붉은색으로 여문다.

● **약성** : 달며, 떫다. ● **약리 작용** : 진통 작용
● **효능** : 보간신(補肝腎)에 효험이 있고, 간염, 신장 질환, 지혈, 거풍습(祛風濕), 조맥, 치창, 풍습비통, 진통, 습진, 동창, 옹종, 외상출혈, 해수, 인후종통

🌱 **음용** : 4~5월에 꽃을 따서 뜨거운 물에 넣고 우려낸 후 꿀을 타서 차로 마신다.

"나무껍질로 끈끈이를 잡는 **감탕나무**"

🌿 **감탕나무의 꽃말은 가정의 행복이다.**

옛날에 감탕나무의 진(津·송진)을 채취하여 갖풀을 끓여 새를 잡거나 나무를 붙이는데 쓰는 풀인 "감탕(甘湯)"처럼 나무껍질로 끈끈이를 잡는다고 하여 "감탕나무"라는 이름이 붙여졌다. 감탕나무의 한자명은 "세엽동청(細葉冬靑)", "전연동청(全緣冬靑)"이라 부른다.

조선시대 숙종 때 〈남환박물지〉에서 "감탕나무를 접착제 대용으로 쓴다"라고 기록돼 있다. 감탕(甘湯)은 전통 솥에서 엿을 넣고 은은하게 달여낸 단물을 말한다. 주로 아교+송진을 배합해 끓여 만든다. 옛날에는 감탕나무의 껍질을 짓찧어 끈끈한 물질로 반창고로 쓰고, 새를 잡거나 나무쪽을 붙이는 데 사용했다.

감탕나무는 중국, 타이완, 일본에 분포한다. 우리 땅에는 울릉도, 남부 지방 섬, 제주도 바닷가 주변의 산지에 자생한다. 비옥한 토양을 좋아하고 추위에는 약하나 공해에는 비교적 강해 해안가 도로변에 심거나 방풍수로 심는다. 유사종으로는 열매가 노란 "노랑 감탕나무", 키가 작고 내한력이 강하고 잎이 큰 "아기 감탕 나무", 잎의 가장자리가 날카로운 호랑가시나무가 있다.

전남 완도군 보길도 예송리의 수령이 300년이 넘는 노거수 감탕나무는 천연기념물 제338호로 지정되어 보호를 받고 있다. 해마다 건강과 풍년을 기원하는 당산제를 올린다.

조선시대 농경사회에서 접착제가 없어 감탕나무에서 수액의 점액질로 끈끈이 같은 접착제를 구했다.

감탕나무의 자랑은 꽃, 열매, 수액이다. 봄에는 꽃과 잎으로, 가을에는 탐스러운 빨간 열매로, 껍질의 점액 성분인 수액이다.

감탕나무 목재는 기구재, 도장, 세공제로 쓴다.

🍃 감탕나무는 식용, 약용, 관상용으로 가치가 높다.

감탕나무 꽃, 잎, 점액질(수액)을 쓴다. 봄에 어린잎을 채취하여 끓은 물에 살짝 데쳐서 나물로 무쳐 먹는다.

한방에서 나무껍질에서 나온 점액질을 "감탕(甘湯)"이라 부른다. 간과 신장 질환에 다른 약재와 처방한다. 민간에서 간염 예방에는 열매 효소를 찬물에 희석해 공복에 수시로 음용한다. 습진에는 잎을 짓찧어 환부에 붙인다.

🍃 감탕나무의 성분&배당체

감탕나무 나무껍질에는 점액질이 함유돼 있다.

🍃 감탕나무를 위한 병해 처방!

감탕나무에는 깍지벌레, 그을음병 등이 발생한다.

TIP

번식 감탕나무는 가을에 채취한 종자의 과육을 제거한 후 냉상에 직파하거나 노천매장한 후 이듬해 봄에 파종한다. 가을에 파종할 때는 발아에 18개월 정도 걸릴 수도 있다. 5~6월에 묘목으로 심는다.

: 피부염 · 소염 · 인후염에 효능이 있는 :

까치박달 *Carpinus cordata Blume*

| 생약명 | 뿌리껍질을 말린 것을 "소과천금유(小果千金榆)" | 이명 | 개박달, 박달목 | 분포 | 전국 각지, 산골짜기, 숲 속

🌿 **형태** 까치박달는 자작나무과 낙엽활엽교목으로 높이는 15m 정도이고, 수피는 회갈색으로 평활하고 세로로 갈라진다. 잎은 난형 및 타원형으로 가장자리에는 불규칙한 겹톱니가 있다. 꽃은 5월에 가지 끝에서 녹색으로 피고, 열매는 10월에 긴 원형의 소건과로 여문다.

● **약성** : 쓰고, 차다. ● **약리 작용** : 항염 작용, 해독 작용
● **효능** : 인후염, 진해, 소염, 타박상, 노상(勞傷), 창종, 임병, 피부염(습진, 종기, 농포창), 타박상

🌱 **음용** : 5월에 꽃을 채취하여 햇볕에 말린 후 용기에 넣고 설탕을 재어 15일 후에 뜨거운 물에 두세 푼 넣고 꿀을 타서 차로 마신다.

"꼬리 모양의 열매가 열리는 **까치박달**"

🌿 까치박달의 꽃말은 숲의 요정이다.

까치박달은 중국, 만주, 우수리에 분포한다. 우리 땅에는 산에서 쉽게 볼 수 있다. 비옥한 땅을 좋아하고 건조한 곳에서는 잘 자라지 못하나 공해에 강하고 바다에서도 잘 자란다.

까치박달 나무껍질이 소경목일 때는 세로로 벗겨져 말리기도 하며, 오래된 나무는 마름모꼴의 껍질눈이 있다. 유사종으로는 박달나무 나무껍질은 암회색으로 어린나무는 매끈하지만 성장하면서 두껍게 조각이 나면서 벗겨지고, 물박달나무 나무껍질은 회갈색으로 불규칙하고 얇게 벗겨져 떨어진다.

까치박달의 자랑은 잎, 나무껍질이다. 목재는 치밀하고 단단해 무겁고 갈라지지 않아 농경사회에서는 농기구 자루, 땔감, 우산대로 사용했고, 기계재, 세공재, 건축재, 기구재로 쓴다. 간혹 참나무 대신 버섯 재배목으로 사용한다.

🌿 까치박달은 식용, 약용, 관상용으로 가치가 높다.

까치박달 잎, 근피를 쓴다. 봄에 막 나온 새순을 따서 끓은 물에 살짝 데쳐서 나물로 무쳐 먹는다.

한방에서 뿌리껍질을 말린 것을 "소과천금유(小果千金榆)"라 부른다. 호흡기 질환

(인후염, 염증)에 다른 약재와 처방한다. 민간에서 타박상에는 잎을 채취하여 술에 적신 후 짓찧어 환부에 붙인다.

🌿 까치박달의 성분&배당체

까치박달 뿌리껍질에는 소염 성분이 함유돼 있다.

🌿 까치박달을 위한 병해 처방!

까치박달에는 흰가룻병이 발생할 때는 피해 초기에 결정 석회화 합제를 100~200배 희석액을 살포한다.

TIP

번식 까치박달의 열매가 갈색으로 변하기 직전에 채취하여 물에 담근 후 종자만을 선별한 후 1개월간 그늘에서 말린 후 냉장 보관했다가 이듬해 봄에 파종한다.

: 비염 · 코막힘 · 축농증에 효능이 있는 :

자목련 *Magnolia liliflora Desr,*

| 생약명 | 꽃봉오리를 말린 것을 "신이(辛夷)", 꽃을 말린 것을 "옥란화(玉蘭花)" | 이명 | 신지, 보춘화
| 분포 | 전국 각지, 습윤한 곳의 양지, 정원에서 재배

🌿 **형태** 자목련은 목련과 갈잎큰키나무로 높이 10~15m 정도이고, 작은 가지는 회갈색이고 동아(冬芽)에는 털이 많다. 잎은 어긋나며 달걀 모양이며 끝이 갑자기 뾰족하다. 가장자리는 밋밋하고 양면에 털이 있으나 차츰 없어진다. 꽃은 4~5월에 잎이 피기 전에 위를 향하여 핀다. 꽃잎은 6개로 암자색인데, 안쪽은 연한 자줏빛이다. 꽃받침 조각은 3개, 바늘 모양이다. 열매는 원통형으로 갈라지며 익으면 흰실 같이 생긴 종자 자루에 붉은 종자가 여문다.

- **약성** : 서늘하며, 맵다. **약리 작용** : 혈압 강하 작용, 항균 작용, 진통 작용, 항염 작용
- **효능** : 이비인후과 질환에 효험이 있고, 꽃봉오리(비염, 비색증(코막힘), 축농증, 비창, 꽃(소염, 복통, 불임), 고혈압, 두통, 치통, 발모제, 타박상, 폐결핵

🌱 **음용** : 차로 마신다.

"임금에 대한 충절(忠節)의 상징 자목련"

🌿 **자목련의 꽃말은 자연애이다.**

자주색의 꽃이 피는 목련으로 꽃잎은 곧추서서 반쯤 벌어진다. 한자명은 "자옥란(紫玉蘭)", "까치 꽃나무"라는 예쁜 이름도 있다. 자목련의 원산지는 중국이다. 추위에 약해 햇빛이 잘 드는 중부 이남에서 자생한다. 자목련 꽃은 목련보다 작고 동시에 꽃이 핀다. 조선시대 이수광이 쓴 〈지봉유설〉의 〈훼목부〉에서 "순천 선암사에 북향화(北向花)란 나무가 있는데, 보랏빛 꽃봉오리가 필 때 남쪽으로 향한다"라고 기록돼 있다. 그래서 사찰 주변에 많이 심는데, 부산 범어사에는 우리나라에서 가장 오래된 것으로 추정되는 자목련이 있다. 북한 개성에는 천연기념물로 지정된 자목련 두 그루가 있다. 일기예보가 없던 옛날에는 식물의 꽃과 잎사귀가 피는 것을 보고 점을 쳤다. 목련 꽃이 오랫동안 피면 풍년이 든다는 속설, 꽃잎이 아래로 처지면 비가 온다는 예측을 하곤 했다. 옛날에는 목련의 꽃의 향기가 병마(病魔)를 물리친다고 하여 벽사(辟邪) 신앙으로 집마다 장마 전에 장작으로 준비하였고, 장마철에는 목련 나무를 장작으로 불을 때 나쁜 냄새나 습기를 없애기도 하였다. 꽃은 방향(芳香)이 있어 향수 원료로 쓰고, 잔가지에는 방향성의 목련유가 약 0.45% 함유되어 있다. 나무의 재질이 고아 고급 목재로 이용한다.

🌿 **자목련은 식용, 약용, 관상용, 공업용으로 가치가 높다.**

봄에 꽃을 따서 밀가루에 버무려 튀김·부침개로 먹거나 따뜻한 물에 넣고 우려내 차로 마신다. 4월에 꽃봉오리를 따서 소금물에 걷을 살짝 담갔다가 물기를 닦

고 말려 찻잔에 꽃잎 1~2장을 넣고 끓는 물을 부어 우려내 마신다. 발효액을 만들 때는 봄에 활짝 핀 꽃을 따서 용기에 넣고 재료의 양만큼 설탕을 붓고 100일 정도 발효시킨 후 발효액 1에 찬물 3을 희석해서 음용한다. 약술을 만들 때는 봄에 꽃봉오리를 따서 용기에 넣고 소주(19도)를 부어 밀봉하여 3개월 후 마신다. 환을 만들 때는 봄에 꽃봉오리를 따서 햇볕에 말린 후 가루를 내어 찹쌀과 배합해 만든다. 약초를 만들 때는 겨울이나 이른 봄에 개화 직전의 꽃봉오리를 따서 햇볕에 말려 쓴다. 꽃이 활짝 피었을 때 채취해 그늘에 말려 쓴다. 한방에서 꽃봉오리를 말린 것을 "신이(辛夷)", 꽃을 말린 것을 "옥란화(玉蘭花)"라 부른다. 호흡기 질환(비염, 인후염)에 다른 약재와 처방한다. 나무껍질 속에는 사리시보린이 유독이 있다. 민간에서는 비염·축농증에는 꽃봉오리 4~6g을 물에 달여 하루 3번 나누어 복용한다. 복통에 꽃을 달여 먹었고, 불임을 예방하기 위해 산모가 목련꽃을 달여 먹었다.

🌿 자목련의 성분&배당체

꽃봉오리에는 정유·시네올·시트랄·오이게놀, 꽃에는 마그노롤(magnolol)·호노키올(honokiol), 잎과 열매에는 페오디딘, 뿌리에는 마그노폴로린이 함유돼 있다.

🌿 자목련을 위한 병해 처방!

자목련에 만점병이 발생할 때는 만코지 500배, 깍지벌레에는 메프유제 1000배액, 응애에는 아조사이클로틴 수화제 700배 희석액을 발생 초기에 살포한다.

> **TIP**
>
> **번식** 자목련은 가을에 채취한 종자를 바로 직파하거나 노천매장한 후 이듬해 봄에 파종한다. 이식할 때는 뿌리를 잘 내리도록 밑거름을 주어야 한다. 우량 품종을 얻으려면 목련을 대목으로 하여 접목한다.

: 산후어혈 · 종기 · 장(腸) 질환에 효능이 있는 :

파라칸다 *Pyracantha angustifolia*

| 생약명 | 열매를 말린 것을 "적양자(赤陽子)" | 이명 | 불가시나무, 피라칸시스 | 분포 | 남부 지방의 고산지대 및 민가 식재

🌲 형태 파라칸다는 장미과 상록활엽관목으로 높이는 1~6m 정도이고, 나무껍질은 회갈색이고 마름 모양의 껍질눈이 나타난다. 가지가 많이 갈라져서 엉기고 어린가지에는 부드러운 털이 나고 잔가지가 변한 가시가 있다. 잎은 어긋나며 좁은 타원 또는 기꾸로 된 피침 모양이다. 질이 두껍고 앞면은 광택이 있다. 꽃은 5~6월에 가지 위쪽의 잎겨드랑이에서 우산 모양의 꽃차례 흰색 또는 연한 노란색으로 피고, 열매는 10~11월에 콩알만하게 둥글게 붉은색 또는 주황색으로 여문다.

●약성 : 평온하며 약간 달고 시다. ●약리 작용 : 수렴 작용, 진통 작용
●효능 : 장(腸) 질환(설사, 이질)에 효험이 있고, 신체회복, 산후 어혈, 악성 종양, 지혈, 해열, 청열

🍵 음용 : 5~6월에 흰색 또는 연한 노란색 꽃차례를 채취하여 뜨거운 물에 넣고 우려낸 후 차로 마신다.

"꽃에서 향기가 나는 파라칸다"

🌿 **파라칸다의 꽃말은 알알이 영근 사랑이다.**

파라칸다는 불꽃을 뜻하는 "파라(pyra)"와 가시를 뜻하는 "칸다(cantha) 합성어이다. 주황색 열매가 열릴 때는 마치 불이 난듯이 보인다고 하여 붙여진 이름이다.

파라칸다의 원산지는 중국이다. 우리 땅에는 비옥토를 좋아해 남부 지방에서 민가에서 관상수로 심는다.

파라칸다 유사종으로는 남부 지방에 자생하는 열매가 검게 익고, 줄기에 가시가 없는 "다정큼나무", 구슬 같은 열매가 열리는 "낙상홍(落霜紅)"이 있다.

파라칸다의 자랑은 꽃, 열매, 수형이다. 늦은 봄에는 흰색 또는 연한 노란색으로 벌들을 부르고, 가을~겨울까지 주황색 열매가 열려 화사함을 주고 겨울에는 새들의 먹이가 된다.

파라칸다 줄기에 가시가 있어 울타리로 심어 동물(집을 나간 고양이)의 침범을 막을 수 있어 정원에 심어 관상용으로 적당하다. 바닷바람에 강해 바닷가에 심는다.

오늘날에는 열매가 아름다워 아파트 단지, 학교, 사찰, 공원, 산책로, 주택 정원에 많이 심는다. 유해 물질 정화용으로 사무실이나 아파트 베란다에 서 기른다.

🌿 **파라칸다는 식용, 약용, 생울타리용, 관상용으로 가치가 높다.**

파라칸다 꽃, 잎, 열매를 쓴다. 가을에 익은 열매를 따서 용기에 넣고 소주(19도)를 붓고 밀봉한 후 3개월 후에 마신다.

한방에서 열매를 말린 것을 "적양자(赤陽子)"라 부른다. 장(腸) 질환(설사, 이질)에 다른 약재와 처방한다. 민간에서 장(腸)·소화질환, 이질, 설사에는 꽃을 물에 달여 차로 마신다. 산후의 어혈이나 종기에 잎을 짓찧어 환부에 바르거나 붙인다.

🌿 **파라칸다의 성분&배당체**

파라칸다에는 플라보노이드가 함유돼 있다.

🌿 파라칸다를 위한 병해 처방!

파라칸다에 진딧물이 발생할 때 스미치온 1000액을 희석해 2~3회 살포한다. 탄저병에는 마이겐 수화제 500배액을 살포한다.

TIP

번식 파라칸다는 가을에 채취한 종자의 과육을 제거한 후 냉상에서 바로 직파하거나, 노천 매장한 후 이듬해 봄에 파종한다. 삽목(꺾꽂이)는 새로 나온 가지 중 딱딱한 것 5~10cm 길이로 잘라 뿌리 내림 촉진제에 담근 후 냉상에 심는다. 뿌리 내림에는 40~50일이 소요되는데 가을에 화분으로 옮기거나 이듬해 늦봄에 노지에 옮겨 심는다.

: 장염 · 외상출혈 · 피부궤양에 효능이 있는 :

낙상홍 *ilex serrata*

| 생약명 | 열매를 말린 것을 낙상홍(落霜紅) | 이명 | 미국낙상홍, 흰 낙상홍, 줄무늬낙상홍 | 분포 | 중부 내륙, 바닷가, 도심지

🌿 **형태** 낙상홍은 감탕나무과 갈잎떨기나무로 높이 2~3m 정도이고, 잎은 어긋나며 타원 형 모양이고 가장자리에 가시 같은 잔톱니가 있다. 꽃은 암수딴그루로 6월에 새 가지의 잎겨드랑이에서 수꽃은 5~20개, 암꽃은 2~4개가 모여 자주색으로 핀다. 열매는 9~10월에 붉게 둥글게 여문다.

● **약성** : 평온하며 약간 달고 시다.   ● **약리 작용** : 항균 작용, 소염 작용
● **효능** : 장(腸) 질환에 효험이 있고, 장염, 이질, 설사. 지혈, 소염, 해독, 화상, 외상출혈, 피부궤양

🍂 **음용** : 6월에 꽃을 채취하여 5개 정도를 뜨거운 물에 넣고 우려낸 후 차로 마신다.

"붉게 타는 듯 한 열매의 자랑 낙상홍"

🌿 **낙상홍의 꽃말은 명랑이다.**

낙상홍 한자명은 "낙상홍(落霜紅)"이다. 옛사람들은 서리가 내린 뒤에도 둥글고 붉은 열매가 붙어 있다 하여 "낙상홍(落霜紅)"이라는 이름이 붙었다.

낙상홍의 원산지는 일본이다. 우리 땅에는 반양지(半陽地)로 숲에는 만나기 어렵고, 추위와 대기오염이 강해 중부 내륙, 바닷가, 도심지에서 잘 자란다.

낙상홍 유사종으로는 북미 원산으로 꽃이 흰색 또는 연녹색으로 피고 잎과 톱니가 낙상홍보다 큰 "미국 낙상홍", 열매에 흰색 줄이 있는 "줄무늬 낙상홍", 열매의 색깔이 흰색 또는 미색을 띠는 "흰 낙상홍"이 있다.

낙상홍의 자랑은 열매, 수형이다. 봄에는 분홍색 꽃으로, 서리가 내린 뒤에도 나뭇가지에 매달려 있는 구슬 같은 붉은 열매는 아름다워 발길을 멈추게 하고 새들의 먹이가 되고, 수형이 아름다워 꽃꽂이용, 분재용으로 이용된다.

낙상홍은 6월에 꽃이 귀할 때 피는 꽃은 벌들을 불러 양봉 농가에 도움을 준다.

🌿 **낙상홍은 식용, 약용, 관상용으로 가치가 높다.**

낙상홍 꽃, 열매를 쓴다. 가을에 익은 열매를 따서 용기에 넣고 소주(19도)를 붓고 밀봉한 후 3개월 후에 마신다.

한방에서 열매를 말린 것을 "낙상홍(落霜紅)"이라 부른다. 피부 질환(피부궤양)에 다른 약재와 처방한다. 민간에서 화상에는 잎을 짓찧어 환부에 붙인다. 외상 출혈에는 잎이나 열매를 짓찧어 환부에 붙인다.

낙상홍의 성분&배당체
낙상홍의 열매에는 플라보노이드가 함유돼 있다.

낙상홍을 위한 병해 처방!
낙상홍은 산성 토양에는 잘 자란다. 그러나 알칼리성 토양에서는 잎에 황변 현상이 발생할 때는 발생 초기에 석회질 비료(산성 비료용)를 준다.

TIP

번식 낙상홍은 가을에 종자를 채취하여 과육을 제거한 후 축축한 모래와 3:1 비율로 섞어 노천매장한 후 이듬해 봄에 파종하면 1년 후 발아된다. 3월 말 전후해서 숙지삽(굳가지꽂이)를, 삽목(꺾꽂이)은 6월경 잎이 10~20cm 정도의 가지에 잎이 1~2개 달린 가지를 심는다. 접목을 할 때는 암나무 가지 끝을 잘라 4월 말에 한다.

: 정신병 · 야뇨증 · 불면증에 효능이 있는 :

커피나무 *Coffee arabica*

| **생약명** | 커피(Coffee) | **이명** | 마라고기페커피나무, 버번커피나무, 카투라커피나무 | **분포** | 아프리카, 아시아, 아메리카, 전남 고흥 온실재배 농가, 제주도, 남해 섬

🌿 **형태** 커피나무는 꼭두서니 과의 늘푸른상록관목으로 높이는 6~8m 정도이고, 꽃은 가지에서 자스민 향이 흰색으로 피고, 열매는 길이가 15~18mm 정도이고 녹색이 점점 붉은색으로 변하여 둥글게 여문다.

● **약성** : 쓴맛, 단맛, 신맛. ● **약리 작용** : 향기 작용
● **효능** : 정신 질환에 효험이 있고, 불면증,

🌿 **음용** : 식후에 인스턴트커피를 차로 마신다.

"음료 중 기호식품의 대명사 커피나무"

🍃 커피나무의 꽃말은 너의 아픔까지도 사랑하다.

커피는 누구든지 마시는 기호식품이다. 17세기 유럽에서 모닝커피의 등장은 맑은 정신과 활기찬 느낌을 선사하며 음료 문화에 혁명을 가져왔다. 전설에 의하면 에디오피아 고원에서 양을 치던 목동인 "칼디"가 양들이 이상한 열매를 먹고 잠도 안 자고 밤새 뛰어노는 것을 보고는 신기해서 먹어 보고는 각성효과가 있음을 발견하고 재배하기 시작했다고 한다. 이후 열매를 끓여서 죽이나 약으로 이용했고, 유럽의 의학자나 약초학자들도 커피가 몸에 이로운 약으로 여겨 일반인들에게 소개했다. 원산지는 아프리카이다. 대부분 동반구 열대 지역에서 야생으로 자생한다. 연평균 기온이 15~24도로 일 년 내내 땅이 얼지 않고 일교차가 15도 이하인 곳에서 자란다. 우리나라에서는 제주도나 남해에서 온실로 재배하고 있으나 공기 정화용과 관상용으로 기른다. 커피는 폴리페놀을 비롯해 마그네슘 등 1000여 가지의 성분이 들어 있다. 열매 속의 씨앗은 녹색인데 볶으면 검은색 원두가 된다. 이 원두를 갈아서 기구를 이용해 물로 추출한 용액이 우리가 마시는 커피이다. 전남 고흥은 온실에서 재배하고 있는데 일 년에 열매를 세 번 딸 수 있다. 전남 화순은 유리온실을 만들어 2만 그루를 재배한다.

🍃 커피나무는 식용, 약용, 관상용으로 가치가 높다.

열매를 가공하여 기호식품으로 먹는다. 따뜻한 성질은 뇌를 활성화해 정신을 맑게 해준다. 지나치게 많이 마시면 카페인의 각성 효과로 인해 잠도 안 오고 가슴이

뛰는 부작용이 생길 수 있다. 각종 식품을 튀기거나 구울 때 검은색으로 변하면 1급 발암 물질인 벤조피렌, 아크릴 아마이드가 발생한다. 씨앗류나 커피 등을 볶을 때 고소하다는 것은 건강에 해로운 물질로 변했다는 것을 의미한다. 커피는 칼슘의 체내 흡수를 방해하고 다양의 칼슘과 철분을 몸 밖으로 배출시키는 부작용이 있다. 하루에 커피를 3잔 이상 마시면 골감소증과 골다공증이 생길 수 있다.

🌿 커피나무의 성분&배당체

열매를 불로 볶으면 검게 탈 때 카페인(각성 성분)이 나온다. 식품을 요리할 때 갈색이나 검은색으로 변하면 1급 발암 물질인 벤조피렌, 아크릴 아마이드가 발생한다. 씨앗류나 커피 등을 볶을 때 무조건 고소하다는 것은 건강에 해로운 물질로 변했다는 것을 의미한다. 생선을 구울 때, 식용유를 튀길 때도 발생한다.

🌿 커피나무를 위한 병해 처방!

우리 땅에서는 야생이 없으므로 아파트 베란다에서 관상용으로 키우고, 온실에서는 병충해에 거의 없는 편이다. 커피나무는 기온이 너무 높거나 너무 낮아도 제대로 열매를 맺지 못한다.

TIP

번식 커피나무를 재배하기 위해서는 생커피콩이 아닌 파치먼트* 상태로 바로 땅에 심지 않고 물에 24시간 불린 다음 묘포에 심고 그물망을 덮어 강한 햇볕을 차단해 주어야 한다. 심은 지 1~2개월이 되면 새순이 나오고 10주가 지나면 두 개의 떡잎이 나온다. 그 상태로 3개월이 지나면 첫 번째 잎이 나며, 30~50cm 정도 자라면 줄기가 굵고 튼튼한 묘목을 선택하여 조건이 맞는 농장에 이식한다. 이식한 묘목은 3년부터 열매가 맺기 시작해 보통 30년까지 열매를 맺는다

* 씨앗의 겉면을 벗긴 것.

: 감기 · 인후염 · 호흡기 질환에 효능이 있는 :

피나무 *Tilia amurensis*

| 생약명 | 목재를 말린 것을 "자단(紫檀)" | 이명 | 달피나무, 염주나무, 꽃피나무, 참피나무, 털피나무
| 분포 | 전국 각지의 산, 중남부지방

🌿형태 피나무는 피나무과 낙엽 활엽교목으로 높이 20m 정도이고, 나무껍질은 회백색이고 얕게 갈라진다. 잎은 어긋나며 넓은 달걀 모양이고 끝이 급격히 뾰족하고 가장자리에 예리한 톱니가 있다. 꽃은 6~7월에 잎겨드랑이에 우산 모양의 꽃차례 연한 노란색으로 피고, 열매는 9~10월에 둥글거나 타원 모양으로 여문다.

● 약성 : 평온하며, 시고 쓰다. ● 약리 작용 : 항염 작용, 해열 작용
● 효능 : 호흡기 질환에 효험이 있고, 감기, 인후염, 심우신염, 구강염, 발한, 해열, 소염

🍵음용 : 6~7월에 꽃을 채취하여 햇볕에 말린 후 뜨거운 물에 넣고 우려낸 후 꿀을 타서 차로 마신다.

"재목으로 탈을 만드는 피나무"

🌿 **피나무의 꽃말은 부부애이다.**

피나무는 꽃에서 진한 구수한 향기가 난다. 피나무는 쓰임새가 많아 지방에 따라 "꽃피나무", "달피나무", "참피나무", "털피나무", "달피"라는 이름이 많다. 서양에서는 벌을 유인한다 하여 "벌나무"라는 애칭이 있다.

옛날 일설에 의하면 불교를 상징하는 보리수나무에서 석가가 보리수나무 아래에서 태어나고, 깨달음을 얻고, 보리수 아래서 열반(涅槃)을 했다고 전하는데, 보리수(인도에서는 사찐)를 피나무로 오인하여 피나무를 사찰 주변에 많이 심었다. 이 나무로 사찰을 짓고, 열매로 염주(念珠)를 만들고, 큰 재목으로 목탁(木鐸)을 만들었다.

피나무 원산지는 중국, 몽고에 분포한다. 우리 땅에는 전국의 해발 100~1400m의 높은 산 능선이나 계곡에서 토양은 가리지 않으나 비옥한 땅을 좋아하고 중성에서 알칼리성 토양에서 잘 자란다. 전체에 갈색 털이 나는 "털피나무", 울릉도에서 자라는 "섬피나무"가 있다. 유사종으로는 제주도를 제외한 산지나 계곡에서 자는 "참피나무", 잎 뒷면 맥 겨드랑이의 털이 흰색인 "섬피나무", 일본이 원산이고 황백색의 꽃이 피는 "구주피나무"가 있다.

옛날 기와가 귀할 때 지붕에 볏짚을 초가지붕을, 굴참나무로 굴피집(너와집)을 지었듯이, 피나무 껍질을 벗겨 지붕을 이었다.

피나무는 농경사회에서 섬유를 빼고 노끈이나 새끼를 꼬아 여러 용도(간장을 거르는 자루, 포대, 지게 등반, 어깨끈, 망태, 어망)로 이용했다. 나뭇결과 재질이 좋아 탈을 만드는 조각재 외 생활용품인 공예품, 악기 재료용, 밥상, 바둑판을 만들었다.

피나무의 자랑은 꽃, 열매, 껍질, 목재이다. 꽃이 필 때는 양봉농가에 도움을 주고, 피나무는 풍치수로 좋아 도시 공원의 중심주(樹), 산책로, 가로수로 심는다.

필자의 지인 정성암은 인생의 태반으로 국보 121호 "하회(下回)탈", "본산(本山)대탈"을 연구하며, 각종 탈을 만들고 있다. 대한민국 제16대 대통령 故 노무현이 대선에서 당선되었을 때 정성암 명인(名人)이 만든 피나무로 만든 탈을 썼다. 경기도 시흥 작업실에는 엄청난 양의 피나무를 건조하고 있고, 서울 종로 인사동에서 수백여 종의 탈을 판매하는 "탈방"을 운영하고 있다.

🍃 피나무는 식용, 약용, 풍치수, 관상용으로 가치가 높다.

피나무 열매, 목재를 쓴다. 9~10월에 녹색의 열매를 따서 뜨거운 물에 넣고 우려낸 후 차로 마신다. 가을에 익은 열매를 따서 용기에 넣고 소주(19도)를 붓고 밀봉한 후 3개월 후에 마신다.

한방에서 목재를 말린 것을 "자단(紫椴)"이라고 부른다. 호흡기 질환(감기, 인후염)에 다른 약재와 처방한다. 민간에서 감기에는 열매를 물에 달여 마신다.

🍃 피나무의 성분&배당체

피나무에는 사포닌 · 플라보노이드 · 정유가 함유돼 있다.

🍃 피나무를 위한 병해 처방!

피나무에 탄저병에는 마이젠 수화제 500배액을 살포한다. 각종 나방에 의한 병충해가 발생할 때는 미리 방제를 하거나 발생 즉시 방제한다.

> **TIP**
>
> **번식** 피나무는 이른 봄에 잎이 나올 무렵 뿌리에서 올라온 줄기를 굴취(캐서)해 심는다. 가을에 종자를 채취하여 과육을 제거한 후 노천매장 후 2년 뒤 봄에 파종한다.

: 해수 · 천식 · 피부소양증에 효능이 있는 :

주엽나무 *Gleditsia sinensis*

| 생약명 | 열매를 말린 것을 "조협(皂莢)", 씨를 "조협자(皂莢子)", 뿌리껍질을 말린 것을 "조협근피(皂莢根皮)" | 이명 | 조자, 조협자, 쥐엄나무, 주염나무 | 분포 | 전국 각지, 산골짜기, 개울가

🌿형태 주엽나무는 콩과의 낙엽활엽교목으로 높이 15~20m 정도이고, 잎은 어긋나며 달걀 모양의 타원형 또는 긴 타원형으로 가장자리에 물결 모양의 톱니가 있다. 줄기와 가지에 갈라진 가시가 있다. 꽃은 6월에 짧은 가지 끝과 잎겨드랑이에 연한 녹색으로 피고, 열매는 9~10월에 협과로 갈색으로 익는데 꼬투리가 뒤틀려 있다.

● **약성** : 따뜻하며, 맵다 ● **약리 작용** : 거담 작용, 살충 작용, 해독 작용
● **효능** : 피부 염증과 외상 치료에 쓴다. **열매**(구안와사, 해수, 천식, 거담, 혈변), **종자**(소종, 배농, 옹종, 창독), 배농, 부종, 위·십이지장 종창, 창종, 피부소양증(가려움증), 치질, 살충

🍃 **음용** : 6월에 꽃을 채취하여 뜨거운 물에 넣고 우려낸 후 꿀을 타서 차로 마신다.

"옛날에 비누 대용으로 썼던 주엽나무"

🌿 **주엽나무의 꽃말은 소식이다.**

옛날 주엽나무의 열매가 익으면 내피(內皮) 속에 끈적끈적한 잼 같은 달콤한 물질이 들어 있는데 이것을 "주엽"이라 하여 나중에 "주엽 나무"라는 이름이 붙여졌다. 중국에서는 주엽 나무에서 검은콩의 비틀린 꼬투리가 달리는 나무라 하여 "조협 나무"라고 부르다가 "주엽 나무"로 변하여 부르게 되었다. 주엽나무 가지가 변한 예리한 가시가 있고, 다 익은 열매 안쪽 껍질 속에 달콤한 맛이 나는 끈끈한 물질이 있는데, 이것을 "주엽"이라 하여 식용한다. 주엽나무는 중국, 일본에 등지에 분포한다. 주엽나무는 우리나라 특산종으로 추위와 공해에 강하고 습기가 있는 곳을 좋아한다. 전국의 해발 100~900m의 산의 중턱과 산기슭의 골짜기에 자생한다. 나무껍질에 가시가 있어 가로수로 심지 않고, 식물원 등에서 볼 수 있다. 조선시대 허준이 쓴 〈동의보감〉에서 "주엽나무의 가시는 부스럼을 낫게 하고, 열매는 뼈에 쓰며 두통, 가래, 기침을 멈추게 한다"고 기록돼 있다. 경북 경주시 안강의 독락당 "중국 주엽나무" 노거수는 수령이 약 470년 정도 추정하는데 천연기념물 제115호로 지정하여 보호를 하고 있다. 2008년 조각자나무로 변경했다. 주엽나무 유사종으로는 원줄기에는 가기가 없고, 1년생 가지에 납작한 가시가 있는 "민주엽나무", 열매가 비틀리지 않게 열리는 "중국 쥐엽나무(조각자나무)"가 있다.

주엽나무의 자랑은 잎, 비틀어진 열매, 가시이다. 잎은 나물로, 비틀어진 열매는 생활용품(비누 대용)으로 썼다. 농경사회 비누가 없을 때 열매의 껍질을 비누 대용으로 썼고, 그 열매를 끓인 물로 빨래를 하기도 했다.

주엽나무 목재는 장밋빛을 띠는 아름다운 무늬가 있어 가구재, 목공예, 세공재, 건축재로 훌륭한 재료가 된다.

🌿 **주엽나무는 식용, 약용, 관상용, 공업용, 밀원용으로 가치가 높다.**

주엽나무 꽃, 열매, 껍질을 쓴다. 봄에 어린순을 채취하여 끓은 물에 살짝 데쳐서 나물로 무쳐 먹는다. 비틀어진 꼬투리 안쪽으로는 떡으로 먹는다. 약초를 만들 때는 열매나 뿌리껍질을 채취하여 햇볕에 말려 쓴다.

한방에서 열매를 말린 것을 "조협(皂莢)", 씨를 "조협자(皂莢子)", 뿌리껍질을 말린 것을 "조협근피(皂莢根皮)"라 부른다. 호흡기 질환(해수, 천식)에 다른 약재와 처방한다. 열매에는 소량의 독이 있어 1회 사용량을 준수하고 과용하면 구토와 설사를 할 수 있으므로 한의사의 처방을 받아야 한다. 특히 임산부나 허약한 사람은 금한다. 민간에서 골절의 진통에는 말린 열매를 물에 달여 복용했다. 피부소양증(가려움증)에는 열매를 짓찧어 환부에 발랐다.

🌿 **주엽나무의 성분&배당체**

주엽나무의 열매에는 사포닌이 함유돼 있다.

🌿 **주엽나무를 위한 병해 처방!**

주엽나무에서 병충해를 보호하는 물질이 있어 강한 편이다.

TIP

번식 주엽나무는 가을에 비틀어진 열매를 따서 과육을 제거한 후 기간 저장한 후 이듬해 봄에 뜨거운 물에 24시간 정도 침전 후 냉상에서 파종하면 20도 온도에서 2~4주 뒤에 발아된다.

15

우리가 몰랐던
신비한 식물의 세계

"사람은 식물을 떠나서 살 수 없는 존재!"

지구상의 생명체는 식물의 광합성 덕분에 산다. 식물의 광합성이란? 나무의 잎이 태양에너지를 받아들여 이를 활용하는 작용을 말한다. 식물은 광합성 작용으로 산소, 물, 탄수화물을 생산한다.

식물의 잎이 녹색을 띠게 하는 게 엽록소(葉綠素)*이다. 모든 생명체는 광합성 자체가 의미하는 빛에 의해 합성되는 영양물질에 의해 의하기 위해 식물이 양분을 생산하는 데는 물과 이산화탄소뿐이다. 식물은 뿌리로 물을 흡수하고 잎으로 이산화탄소를 흡수하고 당분을 만든다.

광합성 작용은 수분의 1초라는 짧은 시간에 전 과정이 이루어진다. 태양광선이 잎이 닿으면 일부가 녹색인 엽록소에 흡수되고 화학반응을 일으키는 촉매작용을 한다. 예를 들면 물은 산소와 수소로 분리됨과 동시에 산소는 방출되고 수소는 이산화탄소와 화학적으로 결합하여 단순한 당분으로 합성돼 식물 전체에 운반되는 것이다.

식물 잎의 구조를 보면 나뭇잎의 앞면은 수분의 증발을 막기 딱딱한 껍질로 덮여 있다. 딱딱한 아래의 바로 밑은 엽록소를 함유한 엽록체가 채워져 있는 책상조직(柵狀組織)이고, 잎맥은 속에는 뿌리에서 수분을 끌어 올려보내는 물관과 광합성으로 얻는 영양분을 뿌리로 보내는 체관이 있다. 잎 뒷면의 숨구멍이 열렸다 닫히기를 반복하면서 생긴 부산물인 산소와 수분을 밖으로 내보내는 작용인 증산(蒸散)이 일어난다.

식물은 광합성 작용으로 할 때 상상할 수 없을 만큼의 물을 대기 속으로 뿜어내야 한다. 예를 들면 우람한 느티나무 한 그루의 잎을 따서 전부 펼쳐 놓으면 테니스장 코트 2개를 덮을 수 있다.

*엽록소는 녹색 색소로 햇빛을 모으고 에너지를 이용해 광합성 작용을 한다. 광합성 공장은 햇빛 에너지, 공기 중 이산화탄소, 뿌리가 흡수한 물, 영양소를 이용한다.

잎의 광합성 작용

"잎은 산소를 생산하는 공장!"

잎이 녹색을 띠게 하는 색소는 엽록소, 잎의 모양을 지탱하는 줄기는 잎맥, 둥근 얼룩 같은 구멍은 나뭇잎의 기공(氣孔·숨구멍)이다. 식물의 잎사귀들 이면(裏面)마다 약 100만 개의 공기구멍을 통해 이산화탄소를 들이마시고 산소를 내뿜는다.

잎은 어떤 조직으로 되어 있는가? 잎사귀는 무작위로 배열된 것처럼 보일지도 모르지만 나무 위나 공중에서 보면 그렇지 않다. 잎의 부위에 따라 기능이 다르다. 잎의 안쪽은 미끈미끈하고 투명한 상층조직, 울타리 조직의 세포, 엽액(葉液), 해면상조직, 바깥쪽의 밸브 역할을 하는 기공(氣孔)**으로 구성되어 있다. 그 크기나 수는 식물 종에 따라 다르지만 대체로 전체 기공은 전체 면적의 1.5% 정도로 사람의 입과 콧구멍을 합친 면적 비율과 거의 같다.

잎의 앞면은 햇빛을 직접 받기 때문에 수분 증발을 막기 위해 매끈하고 딱딱한 껍질로 덮여 있다. 잎의 앞면 속에는 엽록소를 함유한 엽록체가 채워져 이곳에서 광합성 활동이 이루어진다. 잎의 앞면은 아래 가늘고 긴 세포가 촘촘히 서 있는 울타리 조직인 책상조직(柵狀組織)인 엽록소를 함유한 엽록체가 채워져 있다. 잎맥에는 뿌리에서 수분을 올려보내는 "물관"과 광합성으로 얻은 영양분을 뿌리로 내리는 "체관"으로 구성되어 있다. 잎의 뒷면은 기공(氣孔)이라는 작은 미세한 구멍이 무수하게 있어 수시로 열리고 닫히면서 광합성으로 생긴 부산물을 대기중으로 산소와 수분을 밖으로 내보내고 탄산가스를 흡수하고 증산(蒸散) 작용***을 통해 수분 등을 내 보낸다.

식물의 잎은 광합성 공장이다. 지구상의 모든 생명이 호흡할 때 식물이 만들어내는 산소를 소모한다. 녹색식물이 빛 에너지를 이용해 탄수화물을 합성하고 산

** 나무의 물이 대기 중으로 배출되는 출입문이며 이산화탄소가 흡수되는 출입구이다.
*** 식물의 입장에서 산소는 탄수화물을 생산하다 생긴 부산물이다.

소를 만드는 광합성(光合成)* 작용을 한다. 식물은 광합성 작용으로 산소, 물, 탄수화물을 생산해 낸다. 나뭇잎 속에는 타닌이나 페놀 화합물 같은 고약한 물질을 만들어 기공을 통해 대기중으로 방출된다.

"나무는 삶에 쉼을 제공한다!"

나무는 오랜 세월을 거쳐 완성된 교묘한 구조로 되어 있다. 나무는 중력으로 하늘을 향하는 욕망으로 햇빛을 최대한으로 받기 위해 빛을 찾아 서로 다툴 뿐만 아니라 각각의 햇빛을 찾아 치열한 경쟁을 벌인다.

심재(心材)는 살아 있지 않지만, 나무를 부패하지 않도록 다른 층을 보호하며 지탱해 준다.

변재(邊材)는 나무의 세포가 변하면 변재로 변하는 데 목부(木部)라고 부르며 뿌리에서 빨아올린 수분을 잎으로 운반한다. 변재부의 유관속(維管束)에서 나오는 수지나 생장 과정에서 나오는 노폐물이 가득 차면 심재로 변하게 된다.

형성층(形成層)은 나무가 성장하는 부위로 두께가 세포 1개분으로 잔가지 끝부분부터 뿌리까지 나무 전체를 싸고 있다. 형성층은 불과 세포 1개분의 두께밖에 안 되는 매우 얇은 층이다. 형성층이 새로운 유관속을 만들고 대사(代謝)는 생장기에 이루어지고 바깥쪽의 체관부라고 부르는 층의 세포를 만들어낸다. 안쪽층은 물을 뿌리로부터 잎으로 운반을 하고 바깥쪽은 수액을 순환시키고 나무의 둘레 즉 목질 조직으로 늘리며 바깥쪽은 나무껍질인 코르크층을 두껍게 한다.

체관은 나무 스스로 수액인 당분을 만들어 나무 전체에 영양분을 운반한다. 나무 전체는 물론 가지 끝과 뿌리에 수액

---

*광합성이란 6개의 이산화탄소와 12개의 물 분자가 햇빛 에너지와 반응하여. 탄수화물과 6개의 산소 그리고 6개의 물 분자를 만든다.

(樹液)**을 운반한다. 남아도는 양분은 보통 뿌리에 저장되고, 동기나 건기의 휴면기간에 나무는 이 저장물로 살아간다.

수피(樹皮)는 체관부가 노화하면 수피(樹皮)의 일부가 되기도 하지만 수분과 해충의 침입을 방지하고 강한 열기나 한기로부터 나무를 보호는 물론 해충이나 병균이 침입하는 것을 방지하고 보호한다. 나무 내부의 수분 증발을 조절하고 상처가 나면 스스로 회복하는 역할도 한다.

나무의 껍질이 울퉁불퉁한 것은 나무껍질이 고사한 부분에서만 미치는 생장 압력으로 생긴다. 나무껍질은 안쪽으로부터 바깥쪽으로 성장한다. 눈에 보이는 나무껍질은 안쪽으로부터 새로운 조직에 밀린 비틀어진 조직이다.

뿌리의 눈부신 작용

"나무 뿌리는 삶의 이유를 깨닫게 한다!"

세상에 존재하는 뿌리는 생명의 근원이다. 뿌리는 크게 주근(主根), 측근(側根) 세 종류가 있다. 지근(支根)의 땅 위로 나와 있는 두꺼운 부근(扶根)이 있다. 뿌리는 땅속으로 곧장 뻗는 주근(主根), 측근(側根)은 줄기와 주근에서 바깥으로 뻗어 지표와 가까운 흙 속에서 나무의 버팀목 역할을 일부 또는 전부를 떠받으며 산소도 흡수한다. 지근(支根)은 측근의 끝에서 복잡하게 갈지를 치고 가는 뿌리털로 수분과 물에 녹아 있는 무기물을 흡수한다.

인간의 과학은 한 그루의 나무에 뿌리가 몇 개의 뿌리를 가졌는지는 아무도 모른다. 한 연구가에 의하면 호밀 한 포기에 1,300만여 개의 잔뿌리가 있는데, 그 총 연장은 약 600km나 되고, 140억 개의 실뿌리가 달린 것으로 추정할 뿐이다.

나무의 뿌리는 눈부신 작용을 한다. 뿌리는 실뿌리들을 앞세운 채 토양을 맛보아 가며 끊임없이 땅속으로 파고들다가, 토양이 건조해지면 뿌리를 방향을 바꿔

** 수액은 당분을 함유한 액체로 살아 있는 부분의 양분이 된다.

수맥(水脈)을 찾기도 하지만 바위와 같이 굳고 침입할 염두도 낼 수 없는 땅속으로 뚫고 들어간다.

사막화된 광야에서 자라는 싯딤나무는 물이 있는 곳까지 수십 미터까지 뿌리를 내리고, 매우 건조할 때는 시멘트처럼 단단한 땅까지도 뚫을 수 있을 만큼 강해 벼랑의 바위에도 뿌리를 내려 생명을 유지한다. 뿌리는 물을 이용하여 영양소들은 뿌리에서 잎사귀로 옮기는 물 펌프다.

식물에도 환경이 좋은 날이 계속될 수 없다. 예를 들면 토양이 완전히 물에 젖고 뿌리에 산소가 부족하면 치명적이다. 산소 부족이 서서히 진행되면 뿌리는 특별한 관을 만들어 외부에서 공기를 빨아들여 생명을 유지한다.

식물의 하늘을 향하는 욕망!

"나무는 인간에게 신비와 경외의 대상!"

식물은 중력(重力)에 의해 본능적으로 하늘을 향해 자란다. 하늘을 향한 나무의 한길은 빛을 사랑이라기보다는 햇빛을 확보하기 위함이다. 그래서 숲속의 나무들은 경쟁적으로 하늘의 빛을 향해 생명의 근원인 빛을 통해 경쟁력을 높인다.

식물은 서로 반대인 두 방향을 향해 성장한다. 반중력(反重力)이나 부상력 같은 것에 빛을 향해 뻗고, 잔뿌리들은 토양을 맛보아 가며 끊임없이 땅속으로 파고들기도 하지만 토양이 건조해지면 뿌리는 방향을 바꿔 수맥(水脈)을 찾는다.

식물이 싹을 틔울 때부터 중력에 대한 감각을 일으킨다. 뿌리는 아래의 싹은 위로 가라는 신호를 보낸다. 나무는 지면과 수직 방향으로 자라지 않고 중력에 따라 줄기를 뻗으며 자란다. 나무는 중력에 대한 감각이 있어서 어디가 위쪽인지를 감지하고 하늘을 향해 자란다.

식물은 땅 위에서는 잎사귀들이 빛과 이산화탄소를 흡수하고, 땅속에서는 물과

494

영양분을 빨아들인다. 식물이 생존을 위한 필요조건으로 공간, 빛, 물을 찾아 격렬한 경쟁을 한다. 식물은 빛을 향해 가차 없이 뻗어가며 성장한다. 뿌리가 물을 찾아 어두운 흙 속으로 자라는 것은 햇빛에 대한 거부 반응이자 중력에 순응하는 반응이고 햇빛을 향해 줄기를 휘게 하는 것도 식물호르몬에 대한 반응이다.

사람에게 산소, 물, 공기, 햇빛이 필요하듯이 식물에 빛은 힘이다. 빛은 줄기 끝의 이파리는 중력의 힘을 이겨내며 끈질기게 하늘을 향하는 이유는 잎의 세포 속의 엽록체를 자극하여 에너지를 만들어 공기 중의 탄소를 유기질의 탄수화물로 만들어 뿌리에서 끌어온 물을 산소와 수소로 분리하고 이산화탄소를 분리하여 멋진 화합물을 만들어낸다.

꽃은 침엽수림을 제외한 지구의 풍경을 지배한다. 식물 연구가 "바덤"에 의하면 지구상에는 약 25만여 종의 식물이 꽃을 피우고 색깔과 향기와 모양의 방대한 어울림을 연출하는 지상 최고의 쇼라고 극찬한 바 있다.

나무만이 가지고 있는 펌프력!

"인간은 식물의 신비한 세계를 알 수 없는 존재!"

나무는 과학을 뛰어넘는 기술을 가지고 있다. 나무는 소음도 내지 않고 동력을 쓰지 않으면서 땅에서 지기(地氣)와 수액*을 높이 100m 이상까지 대량의 물을 나무에 달린 나뭇잎까지 물을 끓어 올릴 수 있는 운반하는 기술을 가지고 있다.

어떻게 나무(木)는 중력과 반대 방향으로 물을 끓어 올릴 수 있을까? 나무에서

*나무뿌리에서 줄기로 빨아올린 물을 말한다. 수액에는 나무의 양분이 담겨 있다.

수액 상승 원리 네 가지 추측설이다. 첫째는 뿌리에서 생기는 수압에 따라 밀려 올라가는 근압(根壓), 둘째는 물의 잎이 기공(숨구멍)에서 증산한 만큼 압력 차에 의한 음압(陰壓), 셋째는 액체가 매우 좁은 공간의 벽을 따라 올라가는 모세관현상, 넷째는 물 분자끼리 작용하는 인력(引力)에 의한 응집 장력(凝集張力)이 있다. 그러나 과학의 이론으로 추측을 할 뿐, 식물의 신비한 세계를 아직도 모른 것이 아는 것보다 많다는 것을 깨달아야 한다.

나무 맨 꼭대기에 달린 잎의 미세한 구멍에서 땅속 수 미터의 깊은 곳에 있는 세포 끝까지 한 치의 끊어짐 없이 연결되어 있다. 뿌리로부터 흡수된 물은 물관을 타고 위로 끌어올린다. 뿌리에서 잔가지 끝까지 이동 속도는 놀랍게도 30m/h 이상이나 된다.

나무는 어떻게 중력과 반대 방향으로 물을 끌어 올릴 수 있을까? 삼투압 현상으로 뿌리털에서 흡수되면서 시작된다. 뿌리털의 세포들은 용해된 당분과 흙 속의 수분이 뿌리털 속으로 들어와 압력이 같아 지면서 뿌리 속의 수압이 증가하면서 뿌리로부터 줄기를 통해 잔가지 잎까지 밀어 올리게 된다.

나무는 물을 잎사귀를 통해 대기 속으로 방출한 공간이 진공 상태가 형성되어 뿌리의 물이 밀려 올라가 진공 상태를 신속하게 채우는 것이다. 물의 분자는 서로 강력하게 끌어당기는 성질이 있으므로 잎에서 물이 증발하면 다른 분지가 변재로 올라가 그 공백을 메워준다. 증발하면 계속 메워 주는 방식으로 연속으로 이어지기 때문에 항상 싱싱한 잎을 유지한다.

식물의 생존법
"지구상에 어떤 식물도 다른 생명체로부터 자유로울 수 없다!"

식물들은 살아남기 위해 물, 햇빛, 이산화탄소, 흙 속의 무기물 가운데 공급량이 부족할 요소를 찾아 치열하게 찾아 경쟁한다. 교목과 같은 큰 나무는 경쟁자를 그늘로 제압한다. 사람으로서는 나무들끼리 상부상조를 할 것 같지만 식물들은 생존을 위해 서로 돕지 않는다. 식물들은 자신의 생존을 위해 독소를 뿜어 땅에 스며들게 하여 수분에 대한 경쟁을 최소화하여 생존한다.

혹한(酷寒)에서 나무는 어떻게 생존할까? 식물은 나름대로 혹독한 환경을 극복할 수 있는 생존전략이 있다. 나무의 뿌리는 죽을 때까지 성장을 계속한다. 속이 빈 나무라 할지라도 나무껍질과 아래쪽에 있는 형성층이 온전하게 살아 있다면 성장할 수 있다.

식물은 동물과 달리 한 번 뿌리를 내리면 이동할 수 없는 기립지물(氣立之物)* 여기서 생명을 유지하기 위하여 다양한 종류의 항산화 물질을 고농도로 생산하면서 적극적으로 진화하며 생명을 유지한다.

나무는 저마다 단풍으로 사람에게 즐거움을 주지만, 나무 처지에서 보면 낙엽은 겨울을 나기 위한 식물의 생존전략이 된다. 식물은 겨울을 지내기 위하여 가을부터 철저한 준비를 한다. 광합성을 담당하던 엽록소의 합성이 중단되고 붉은색의 "안토시아닌"과 노란색 "카로틴 크산토필" 같은 색소가 만들어지면서 아름다운 단풍으로 단장하고, 축적된 수분과 영양분들이 잎을 통해 빠져

*식물은 氣에 의해서 세워지는 것으로 외부 변화에 의탁하는 타율적인 존재를 말하고, 동물은 신기지물(神機之物)이라 하여 스스로 움직이는 자율적인 존재로 몸에 정신이 있는 것을 말한다.

나가는 것을 막기 위해 과감하게 도려내고 생존한다.

　나무에 상처가 나면 밖으로부터 해를 입지 않도록 "테르펜" 또는 "피톤치드(phytoncide)※"라는 물질을 스스로 방출하여 치유한다. 식물은 자기방어를 구축한다. 방어 물질인 피토케미컬(phytochemical)의 종류만도 1만여 종에 이른다. 식물을 뜻하는 파이토(photo)의 화학물질을 뜻하는 화학적 물질(chemical)의 합성어로 식물이 생존하기 위해 강한 햇빛과 해충, 외부의 스트레스로부터 자신을 지키기 위해 만들어내는 화학물질이다.

식물의 정신세계와 방어

"식물도 말하고, 싸우고, 생각하고, 살아남기 위해 치열하게 싸운다!"

　식물들은 물, 햇빛, 이산화탄소, 흙 속의 무기물 가운데 공급량이 부족할 요소를 찾아 치열하게 찾아 경쟁한다. 식물은 생존을 위해 자기방어 시스템을 가지고 감촉으로 반응한다. 자신을 공격하는 곤충에 대하여 날카로운 가시라든가 독한 맛, 벌레들은 잡거나 죽일 수 있는 끈적끈적한 분비물로 나름대로 방어 수단을 갖추고 있고 때로는 공동의 방어 전선을 펴기도 한다.

　식물의 정신 세계가 있다. 생각하고 말하고 싸우고 살아남기 위해 치열하게 경쟁한다. 꽃 한 송이는 백 가지나 되는 화학 합성물을 만들어 낼 수 있고, 식물이 자기방어 수단으로 대개 냄새가 나는 화학물질에는 독성이 있다. 자신의 생존을 위해 독소를 뿜어 땅에 스며들게 하여 수분에 대한 경쟁

※ 피톤치드(phytoncide)는 식물이란 뜻의 피톤(phyton)과 죽이다 뜻의 치드(cide)가 합쳐진 러시아말로 식물성 살균 물질로 식물 자체의 독특한 물질 만들어 자신을 지키기 위해 내뿜는 물질이다.

을 최소화하여 생존한다.

식물은 해충의 공격을 받거나 가뭄과 같은 스트레스를 받게 되면 공가나 땅속으로 주변 식물들에게 경고 신호를 보내는 것으로 밝혀냈다. 신호를 받은 식물들은 해충의 천적을 부르거나 휘발성 유기 화합물(VOC)을 방출하거나 수분이 날아가지 않게 잎의 기공을 닫는 등의 방어 행동을 한다.

식물은 흙 속에 뿌리를 내리고 있어도 꽃은 언제나 움직인다. 곤충의 공격을 받은 나뭇잎은 자신을 방어하기 위해서 유독성 페놀과 탄닌 성분을 만든다. 그런데 아직 공격을 받지 않은 이웃 나뭇잎에서도 같은 성분의 물질이 증가했다는 것은 닥칠 위험에 대비하라는 신호를 받았기 때문이었다.

동물은 생각하는 뇌가 있지만, 식물은 세포 하나하나가 뇌처럼 활동한다. 식물은 휘발성 물질을 포함해 2만 가지가 넘는 다양한 물질을 합성할 수 있는 화학 공장이다. 식물은 초식동물로부터 보호하기 위해 카페인, 니코틴, 캡사이신 등을 만든다.

식물은 땅에 뿌리를 내리고 있어 자신을 해치는 동물로부터 도망을 할 수 없지만, 화학물질들을 사용해서 끊임없이 싸우고 방어한다. 예를 들면 야생담배는 뿌리에서 니코틴을 합성해서 잎으로 보낸 대부분 생명체가 소화할 수 없는 니코틴은 초식동물의 근육을 마비시킬 수 있는 강력한 신경독(新經毒)이다.

우리가 먹는 약은 대부분 식물

"식물은 인간에게 의학의 보고(寶庫)!"

예부터 인간은 식물로부터 치료물질을 얻었다. 식물은 자신을 보호하려는 방편의 하나로 특수한 화학물질을 만든다. 사람의 몸에 이로운 물질인 플라보노이드는 그 종류는 약 2,000종이 된다.

현재 임상을 적용하고 있는 대부분 약(藥)은 식물로 만든다. 인류 역사 이래 약(藥)의 대부분은 식물에서 추출한다. 1940년대 초까지도 의약품 90% 이상이 식물

에서 추출한 천연물 유래 물질로 만든 것이었다. 16세기 중국 이시진이 쓴 〈본초강목(本草綱目)〉에서 약용(藥用)과 생약(生藥)을 체계적으로 정리하였고, 이후 1985년부터 중의학(中醫學) 현대 프로젝트를 추진하고 있다. 다양한 난치병 질환을 중심으로 아토피 피부염, 천식, 고지혈증, 비만, 심장, 뇌 질환, 치매 등의 신약개발에 박차를 가하고 있다.

전 세계 약용 천연물은 6만여 종 정도 된다. 오랜 역사 이래 전통적으로 독일이 천연의약품 강국이었지만, 현대에 와서는 단연 미국이었다. 그러나 미래는 천연물이 풍부한 인도는 약 7,500여 종이 되고 중국은 1982년부터 10년간 전국에 걸쳐 실시한 중약자원조사에 의하면, 중국에는 약용 자원이 1만2807종(식물 1만1146종, 동물 1581종, 광물 80종) 분포하고 있다. 정확한 통계는 없으나 제약공장의 생산과정을 거치지 않는 한방약까지 포함할 경우 국내 천연물 의약품 시장은 그 규모는 몇조 정도로 추산되고 있다.

현재 제약회사에서 신약개발의 실패 요인은 13~25%가 독성과 안정성 문제이다. 합성의약품의 경우 독성시험과 같은 임상시험 전(前) 단계부터 인체 대상 임상시험을 거쳐 시판 승인을 받기까지 평균 11년 6개월이 걸린다.

인류는 화학이 발달하면서 화학 합성물질이 주를 이루어 1985년에는 미국에서 시판되는 의약품의 75%가 화학 합성물질이다. 그러나 천연물 의약품의 부활이 시작된 것은 1990년대 중반부터로 의약품의 60%를 차지하면서 판세를 뒤집었다. 천연물 의약품은 오랜 역사에 걸쳐 약효가 입증되었기 때문에 부작용이 적다는 장점이 있지만, 대부분 당장 치료보다는 예방을 주목적으로 한다.

16

특허로 검증된
약용 식물

겨우살이	꾸지뽕	가시오가피	마가목	무궁화
인삼	작약	주목	인동덩굴	오미자
구기자	황칠나무	산초나무	엉겅퀴	연꽃
바위솔	여주	새삼	약모밀	천문동
금낭화	개똥쑥	해당화	곰취	민들레

약용식물	특허	출원인	효능
가시오갈피	뿌리 추출물을 유효 성분으로 함유하는 피부암 또는 두경부암 예방 및 치료제	장수군	피부암 · 두경부암
	추출물을 함유하는 당뇨병 예방 및 치료용 조성물	(주)한국토종 약초연구소	당뇨병
	면역 활성을 갖는 가시오갈피의 다당체 추출물 및 그 제조 방법	건국대학교 산학협력단	면역
가래나무	추출물 유효 성분으로 함유하는 피부 주름 개선용 조성물	경희대학교 산학협력단	주름 개선
	열매 청피(靑皮) 추출물 천연 염모제 조성물	배형진	염모제
가죽나무	추출물을 포함하는 천식 및 알레르기 질환의 예방 또는 치료용 조성물	영남대학교 산학협력단	천식 · 알레르기
	항산화 효과를 갖는 가죽나무 추출물을 유효 성분으로 함유하는 조성물	대구한의대학교 산학협력단	항산화
갈매나무	추출물을 유효 성분으로 하는 골 질환 예방 및 치료용 조성물	· 대한민국 (농촌진흥청장) · 연세대학교 산학협력단	골 질환
감나무	감 추출물 또는 타닌(tannin)을 유효 성분으로 함유하는 면역 관련 질환 치료용 조성물	경북대학교 산학협력단	면역
	감 추출물을 유효 성분으로 함유하는 염증성 질환의 예방 및 치료용 조성물	재단법인 한국한방산업진흥원	염증성 질환
개나리	개나리 열매로부터 마타이레시놀 및 악티게닌의 분리 및 정제 방법	(주) 태평 · 최상원	식물성 여성호르몬
개다래	항통풍 활성을 갖는 개다래 추출물을 함유하는 약학 조성물	(주)한국토종 약초연구소	통풍
	진통 및 소염 활성을 갖는 개다래 추출물을 함유하는 조성물	(주)한국토종 약초연구소	진통, 소염
	통풍의 예방 및 치료에 유용한 개다래의 열매주의 제조법	강상중	소염

약용식물	특허	출원인	효능
개비자나무	바이플라보노이드를 함유하는 피부 주름 개선 화장품	· (주)아모레퍼시픽 · 조선대학교 산학협력단	피부주름
개오동	열매로부터 분리한 신규 천연 항산화 물질 및 그의 분리 방법	박근형	항산화
	추출물을 함유하는 숙취 예방 또는 해소용 조성물	한국과학기술원	숙취해소
겨우살이	항노화 활성을 갖는 겨우살이 추출물	(주)미슬바이오택	항노화
	항산화 활성을 이용한 겨우살이 기능성 음료 및 그 제조 방법	한국식품연구원	음료
	항비만 활성 및 지방간 예방 활성을 갖는 겨우살이 추출물	(주)미슬바이오택	지방간
고욤나무	잎 추출물을 유효 성분으로 함유하는 피부미백용 화장품 조성물	(주)아토큐앤에이	피부미백
	잎 추출물을 유효 성분으로 함유하는 항비만용 조성물	(주)아토큐앤에이	비만
골담초	미생물에 의한 골담초 발효 추출물의 제조 방법 및 이를 함유하는 화장료 조성물	(주)레디안	발효식품
	추출물을 함유하는 자외선으로 인한 피부 손상 방지용 및 주름 개선용 화장료 조성물	(주)레디안	화장품
	골담초를 포함하는 천연유래 물질을 이용한 통증 치료제 및 화장품의 제조 방법 및 그 통증 치료제와 그 화장품	(주)파인바이오	화장품
광나무	추출물을 함유하는 퇴행성 뇌신경계 질환의 예방 및 치료용 조성물	재단법인 서울대학교 산학협력단	뇌 신경 질환
	광나무 및 원추리 추출물을 유효 성분으로 함유하는 주름 개선 화장료 조성물	(주)에이씨티	주름 개선

약용식물	특허	출원인	효능
광대싸리	추출물을 유효 성분으로 함유하는 피부주름 개선용 화장료 조성물	(주)코리아나화장품	피부주름
구기자	추출물을 포함하는 학습 및 기억력 향상 생약 조성물	(주)퓨리메드	기억력 향상
구기자	구기자 추출물을 포함하는 식품 조성물	동신대학교 산학협력단	식품
구기자	구기자 추출물을 포함하는 피부미용 조성물	김영복	피부미용
굴피나무	열매 추출물을 함유하는 항노화용 조성물	(주)바이오랜드	노화
굴피나무	추출물을 유효 성분으로 함유하는 염증성 장 질환 치료 및 예방용 약학 조성물	영남대학교 산학협력단	염증
굴피나무	열매 추출물을 함유하는 피부미백 조성물	(주)바이오랜드	피부미백
귤나무	귤껍질 분말 또는 이의 추출물을 함유하는 위장 질환 예방 및 치료용 조성물	강릉원주대학교 산학협력단	위장
귤나무	귤나무 속 열매 발효물을 유효 성분으로 포함하는 항바이러스용 조성물	· 한국생명공학연구원 · (주)휴럼 · 인하대학교 산학협력단	항바이러스
꾸지뽕나무	줄기 추출물을 함유하는 아토피 질환 치료용 조성물	한양대학교 산학협력단	아토피
꾸지뽕나무	잎 추출물을 포함하는 신경세포 손상의 예방 또는 치료용 조성물	한창석	신경세포 손상 예방
꾸지뽕나무	잎 추출물을 포함하는 췌장암 예방 및 치료용 조성물	한창석	췌장암
노간주나무	노간주나무 또는 열매 추출물을 유효 성분으로 포함하는 화장료 조성물	호서대학교 산학협력단	화장료
노간주나무	노간주나무의 향취를 재현한 향료 조성물	(주)에이에스향료	향료

약용식물	특허	출원인	효능
노박덩굴	노박덩굴 추출물을 함유한 구강 조성물	(주)엘지생활건강	구강
	셀라스트롤·세라판올·세스퀴테르펜 에스터계 화합물 또는 노박덩굴 추출물을 유효 성분으로 함유하는 염증 질환, 면역 질환 암 치료제	한국생명공학연구원	염증 면역 암
	추출물을 함유하는 피부미백 조성물	한국생명공학연구원	피부미백
녹나무	멜라닌 생성을 억제하는 녹나무 추출물을 함유하는 미백용 화장료 조성물	학교법인 경희대학교	화장료
	잎 추출물 또는 그의 분획물을 유효 성분으로 포함하는 당뇨병 예방 및 치료용 조성물	한국한의학연구원	당뇨병
	추출물을 이용한 피부 보습용 조성물 및 발모 촉진 또는 탈모 방지용 조성물	김수근	탈모
누리장나무	잎 추출물로부터 아피게닌-7-오-베타-디-글루쿠로니드를 분리하는 방법 및 이화합물을 함유하는 위염 및 식도염 질환 예방 및 치료를 위한 조성물	손의동	위염 · 식도염
	잎으로부터 악테오시드를 추출하는 방법 및 이를 함유하는 항산화 및 항염증 약학 조성물	황완균	항산화 · 항염증
	추출물을 포함하는 항균 조성물	대한민국 (산림청 국립수목원장)	향균
느티나무	느티나무 메탄올 추출물을 포함하는 항암 조성물	단국대학교 산학협력단	항암
능소화	추출물을 포함하는 당뇨 합병증 치료 또는 예방용 조성물	한림대학교 산학협력단	당뇨병

약용식물	특허	출원인	효능
다래	추출물을 함유하는 알레르기성 질환 및 비알레르기성 염증 질환의 치료 및 예방을 위한 약학 조성물	(주)팬제노믹스	알레르기 질환
	추출물을 함유한 탈모 및 지루성 피부 증상의 예방 및 개선용 건강 기능 식품	(주)팬제노믹스	탈모
담쟁이덩굴	추출된 성분을 이용하여 제조된 조성물	백순길	음료용
	담쟁이덩굴 흡착근의 원리를 이용한 접착제	이덕영 · 장수현	접착제
대추나무	대추를 이용한 숙취 해소 음료 및 제조 방법	충청대학교 산학협력단	숙취 음료
	대추 추출물을 유효 성분으로 함유하는 허혈성 뇌혈관 질환의 예방 및 치료용 조성물	(주)내추럴에프엔피	뇌혈관
댕댕이덩굴	추출물을 유효 성분으로 하는 다이옥신 유사물질의 독성에 의한 질병 치료를 위한 약제학적 조성물	(주)내추럴엔도텍	독성 물질 해독
	추출물을 이용한 항산화용 조성물 및 항염증성 조성물	(주)제주사랑농수산	항염증
돈나무	돈나무 추출물을 함유하는 피부 미백제 조성물	· 재단법인 제주테크노파크 · 재단법인 진안홍삼연구소 · 재단법인 경기과학기술진흥원	피부미백
	돈나무 추출물을 함유하는 항스트레스용 조성물	· 재단법인 제주테크노파크 · 재단법인 진안홍삼연구소 · 재단법인 경기과학기술진흥원	항스트레스
	돈나무 추출물을 함유하는 주름 개선용 조성물	· 재단법인 제주테크노파크 · 재단법인 진안홍삼연구소 · 재단법인 경기과학기술진흥원	주름 개선

약용식물	특허	출원인	효능
동백나무	잎 추출물을 유효 성분으로 하는 항알레르기 조성물	건국대학교 산학협력단	항알레르기
두릅나무	두릅을 용매로 추출한 백내장에 유효한 조성물	(주)메드빌	백내장
	두릅과 산딸기를 용매로 추출한 항산화 효과를 가진 추출물	(주)메드빌	항산화
	두릅나무 추출물을 포함하는 혈압 강하용 조성물	(주)싸이제닉	고혈압
두충나무	두충 추출물을 포함하는 경조직 재생 촉진제 조성물	김성진	경조직 재생
	두충 추출물을 함유하는 항산화 및 피부 노화 방지용 화장료 조성물	조홍연	항산화 및 피부 노화
	학습 장애·기억력 장애 또는 치매의 예방 또는 치료용 두충 추출물	(주)유니베라	치매의 예방
	두충 추출물을 유효 성분으로 함유하는 류머티즘 관절염의 예방 또는 치료용 약학 조성물 및 건강식품 조성물	대한민국	류머티스 관절염
딱총나무	딱총나무 및 으아리 추출물을 유효 성분으로 함유하는 주름 개선용 화장료 조성물	· (주)씨앤피코스메틱스 · (주)더마랩	주름 개선용 화장료
땃두릅나무	땃두릅나무가 함유된 음료	도대홍	음료
	잎 추출물을 포함하는 진통제 조성물	한림대학교 산학협력단	진통제
떡갈나무	추출물을 포함하는 당뇨 합병증 치료 예방용 조성물	한림대학교 산학협력단	당뇨병
뜰보리수	과실 추출물을 유효 성분으로 함유하는 항산화·항염 및 미백용 조성물	대구한의대학교 산학협력단	항산화·항염
	과실을 이용한 혼합 음료	대구한의대학교 산학협력단	음료

약용식물	특허	출원인	효능
마가목	열매를 이용한 차의 제조 방법	한국식품연구원	차
	추출물을 유효 성분으로 하는 흡연 독성 해독용 약제학적 조성물	남종현	흡연 독성 해독
만병초	만병초로부터 분리된 트리테르페노이드계 화합물을 함유하는 대사성 질환의 예방 또는 치료용 조성물	충남대학교 산학협력단	대사성 질환의 예방
매발톱나무	추출물을 함유하는 화장료 조성물	(주)한불화장품	화장료
매실나무	항응고 및 혈전 용해 활성을 갖는 매실 추출물	(주)정산생명공학	혈전 용해
	추출물을 함유하는 피부 알레르기 완화 및 예방용 조성물	(주)엘지생활건강	알레르기 완화
	매실을 함유하는 화상 치료제	한경동	화상
먼나무	잎 추출물 또는 카페오일 유도체를 유효 성분으로 아토피 피부염의 예방 또는 치료용 조성물	중앙대학교 산학협력단	피부염의 예방
	잎 추출물 또는 이로부터 분리된 페닐프로파노이드계 화합물을 유효 성분으로 포함하는 항균 조성물	중앙대학교 산학협력단	항균
	잎으로부터 분리된 신규 화합물 및 이의 항산화 유도	중앙대학교 산학협력단	항산화
먹구슬나무	투센다닌 또는 먹구슬나무 추출물을 유효 성분으로 함유하는 치매 예방 또는 치료용 조성물	(주)일동제약	치매 예방
	인도산 먹구슬나뭇잎 추출물을 유효 성분으로 함유하는 패혈증 또는 내독소혈증의 예방 및 치료용 조성물	원광대학교 산학협력단	패혈증 또는 내독소혈증의 예방

약용식물	특허	출원인	효능
멀꿀나무	추출물을 유효 성분으로 포함하는 간 보호용 조성물	재단법인 전라남도 생물산업진흥재단	간 보호
멍석딸기	추출물을 유효 성분으로 함유하는 피부미백용 화장료 조성물	(주)더페이스샵코리아	피부미백용 화장료
모감주나무	꽃(난화) 추출물 또는 이의 분획물을 유효 성분으로 함유하는 부종 또는 다양한 염증의 예방 또는 치료용 조성물	한국한의학연구원	부종 또는 다양한 염증의 예방
모과나무	모과 추출물을 함유하는 미백 조성물	(주)메디코룩스	미백
	열매 추출물을 유효 성분으로 함유하는 당뇨병의 예방 및 치료용 약학 조성물 및 건강식품 조성물	공주대학교 산학협력단	당뇨병
모란	모란 뿌리·상지 및 호이초의 혼합물을 포함하는 미백 화장료	(주)코리아나화장품	화장료
	모란꽃 식물 세포 배양 추출물을 함유한 항노화·항염·항산화 화장료 조성물	(주)바이오에프디엔씨	항노화· 항염·항산화 화장료
목련	퇴행성 중추신경계 질환 증상의 개선을 위한 목련 추출물을 함유하는 기능성 식품	대한민국	기능성 식품
	목련 추출물을 함유하는 무방부제 화장료 조성물	(주)엘지생활건강	화장료
	신이 추출물을 유효 성분으로 함유하는 골 질환 예방 및 치료용 조성물	연세대학교 산학협력단	골 질환 예방
	신이 추출물을 포함하는 췌장암 치료용 조성물 및 건강 기능 식품	(주)한국전통의학연구소	췌장암
	항천식 효능을 가지는 신이 추출물 및 신이로부터 리그난 화합물	한국과학기술원	천식

510

약용식물	특허	출원인	효능
묏대추나무	산조인 추출물 또는 베툴린산 유효 성분으로 함유하는 성장호르몬 분비 촉진용 조성물	한국한의학연구원	성장호르몬 분비 촉진
	산조인 성분을 함유한 진정제	김덕산	진정제
	산조인 추출물을 유효 성분으로 함유하는 속효성 우울증 예방 및 치료용 약학적 조성물	경희대학교 산학협력단	우울증 예방
무궁화	혈중 콜레스테롤을 제거할 수 있는 건강식품 제조 방법	최영숙	건강식품
	아토피성 피부염 예방 및 치료에 효과적인 무궁화와 노나무의 추출물	(주)지에프씨	아토피성 피부염 예방
무화과나무	항혈전 기능의 식품 성분을 추출하는 방법 및 항혈전성 추출물	(주)풀무원건강생화	항혈전
물오리나무	추출물 또는 베툴린산을 포함하는 비만 및 제2형 당뇨병 예방 및 치료용 조성물	한국생명공학연구원	당뇨병
	줄기 추출물 또는 이것으로부터 분리된 화합물을 함유하는 간 독성 질환 예방 및 치료용 조성물	한국과학기술연구원	간 독성 질환 예방
물푸레나무	추출물의 발효물을 포함하는 피부미백용 조성물	(주)아모레퍼시픽	피부미백
미역줄나무	추출물을 활용한 잎에 대한 방사선 치료 증진용 조성물	재단법인 한국원자력의학원	방사선 치료 증진
박태기나무	항산화 및 노화 억제 활성을 가지는 박태기나무의 추출물 및 이를 함유하는 항산화·피부노화 억제 및 주름 개선용 화장료 조성물	(주)한국신약	피부노화억제

약용식물	특허	출원인	효능
밤나무	잎 추출물을 함유하는 항알레르기약	김경만	항알레르기
	율피 추출물을 함유하는 피부주름 개선 화장료 조성물	(주)코리아나화장품	피부주름 개선 화장료
	율피 추출물을 함유하는 수렴 화장품 조성물	(주)코리아나화장품	수렴 화장품
배롱나부	추출물을 유효 성분으로 함유하는 알레르기 예방 및 개선용 약학적 조성물	대전대학교 산학협력단	알레르기 예방
백량금	주름 생성 억제 및 개선 활성을 갖는 백량금 추출물을 함유하는 피부 외용 조성물	(주)바이오랜드	피부 외용
	항염 및 항자극 활성을 갖는 백량금 추출물을 함유하는 피부 외용 조성물	(주)바이오랜드	피부 외용
	미백 황성을 갖는 백량금 추출물을 함유하는 피부 외용 조성물	(주)바이오랜드	피부 외용
백리향	백리향 또는 섬백리향 정유 및 케토코나졸을 유효 성분으로 함유하는 복합 항진균제	학교법인 덕성학원	복합 항진균제
	추출물을 함유하는 피부 보습용 화장료 조성물	(주)더페이스샵코리아	피부 보습용 화장
	추출물을 함유하는 항산화 조성물	건국대학교 산학협력단	항산화
벽오동	추출물을 함유한 천연 항산화제 조성물 및 이의 제조 방법	김진수	천연 항산화제
보리수나무	열매를 주재로 한 약용술의 제조 방법	박봉흠	약용술

약용식물	특허	출원인	효능
복분자딸기	복분자 추출물을 이용한 비뇨기 개선용 조성물	전라북도 고창군	비뇨기 개선
	복분자 추출물을 포함하는 기억력 개선용 식품 조성물	한림대학교 산학협력단 외	기억력 개선용
	복분자 추출물을 함유하는 골다공증 예방 또는 치료용 조성물	한재진	골다공증 예방
	복분자 추출물을 포함하는 불안 및 우울증 예방 및 치료용 약학 조성물	김성진	우울증 예방
복사나무	추출물을 유효 성분으로 함유하는 동맥 경화증을 포함한 산화 관련 질환 및 혈전 관련 질환의 예방 및 치료용 조성물	동국대학교 산학협력단	동맥 경화증·혈전 관련 질환의 예방
부용	부용화 추출물을 함유하는 피부 외용제 조성물	(주)아모레퍼시픽	피부 외용제
	부용 및 뚝갈나무 혼합 추출물을 함유하는 피부 장벽 기능 강화 또는 피부 자극 완화용 조성물	(주)코스맥스	피부 장벽 기능 강화
붉나무	추출물을 포함하는 당뇨병 치료 또는 예방용 조성물	목포대학교 산학협력단	당뇨병
	뇌기능 개선 효과를 가지는 붉나무 추출물을 포함하는 약학 조성물 및 건강식품 조성물	대한민국 (농촌진흥청)	건강식품
비수리	항상화 작용을 갖는 비수리의 추출물을 포함하는 조성물	대한민국 (산림청 국립수목원)	항상화작용
	비수리 추출물 함유한 기능성 맥주 및 상기 기능성 맥주 제조 방법	강진오·박서현	기능성 맥주
	항산화 및 세포 손상 보호 효능을 갖는 비수리 추출물 및 이를 함유하는 화장료 조성물	(주)래디안	세포 손상 보호

약용식물	특허	출원인	효능
비자나무	비자나무 추출물 또는 그로부터 분리된 아비에탄디테르 페노이드계 화합물을 유효 성분으로 하는 심장 순환계 질환의 예방 및 치료용 조성물	한국생명공학연구원	심장순환계 질환의 예방
	비자나무 추출물을 포함하는 한미생물제 조성물 및 방부제 조성물	재단법인 제주테크노파크	방부제
비파나무	잎차(불로장수 복복차)의 제조 방법	오경자·신혜원 ·신희림	차
	비파나무 추출물을 함유한 염모제용 조성물 및 그에 의해 제조된 염모제	(주)씨에이치하모니	염모제
뽕나무	항당뇨 기능성 뽕나무 오디 침출주 및 그 제조 방법	대구카톨릭대학교 산학협력단	항당뇨· 오디 침출주
사과나무	야생사과의 열매 폴리페놀 및 그의 제조 방법	낫키우위스키가부시 키가이샤	열매 제조
	항산화·항염·항암 활성을 갖는 플라보노이드가 감화된 사과 추출 물질 제조 방법	동양대학교 산학협력단	항산화 항염 항암
산당화	산당화에 의한 인삼의 분해	정일수	분해
	산당화에 의한 영지 및 약용식물의 분해	정일수	분해
	산당화 추출물을 함유하는 화장료 조성물	(주)코스트리	화장료

약용식물	특허	출원인	효능
산딸나무	열매를 이용한 와인 및 이의 제조 방법	충청북도 산림환경연구소	와인 제조
	추출물을 유효 성분으로 함유하는 염증성 장 질환 치료 및 예방용 약학 조성물	영남대학교 산학협력단	염증성 장질환 치료
	잎 추출물을 포함하는 항당뇨 조성물	· 농촌진흥청장 · 연세대학교 산학협력단	항당뇨
	열매 추출물, 열매 분획물, 이로부터 분리된 트리테르펜계 화합물 또는 이의 약학적으로 허용 가능한 염을 유효 성분으로 고콜레스테롤 혈증에 기인하는 심혈관 질환의 예방 및 치료용 약학적 조성물	경희대학교 산학협력단	심혈관 질환의 예방
산사나무	산사 추출물을 유효 성분으로 함유하는 퇴행성 뇌 질환 치료 및 예방용 조성물	대구한의대학교 산학협력단	퇴행성 뇌질환 치료
	산사 및 진피의 복합 추출물을 유효 성분으로 함유하는 비만 또는 지질 관련 대사성 질환의 치료 또는 예방용 약학 조성물	(주)뉴메드	대사성 질환의 치료
산수국	추출물을 함유하는 항인플루엔자 바이러스제 및 그것을 포함하는 조성물과 음식물	가부시카가이샤 롯데	음식물
산수유	포제를 활용한 산수유 추출물을 함유하는 항노화용 화장료 조성물	(주)아모레퍼시픽	화장료
	항산화 활성을 증가시킨 산수유 발효 추출물의 제조 방법	동의대학교 산학협력단	발효액
	산수유 추출물을 함유하는 혈전증 예방 또는 치료용 조성물	안동대학교 산학협력단	혈전증 예방
	산수유 추출물을 함유하는 항산화 · 항균 · 항염 조성물	명지대학교 산학협력단	항산화 · 항균 · 항염

약용식물	특허	출원인	효능
산초나무	산초나무 추출물을 유효 성분으로 포함하는 천연 항균 조성물	(주)삼성에버랜드	천연 항균
	항진균 활성을 갖는 산초나무 추출물 또는 조성물	김성덕	항진균
	산초나무 추출물을 함유하는 항바이러스용 조성물	고려대학교 산학협력단	항바이러스용
살구나무	살구와 빙초산을 이용한 무좀 · 습진약 제조 방법	최용석	무좀 · 습진약
	살구 추출물을 함유하는 화장료 조성물	(주)아모레퍼시픽	화장료
상산	상산근 발효 추출물을 포함하는 미백 및 보습 기능성 조성물 및 그 제조 방법	한경대학교 산학협력단	미백 및 보습 기능성
	상산근 발효 추출물을 포함하는 아토피성 피부염의 예방 및 치료용 조성물 밎 제조 방법	한경대학교 산학협력단	아토피성 피부염
	상산 정유 추출물을 이용한 기능성 천연 향료 조성물	김경남	천연 향료
상수리나무	상수리나무 추출물을 함유하는 발모 촉진제 및 그의 제조 방법	최이선	발모 촉진제
	수피를 이용한 β-세크레타제 활성 저해 조성물	(주)한국야쿠르트	β-세크레타제 활성
생강나무	가지 추출물을 포함하는 심혈관계 질환의 예방 및 치료용 조싱물	(주)한화제약	심혈관계 질환의 예방
	잎 추출물을 포함하는 피부미백 및 주름 개선용 조성물	경희대학교 산학협력단	피부미백 및 주름 개선용
	생강나무에서 추출한 유효 성분으로 함유하는 혈행 개선 조성물	(주)양지화학	혈행 개선
생달나무	생달나무에서 추출한 정유를 포함하는 항균성 조성물	전라남도	항균성

516

약용식물	특허	출원인	효능
생열귀나무	생열귀나무로부터 비타민 성분의 추출 방법	신국현 외	비타민 성분의 추출
	생열귀나무 추출물을 함유하는 항산화 또는 항노화 또는 항노화용 피부 화장료 조성물	(주)마이코스메틱	항노화용 피부 화장료
석류나무	석류 추출물을 함유하는 노화 방지용 화장료 조성물	(주)나드리화장품	노화 방지용 화장료
	석류 추출물을 함유하는 비만 예방 및 치료용 조성물	고흥석류친환경 영농조합법인	비만 예방
소귀나무	기능성 화장품 성분 추출 방법	제주대학교 산학협력단	기능성 화장품
	잎으로부터 분리된 신규 황산염 페놀성 화합물 및 이의 항산화 항염 용도	중앙대학교 산학협력단	황산염 페놀성 화합물
소나무	소나무 뿌리 생장점으로부터 분리한 식물 줄기세포 추출물을 함유하는 항노화 피부 미용제 조성물	(주)아우딘퓨쳐스	항노화 피부 외용제
	소나무 추출물을 유효 성분으로 포함하는 고콜레스테롤증 개선 또는 예방용 조성물	신라대학교 산학협력단	고콜레스테롤증 개선
소태나무	소태나무 추출물을 이용한 간암과 간경화 및 지방간 치료 제품 및 제조 방법	권호철	간암과 간경화, 지방간 치료
	소태나무 추출물을 유효 성분으로 포함하는 아토피 피부염 또는 알레르기성 피부 질환의 예방 및 치료를 위한 조성물	서정희	아토피 피부염 또는 알레르기성 피부 질환의 예방
송악	송악 추출물을 함유하는 미백 화장료 조성물	재단법인 제주하이테크 산업진흥원	미백 화장료
수양버들	수양버들 추출물을 함유하는 자연분말치약	재단법인 서울보건영구재단	치약

약용식물	특허	출원인	효능
순비기나무	항산화 효과를 갖는 순비기나무 추출물을 유효 성분으로 함유하는 화장료 조성물	대구한의대학교 산학협력단	화장료
	순비기나무 추출물을 유효 성분으로 함유하는 항아토피용 화장료 조성물	대전대학교 산학협력단	항아토피용 화장료
	순비기나무 유래 플라보노이드계 화합물을 함유하는 항암용 조성물	부경대학교 산학협력단	항암
싸리	항산화 · 항염증 및 미백에 유한한 싸리 성분의 추출 방법	계명대학교 산학협력단	항산화 · 항염증
예덕나무	예덕나무의 추출물을 유효 성분으로 하는 간 기능 개선제	오기완	간 기능 개선
	예덕나무 추출물을 포함하는 여드름 피부용 화장료 조성물	방선이	여드름 피부용 화장품
	예덕나무 추출물 및 코엔자임 Q-10을 유효 성분으로 함유하는 피부 노화 방지용 화장료 조성물	(주)코리아나화장품	피부 노화 방지용 화장료
오갈피나무	오갈피 추출물을 포함한 C형 간염 치료제	(주)엘지	C형 간염 치료제
	오갈피 추출물을 포함하는 치매 예방 또는 치료용 조성물	· (주)바이오서너젠 · 성광수	치매 예방
	오갈피 열매 추출물을 유효 성분으로 함유하는 암 예방 및 치료용 약학적 조성물	경희대학교 산학협력단	암 예방
	오갈피 추출물의 골다공증 예방 또는 치료용 약학적 조성물	(주)오스코텍	골다공증 예방
	오갈피 추출물의 유효 성분으로 함유하는 위장 질환의 예방 또는 치료용 조성물	(주)휴림	위장 질환의 예방

약용식물	특허	출원인	효능
오동나무	수피의 물 추출물을 포함하는 항균성 천연염료 및 이를 이용한 항균 섬유	최순화	항균성 천연염료
	오동나무 추출물 또는 그로부터 분리된 디아릴헵타노이드계 화합물을 유효 성분으로 하는 심장 순환계 질환의 예방 및 치료용 조성물	한국생명공학과학원	심장 순환계 질환의 예방
	오동나무 추출물을 함유하는 항바이러스 조성물	(주)알앤엘바이오	항바이러스
	오동나무 유래 디아릴헵타노이드계 화합물을 포함하는 항산화 및 간 보호용 조성물	(주)알앤엘바이오	항산화 및 간 보호용
	오동나무 추출물 또는 그로부터 분리된 화합물을 유효 성분으로 포함하는 간 섬유와 억제용 조성물	(주)엘컴사이언스	10간 섬유와 억제용
오미자	오미자 씨앗 추출물을 함유하는 항암 및 항암 보조용 조성물	문경시	항암
	오미자 추출물을 함유하는 알츠하이머병 예방 및 치료용 조성물	문경시	알츠하이머병 예방
	오미자 추출물로부터 분리된 화합물을 유효 성분으로 함유하는 대장염 질환의 예방 및 치료용 조성물	김대기	대장염 질환의 예방
	오미자 에틸아세테이트 분획물을 유효 성분으로 포함하는 비만 예방 또는 치료용 조성물	서울대학교 산학협력단	비만 예방
옻나무	옻나무로부터 분리된 추출물 및 플라보노이드 화합물들을 함유한 간 질환 치료제	학교법인 성지학원	간질환 치료

약용식물	특허	출원인	효능
월계수	잎으로부터 분리한 항산화제 및 그의 정제 방법	대한민국	항산화
	잎 추출물로 구성된 간경화 및 섬유화 치료 또는 예방용 조성물	서울대학교 산학협력단	간경화 및 섬유화 치료
	잎의 단일 성분 추출물을 함유한 파킨슨병과 퇴행성 신경계 뇌 질환의 예방 및 치료용 조성물	서울대학교 산학협력단	파킨슨병과 퇴행성 산경계 뇌 질환의 예방
유자나무	유자 추출물을 함유하는 뇌혈관 질환의 예방 또는 치료용 조성물	건국대학교 산학협력단	뇌혈관 질환의 예방
	유자 추출물을 유효 성분으로 함유하는 심장 질환의 예방 또는 치료용 조성물	건국대학교 산학협력단	심장 질환의 예방
	유자 과피 추출물을 유효 성분으로 포함하는 항당뇨 조성물 및 이의 제조 방법	한국식품연구원 외	항당뇨
으름덩굴	종자 추출물을 포함하는 항암 조성물 및 그의 제보 방법	김승진	항암
은행나무	뿌리 추출액을 함유하는 발모제	이덕희	발모제
음나무	HIV 증식 억제 활성을 갖는 음나무 추출물 및 이를 유효 성분으로 함유하는 AIDS 치료제	유영법 · 최승훈 · 심법상 · 안규석	AIDS 치료
	음나무 추출물을 함유하는 퇴행성 중추신경계 질환 증상의 개선을 위한 기능성 식품	충북대학교 산학협력단	퇴행성 중추신경계 질환 증상의 개선
인동덩굴	성장호르몬 분비 촉진 활성이 뛰어난 인동 추출물, 이의 제조 방법 용도	(주)엠디바이오알파	성장호르몬 분비 촉진
	자외선에 의한 세포 변이 억제 효과를 갖는 인동 추출물을 포함하는 조성물	순천대학교 산학협력단	자외선에 의한 세포 변이 억제
자귀나무	자귀나무 추출물을 포함하는 항암 또는 항암 보조용 조성물	학교법인 동의학원	항암

약용식물	특허	출원인	효능
자두나무	자두 추출물을 함유하는 화장비누 및 그 추출 방법	학교법인 신천학원	화장비누
	자두 추출물을 유효 성분으로 포함하는 피부 상태 개선용 조성물	계명대학교 산학협력단	피부 상태 개선
잣나무	잎 추출물 유효 성분으로 함유하는 당뇨병 예방 및 치료용 조성물	(주)메테르젠	당뇨병 예방
	잎 추출물 유효 성분으로 함유하는 혈중 콜레스테롤 강하용 조성물	(주)메테르젠	혈중 콜레스테롤 강하
조팝나무	조팝나무 추출물을 유효 성분으로 함유하는 화장료 조성물	(주)코리아나화장품	화장료
	잎으로부터 분리된 신규 헤미테르펜 글루코시드 화합물 및 이의 항산화 및 항염 용도	중앙대학교 산학협력단	항산화 및 항염
주목	주목의 형성층 또는 전형성층 유래 식물 줄기세포주를 유효 성분으로 함유하는 항산화·항염증 또는 항노화용 조성물	(주)운화	항산화·항염증 또는 항노화
쥐똥나무	쥐똥나무 속 식물 열매와 홍삼 함유 청국장 분말로 이루어진 항당뇨 활성 조성물	김순동	항당뇨 활성
진달래	뿌리 추출물을 유효 성분으로 포함하는 피부노화 방지용 화장료 조성물	(주)코리아나화장품	화장료
	뿌리 추출물을 함유하는 피부 자극 완화용 화장료 조성물	(주)코리아나화장품	피부 자극 완화용 화장료
	뿌리 추출물로부터 분리한 탁시폴린 3-O-β-D-글루코피라노시드를 유효 성분으로 포함하는 아토피성 피부염 치료용 조성	· (주)뉴트라알앤비티 · 중앙대학교 산학협력단	아토피성 피부염 치료
	진달래 발효 추출물을 포함하는 천연 방부제 조성물 및 그의 제조 방법	(주)인타글리오	천연 방부제

약용식물	특허	출원인	효능
찔레꽃	항산화 활성을 가지는 찔레꽃 추출물을 포함하는 식품 조성물	(주)이롬	항산화
차나무	항균 작용이 있는 차나무과 수종의 추출물 및 제조 방법	박홍락	항균 작용
	차나무 뿌리 유래 사포닌을 포함하는 구강용 조성물	(주)아모레퍼시픽	구강
참느릅나무	수피 추출물을 유효 성분으로 함유한 면역 억제제 및 이의 이용 방법	(주)한솔제지	면역 억제제
청미래덩굴	청미래덩굴 추출물을 함유하는 혈관 질환의 예방 또는 치료용 약학 조성물	동국대학교 경주캠퍼스 산학협력단	혈관 질환의 예방
	잎 추출물을 함유하는 당뇨 예방 및 치료용 조성물	강원대학교 산학협력단	당뇨 예방
측백나무	잎을 포함하는 발모 촉진 또는 탈모 방지용 조성물 및 이의 제조 방법	심태흥 · 이선미	발모 촉진
치자나무	치자나무 추출물을 포함하는 우울증 질환의 예방 및 치료를 위한 약학 조성물	건국대학교 산학협력단	우울증 질환의 예방 및 치료
	치자나무 추출물의 분획물을 유효 성분으로 함유하는 알레르기 질환의 예방 또는 치료용 조성물	한국한의학연구원	알레르기 질환의 예방 또는 치료
칠엽수	혈관 신생 억제 활성을 갖는 칠엽수 추출물을 유효 성분으로 하는 조성물	(주)안지오랩	혈관 신생 억제 활성
	칠엽수 추출물을 함유하는 다크서클 완화용 화장료 조성물	(주)더페이스샵	완화용 화장료
칡	골다공증 예방 및 치료에 효과를 갖는 갈근 추출물	한국한의학연구원	골다공증 예방 및 치료
	칡 추출물을 이용한 폐경기 여성 건강 예방 및 치료	고려대학교 산학협력단	폐경기 여성 건강 예방 및 치료
	갈근 추출물을 함유하는 암 치료 및 예방을 위한 약학 조성물	원광대학교 산학협력단	암 치료 및 예방

약용식물	특허	출원인	효능
탱자나무	탱자나무 추출물을 함유하는 B형 간염 치료제	(주)내비켐	B형 간염 치료
	탱자나무 추출물을 함유하는 C형 간염 치료제	(주)내비켐	C형 간염 치료
	탱자나무 추출물을 포함하는 살충용 조성물	강원도	살충용 조성물
	탱자나무 추출물 또는 이로부터 분리된 화합물을 유효 성분으로 함유하는 항염증 및 항알레르기용 조성물	영남대학교 산학협력단	항염증 및 항알레르기용
팔손이	국내산 팔손이 근피의 면역 기능 증진을 위한 팔손이 근피의 추출액 제조 방법	· 강원대학교 산학협력단 · 정을권	면역 기능 증진
	세포 투과성 융합단백질의 세포 투과율을 향상시키는 팔손이 화합물	· 강원대학교 산학협력단 · 재단법인 춘천 바이오산업진흥원	세포 투과성 융합단백질의 세포 투과율을 향상
팔꽃나무	팔꽃나무 추출물, 이의 분획물 또는 이로부터 분리한 화합물을 유효 성분으로 함유하는 아토피 예방 또는 치료용 약학적 조성물	한국생명공학연구원	아토피 예방 또는 치료
	지방세포 분화를 저해하는 팔꽃나무 추출물	(주)엠디바이오알파	지방세포 분화를 저해
포도	화상 치료제용 포도 잔여 발효 추출물의 제조 방법	(주)게비스코리아	화상 치료제 발효 추출물
	포도씨 또는 포도 과피 성분을 함유하는 혈소판 응집 억제제용 조성물 및 이를 이용한 혈소판 응집 억제제	강명화	혈소판 응집 억제제용
	포도씨를 이용한 β-세크레타제 활성 저해 조성물	(주)한국야쿠르트	β-세크레타제 활성 저해
	포도 잎 추출물을 유효 성분으로 함유하는 혈전 질환의 예방 또는 개선용 식품 조성물 및 약학 조성물	전주대학교 산학협력단	혈전 질환의 예방

약용식물	특허	출원인	효능
함박꽃나무	함박꽃나무에서 분리한 항생 물질	신국현	항생물질
	함박꽃나무 꽃 등의 추출물을 함유하는 보습 및 진정 화장용 조성물	이상록	보습 및 진정 화장용
	함박꽃나무 꽃 등을 혼합한 영영국수 및 그 제조 방법	지수옥	영영국수
해당화	항당뇨와 항산화 효능이 있는 해당화 잎차 제조 방법	전라남도	항당뇨와 항산화
	해당화 줄기 추출물을 포함하는 암 예방 또는 치료용 조성물	연세대학교 산학협력단	암 예방 또는 치료
향나무	향나무 목질부 추출물을 주요 활성 성분으로 함유하는 항노화용 화장료 조성물	(주)한불화장품	항노화용 화장료
	향나무로부터 분리된 세트롤을 함유하는 암 예방 및 치료용 조성물	학교법인 동의학원	암 예방 및 치료
	향나무 추출물로부터 분리된 위드롤을 유효 성분으로 함유하는 암 예방 및 치료용 조성물	학교법인 동의학원	암 예방 및 치료
	향나무 추출물 또는 새드롤을 포함하는 비만 및 제2형 당뇨병 예방 및 치료용 조성물	한국새영공학연구원	비만 및 제2형 당뇨병 예방 및 치료
헛개나무	헛개나무 열매 추출물을 함유하는 간 기능 개선용 조성물의 제조 방법	(주)광개토바이오텍	간 기능 개선
	헛개나무 추출물을 포함하는 비만 예방 및 치료를 위한 조성물	(주)엠디케스팅	비만 예방 및 치료
	헛개나무 열매 추출물을 함유하는 항염증제 및 이의 용도	(주)엘지생활건강	항염증제

약용식물	특허	출원인	효능
협죽도	냉각수 내 세균 증식 억제용 협죽도의 식물 추출물 및 이를 이용한 냉각수 내 세균 증식 억제 방법	재단법인 포항산업과학연구원	냉각수 내 세균 증식 억제
	협죽도 추출물을 유효 성분으로 포함하는 염증성 질환 치료 및 예방용 조성물	한국폴리텍바이오 대학 산학협력단	염증성 질환 치료
호두나무	호두 열매 추출물과 은행 열매 추출물을 이용한 천식 치료제	이병두	천식 치료
	호두 추출물을 함유하는 모발 성장 촉진용 화장료 조성물	서원대학교 산학협력단	모발 성장 촉진용 화장
화살나무	항암 활성 및 항암제의 보조제 역할을 하는 화살나무 수용성 추출물	(주)동성제약 이정호	항암 활성 및 항암제의 보조제
황벽나무	황백피와 지모의 혼합 추출물을 포함하는 염증 및 통증 치료용 조성물	(주)메드빌	염증 및 통증 치료
	황백을 이용한 약물 중독 예방 치료를 위한 약제학적 조성물	심인섭	약물 중독 예방 치료
황칠나무	황칠나무 추출물을 포함하는 남성 성 기능 개선용 조성물	전라남도 생물산업진흥재단	남성 성 기능 개선
	황칠나무 추출물을 포함하는 간 질환 치료용 약학 조성물	박소현	간 질환 치료
회양목	회양목 추출물을 포함하는 탈모 방지 또는 발모 촉진용 조성물	(주)이태후생명과학	탈모 방지 또는 발모 촉진용
회화나무	폐경기 질환의 치료 또는 예방, 피부 노화 방지 또는 피부주름 개선용 회화나무 추출물	(주)노바셀테크놀로지	폐경기 질환의 치료 또는 예방, 피부 노화 방지
	회화나무 꽃 추출물의 누룩 발효물을 함유하는 여드름 개선용 조성물	(주)롯데	여드름 개선
	회화나무 유래 줄기세포를 포함하는 탈모 예방 또는 개선용 화장료 조성물	(주)에스테르	탈모 예방

나무 용어

ㄱ

가시
식물의 줄기나 잎, 열매를 싼 겉면에 뾰족하게 돋아난 것.

가종피(假種皮)
배주의 주피 이외의 부위가 발달하여 만들어진 씨껍질.

건과(乾果)
열매가 익으면 껍질이 마르는 과일.

견과(堅果)
흔히 딱딱한 껍질에 싸인 보통 1개의 씨가 들어있는 열매.

괴경(塊莖)
줄기가 비대하여 육질의 덩어리로 된 뿌리.

근생엽(根生葉)
뿌리나 땅속줄기에서 직접 땅 위에 나오는 잎.

급첨두(急尖頭)
잎맥만이 자라서 잎끝이 가시와 같이 뾰족한 것.

골돌(蓇葖)
단자예(單子蘂)로 구성되어 있고, 1개의 봉선을 따라 벌어지고, 1개의 심피 안에 여러 개의 종자가 들어있는 열매.

과수(果樹)
과실나무.

관목(灌木)
수간(樹幹)이 여러 개인 목본 식물로 키가 보통 4~5m 이하인 것.

교목(喬木)
줄기가 곧고 굵으며 높이 자라고 위쪽에서 가지가 퍼지는 나무로 키는 4~5m 정도인 것.

구과(毬果)
솔방울처럼 2개 이상의 소견과가 달린 열매.

기생식물(寄生植物)
딴 생물에 기생하여 그로부터 양분을 흡수하여 사는 식물.

기수우상복엽(奇數羽狀複葉)
소엽의 수가 홀수인 복엽.

꽃차례
화서(花序)라고도 하며 줄기나 가지에 꽃이 달리는 모양.

ㄴ

낭과(囊果)
고추나무와 새우나무의 열매처럼 베개 모양으로 생긴 열매.

난형(卵形)
달걀 모양으로 아랫부분이 가장 넓은 잎의 모양.

능형(菱形:마름모형)
변의 길이는 같지만, 내각이 다르고, 다이아몬드형인 잎의 모양.

노거수(老巨樹)
100년 이상 생장 활동을 한 나무.

노지 관상 화목류
노지의 정원에서 자라며, 꽃이 피는 목본 식물.

단지(短枝)
소나무나 은행나무같이 마디 사이가 극히 짧은 가지로 5~6년간 자라며, 작은 돌기처럼 보이고 매년 잎이나 열매가 달림.

단체웅예(單體雄蕊)
무궁화와 비슷한 화사가 전부 한 몸으로 뭉친 것.

단성화(單性花)
암술과 수술과 하나가 없는 것.

단정화서(單頂花序)
꽃자루 끝에 꽃이 1개씩 달리는 화서(花序).

단엽(單葉·홀잎)
1개의 잎몸으로 되어 있는 잎.

대생(對生 · 마주나기)
한 마디에 잎이 2개씩 마주 달리는 것.

동아(冬芽)
전년도에 생겨 겨울을 나고 이듬해 잎이나 꽃이 되는 눈.

두상화서(頭狀花序)
두상으로 된 화서로서 꽃자루가 없는 꽃이 줄기 끝에 모여서 들러붙어 있으며 꽃은 가장자리부터 피어 안쪽으로 향함.

단맥(單脈)
잎의 주맥 1개만이 발달한 것.

도란형(倒卵形)
거꾸로 선 달걀 모양.

도심장형(倒心臟形)
거꾸로 선 심장 모양.

도피침형(倒披針形)
피침형이 거꾸로 선 모양.

둔거치(鈍鋸齒)
둔한 톱니 같은 잎 가장자리.

둔두(鈍頭)
둔한 잎의 끝.

둔저(鈍底)
양쪽 가장자리가 90° 이상의 각으로 합쳐져 둔한 엽저(잎밑).

덩굴손(券鬚·권수)
가지나 잎이 변하여 다른 물건에 감기는 것.

막질(膜質)
얇은 종잇장 같은 잎의 재질.

망상맥(網狀脈·그물맥)
주맥으로부터 연속해서 가지를 쳐서 세분되고, 서로 얽혀 그물 모양으로 된 열매.

미상(尾狀)
잎끝이 갑자기 좁아져서 꼬리처럼 길게 자란 모양

미상화서(尾狀花序)
화축(꽃대)이 연하여 밑으로 처지는 화서로서, 꽃잎이 없고 포로 싸인 단성화로 된 것.

맹아(萌芽)
식물에 새로 트는 싹(움).

목질화(木質化)
식물의 세포벽에 리그닌(lignin)이 쌓여 나무처럼 단단해지는 현상.

밀생(密生)
빈틈없이 빽빽하게 남.

밀추화서(密錐花序)
취산화서가 구형으로 되어 총상 또는 원추상으로 화축(꽃대)에 달린 것.

방추형(紡錐形)
잎끝이 뾰족한 원기둥꼴의 모양

복산형꽃차례
산방으로 이루어진 꽃차례가 다시 산방꽃차례
나 나누어진 모양의 꽃차례.

반곡(反曲)
뒤로 젖혀진 것

배상화서(杯狀花序)
암술과 수술이 각각 1개씩으로 된 암꽃과 수꽃
이 잔 모양의 화탁(꽃받침) 안에 들어있는 화서
(花序).

복과(複果)
둘 이상의 암술이 성숙해서 된 열매

복엽(複葉 · 겹잎)
2개 이상의 잎몸으로 되어 있는 잎

분리과(分離果)
콩 꼬투리와 비슷하고, 종자가 들어있는 사이
가 잘록하고 익으면 잘록한 중앙에서 갈라진
열매.

분열과(分裂果)
세로축 좌우가 2개로 갈라지는 열매.

삭과(蒴果)
다심피로 구성되어 있으며 2개 이상의 봉선을
따라 터지는 열매

상과(桑果)
육질 또는 목질로 된 화피가 붙어 있고, 씨방
이 수과 또는 핵과상으로 되어 있는 열매.

산방꽃차례
꽃차례에 달리는 작은 꽃자루 길이가 위로 갈
수록 짧아져서 위에서 편평한 모양을 이루는
꽃차례.

산형꽃차례
꽃자루 끝에서 같은 길이의 작은 꽃가루가 우
산 모양으로 펼쳐진 꽃차례.

산방화서(繖房花序)
꽃이 수평으로 한 평면을 이루는 것으로서, 화
서 주축에 붙은 꽃자루는 밑의 것이 길고 위로
갈수록 짧아짐. 꽃은 평면 가장자리의 것이 먼
저 피고 안의 것이 나중에 핀다.

산형화서(繖形花序)
줄기 끝에서 나온 길이가 거의 같은 꽃자루들
이 우산 모양으로 늘어선 화서(花序).

소교목(小喬木)
관목보다는 크고 교목보다는 작은 나무.

소엽(小葉)
겹잎(복엽) 모양의 잎차례로 구성된 작은 잎.

수과(瘦果)
한 열매에 한 개의 씨가 들어있고 얇은 열매껍
질에 싸이며 씨는 열매껍질로부터 떨어져 있음.

소수화서(小穗花序)
대나무의 꽃과 같이 소수(小穗)로 구성된 화서
(花序).

수상화서(穗狀花序)
작은 꽃자루가 없는 꽃이 화축(꽃대)에 달린 화
서(花序).

수지도(樹脂道)
송진이 나오는 구멍.

수피(樹皮 · 나무껍질)
나무껍질.

순저(楯底)
방패처럼 생긴 엽저(잎밑).

순형화관(脣形花冠)
위아래 두 개의 꽃잎이 마치 입술처럼 생긴 것.

삼각형(三角形)
세모꼴 비슷한 잎의 모양.

석류과(石榴果)
상하로 된 여러 개의 방으로 되어 있고, 씨껍
질도 육질인 열매.

선린(腺鱗)
진달래 등의 잎에서 향기를 내는 비늘 조각.

선모(腺毛)
끝이 원형의 선으로 된 털.

설상화(舌狀花)
식물의 두상화에서 가장자리의 혀 모양의 꽃.

설저(楔底)
쐐기 모양으로 점점 좁아져 뾰쪽하게 된 엽저
(잎밑).

시과(翅果)
지방벽이 늘어나 날개 모양으로 달린 열매

아대생(亞對生)
한마디에 한 개씩 달려 있고, 2개씩 서로 가깝
게 달린 것.

엽서(葉序)
잎이 줄기와 가지에 달리는 모양.

영과(穎果)
포영으로 싸여 있고, 열매껍질은 육질이며 씨
껍질에 붙어 있는 열매.

액과(液果)
열매껍질이 육질이고 즙액이 많은 과일(포도,
귤 등).

예거치(銳鋸齒)
뾰쪽한 톱니 같은 가장자리.

예두(銳頭)
끝이 짧게 뾰쪽한 잎.

오출맥(五出脈)
주맥이 5개로 발달한 잎맥.

왜저(歪底)
양쪽이 대칭되지 않고 일그러진 엽저(잎밑).

요두(凹頭)
끝이 원형이고, 잎맥 끝이 오목하게 팬 잎끝.

우상맥(羽狀脈)
깃 모양으로 갈라진 열매.

우상복엽(羽狀複葉)
소엽이 총 잎자루 좌우로 달린 복엽(겹잎).

우수우상복엽(偶數羽狀複葉)
소엽의 수가 짝수인 우상복엽.

양성화(兩性花)
암술과 수술이 다 있는 것.

완전화(完全花)
꽃받침, 꽃잎, 수술, 암술의 네 가지 기관을 모
두 갖춘 꽃.

원추꽃차례
꽃차례 모양이 위로 갈수록 점점 좁아져 전체
적으로 원뿔 모양인 꽃차례.

원추화서(圓錐花序)
중심의 화관축이 발달하고, 여기에서 가지가
나와 꽃을 다는 것으로, 전체가 원추형인 화서
(花序), 꽃은 밑에서 피어 위로 향함.

원형(圓形)
잎의 윤곽이 원형이거나 거의 원형인 것.

윤생(輪生:돌려나기)
한 마디에 잎이 3장 이상 달린 것.

은두화서(隱頭花序)
머리모양꽃차례의 변형으로서 화축(꽃대) 끝이
내부로 오므라져 들어간 화서(花序).

은화과(隱花果)
주머니처럼 생긴 육질의 화탁(꽃받침) 안에 많
은 수과가 들어있는 열매.

이과(梨果)
꽃받침이 발달하여 육질로 되고, 심피는 연골
질 또는 지질로 되며, 씨가 다수인 열매.

이강웅예(二强雄蕊)
한 꽃에 있어서 4개의 수술 중 2개는 길고 2개
는 짧은 것.

이저(耳底)
귀밑처럼 생긴 엽저(잎밑).

인편(鱗片)
비늘 조각.

잎겨드랑
잎(잎자루 끝)과 줄기 사이.

융모(絨毛)
길이가 일정치 않은 털이 서로 엉겨 있는 부드러운 털.

중둔거치(中鈍鋸齒)
겹으로 둔한 톱니가 있는 잎 가장자리.

중예거치(中銳鋸齒)
겹으로 뾰족한 톱니가 있는 잎 가장자리.

정제화관(整齊花冠)
꽃잎의 모양과 크기가 모두 같은 것.

종피(種皮)
종자의 껍질.

중성화(中性花)
암술과 수술이 다 없는 것.

장과(漿果)
육질로 되어 있는 내·외벽 안에 많은 종자가 들어있는 열매.

장미과(薔薇果)
꽃받침이 발달하여 육질통으로 되고, 그 안에 많은 소견자가 들어있는 열매.

정아(頂芽)
줄기나 가지의 끝에 나는 눈.

장상맥(掌狀脈)
손바닥을 편 모양으로 발달한 잎맥.

장상복엽(掌狀複葉)
소엽이 총 잎자루 끝에서 방사상으로 퍼져 있는 복엽(겹잎).

전연(全緣)
톱니가 없이 밋밋한 잎의 가장자리.

전열(全裂)
주맥까지 또는 완전히 갈라진 잎 가장자리.

집과(集果)
목련의 열매처럼 여러 열매가 모여서 된 것.

첨두(尖頭)
잎의 끝부분이 뾰족한 모양.

총상화서(總狀花序)
긴 화축(꽃대)에 꽃자루의 길이가 같은 꽃들이 들러붙고 밑에서부터 피어 올라감.

총상꽃차례
꽃자루 축에 자루가 있는 꽃들이 마주나거나, 어긋나게 차례차례로 달리는 꽃차례.

취과(聚果)
심피 또는 꽃받침이 육질로 되어 있고, 많은 소액과로 구성된 모양.

취산화서(聚散花序)
화축(꽃대) 끝에 달린 꽃 밑에서 1쌍의 꽃자루가 나와 각각 그 끝에 꽃이 1송이씩 달리고, 그 꽃 밑에서 각각 1쌍의 작은 꽃자루가 나와 그 끝에 꽃이 1송이씩 달리는 화서로, 중앙에 있는 꽃이 먼저 핀 다음 주위의 꽃들이 핀다.

취합과(聚合果)
열매가 밀접하게 모여 붙는 것.

취산꽃차례
먼저 꽃대 끝에 한 개의 꽃이 달리고, 그 밑에 여러 개의 꽃이 달리는 형식이 반복된 꽃차례.

측아(側芽)
줄기의 옆에서 나오는 눈.

침엽(針葉)
바늘 모양의 잎(소나무, 잣나무 등).

추피(皺皮 · 주름살)
잎맥이 튀어나와 주름이 진 것

현수과(懸瘦과)
열매가 중축에서 갈라지며 거꾸로 달리는, 산형과 식물에서 볼 수 있는 열매.

ㅍ

평두(平頭)
자른 것처럼 밋밋한 것.
파상(波狀)
잎 가장자리가 물결 모양인 것.
피침형(鈹鍼形)
장타원보다 좁고 양 끝이 뾰쪽한 모양.

ㅎ

협과(莢果)
콩과 식물에서와같이 2개의 봉산을 따라서 터지는 열매.
핵과(核果)
다육식물로 된 열매껍질을 지닌 열매로써 속에 단단한 내과피가 씨를 둘러싸고 있음.
호생(互生 · 어긋나기)
한 마디에 잎이 1개씩 달린 것.
화관(花冠)
꽃받침의 안쪽에 있고 꽃잎으로 구성되어 있음.
화병(花柄)
하나의 꽃을 달고 있는 자루.
화서(花序)
화축(꽃대)에 달린 꽃의 배열 상태.
화피(花被)
꽃덮개.
활엽(闊葉)
넓고 큰 잎사귀(넓은 잎).
흡착근(吸着根)
덩굴성 식물이 타물체에 부착하기 위해 발달한 원반형 구조(담쟁이덩굴 등)

ㄱ

감(甘)
단맛.

강장(强壯)
몸이 건강하고 정기가 충만한 상태.

개창(疥瘡)
옴.

객혈(喀血)
폐와 기관지로부터 피를 토하는 것.

거담(去痰)
가래를 없어지게 함.

경간(驚癇)
놀랐을 때 발작하는 간질.

곽란(癨亂)
음식이 체하여 토하고 설사하는 급성 위장병

고(苦)
쓴맛.

고제(膏劑)
고약 상태의 복용약.

골절(骨折)
뼈가 부러진 상태.

교상(咬傷)
벌레에 물린 상처.

구갈(嘔渴)
갈증.

구안와사
입과 눈이 한 쪽으로 틀어지는 병.

구창(口瘡)
입 안에 나는 부스럼.

기체(氣滯)
기가 여러 가지 원인으로 울체된 것.

ㄴ

뇌경색
뇌에 혈액을 공급하는 동맥이 좁아지거나 막혀서 뇌의 조직이 괴사하는 증상.

뇌전색(腦栓塞)
뇌 이외의 부위에서 생긴 혈전이나 지방·세균·종양 등이 뇌의 혈관으로 흘러들어서 혈관을 막아 버리는 질환.

ㄷ

담(淡)
담담한 맛.

담음(痰飲)
수독(水毒)으로 체액이 쌓여 있는 상태.

대하(帶下)
여성의 질에서 나오는 점액성 물질.

도한(盜汗)
심신이 쇠약하여 수면 중에 몸에서 땀이 나는 증상.

동계(動悸)
두근거림.

동통(疼痛)
통증.

두통(頭痛)
머리의 통증.

ㅁ

몽정(夢精)
꿈에서 유정하는 것.

ㅂ

번갈(煩渴)
목이 마르는 증상.

번열(煩熱)
가슴이 뜨겁고 열감이 있는 것.

변비(便秘)
변이 단단하여 잘 배출되지 못하는 것.

별돈(別炖)
별도로 찌는 것.

병인(病因)
병을 일으키는 원인이 되는 요소.

발열(發熱)
신체에 열감이 생기는 것.

발적(發赤)
붉은 반점이 나타나는 것.

배합(配合)
약물을 처방하여 섞는 것.

백대(白帶)
흰대하.

복창(腹脹)
소화 불량으로 배가 팽창한 것.

부종(浮腫)
몸이 붓는 병.

보혈(補血)
혈액을 보충함.

분변(糞便)
대변.

비출혈(鼻出血)
코피.

비뉵(鼻衄)
코피.

빈뇨(頻尿)
소변을 자주 봄.

ㅅ

소갈(消渴)
오줌의 양이 많아지는 병.

소갈증(消渴症)
당뇨병.

소종(消腫)
부은 몸이나 상처를 치료함.

소염
염증을 가라앉히고 부종(浮腫)을 빼 주는 것.

소양(瘙痒)
가려움.

수종(水腫)
림프액이 많이 괴어 몸이 붓는 병.

선전(先煎)
약을 달일 때 먼저 넣고 달이는 것.

설태(舌苔)
혀의 상부에 있는 백색 물질.

식적(食積)
음식이 소화되지 않고 위장에 머물러 있는 것.

식체(食滯)
먹는 것이 잘 내리지 아니하는 병.

신(辛)
매운맛.

사지경련(四肢痙攣)
팔다리의 경련.

산(酸)
신맛.

산제(散劑)
가루 상태의 복용약.

삽(澁)
떫은맛.

ㅇ

악창(惡瘡)
고치기 힘든 부스럼.

어혈(瘀血)
체내의 혈액이 일정한 국소에 굳거나 소통 불
량 등으로 정체되어 생기는 증상.

여력(餘瀝)
오줌을 다 눈 후에 오줌이 방울방울 떨어지는 것.

염좌(捻挫)
외부의 힘에 의하여 관절·힘줄·신경 등이
비틀려 생긴 폐쇄성 손상.

열독(熱毒)
더위 때문에 생기는 발진.

오경사(五更瀉)
매일 이른 새벽이나 아침에 설사를 하는 것.

오한(惡寒)
차거나 추운 것을 싫어함.

옹(癰)
빨갛게 부어오르고 열과 통증을 동반하고 고
름이 들어 있는 종기.

요배통(腰背痛)
허리 통증.

옹저(癰疽)
큰 종기.

옹종(擁腫)
작은 종기.

울화(鬱火)
일반적으로 양기가 뭉치고 적체되어 나타나는
장부 내열의 증상을 말함.

울체(鬱滯)
소통되지 못하고 막힌 것.

유정(遺精)
무의식중에 정액이 몸 밖으로 나오는 증상.

유즙(乳汁)
젖.

육부(六腑)
담(膽)·소장(小腸)·위(胃)·대장(大腸)·방광
(膀胱)·삼초(三焦).

육장(六臟)
간(肝)·심(心)·비(脾)·폐(肺)·신(腎)·심포(心包).

육음
풍(風)·한(寒)·서(暑)·습(濕)·조(燥)·화(火)
로 병사(病邪)를 총칭함.

음위(陰痿)
발기 불능.

애기(噯氣)
트림.

이뇨(利尿)
소변이 잘 나오게 하고 부종을 제거.

이명(耳鳴)
귀에서 나는 소리.

ㅈ

자한(自汗)
깨어 있는 상태에서 저절로 땀이 나는 증상.

전광(癲狂)
정신 착란으로 인한 발작.

전간(癲癇)
간질증.

전약법(煎藥法)
약을 달이는 방법.

자양강장(滋養强壯)
몸에 영향을 주고 기력을 왕성하게 함.

종창(腫脹)
종양 증상의 총칭.

진경(鎭痙)
내장 등의 경련을 진정시킴.

진해(鎭咳)
기침을 진정시키는 것.

정창(疔瘡)
상처가 곪아 생긴 것.

주독(酒毒)
술중독.

지사(止瀉)
설사를 멈춤.

진액(津液)
몸 안의 체액.

진정(鎭靜)
격앙된 감정이나 아픔 따위를 가라앉힘.

조루(早漏)
성교 시 남성의 사정이 비정상적으로 일찍 일어나는 것.

창종(瘡腫)
온갖 부스럼.

창독(瘡毒)
부스럼의 독기.

청열(淸熱)
내열(內熱)의 증상을 완화시킨다는 의미로 해열(解熱)과는 다르다.

치매(癡呆)
대뇌 신경세포의 손상 등으로 인하여 지능·의지·기억 등이 지속적, 본질적으로 상실된 질환.

치창(痔瘡)
치질.

토혈(吐血)
위와 식도에서 피를 토하는 것.

토분상(兎糞狀)
토끼의 분변 모양으로 나오는 대변.

통경(通經)
월경이 막혀 나오지 않았는 것이 통(通)하게 되는 것.

통풍(痛風)
요산의 배설이 원활치 않아서 체내에 축적되어 통증을 유발하는 것.

탈항(脫肛)
항문 및 직장 점막이 항문 밖으로 빠져나와 저절로 들어가지 않는 상태.

탕제(湯劑)
물로 달여서 먹는 방법.

포전(布煎)
약을 달일 때 특정 약물을 베나 포로 싸서 달이는 것.

풍한(風寒)
감기.

풍열(風熱)
감기로 열이 나는 것.

풍한(風寒)
풍과 한이 결합된 병사를 말함.

표리(表裏)
겉과 속.

ㅎ

하리(下痢)

장관의 운동이 촉진되어 설사하는 것.

한(寒)

혈액 순환과 신진 대사가 좋지 않아 수족(手足)
이 냉한 상태.

흉통(胸痛)

가슴에 통증이 있는 증상.

해독(解毒)

독으로 인한 증상을 풀어 내는 것.

해수(咳嗽)

기침 증상.

허실(虛實)

모자란 것과 넘치는 것.

현훈(眩暈)

어지러운 증상.

혈붕(血崩)

월경 기간이 아닌데도 대량의 출혈이 있는 증상.

한열(寒熱)

찬것과 뜨거운 것.

함(鹹)

짠맛.

후하(後下)

약을 달일 때 나중에 넣고 달이는 것.

환제(丸劑)

둥근 환 상태의 복용약.

활정(滑精)

낮에 정액이 저절로 흘러나오는 것.

황달(黃疸)

온 몸과 눈, 소변이 누렇게 되는 병증.

흘역(吃逆)

딸꾹질.

효소(酵素)

몸 안에서 일어나는 대사 활동에 관여하는 단
백질 촉매

효모(酵母)

크기는 3~4 마이크로미터 정도되는 균계에
속하는 미생물

발효(醱酵)

산소를 사용하지 않고 미생물이나 균류를 이
용하여 당을 분해한 사람에게 유익한 물질

부패(腐敗)

미생물이 유기물을 분해할 때 생기는 유독 물질

유산균(乳酸菌)

글루코오스 등 당류를 분해하여 젖산을 생성
한 세균

코엔자임(coenzyme)

비타민과 미네날을 통칭한 보조 효소

아밀라아제(amylase)

탄수화물을 분해하는 효소

프로테아제(protease)

단백질을 분해하는 효소

리파아제(lipase)

지방을 분해하는 효소

슈퍼옥사이드 다이뮤테이즈(superoxide Dimutase, SOD)

탄수화물을 분해하는 효소

엔지오텐신 전환효소(amgiotensin converting enzyme)

혈압을 조절하는 효소

유로키나아제(urokinase)

혈액을 깨끗하게 하는 효소

글리코실라아제(glycosylases)

위험 인자에 의하여 상처를 입은 DNA를 수리
하는 효소

동의보감, 허준

본초강목, 이시진

중의대사전, 상해과학기술편사, 1984

동의학사전, 북한과학기술편사, 1988

민간의학, 국립문화재연구소, 1997

한방비결, 신동아, 2001(별책 부록)

전통의학연구소 편, 동양의학대사전, 성보사, 2000

신동원 외 2인, 한권으로 읽는 동의보감, 들녘, 1999

한국문화상징사전편찬위원회, 한국문화상징사전 I · II, 동아출판사, 1992

한의학대사전편찬위원회, 한의학대사전, 정담, 2001

이상희, 꽃으로 보는 한국문화 I · II · III, 넥서스 Books, 1998

ㄱ

강천유, 나무 병해 진단 · 방제 · 치료, 학술편수관, 2015

강판권, 나무열전, 글항아리, 2007

국립자연휴양림완벽가이드 36, 사람과 산, 2010

국제원예종묘주식회사, 뿌리깊은나무, 2009

고경석 · 김윤식, 원색식물도감, 아카데미 서적, 1989

고규홍, 행복한 나무 여행, 터치아트, 2007

김경희 외 4인, 소나무 관리도감, 한국농업정보연구원, 2006

김준석 외 12인, 신제조경수목학, 향문사, 1987

김상식 외 원색한국수목도감, 계명사, 1987

김옥임 · 남정칠(글) · 이원규(사진), 식물비교도감, 현암사, 2009

김용식 외 5인, 한국조경수목도감, 광일문화사, 2000

김태욱, 한국의 수목, 교학사, 1994

김태정, 한국의 자원식물, 서울대출판부, 1996

김태정, 우리나무 백가지 I · II · III,

권영한, 재미있는 나무 이야기, 전원문화사, 2003

ㅂ

박영하, 우리나라 나무 이야기, 이비락, 2004
박수현, 한국귀화식물원색도감, 일조각, 2000
박상진, 역사가 새겨진 나무 이야기, 2004
배기환, 한국의 약용식물, 교학사, 2000
배종진, 약초도감, 더블유출판사, 2009
박종철, 한방 약초, 푸른 행복, 2014

ㅅ

산림청·산림조합중앙회, 산에서 자주 만나는 나무, 2018
생명의 숲, 숲해설교재편찬팀, 숲해설아카데미, 현암사, 2005
송광섭, 나무의 부자들, 빠른 거북이, 2012

ㅇ

이광만, 조경수, 이비락, 2010
이동혁, 처음 만나는 나무 이야기, 이비락, 2006
이영노, 한국원색식물도감, 교학사, 2002
이지용, 우리 곁의 노거수, 아이컴, 2011
이창복, 원색대한식물도감, 향문사, 2002
이우철, 한국기준식물도감, 아카데미, 1996
이유미, 우리나무 백가지, 현암사, 1995
임영득 외, 이야기 식물도감, 교학사, 2003
임경빈, 나무백과, 일지사, 1977
임경빈, 나무백과 1~5권 일지사, 1997
임경빈, 식물편, 천연시념물, 대원사, 1993
안덕균, 한국의 본초도감, 교학사, 1998
우종영, 나는 나무처럼 살고 싶다, 걷는 나무, 2009
윤주복, 나무해설도감, 진성, 2008
윤주복, 나무쉽게찾기, 진선출판사, 2004

ㅈ

장은옥 · 서정근, 나무, 수풀미디어, 2009

전라북도농업기술원, 약초의 특성과 이용(비매품), 2008

전라북도 산림환경연구소, 대아수목원식물원, 2005

정구영, 진안고원의 약용식물 이야기(비매품), 한방크러스트사업단, 2009

정구영, 산야초 도감, 혜성출판사, 2011

정구영, 효소동의보감, 글로북스. 2013

정구영, 한국의 발효 효소액, 아이템북스, 2013

정구영, 나무동의보감, 글로북스, 2014

정구영, 나무 특효 비방, 아이템북스, 2013

정구영, 효소수첩, 우듬지, 2013

정구영, 약초대사전, 글로북스, 2014

정구영, 나물대사전, 글로북스, 2016

정구영, 산야초민간요법, 중앙생활사, 2015

정구영, 기적의 꾸지뽕 건강법, 중앙생활사, 2015

정구영, 산야초효소민간요법, 중앙생활사, 2017

정구영, 약초에서 건강을 만나다, 중앙생활사, 2018

정구영, 산야초대사전, 전원문화사, 2018

정구영, 약초건강사전, 전원문화사, 2019

정구영, 자연치유, 전원문화사, 2019

정구영, 질병치유 산야초, 전원문화사, 2020

정구영, 코로나 자연치유, 전원문화사, 2020

정헌관, 우리 생활 속 나무, 어문각, 2008

주의린 이위 황극남, 본초 동의보감 약초 백과 사전, 행복을 만드는 세상, 2014

제갈영 · 손현택, 한국의 정원&조경수 도감, 이비락, 2015

ㅊ

최수찬, 산과 들에 있는 약초, 지식서관, 2014

최수찬, 주변에 있는 약초, 지식서관, 2014

최영전, 한국민속식물, 아카데미서적, 1997

최진규, 약초 산행, 김영사, 2002

최영전, 산나물 재배와 이용법, 오성출판사, 1991

ㅎ

함양군, 지리산 약용식물(비매품), 2007
한국산지보전협회, 민족의 얼이서린 숲과 나무, 2006

저자 연재한 신문과 잡지사-인터넷 검색 가능

월간조선-나무 이야기
문화일보-약초 이야기
한국일보-정구영의 식물과 인간
사람과 산-정구영의 나무 열전, 우리가 몰랐던 약용 식물 이야기
산림-나무·효소·청 이야기
농업디지털(농민신문)-우리가 몰랐던 버섯 이야기
교육과 사색-인간과 식물 이야기
전라매일신문-정구영의 식물 이야기
주간 산행-약용식물 이야기

색인

542

약용나무 대사전

2021년 4월 10일 **1쇄 인쇄**
2021년 4월 20일 **1쇄 발행**

편저자 · 정구영 · 정로순
펴낸이 · 남병덕
펴낸곳 · 전원문화사

주소 · 07689 서울시 강서구 화곡로 43가길 30. 2층
전화 · 02)6735-2100
팩스 · 02)6735-2103
등록일자 · 1999년 11월 16일
등록번호 · 제 1999-053호

ISBN 978-89-333-1152-3
© 2021, 정구영 · 정로순